U0352563

高职高专"十二五"规划教材

提钒与转炉炼钢技术

主　编　夏玉红　　杨春城

副主编　黄兰粉　　李利刚

主　审　周兰花　　杨森祥

北　京

冶金工业出版社

2015

内 容 提 要

本书依据课程标准、岗位群的技能要求，整合转炉提钒、转炉炼钢及常规铁水转炉炼钢和提钒半钢转炉炼钢的共性和个性的精选内容，涵盖转炉提钒与转炉炼钢工艺与设备。本书共分 8 个项目，内容包括认识钒渣生产和转炉炼钢生产、提钒生产与转炉炼钢生产设备操作与维护、提钒与转炉炼钢生产相关理论知识、原材料准备操作、转炉提钒工艺操作与控制、氧气顶吹转炉炼钢工艺操作与控制、氧气复吹转炉炼钢生产、炉衬维护操作。

本书可作为高职高专冶金技术专业教学用书，同时可供提钒、炼钢企业的科技人员参考，也可作为提钒、炼钢厂培训职工的教材。

图书在版编目（CIP）数据

提钒与转炉炼钢技术/夏玉红，杨春城主编. —北京：冶金工业出版社，2015.8

高职高专"十二五"规划教材

ISBN 978-7-5024-6974-0

Ⅰ.①提…　Ⅱ.①夏…　②杨…　Ⅲ.①提钒—高等职业教育—教材　②转炉炼钢—高等职业教育—教材　Ⅳ.①TF646　②TF71

中国版本图书馆 CIP 数据核字（2015）第 169915 号

出 版 人　谭学余
地　　　址　北京市东城区嵩祝院北巷 39 号　邮编　100009　电话　(010)64027926
网　　　址　www.cnmip.com.cn　电子信箱　yjcbs@cnmip.com.cn
责任编辑　俞跃春　王雪涛　杨盈园　美术编辑　杨　帆　版式设计　葛新霞
责任校对　王永欣　责任印制　牛晓波

ISBN 978-7-5024-6974-0

冶金工业出版社出版发行；各地新华书店经销；固安华明印业有限公司印刷
2015 年 8 月第 1 版，2015 年 8 月第 1 次印刷
787mm×1092mm；1/16；26 印张；625 千字；396 页
59.00 元

冶金工业出版社　投稿电话　(010)64027932　投稿信箱　tougao@cnmip.com.cn
冶金工业出版社营销中心　电话　(010)64044283　传真　(010)64027893
冶金书店　地址　北京市东四西大街46号(100010)　电话　(010)65289081(兼传真)
冶金工业出版社天猫旗舰店　yjgycbs.tmall.com

（本书如有印装质量问题，本社营销中心负责退换）

前　言

　　转炉提钒与转炉炼钢生产是钒钛磁铁矿成为钢材的生产过程中的重要工艺环节。本教材是为了适应高职教育改革、服务区域经济和冶金工业发展的需要而编写的。

　　本教材依据高等职业教育的性质、特点、任务，以强化学生的专业技能和综合素质培养为重点，以国家制定的转炉炼钢工《职业技能鉴定标准》的职业能力、国内企业提钒生产的职业要求及鉴定考评项目为依据，以工作内容和工作过程为导向进行课程设计；借助于现代化转炉炼钢虚拟仿真技术，引进企业实际案例，重现实际生产项目，使教材内容对接职业岗位能力，体现职业岗位和职业能力培养的要求。课程实施理论与技能培养交互式进行，通过校内外实训基地，将钒钛钢铁生产企业真实工作项目引入教学环节中，把课堂逐渐推向企业的工作现场，使课程实现向社会服务的转化，充分体现了课程的职业性、实践性和开发性。

　　依据课程标准、岗位群的技能要求，整合转炉提钒和转炉炼钢以及常规铁水转炉炼钢和提钒半钢转炉炼钢的共性和个性的精选内容，涵盖转炉提钒与转炉炼钢工艺与设备。本书共分为 8 个项目，若干个项目单元，项目单元内容涵盖了学习目标、任务描述、相关知识点、思考与练习，有些项目单元根据实际情况还包涵了技能训练、知识拓展等。与以往教材相比，本教材打破了传统的理论与技能训练分割的体系，将技能训练贯穿于理论知识的学习过程中，实现"理实一体化"；体现出基于岗位工作任务、以工作内容和工作过程为导向进行课程开发的理念，可以满足项目化教学的需要；每个项目单元编写了思考与练习，为更好实施教学练相结合奠定了基础。通过理论学习和技能训练，学生能全面掌握钒渣生产过程、钢水冶炼过程所需的基本知识，生产工艺控制与调节、设备操作的技能，并具备转炉工长岗位组织生产的能力，为全面提高学生的素质奠定好基础。

　　本教材是作者结合多年的教学经验、长期生产实践，在深入现场进行广泛调研和参阅大量文献资料的基础上编写的。由四川机电职业技术学院夏玉红、杨春城担任主编，四川机电职业技术学院黄兰粉，攀钢提钒炼钢厂李利刚担任副主编。具体编写分工：夏玉红、杨春城编写项目 0、项目 1、项目 5；李利刚、西昌钢钒炼钢厂邱伟编写项目 4、项目 6；黄兰粉、四川机电职业技术学院张天柱编写项目 3、项目 7；四川机电职业技术学院刘韶华编写项目 2；四川机电职业技术学院王勇编写项目 3。攀枝花学院周兰花教授、攀钢提钒炼钢厂杨森祥对全书进行了审阅。

本教材将技术理论与生产实际技能训练密切结合，内容深浅并陈，具有较强的实用性，除可作为高职高专冶金技术专业教学用书外，也可供提钒、炼钢企业的科技人员参考，还可作为提钒、炼钢厂培训职工的教材。

在编写过程中，编者得到了攀钢提钒炼钢厂、西昌钢钒炼钢厂等相关领导、工程技术人员的大力支持；编者到一些钢厂座谈调研并获得许多宝贵意见和建议；同时，本教材的编写参考了国内外公开发表的文献资料，编者在此一并表示诚挚的感谢。

由于编写时间仓促和编者水平有限，经验不足，书中不足之处在所难免，敬请广大读者提出宝贵意见。

编　者

2015 年 1 月

目 录

项目0　认识钒渣生产和转炉炼钢生产

项目单元0.1　认识钒渣生产

【学习目标】

知识目标：

(1) 熟悉钢铁工业在国民经济中的地位及钢铁联合企业的生产工艺流程。

(2) 掌握转炉提钒生产的整体全貌。

能力目标：

(1) 能根据钢铁联合企业生产工艺流程图，叙述生产工艺组成的各个环节。

(2) 能根据转炉提钒工艺流程图，准确地按顺序陈述生产工艺的各个环节和转炉提钒的设备系统组成。

(3) 能利用网络、图书馆收集相关资料、自主学习。

【任务描述】

(1) 钢铁材料的生产不是一步可以完成的，分为若干个阶段。由普通矿石至钢材的钢铁联合企业主要包括炼铁、炼钢、轧钢等生产工序。由钒钛磁铁矿至钢材的钢铁联合企业除炼铁、炼钢、轧钢等生产工序外，还包括提钒工序。

(2) 火法提钒工艺流程中，钒钛磁铁矿高炉冶炼的铁水约含0.25%~0.5%的钒，含钒铁水在转炉炼钢之前进行预处理提钒（得到钒渣）。

(3) 含钒铁水或提钒后余下的金属液（称为半钢）进行转炉炼钢。

【相关知识点】

0.1.1　钢铁工业在国民经济中的地位

钢铁工业是一个国家的基础工业部门，钢铁工业可以为机械、建筑、民用等各部门提供基础材料，是发展国民经济与国防建设的物质基础。钢铁工业在国民经济中占据着重要的地位，在一定意义上可以说一个国家钢铁工业的发展水平状况可以反映其国民经济发达的程度。

衡量钢铁工业的水平应考察其产量（人均年占有钢的数量）、质量、品种、经济效益及劳动生产率等各方面。纵观当今世界各国，所有发达国家都具有相当发达的钢铁工业。

钢铁之所以成为各种机械装备及建筑、民用等各部门的基本材料，是因为它具备以下优越性能：

（1）有较高的强度及韧性。

（2）容易用铸、锻、切削及焊接等多种方式进行加工，以得到任何结构的工部件。

（3）所需资源（铁矿、煤炭等）储量丰富，可供长期大量采用，成本低廉。

（4）人类自进入铁器时代以来，积累了数千年生产和加工钢铁材料的丰富经验，已具有成熟的生产技术。自古至今，与其他工业相比，钢铁工业生产规模大、效率高、质量好和成本低。

到目前为止，还看不出有任何其他材料在可预见的将来代替钢铁材料现有的地位。

钒作为一种重要的战略资源，素有"现代工业的味精"等美誉，广泛应用于钢铁工业、有色工业、化工工业及其他（如轻纺工业和医学等）领域。只需在钢中加入百分之几的钒，就能使钢的弹性、强度大增（如在钢中加入0.1%的钒，可提高钢强度20%，减轻结构重量25%），抗磨损和抗爆裂性极好，既耐高温又抗严寒。如果说钢是虎，那么钒就是翼，钢含钒犹如虎添翼。钒在自然界中主要赋存在钒铁磁铁矿中，矿产资源丰富的国家主要有中国、俄罗斯、南非、澳大利亚和新西兰等。我国的钒钛磁铁矿资源主要集中分布于四川攀枝花-西昌地区、河北承德地区和安徽马鞍山等地区，已探明资源储量超过100亿吨，攀西地区保有资源储量约90亿吨，钒储量占全国的60%以上。按提取钒工艺过程的不同，从含钒磁铁矿石中提取钒的方法主要有直接提钒（也称水法提钒或湿法提钒）和火法提钒（也称钒渣提钒）。火法提钒因处理量少，可回收铁，焙烧温度低（800℃左右），辅助原材料消耗少等特点而受到广泛的应用。

0.1.2 钢铁联合企业的生产工艺流程

现代钢铁工业是个庞大的工业生产系统，主要生产部门包括采矿、选矿、烧结球团、炼铁、炼钢、轧钢等，也包括大量的辅助生产部门，如焦化、耐火材料、石灰、铁合金、机修、动力、运输，而且还包括专门以钢铁工业为教学和研究对象的大专院校、科研院所、经济信息、营销机构、地质勘探、工程设计和建设施工等部门。包括炼铁、炼钢、轧钢等主要生产部门的钢铁企业称为钢铁联合企业，其工艺流程图（钢铁材料生产各阶段过程间的联系及其所获得的产品包括中间产物间流动线路图）如图0-1所示。

从图0-1中看出，由矿石到钢材的生产可分为两个流程，即高炉-转炉-轧机流程、废钢或直接还原或熔融还原-电炉-轧机流程。

以氧气转炉炼钢工艺为中心的钢铁联合企业生产流程，通常习惯上人们称之为长流程，其工艺就是从炼铁原燃料准备开始，原料入高炉冶炼得到液态铁水，高炉铁水经过铁水预处理（或不经过）入氧气转炉吹炼，再经二次精炼（或不经过）获得合格钢水，钢水经过凝固成型工序（连铸或模铸）成坯或锭，再经轧制工序最后成为合格钢材。由于这种工艺流程生产单元多，规模庞大，生产周期长，其中原料准备的主要两道工序（即质量好的炼焦煤在焦炉内炼成性能好的冶金焦，粉矿和精矿粉要制成烧结矿或球团矿）不但能耗高，而且生产中产生粉尘、污水和废气等对环境造成污染，所以长流程面临能源和环保等的挑战。

以电炉炼钢工艺为中心的钢铁联合企业生产流程，通常习惯上人们称之为短流程，其工艺就是将回收再利用的废钢（或其他代用料如直接还原铁、铁水等），经破碎、分选加工后，经预热直接加入电炉中，电炉利用电能作热源来进行冶炼，再经二次精炼，获得合

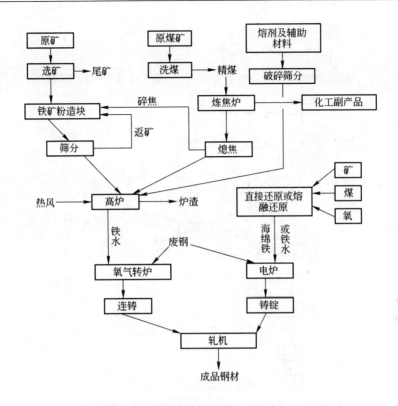

图 0-1　钢铁联合企业的生产工艺流程

格钢水，后续工序同长流程工序。其主要特点是工艺流程简捷，高效节能，生产环节少，生产周期短。

以含钒或铌等特殊矿石冶炼为主的钢铁联合企业，有别于由普通矿石至钢材的钢铁联合企业生产长流程。提钒（或铌）与转炉炼钢生产是从钒钛磁铁矿到钢材的钢铁联合企业生产中的重要工艺环节，为了回收有益元素钒或铌，其生产流程如图 0-2 所示。

0.1.3　中国钢铁工业的发展状况

钢铁素有"工业粮食"之称，在国民经济中具有重要地位。我国是使用铁器最早的国家之一，即是世界上最早发明钢铁冶金技术的国家，东汉时就出现了冶炼和锻造技术，南北朝时期就掌握了灌钢法，早期的冶铁业曾在世界范围内居领先地位。但由于封建主义的束缚，外加帝国主义的掠夺和摧残，发展缓慢。到 1949 年，中国的钢铁工业技术水平及装备极其落后，钢的年产量只有 25 万吨。

新中国成立后至 1960 年，中国逐步建立了现代化钢铁工业的基础，年产量比 1949 年增加了 40 多倍，达到了 1000 万吨以上，某些指标接近当时的世界先进水平，具备了独立发展自己钢铁工业的实力。

1960～1966 年，在困难的条件下，中国的钢铁工业继续得到了发展，如炼铁方面以细粒铁精矿粉为原料生产自熔性及超高碱度烧结矿、向高炉内喷吹煤粉以及成功地冶炼了一些特有的复合矿石等。

1966～1976 年，中国国民经济基本处于停滞不前的状态，1976 年的粗钢产量仅为

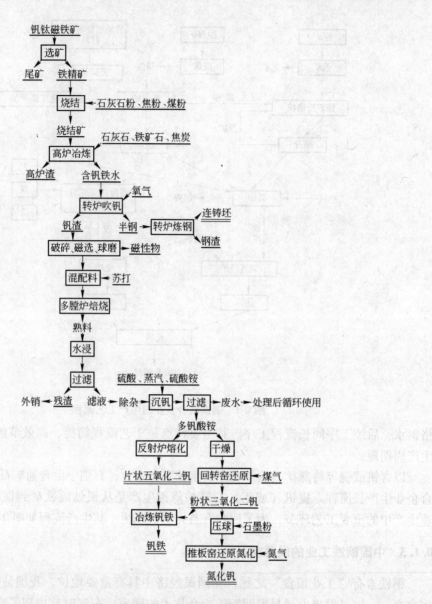

图 0-2　钒钛磁铁矿至钢材生产工艺流程图

2045 万吨。与迅速发展的世界经济相比，中国与世界经济水平的差距扩大了，装备陈旧，机械化、自动化水平低，技术经济指标落后，效率低，质量差，成本高。

从 1977 年开始，特别是十一届三中全会以来，中国钢铁工业走向持续发展的阶段。1982 年，中国钢年产量已接近 4000 万吨，仅次于苏联、美国、日本，跃居世界第四位。

1996 年，中国钢年产量超过 1 亿吨，居第一位，但人均钢产量还没有达到世界平均水平。1996 年以后，我国钢产量年年居世界第一位，到 2002 年，我国钢产量达 1.82 亿吨，人均钢产量 141kg/(人·年)，首次超过了世界人均钢产量 138kg/(人·年)的水平。

2003 年，我国钢产量达到 2.2234 亿吨，成为世界上钢产量首次突破 2 亿吨的国家。1996~2013 年间粗钢产量情况如图 0-3 所示，其占世界的比例如图 0-4 所示。

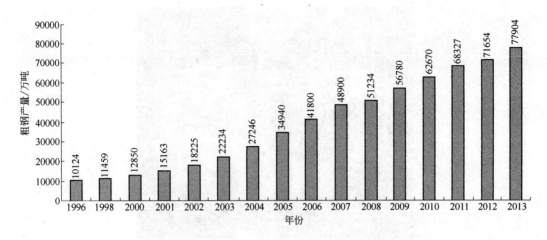

图 0-3　1996~2013 年间中国粗钢产量的情况

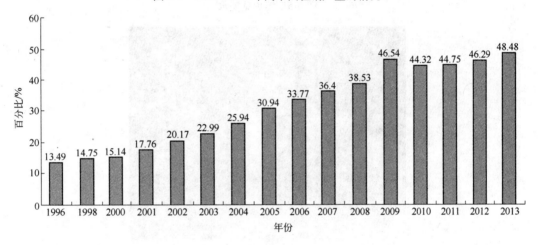

图 0-4　1996~2013 年间中国粗钢产量占世界的比例

0.1.4　氧气转炉提钒生产过程

氧气转炉提钒是钒制品生产的中间环节。氧气转炉提钒是用起重吊车将含钒铁水和部分冷却剂（主要是废钢或生铁块）装入转炉内（装料过程如图 0-5 和图 0-6 所示），装料后摇正炉体采用水冷氧枪垂直插入炉内吹入高压氧气，高速氧射流在转炉中与金属熔体相互作用，同铁水中铁、钒、碳、硅、锰、钛、磷、硫等元素发生氧化反应，将铁水中钒氧化成稳定的钒氧化物聚集进入熔渣，以制取钒渣和获得半钢的一种物理化学反应过程。在反应过程中，通过加入冷却剂控制熔池温度在碳钒转化温度以下，达到"去钒保碳"的目的。提钒吹氧至炉口出现碳焰时，立即提枪停止吹氧，组织出半钢、钒渣（不是每炉都出）。

转炉提钒车间生产主要工作过程及任务包括：

（1）原料准备。原料工负责将提钒所用的各种原料准备好。

（2）装料操作。提钒炉长指挥中控工、炉前工、摇炉工协作将铁水、废钢（生铁块）装入炉内。

图 0-5　转炉兑铁水

图 0-6　转炉装冷却剂

（3）吹炼操作。中控工根据炉长信号进行吹炼，吹炼过程中准确加料及变动枪位，终点听从炉长指挥，及时发出停吹信号。

（4）出半钢操作。炉长发出出钢指令，炉长、摇炉工、炉前工、加镖工协作完成出半钢操作。

（5）出钒渣操作。炉长（摇炉工）确认半钢出尽，炉长、摇炉工、炉前工协作完成出钒渣操作。

（6）补炉（维护炉衬）操作。出钒渣结束，视炉衬侵蚀情况维护炉衬，再将炉子摇到装料位置，准备下一炉装料。

综上所述，氧气转炉提钒是间歇周期性作业，转炉提钒生产的主要环节包括装料、供氧、温度控制、终点控制及出半钢和出钒渣，其相应的工艺操作制度有装入制度、供氧制度、温度控制制度、终点控制制度、出半钢和出钒渣制度，与这些工艺操作制度紧密相关的设备为转炉及其倾动系统、冷却料供应系统、氧枪及升降机构、烟气净化与回收装置及钢渣车等。某厂氧气转炉提钒车间工艺流程如图0-7所示。

由图0-7可知，转炉提钒生产工艺主要由以下几个系统构成：

（1）原料供应系统，即铁水、废钢（生铁块）及各种散状冷却剂的贮备和运输系统。

（2）转炉的吹炼系统。

（3）出半钢、出钒渣系统。

（4）供氧系统。

（5）烟气净化与煤气回收系统。

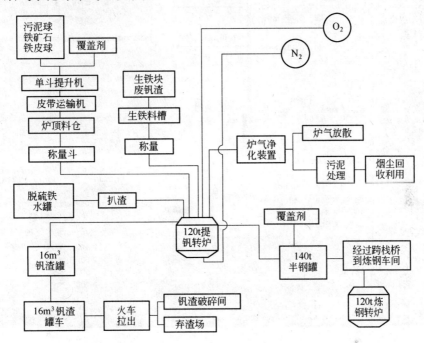

图 0-7 某厂氧气转炉提钒工艺流程图

【技能训练】

项目 0.1 转炉提钒一炉钒渣的生产实践过程总体描述

转炉提钒生产是在提钒车间大班长（倒班作业长）领导、炉长组织协调职工完成当班生产任务的班组生产过程。提钒车间大班长根据厂生产调度下达的生产目标，炉长根据当班生产任务目标，组织本班组人员在规定的时间内，以经济的方式，安全地利用转炉及附属设备将铁水吹炼成适合于下一步提取 V_2O_5 要求的钒渣和满足下一步炼钢要求的一定碳量的半钢，并对转炉设备进行维护。

氧气转炉提钒吹炼操作目前一般采用远程设备控制操作，采用点击计算机操作画面相应按钮和操作台上的控制阀门（或手柄）进行设备操作。某厂计算机操作主画面和炉前摇炉房操作台示意图如图 0-8 和图 0-9 所示。

一炉钒渣的生产实践过程大致是：

第一，提钒炉长根据所用的铁水条件、温度及冷却剂情况，编制原料配比方案和工艺操作方案。

第二，提钒炉长指挥中控工、炉前工、摇炉工协作将铁水、废钢（生铁块）装入炉内。

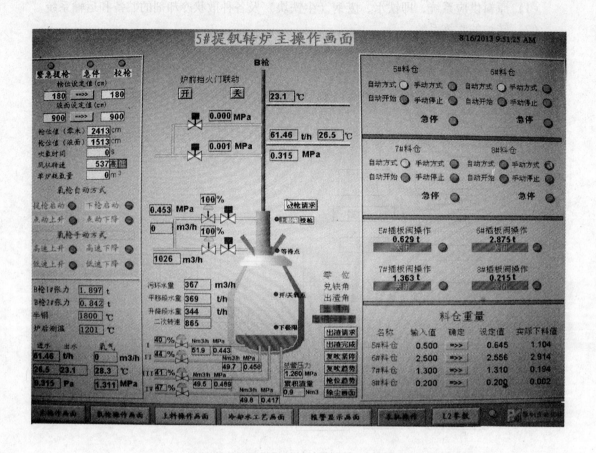

图0-8 某厂转炉提钒转炉操作机主操作画面

图0-9 某厂炉前摇炉房示意图

第三，中控工根据炉长信号进行吹炼，吹炼过程中准确加料及变动枪位。

第四，当提钒吹炼一段时间后，炉长发出出半钢指令，炉长、摇炉工、炉前工、加镖工协作完成出半钢操作。

第五，炉长（摇炉工）确认半钢出尽，炉长、摇炉工、炉前工协作完成出钒渣操作。

第六，出钒渣结束，视炉衬侵蚀情况维护炉衬，再将炉子摇到装料位置，准备下一炉装料。

【思考与练习】

0.1-1　选择题

（1）我国 1996 年钢产量首次居世界第一位，（　　）钢产量首次超过世界人均钢产量的水平。

　　A. 2002 年　　B. 1998 年　　　　C. 2003 年　　　　D. 2000 年

（2）以（　　）炼钢工艺为中心的钢铁联合企业生产流程，通常习惯上人们称为长流程。

　　A. 电炉　　　　B. 氧气转炉　　　C. 高炉　　　　　D. 矿热炉

（3）以（　　）炼钢工艺为中心的钢铁联合企业生产流程，通常习惯上人们称为短流程。

　　A. 电炉　　　　B. 氧气转炉　　　C. 高炉　　　　　D. 矿热炉

0.1-2　简述题

（1）转炉提钒一炉钒渣生产的工作流程是什么？

（2）名词解释：长流程，短流程。

教学活动建议

本项目单元涉及钢铁联合企业、提钒生产的工艺流程，与实际生产紧密相连，文字表述多，抽象，难于理解，在教学活动之前学生应到企业现场参观实习，具有感性认识，同时教师准备相关工序的卡片；教学活动过程中，应利用现场视频及图片，将讲授法、演示法、教学练相结合，让学生分组以拼图的方式将各工序知识按顺序拼在一起，以便达到熟记相关知识，激发学生学习兴趣，提高课堂教学效果的目的。

查一查

学生利用课余时间，自主查询国内外钢铁行业情况及钒钛磁铁矿综合利用流程，并形成书面文字，锻炼学生收集整理资料能力。

项目单元 0.2　认识转炉炼钢生产

【学习目标】

知识目标：

（1）了解转炉炼钢生产发展历程，转炉炼钢的特点。

（2）了解中国炼钢生产技术的发展。

（3）掌握氧气转炉炼钢生产整体全貌。

能力目标:

（1）能准确地按顺序陈述转炉炼钢生产工艺的各个环节和转炉炼钢的设备系统组成。

（2）能利用网络、图书馆收集相关资料、自主学习。

【任务描述】

认识转炉炼钢生产过程及设备构成。转炉炼钢车间生产组成环节如图 0-10 所示，主要包括以下环节：

（1）原料供应系统。将造渣剂、合金通过上料设备运至高位料仓；传统的转炉炼钢将高炉铁水通过铁水罐车或鱼雷罐车运入转炉车间供给转炉，或铁水罐车中的铁水兑入混铁炉，将混铁炉（车）中的铁水倒入铁水包，运至炉前兑入转炉；将运入转炉车间的废钢按废钢配料单装槽，运至炉前装入转炉。

（2）氧气供应系统。氧气通过管道送到转炉氧枪吹入炉内。

（3）氧气转炉的吹炼系统。转炉装入废钢和兑入铁水后，摇正炉体，降枪吹炼，适时加入造渣剂造渣。通过供氧、造渣操作一定时间，到达终点时提枪停吹，测温取样。成分、温度合格后摇炉出钢，同时完成合金化任务。出钢结束，视炉衬侵蚀情况维护炉衬，然后摇炉倒渣，再将炉子摇到装料位置，准备下一炉装料。

（4）烟气的净化与煤气回收系统。转炉在吹炼过程中，根据反应的进程进行烟气净化和煤气回收操作。

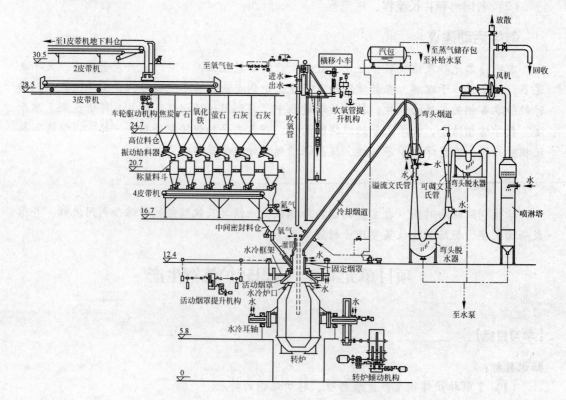

图 0-10　氧气顶吹转炉炼钢工艺流程图

【相关知识点】

0.2.1　转炉炼钢的发展历程

0.2.1.1　世界转炉炼钢的发展历程

早在 1856 年英国人亨利·贝塞麦（H. Bessemer）发明了酸性空气底吹转炉炼钢法（也称为贝塞麦法），第一次解决了用铁水直接冶炼钢水的难题，这种方法是近代炼钢法的开端，它为人类生产了大量廉价钢，成为当时的主要炼钢方法。但是，贝塞麦工艺采用的是酸性炉衬，不能造碱性渣，因而不能进行脱磷和脱硫，因而其发展受到了限制，目前该方法已被淘汰。

1865 年，德国人马丁（Martin）利用蓄热室原理发明了以铁水、废钢为原料的酸性平炉炼钢法，即马丁炉法。1880 年，出现了第一座碱性平炉。由于其成本低、炉容大、钢水质量优于转炉、能解决废钢问题、原料适应性强，平炉炼钢法一时间成为世界上主要的炼钢法。

1878 年英国人 S·G·托马斯（S. G. Thomas）发明了碱性炉衬的底吹转炉炼钢法，即托马斯法。该方法是在吹炼过程中加入石灰造碱性渣，从而解决了高磷铁水的脱磷问题。此法对于当时的西欧国家特别适用，因为西欧的矿石普遍磷含量高，直到 20 世纪 70 年代末，托马斯炼钢法仍被法国、卢森堡、比利时等国的一些钢厂所采用。但托马斯法的缺点是炉子寿命低，钢水中氮的含量高。

转炉炼钢法虽然可以大量生产钢，但它对生铁成分有着较严格的要求，而且一般不能多用废钢。1899 年，出现了完全以废钢为原料的电弧炉炼钢法，解决了充分利用废钢炼钢的问题。此炼钢法自问世以来一直在不断发展，是当前主要的炼钢法之一，由电炉冶炼的钢目前占世界总钢产量的 30%～40%。

20 世纪 40 年代，大型空气分离机出现，可提供大量廉价的氧气，使氧气制造成本大大降低，这样为氧气在炼钢中的应用奠定了基础。瑞典人罗伯特·杜勒（R. Durrer）首先进行了氧气顶吹转炉炼钢的试验，并获得成功。1952 年，奥地利的林茨（Linz）和多纳维兹城（Donawitz）先后建成了 30t 的氧气顶吹转炉车间并投入生产，所以此法也称为 LD 法；美国称为 BOF（basic oxygen furnace）法。氧气顶吹转炉问世后，由于生产率高、成本低、钢水质量高、热效率高，还可以使用近 30% 的废钢，便于自动化操作，一经问世就在世界范围内得到迅速推广和发展，在 1968 年出现氧气底吹法之前，氧气顶吹法占绝对垄断地位。在 20 世纪 70 年代，氧气转炉炼钢法已取代平炉法成为主要的炼钢方法。目前，世界上用平炉炼钢的国家相当少，我国已经没有平炉。

在氧气顶吹转炉炼钢迅速发展的同时，德、美、法等国成功发明了氧气底吹转炉炼钢法。该法通过喷吹甲烷、重油、柴油等对喷口进行冷却，使纯氧能从炉底吹入熔池而不致损坏炉底。1965 年，加拿大液化公司成功研制双管氧气喷嘴。1967 年，联邦德国马克西米利安钢铁公司引进此技术并成功开发了底吹氧转炉炼钢法，即 OBM（oxygen bottom maxhuette）法（采用气态碳氢化合物的裂解吸热作为氧气喷嘴的冷却介质）。与此同时，比利时、法国都研制成功了与 OBM 法相类似的工艺方法，法国命名为 LWS 法（采用液态的燃料油作为氧气喷嘴的冷却介质）。美国的钢铁公司 1971 年引进 OBM 法，1972 年建设了 3 座 200t 底吹转炉，命名为 Q-BOP（quiet bOP）法。

顶吹法的特点决定了它具有渣中含铁高，钢水含氧高，废气铁尘损失大和冶炼超低碳钢困难等缺点。底吹法由于用碳氢化合物冷却喷嘴，钢水氢含量偏高，需在停吹后喷吹惰性气体进行清洗。基于顶吹和底吹两种方法在冶金学上显现出的明显差别，故在 20 世纪 70 年代以后，国外许多国家着手研究结合两种方法优点的顶底复吹冶炼法。1978～1979 年成功开发了转炉顶底复合吹炼工艺，即从转炉上方供给氧气（顶吹氧），从转炉底部供给惰性气体或氧气，顶底同时吹炼。由于复吹工艺比顶吹和底吹法都更优越（提高了钢的质量，降低了消耗和吨钢成本），加上转炉复吹现场改造比较容易，使之几年时间就在全世界范围得到普遍应用，有的国家（如日本）已基本上淘汰了单纯的顶吹转炉。氧气转炉炼钢经历了从顶吹发展到顶底复吹，现已成为世界上主要的炼钢方法，目前转炉钢的比例已达 70% 以上。

1972～1973 年，在我国沈阳第一炼钢厂成功开发了全氧侧吹转炉炼钢工艺，并在上海、唐山等地的企业推广应用；但后来受到了转炉复吹工艺的挑战，因而未能发展起来。

自 20 世纪开始发展电弧炉炼钢以来，它就长期作为熔炼特殊钢和高合金钢的方法。由于市场需求量大和质量要求高，采用超高功率电弧炉和炉外精炼技术已经成为国内外广泛使用的冶金生产方法。在电力充裕的国家，电弧炉常作为熔化和生产普通钢的设备。

0.2.1.2　我国氧气转炉的发展概况

1951 年碱性空气侧吹转炉炼钢法首先在我国唐山钢厂试验成功，并于 1952 年投入工业生产。1954 年开始了小型氧气顶吹转炉炼钢的试验研究工作，1962 年将首钢试验厂空气侧吹转炉改建成 3t 氧气顶吹转炉，开始了工业性试验。在试验取得成功的基础上，我国第 1 个氧气顶吹转炉炼钢车间（2×30t）在首钢建成，于 1964 年 12 月 26 日投入生产。以后，又在唐山、上海、杭州等地改建了一批 3.5～5t 的小型氧气顶吹转炉。1966 年上钢一厂将原有的一个空气侧吹转炉炼钢车间，改建成 3 座 30t 的氧气顶吹转炉炼钢车间，并首次采用了先进的烟气净化回收系统，于当年 8 月投入生产，还建设了弧形连铸机与之相配套，试验和扩大了氧气顶吹转炉炼钢的品种，这些都为我国日后氧气顶吹转炉炼钢技术的发展提供了宝贵经验。此后，我国原有的一些空气侧吹转炉车间逐渐改建成中小型氧气顶吹转炉炼钢车间，并新建了一批中、大型氧气顶吹转炉车间。小型顶吹转炉有天津钢厂 20t 转炉、济南钢厂 13t 转炉、邯郸钢厂 15t 转炉、太原钢铁公司引进的 50t 转炉、包头钢铁公司 50t 转炉、武钢 50t 转炉、马鞍山钢厂 50t 转炉等；中型的有鞍钢 150t 和 180t 转炉、攀枝花钢铁公司 120t 转炉、本溪钢铁公司 120t 转炉等；20 世纪 80 年代宝钢从日本引进建成具有 70 年代末技术水平的 300t 大型转炉 3 座、首钢购入二手设备建成 210t 转炉车间；20 世纪 90 年代宝钢又建成 250t 转炉车间，武钢引进 250t 转炉，唐钢建成 150t 转炉车间，重钢和首钢又建成 80t 转炉炼钢车间；许多平炉车间改建成氧气顶吹转炉车间等。据统计，到 2009 年我国氧气转炉共有 616 座，其中 100t 以下的转炉有 431 座（占 69.97%），100～200t 的转炉有 151 座（占 24.51%），200t 以上的转炉有 34 座（占 5.52%），最大公称吨位为 300t。我国转炉的总吨位及炉子总座数都是世界第一，但炉子的平均吨位为 71.7 吨/炉，远低于世界上工业发达国家，我国转炉平均吨位为发达国家的

1/3。2012 年我国氧气转炉钢比例为 89.8%。

0.2.2　中国炼钢生产技术的发展

0.2.2.1　中国炼钢生产技术发展的简介

我国炼钢生产工艺技术的发展，大致可划分为 3 个发展阶段：自力更生阶段、改革开放阶段和集成创新阶段。

自力更生阶段（1949~1977 年）。新中国成立后，在自力更生、艰苦奋斗的方针指导下，炼钢生产得到了迅速恢复和较快发展。但由于受到西方工业发达国家的技术封锁，我国炼钢生产技术与国际先进水平有很大差距，炼钢生产仍以落后的平炉—模铸工艺为主，中小型钢铁企业占相当大的比例。对 20 世纪 50、60 年代国际上开发投产并迅速推广的氧气转炉、连铸、钢水炉外精炼和铁水预处理等新工艺、新技术，国内迟迟未能大量采用。这一阶段建设了新中国钢铁工业的脊梁，培养了优良的作风和大批优秀的技术、管理人才，为中国钢铁工业的振兴奠定了基础。

改革开放阶段（1978~1996 年）。这一历史时期我国采取对外开放的基本国策，通过学习、引进、消化和吸收国外先进技术使我国炼钢生产技术逐步实现现代化。其中宝山钢铁（集团）公司的成功建设和迅速发展是最重要的历史标志，在国内第一次建设起现代化的具有国际第一流水平大型钢铁联合企业。通过宝钢和武钢 1700 工程以及其他企业的建设和发展，国内炼钢生产技术逐步提高，并掌握了铁水预处理、大型转炉炼钢、复合吹炼、终点动态控制、炉外精炼和连铸等重大的现代化炼钢生产技术。随着炼钢技术的飞速发展，中国钢铁工业的产量不断提高，1996 年我国粗钢产量突破一亿吨，钢产量位居世界第一。

集成创新阶段（1997 年至今）。20 世纪 90 年代中期国内开始学习并引进美国溅渣护炉技术，通过不断的技术再创新和集成创新形成了具有中国特色的溅渣护炉技术，在全国广泛推广，获得巨大成绩。这标志着我国炼钢生产技术的发展开始从以单纯学习、引进国外先进技术为主，逐渐转移到以国内自主创新和集成创新为主的发展道路。随着国内炼钢生产技术的发展，我国钢产量快速增长，从 1966 年的 1 亿吨增到 2013 年的 7.79 亿吨，约占世界钢产量的 1/2（48.48%），其生产技术的发展令全世界瞩目。

0.2.2.2　炼钢技术的发展方向

炼钢生产技术的发展方向是实现大批量、低成本、稳定生产超纯净钢。炼钢生产流程的优化，主流方向是连续化、紧凑化、高效化和智能化。具体技术如下：

（1）进一步优化国内炼钢生产工艺装备，加速实现设备大型化，加快淘汰小转炉、小电炉、小连铸等落后设备。

（2）在设备大型化的基础上研究开发高效化生产工艺技术，推广采用铁水预处理技术（包括高炉炉前铁水预处理技术；大型转炉脱磷或"三脱"技术，提高生产效率与冶金效果；对脱硫技术进行机理研究和技术经济对比研究，实现最优化选择等）、少渣转炉高速吹炼技术、高速连铸技术，使炼钢生产效率大幅度提高。

（3）研究开发转炉全自动吹炼、连铸机无人操作等先进的控制技术，实现生产过程自动化、工艺控制智能化和生产调度信息化。

　　（4）积极推广转炉负能炼钢、干法除尘、转炉渣集成处理与溅渣、留渣操作等先进工艺，实现炼钢厂"零排放"，无公害化生产。

0.2.3　转炉炼钢的分类

　　转炉按炉衬的耐火材料性质分为碱性（用镁砂或白云石为内衬）和酸性（用硅质材料为内衬）；按气体吹入炉内的部位分为底吹、顶吹、侧吹、顶底复吹和顶底侧三向复吹；按吹炼采用的气体，分为空气转炉和氧气转炉。酸性转炉不能去除生铁中的硫和磷，需用优质生铁，因而应用范围受到限制。碱性转炉适于用高磷生铁炼钢，曾在西欧发达国家得到较大发展。空气吹炼的转炉钢，因氮含量高，质量不如平炉钢，且原料有局限性，又不能多配废钢，未能像平炉那样在世界范围内广泛采用。

0.2.4　氧气转炉炼钢的特点

　　与平炉、电炉炼钢法相比，氧气转炉炼钢法具有下列特点：

　　（1）冶炼周期短、生产效率高。氧气转炉炼钢的冶炼周期短，约为半小时，其中纯氧吹炼时间只有十几分钟至二十分钟，随着转炉容量的增大，生产率进一步提高，比平炉的生产率高得多。如 120t 氧气顶吹转炉的生产率为 160~200t/h，而同吨位的用氧平炉生产率为 30~35t/h，不用氧平炉仅为 15~20t/h。图 0-11 比较了不同炉容量下各种炼钢炉小时钢产量。顶吹氧气转炉炼钢法的小时钢产量为平炉炼钢法的 6~8 倍，是效率极高的炼钢方法。

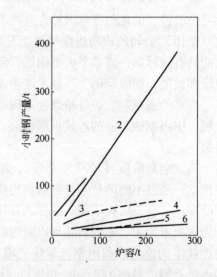

图 0-11　各种精炼炉的炼钢效率
1—碱性转炉炼钢法；2—纯氧顶吹转炉炼钢法；3—氧气侧吹转炉炼钢法；4—平炉（氧气使用量 10~40m³/t（标态））；5—电炉；6—平炉

　　（2）产品品种多、质量好。氧气转炉炼钢法可以生产平炉冶炼的全部钢种及电炉熔炼的部分钢种，品种范围广。含碳从微碳（$w_{[C]} <$ 0.015%）、低碳、中碳直到磷含量达 1.3%~1.5% 的高碳钢，可冶炼微量的工业纯铁、低合金钢和中合金钢，并可冶炼镍铬含量高达 30% 的超低碳不锈钢。钢中气体含量少，例如用铝脱氧的转炉钢的氮含量平均为 0.0037%，而电炉钢为 0.0090%；氧气顶吹转炉冶炼的低合金高强度钢的氢含量为 $(1.0~2.5)×10^{-4}$%，约为平炉钢和电炉钢的一半。由于钢中气体和夹杂少，具有良好的抗时效性能、冷加工变形性能和焊接性能，钢材内部缺陷少。不足之处是强度偏低，淬火性能稍次于平炉和电炉钢。

　　此外，由于炼钢主要原材料为铁水，废钢用量所占比例不大，因此 Ni、Cr、Mo、Cu、Sn 等残余元素含量低。氧气转炉钢的力学性能及其他方面性能也是良好的。氧气转炉炼钢具有与平炉钢相同的或更高的质量。

（3）热效率高且不需要外部热源。其热源是铁水本身物理热和吹炼过程中反应放热，且此部分热量还有富余。

（4）产品成本低。氧气转炉金属料消耗一般为 1100～1140kg/t，比平炉稍高些。耐火材料消耗仅为平炉的 15%～30%，一般为 2～5kg/t，但由于不需外加热源，热效率高，因此其成本较低。

（5）对原料的适应性强。氧气转炉对原料的适应性强，不仅能吹炼平炉生铁（铁水），而且能吹炼中磷（0.5%～1.5%）和高磷（>1.5%）生铁（铁水），还可吹炼含钒、钛等特殊成分的生铁（铁水）。

（6）基建投资少，建设速度快。氧气转炉车间设备简单，占地面积和需要的重型设备数量比平炉车间少，因此基建投资比相同生产能力的平炉车间低 30%～40%。而且生产规模越大，基建投资就越省。氧气转炉车间的建设速度比平炉车间快得多。

（7）有利于开展综合利用和实现自动化。氧气转炉炼钢的炉气和炉尘可回收并加以综合利用。由于其机械化程度高，也利于实现操作控制自动化。

但氧气转炉炼钢法在钢的品种上还不如电炉，特别是炼制高合金钢还有一定的困难；在原料适应性方面，吹炼高磷生铁存在一定问题，吹炼高碳钢种时终点控制较难，这些都有待进一步研究解决。

近年来由于氧气转炉炼钢与炉外精炼技术相结合，所炼钢种进一步扩大，目前能生产的钢种近 300 个。日本和美国氧气转炉生产的合金钢或特殊钢占转炉钢产量的 10% 以上。目前，采用转炉-精炼-连铸工艺生产优特钢成为一种发展趋势，与电炉炼钢相比，具有原料纯净（铁水冶炼，钢中杂质元素和残留元素含量低且稳定）、终点温度和成分的命中率高、生产周期短等优势，既提高了产品质量，又降低了生产成本。

【技能训练】

项目 0.2-1 转炉炼钢实践操作过程

转炉炼钢生产是生产人员团队协调，共同合作的间歇周期性生产过程。氧气转炉炼钢吹炼目前一般采用远程设备操作控制，通过点击计算机操作画面相应按钮和操作台上的控制阀门进行设备操作。某厂转炉炼钢控制室如图 0-12 所示，计算机操作画面如图 0-13 所示。

图 0-12 某厂转炉炼钢控制室

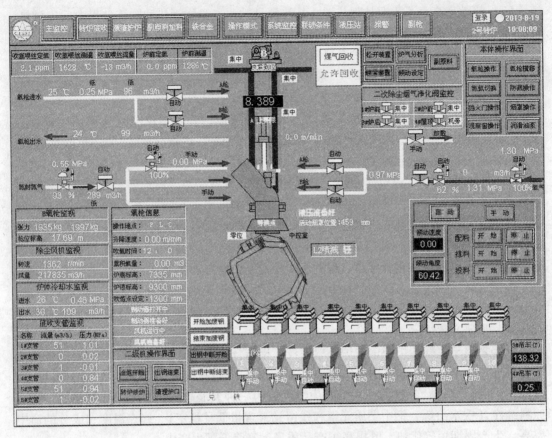

图 0-13　某厂转炉炼钢计算机操作画面

其实践操作过程如下：

（1）转炉炼钢工统筹组织生产。转炉炼钢是由转炉炼钢工（班组长或炉长）协调组织的班组生产过程。转炉炼钢工根据车间生产值班调度下达的生产任务计划工单，组织本班组人员在规定的时间内，以经济的方式，安全地利用转炉及附属设备将铁水冶炼成符合钢种要求的钢水，并对转炉设备进行维护。

（2）编制原料配比方案和工艺操作方案。转炉炼钢工首先要根据任务工单上所要求的钢种成分、出钢温度和车间提供的铁水成分、铁水温度，编制原料配比方案和工艺操作方案。

（3）转炉炼钢工与原料工段协调完成铁水、废钢及其他辅原料的供应，指挥中控工、炉前工、摇炉工协作将铁水、废钢（生铁块）装入炉内。

（4）中控工根据转炉炼钢工（炉长）信号进行吹炼，吹炼过程中适时准确加料及变动枪位，调整炉渣成分、冶炼温度和金属液成分，根据反应的进程进行烟气净化和煤气回收操作；当转炉炼钢吹炼一段时间后，炉长发出出钢指令，炉长、摇炉工、炉前工、加镖工协作完成出钢操作；出完钢后，视炉衬侵蚀情况进行溅渣护炉操作，再将炉子摇到装料位置，准备下一炉装料。

摇正炉体，降枪吹炼，通过供氧、造渣操作一定时间，到达终点时提枪停吹，测温取样。成分、温度合格后摇炉出钢，同时完成合金化任务。出钢结束，视炉衬侵蚀情况维护炉衬，然后摇炉倒渣，再将炉子摇到装料位置，准备下一炉装料。

项目 0.2-2 利用山东星科虚拟仿真实训系统操作演示一炉钢的冶炼过程

已知铁水条件和吹炼钢种要求具体见表 0-1；主要辅原料的成分见表 0-2；合金成分及收得率见表 0-3。炼钢转炉公称吨位为 120t。

表 0-1 铁水条件和吹炼终点成分表

种 类	成分（质量分数）/%					$T/℃$
	C	Si	Mn	P	S	
铁水	4.6 (4.2~4.7)	0.50 (0.25~0.6)	0.45 (0.2~0.5)	0.10 (0.09~0.14)	0.035（≤） 0.045	1300 (1255~1320)
废钢	0.12	0.12	0.31	0.04	0.040	25
Q235B	0.16	0.20	0.50	0.025	0.03	1660~1680（出钢）

表 0-2 主要辅原料成分

种 类 \ 成分（质量分数）/%	CaO	SiO_2	MgO	FeO
石灰	90	1.5	8	
白云石	40		35	
镁球			65	
矿石				65

表 0-3 合金成分及收得率

种 类 \ 成分（质量分数）/%	Mn	Si	C	Al
硅铁		75		
高碳锰铁	95		6.5	
铝				98
炭粉			90	
收得率/%	90~95	80~90	100	

实训操作流程为：开机→双击转炉炼钢仿真实训系统→登录→点击实训练习项目（炼钢项目）→依次点击虚拟仿真、模型界面、转炉控制（转炉控制界面见图 0-14）→进行系统检查→初始化设置→点击转炉装料侧→摇炉→装废钢→摇炉→兑铁水→摇炉→氧枪调节与控制操作→加入第一批造渣料→吹炼操作→依据炉矿加入第二批造渣材料、铁矿石→测温取样→拉碳→出钢操作→溅渣护炉→出渣→摇炉至待料位→炉次结束。

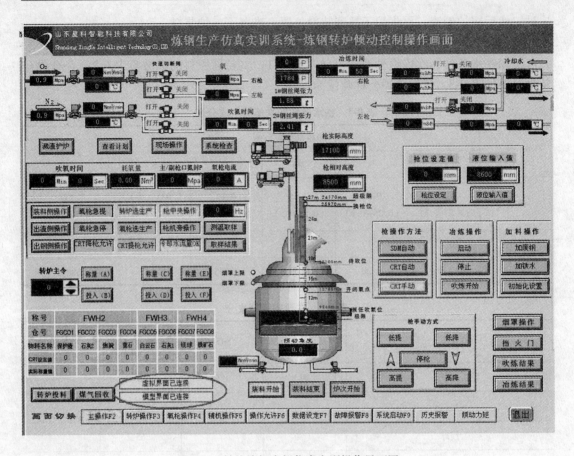

图 0-14　转炉炼钢虚拟仿真实训操作界面图

【知识拓展】

项目 0.2　氧气转炉炼钢主要技术经济指标

（1）转炉日历利用系数。转炉的日历利用系数，是指转炉在日历工作时间内，每公称吨位（或公称容量）平均每昼夜所生产的合格钢产量。它反映了技术操作水平的高低和管理水平的好坏。其计算表达式如下：

$$转炉日历利用系数(t/(公称吨位·d)) = \frac{合格钢产量(t)}{转炉公称吨位 × 日历昼夜(d)} \qquad (0-1)$$

式中　转炉公称吨位——已建成投产的全部转炉座数的总公称吨位。

（2）转炉日历作业率。转炉日历作业率是指转炉各作业时间总和与全部投产的转炉座数和日历时间的乘积的百分比，它反映设备利用状况。计算表达式如下：

$$转炉日历作业率(\%) = \frac{转炉作业时间}{转炉座数 × 日历时间} × 100\% \qquad (0-2)$$

转炉作业时间是指扣除停炉的非作业时间，它包括吹氧时间和辅助时间，如装料、等铁水、等废钢、等钢包、等吊车、等浇注、等氧气等，只要炉与炉的间隔时间在 10min 以内，都计算在炼钢作业时间之内，超过 10min 就统计在非作业时间中。

（3）转炉冶炼周期。转炉冶炼周期是指转炉平均每炼一炉钢所需的时间。冶炼周期是决定转炉生产率的最主要因素。冶炼周期的长短，随炉容量的大小、原料条件、吹炼工艺操作和设备装备水平而变化，其中吹氧和耽误时间所占比重最大。因此减少耽误时间是缩短冶炼周期，提高炉子生产率的一个重要方面。

（4）转炉吹损率。转炉吹损是指转炉吹炼过程中损失的金属量。吹损率反映转炉在吹炼过程中金属损失的程度。其计算公式如下：

$$吹损率(\%) = \frac{装入量(t) - 出钢量(t)}{装入量(t)} \times 100\% \tag{0-3}$$

（5）转炉炉龄。转炉炉龄也称转炉炉衬寿命，是指转炉从开新炉到停炉（或指转炉从开始炼钢起直到再次更换炉衬为止），整个炉役期间炼钢的总炉数，简称炉龄。它反映出耐火材料的质量、修砌炉衬的质量以及操作水平的好坏。

（6）转炉金属料消耗。转炉金属料消耗是指反映每炼 1t 合格钢所消耗金属料的千克数，它反映出对金属料的利用程度。

有些金属料可按规定折算后计入消耗，例如轻薄废钢可按 60% 折算；压块废钢可按65%；渣钢按 70%；砸碎加工的渣钢可按 90% 折算；钢丝和铁屑按 40% 折算；粉状铁合金按 50% 折算；除此之外的其他材料均按实物量计入。

（7）氧枪寿命。氧枪寿命是指氧气转炉每更换一次氧枪所能炼钢的总炉数。

【思考与练习】

0.2-1　单项选择题

（1）炼钢术语 LD 表示（　　）代称。

　　A. 氧气顶吹转炉炼钢法　　　　　　　B. 氧气底吹转炉炼钢法
　　C. 氧气侧吹转炉炼钢法　　　　　　　D. 电炉炼钢法

（2）转炉炼钢公称吨位是指（　　）。

　　A. 每炉金属装入量　　　　　　　　　B. 每炉出钢量
　　C. 第一炉出钢量　　　　　　　　　　D. 炉役期内设计平均每炉出钢量

（3）氧气转炉炼钢制造每吨产品消耗能量（　　）回收能量，称为负能炼钢。

　　A. 大于　　　　　　B. 等于　　　　　　C. 小于

（4）炼钢术语 LD 是以（　　）命名的。

　　A. 人名　　　　　　B. 地名　　　　　　C. 时间　　　D. 动物名

（5）现代三种不同的炼钢方法，生产效率最低的是（　　）。

　　A. 电炉　　　　　　B. 平炉　　　　　　C. 转炉

0.2-2　多项选择题

（1）氧气转炉炼钢的优点有（　　）。

　　A. 生产率高　　　　B. 品种多　　　　　C. 质量好　　　　　D. 热效率高

（2）转炉炼钢的优点有（　　）。

　　A. 原材料消耗小　　B. 基建投资少　　　C. 易于自控　　　　D. 产品成本低

0.2-3　判断题

（1）LD 是首先采用转炉炼钢法的奥地利的林茨（Linz）和多纳维茨城（Donawitz）的第一个字母缩写。

　　　　　　　　　　　　　　　　　　　　　　　　　　　　　　　　　　（　　）

（2）转炉公称容量是指该炉子炉役期设计的平均每炉出钢量。　　（　　）

（3）转炉日历利用系数是指每座炉子每天（24 小时）生产的合格钢水量。　（　　）

0.2-4　计算题

某厂 1 号转炉在 2010 年共砌筑了 2 个炉壳，产钢 100 万吨，平均出钢为 120t。求 1 号转炉的平均炉龄是多少？

教学活动建议

本项目单元理论与实际生产紧密相连，文字表述多，抽象，难于理解，在教学活动之前学生应到企业现场参观实习，具有感性认识；教学活动过程中，应利用现场视频及图片、仿真技术、虚拟仿真实训室或钢铁大学网站，将讲授法、演示法、教学练相结合，实施"做中教"、"做中学"，以提高教学效果。

查一查

学生利用课余时间，自主查询国内外炼钢生产情况，并形成书面文字或课件进行汇报，以锻炼学生收集整理资料的能力、计算机应用能力、语言表达能力。

项目1 提钒生产与转炉炼钢生产设备操作与维护

项目单元1.1 转炉系统设备操作与维护

【学习目标】

知识目标：

（1）掌握转炉系统设备的结构组成及作用。

（2）熟悉转炉系统设备的工作原理。

（3）熟悉设备的使用和维护要点。

能力目标：

（1）能熟练描述转炉系统设备的结构组成及作用。

（2）能使用计算机熟练操作设备。

（3）能利用网络、图书馆收集相关资料、自主学习。

【任务描述】

对于从钒钛磁铁矿到钢材的钢铁联合企业生产，转炉提钒与转炉炼钢是生产工艺流程中的重要生产环节。转炉提钒与转炉炼钢工艺操作环节组成相似，主体设备结构如转炉、氧枪基本相同。

（1）转炉装料时，炉前工在炉前摇炉室控制转炉到装料位置，配合天车装料。装料完成后，切断连锁装置，由主控室控制摇正炉体吹炼。

（2）冶炼结束后，主控室切断连锁，改由炉前摇炉室控制转炉到取样位置。取样测温结束后，如化验成分合格、温度合格，摇起炉体，改由炉后摇炉室控制摇炉出钢。

（3）出钢结束后，再次切断连锁，改由炉前摇炉室控制倒渣，然后将炉子摇到装料位置，准备下一炉装料。

【相关知识点】

转炉系统设备（见图1-1）是由转炉炉体（包括炉壳和炉衬），炉体支承系统（包括托圈、耳轴、耳轴轴承及支座），倾动机构（减速机、电动机、制动装置等）所组成的。

1.1.1 顶吹转炉炉型及计算

转炉炉型是指用耐火材料砌成的炉衬内形。转炉的炉型是否合理直接影响着工艺操作、炉衬寿命、钢的产量与质量以及转炉的生产率。

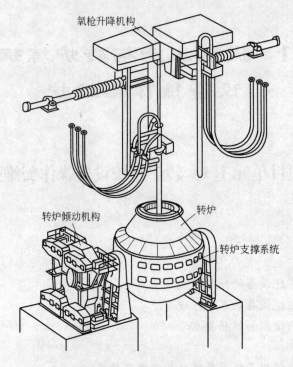

图 1-1　氧气顶吹转炉总图

合理的炉型应满足以下要求：

（1）要满足炼钢的物理化学反应和流体力学的要求，使熔池有强烈而均匀的搅拌。

（2）符合炉衬被侵蚀的形状以利于提高炉龄。

（3）减轻喷溅和炉口结渣，改善劳动条件。

（4）炉壳易于制造，炉衬的砌筑和维修方便。

1.1.1.1　炉型的类型

最早的氧气顶吹转炉炉型，基本上是从底吹转炉发展而来。炉子容量小，炉型高瘦，炉口为偏口。以后随着炉容量的增大，炉型向矮胖发展而趋近球形。

按金属熔池形状的不同，转炉炉型可分为筒球形、锥球形和截锥形三种，如图 1-2 所示。

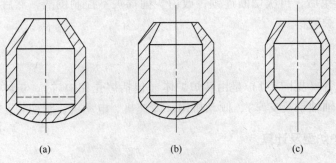

(a)　　　　　　　　　(b)　　　　　　　　　(c)

图 1-2　顶吹转炉常用炉型示意图

(a) 筒球形；(b) 锥球形；(c) 截锥形

（1）筒球形。这种熔池形状由一个球缺体和一个圆筒体组成。它的优点是炉型形状简单，砌筑方便，炉壳制造容易。熔池内型比较接近金属液循环流动的轨迹，在熔池直径足够大时，能保证在较大的供氧强度下吹炼而喷溅最小，也能保证有足够的熔池深度，使炉衬有较高的寿命。大型转炉多采用这种炉型。

（2）锥球形。锥球形熔池由一个锥台体和一个球缺体组成。这种炉型与同容量的筒球形转炉相比，若熔池深度相同，则熔池面积比筒球形大，有利于冶金反应的进行，同时，随着炉衬的侵蚀，熔池变化较小，对炼钢操作有利。欧洲生铁含磷相对偏高的国家，采用此种炉型的较多。我国 20~80t 的转炉多采用锥球形。

对筒球形与锥球形的适用性，看法尚不一致。有观点认为锥球形适用于大转炉（奥地利），有观点却认为适用于小转炉（苏联）。但世界上已有的大型转炉多采用筒球形。

（3）截锥形。截锥形熔池为上大下小的圆锥台。其特点是构造简单，且平底熔池，便于修砌。这种炉型基本上能满足炼钢反应的要求，适用于小型转炉。我国 30t 以下的转炉多用这种炉型。国外转炉容量普遍较大，故极少采用此种形式。

此外，有些国家（如法国、比利时、卢森堡等）的转炉，为了吹炼高磷铁水，在吹炼过程中用氧气向炉内喷入石灰粉。为此他们采用了所谓大炉膛炉型（这种转炉称为OLP 型转炉），这种炉型的特点是：炉膛内壁倾斜，上大下小，炉帽的倾角较小（约50°）。因为炉膛上部的反应空间增大，故吹炼高磷铁水时渣量大和泡沫化严重。这种炉型的砌砖工艺比较复杂，炉衬寿命也比其他炉型低，故一般很少采用。

1.1.1.2　炉型主要尺寸确定

A　转炉的公称容量

转炉的公称容量又称公称吨位，是炉型设计、计算的重要依据，但其含义目前尚未统一，有以下三种表示方法：

（1）用转炉的平均铁水装入量表示公称容量。

（2）用转炉炉役平均出钢量表示公称容量。

（3）用转炉年平均炉产良坯（锭）量表示公称容量。

由于出钢量介于装入量和良坯（锭）量之间，其数量不受装料中铁水比例的限制，也不受浇注方法的影响，所以大多数采用炉役平均出钢量作为转炉的公称容量。根据出钢量可以计算出装入量和良坯（锭）量。

$$出钢量 = 装入量 / 金属消耗系数 \tag{1-1}$$

$$装入量 = 出钢量 \times 金属消耗系数 \tag{1-2}$$

金属消耗系数是指吹炼 1t 钢所消耗的金属料数量。视铁水含硅、含磷量的高或低，波动于 1.1~1.2 之间。

B　炉型的主要参数

（1）炉容比。转炉炉容比含义有两种观点：一种是指转炉新砌砖后炉内自由空间的容积（V）与金属装入量（T）之比，以 V/T 表示，单位为 m^3/t；另一种是指转炉新砌砖后炉内自由空间的容积（V）与公称吨位（T）之比，以 V/T 表示，单位为 m^3/t。

炉容比的大小决定了转炉吹炼容积的大小，它对转炉的吹炼操作、喷溅、炉衬寿命、金属收得率等都有比较大的影响。如果炉容比过小，即炉膛反应容积小，转炉就容易发生喷溅和溢渣，造成吹炼困难，降低金属收得率，并且会加剧炉渣对炉衬的冲刷侵蚀，降低炉衬寿命；同时也限制了供氧量或供氧强度的增加，不利于转炉生产能力的提高。反之，如果炉容比过大，就会使设备质量、倾动功率、耐火材料的消耗和厂房高度增加，使整个车间的投资增大。

选择炉容比时应考虑以下因素：

1）铁水比、铁水成分。随着铁水比和铁水中 Si、P、S 含量的增加，炉容比应相应增大。若采用铁水预处理工艺时，炉容比可以小些。

2）供氧强度。供氧强度增大时，吹炼速度较快，为了不引起喷溅就要保证有足够的反应空间，炉容比相应增大些。

3）冷却剂的种类。采用铁矿石或氧化铁皮为主的冷却剂，成渣量大，炉容比也需相应增大；若采用以废钢为主的冷却剂，成渣量小，则炉容比可适当选择小些。

目前使用的转炉，炉容比波动在 $0.85 \sim 0.95 \mathrm{m}^3/\mathrm{t}$ 之间（大容量转炉取下限）。近些年来，为了在提高金属收得率的基础上提高供氧强度，新设计转炉的炉容比趋于增大，一般为 $0.9 \sim 1.05 \mathrm{m}^3/\mathrm{t}$。

（2）高宽比（$H_总/D_壳$）。高宽比是指转炉总高（$H_总$）与炉壳外径（$D_壳$）之比，是决定转炉形状的另一主要参数，它直接影响转炉的操作和建设费用。因此高宽比的确定既要满足工艺要求，又要考虑节省建设费用。

在最初设计转炉时，高宽比选的较大。生产实践证明，增加转炉高度是防止喷溅，提高钢水收得率的有效措施。但过大的高宽比不仅增加了转炉的倾动力矩，而且厂房高度增高使建筑造价也上升。所以，过大的高宽比没有必要。

在转炉大型化的过程中，$H_总$ 和 $D_壳$ 随着炉容量的增大而增加，但其比值是下降的。这说明直径的增加比高度的增加更快，炉子向矮胖型发展。但过于矮胖的炉型，易产生喷溅，会使热量和金属损失增大。

目前，新设计转炉的高宽比一般在 $1.35 \sim 1.65$ 的范围内选取，小转炉取上限，大转炉取下限。

C　炉型主要尺寸的确定

以筒球形为例，转炉主要尺寸如图 1-3 所示。

a　熔池部分尺寸

熔池部分尺寸主要包括 D 和 H_0。

（1）熔池直径（D）。熔池直径是指转炉熔池在平静状态时金属液面的直径。目前熔池直径的确定可用一些经验公式进行计算，计算结果还应与容量相近、生产条件相似、技术经济指标较好的炉子进行对比并适当调整。

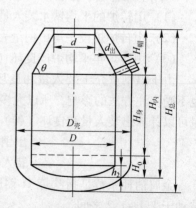

图 1-3　筒球形氧气顶吹转炉主要尺寸

h_2—球缺高度；H_0—熔池深度；

$H_身$—炉身高度；$H_帽$—炉帽高度；

$H_内$—转炉有效高度；$H_总$—转炉总高；

D—熔池直径；$D_壳$—炉壳外径；

d—炉口内径；$d_出$—出钢口直径；

θ—炉帽倾角

我国设计部门推荐的计算熔池直径的经验公式为：

$$D = K \sqrt{\frac{T}{t}} \qquad (1-3)$$

式中　D——熔池直径，m；

T——新炉金属装入量，t，$T = \dfrac{2G}{2+B} \times \dfrac{1}{\eta_{金}}$；

G——公称容量，t；

B——系数，一般取 $10\% \sim 40\%$；

$\eta_{金}$——钢水收得率，可通过物料平衡计算得出；

t——吹氧时间，min，可参考表 1-1 来确定；

K——比例系数，见表 1-2。

实践表明，式（1-3）对中、小型转炉较为适用，对大型转炉有差距，应用时需注意。

表 1-1　不同吨位下吹氧时间推荐值

氧气转炉吨位/t	<30	30~100	>100	宝钢 300t
冶炼周期/min	28~32	32~38	38~45	结合供氧强度、铁水成分和所炼钢种要求等具体条件确定
吹氧时间/min	12~16	14~18	16~20	

表 1-2　K 值与公称吨位之间的关系

吨位/t	<20	30~50	50~120	200	250
K	2.0~2.3	1.85~2.10	1.75~1.85	1.55~1.60	1.5~1.55

另外，也有人利用统计方法，找出现有炉子直径和容量之间的关系，作为计算熔池直径的依据。武汉钢铁设计院推荐下式：

$$D = 0.392\sqrt{20+G} \tag{1-4}$$

式中　G——炉子容量，t。

由国外一些 $30 \sim 300t$ 转炉实际尺寸统计的结果，得出下式：

$$D = (0.66 \pm 0.05) G^{0.4} \tag{1-5}$$

式中　G——炉子容量，t。

（2）熔池深度 H_0。熔池深度是指转炉熔池在平静状态时，从金属液面到炉底的深度。从吹氧动力学的角度出发，合适的熔池深度应既能保证转炉熔池有良好的搅拌效果，又不致使氧气射流穿透炉底，以达到保护炉底，提高炉龄和安全生产的目的。

对于一定容量的转炉，炉型和熔池直径确定之后，便可利用几何公式计算熔池深度 H_0。

1）筒球形熔池。筒球形熔池由圆柱体和球缺体两部分组成。考虑炉底的稳定性和熔池有适当的深度，一般球缺体的半径 R 为熔池直径的 $1.1 \sim 1.25$ 倍。国外大于 200t 的转炉为 $0.8 \sim 1.0$ 倍。当 $R = 1.1D$ 时，金属熔池的体积 $V_{熔}$ 为：

$$V_{熔} = 0.79H_0D^2 - 0.046D^3$$

因而

$$H_0 = \frac{V_{熔} + 0.046D^3}{0.79D^2} \tag{1-6}$$

2）锥球形熔池。锥球形熔池由倒锥台和球缺体两部分组成，见图 1-4a。根据统计，球缺体曲率半径 $R = 1.1D$，球缺体高 $h_2 = 0.09D$ 者较多。倒锥台底面直径 d_1 一般为熔池直径（D）的 $0.895\sim0.92$ 倍，如取 $d_1=0.895D$，则在上述条件下，熔池体积为：

$$V_{熔}=0.70H_0D^2-0.0363D^3$$

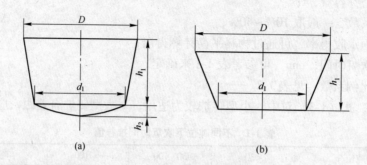

图 1-4　锥球形和截锥形熔池各部位尺寸

（a）锥球形熔池尺寸；（b）截锥形熔池尺寸

D—熔池直径；d_1—倒锥台底面直径；h_1—锥台高度；h_2—球缺体高度

因而熔池深度为：

$$H_0=\frac{V_{熔}+0.0363D^3}{0.70D^2} \tag{1-7}$$

3）截锥形熔池。截锥形熔池如图 1-4b 所示，其体积为：

$$V_{熔}=\frac{\pi h_1}{12}(D^2+Dd_1+d_1^2)$$

当锥体顶面直径 d_1 为 $0.7D$ 时，熔池深度为：

$$H_0=\frac{V_{熔}}{0.574D^2} \tag{1-8}$$

b　炉帽部分尺寸

氧气转炉一般都采用正口炉帽，其主要尺寸有炉帽倾角、炉口直径和炉帽高度。

（1）炉帽倾角（θ）。炉帽倾角（θ）一般取 $60°\sim68°$，大炉子取下限，以减小炉帽高度。如 $\theta<53°$，则炉帽砌砖有倒塌的危险；但倾角过大，将导致锥体部分过高，出钢时容易从炉口下渣。

（2）炉口直径（d）。在满足兑铁水、加废钢、出渣、修炉等操作要求的前提下，应尽量缩小炉口直径，以减少喷溅、热量损失和冷空气的吸入量。一般炉口直径为：

$$d=(0.43\sim0.53)D \tag{1-9}$$

大转炉取下限，小转炉取上限。

（3）炉帽高度（$H_{帽}$）。炉帽的总高度是截锥体高度（$H_{锥}$）与炉口直线段高度（$H_{直}$）之和。设置直线段的目的是为了保持炉口形状和保护水冷炉口，其高度 $H_{直}$ 一般为 $300\sim400\text{mm}$。炉帽高度的计算公式如下：

$$H_{帽}=H_{锥}+H_{直}=\frac{1}{2}(D-d)\tan\theta+(300\sim400) \tag{1-10}$$

炉帽容积为：

$$V_{帽} = V_{锥} + V_{直} = \frac{\pi}{12}H_{锥}(D^2 + Dd + d^2) + \frac{\pi}{4}d^2H_{直} \tag{1-11}$$

c 炉身部分尺寸

转炉在熔池面以上、炉帽以下的圆柱体部分称为炉身。一般炉身直径就是熔池直径。炉身高度 $H_{身}$ 可按下式计算：

$$V_{身} = V_{总} - V_{帽} - V_{熔}$$

$$V_{身} = \frac{\pi}{4}D^2H_{身}$$

$$H_{身} = \frac{4V_{身}}{\pi D^2} \tag{1-12}$$

式中 $V_{总}$——转炉的有效容积，可根据转炉吨位和选定的炉容比确定；

$V_{帽}, V_{身}, V_{熔}$——分别为炉帽、炉身和金属熔池的容积；

$H_{身}$——炉身高度，m。

d 出钢口尺寸

转炉设置出钢口的目的是为了便于渣钢分离，使炉内钢水以正常的速度和角度流入钢包中，以利于在钢包内进行脱氧合金化作业和提高钢的质量。

出钢口主要参数包括出钢口位置、出钢口角度及出钢口直径。

（1）出钢口位置。出钢口的内口应设在炉帽与炉身的连接处。此处在倒炉出钢时位置最低，钢水容易出净，又不易下渣。

（2）出钢口角度（θ）。出钢口角度是指出钢口中心线与水平线的夹角。出钢口角度越小，出钢口长度就越短，钢流长度也越短，可以减少钢流的二次氧化和散热损失，并且易对准炉下钢包车；修砌和开启出钢口方便。出钢口角度一般在 15°~25°，国外不少转炉采用 0°。

（3）出钢口直径。出钢口直径可按下式计算：

$$d_{出} = \sqrt{63 + 1.75G} \tag{1-13}$$

式中 $d_{出}$——出钢口直径，cm；

G——转炉的炉容量，t。

国内外一些转炉炉型主要工艺参数见表 1-3。

表 1-3 国内外一些转炉炉型主要工艺参数

序号	参数名称	符号	单位	公称吨位/t							
				中　国					日　本		美国
				30	50	120	150	300	100	250	230
1	炉壳全高	$H_{总}$	mm	7000	7470	9750	9250	11500	8500	11000	11732
2	炉壳外径	$D_{壳}$	mm	4420	5110	6670	7000	8670	5400	8200	7720
3	炉膛有效高度	$H_{内}$	mm	6220	6491	8150	8480	10458	7672		10600
4	炉膛直径	$D_{膛}$	mm	2480	3500	4860	5260	6832	4000	5670	6250
5	炉内有效容积	V	mm³	24.30	52.72	121	129.1	315	80	193	209.3
6	炉口直径	d	mm	1100	1850	2200	2500	3600	2200	3000	2360

续表1-3

序号	参数名称	符号	单位	公称吨位/t							
				中 国					日 本		美国
				30	50	120	150	300	100	250	230
7	熔池直径	D	mm		3500	4860	5260	6740	4000		6250
8	熔池深度	H_0	mm	1000	1085	1350	1447	1954			1725
9	熔池面积	S	mm²	4.53	9.62	18.85	21.73	33.9	12.57		30.70
10	熔池容积	$V_熔$	mm³			19.4		33.9			
11	炉帽倾角	θ	(°)	65.36		62.1		60			
12	出钢口直径	$d_出$	mm	120		170	180	200			
13	出钢口倾角		(°)	45		20	20	15			
14	$H_总/D_壳$			1.66	1.46	1.46	1.32	1.32	1.57	1.45	1.52
15	$H_内/D$				1.855	1.66	1.61	1.53	1.92		1.72
16	炉容比			0.81	0.95	1.01	0.86	1.05	0.83	0.774	0.91
17	熔池面积		mm²	0.161	0.192	0.155	0.145	0.122	0.126	0.107	0.133
18	d/D		%	44	52.9	45.3	47.5	52.7	55		53.7

1.1.2　转炉炉体

转炉炉体是转炉提钒和转炉炼钢的主体设备，按结构可分为炉帽、炉身及炉底三部分，如图1-5所示，各部分均由炉衬和相应的金属炉壳构成。

1.1.2.1　炉衬

氧气转炉的炉衬一般由工作层、填充层和永久层所构成。有些转炉则在永久层与炉壳钢板之间夹有一层石棉板绝热层。

永久层紧贴炉壳钢板，修炉时一般不拆除，其主要作用是保护炉壳钢板。该层用镁砖砌成。

填充层介于工作层和永久层之间，一般用散状材料捣打而成，厚度为80~100mm，其主要作用为：减轻炉衬受热

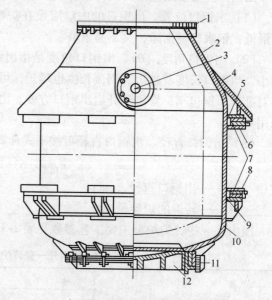

图1-5　转炉炉壳图

1—水冷炉口；2—锥形炉帽；3—出钢口；4—护板；
5，9—上、下卡板；6，8—上、下卡板槽；7—斜块；
10—圆柱形炉身；11—销钉和斜楔；12—可拆卸活动炉底

膨胀时对金属炉壳产生的挤压作用，拆炉时便于迅速拆除工作层，并避免永久层的损坏，也有一些转炉不设置填充层。

工作层是指直接与液体金属、熔渣和炉气接触的内层炉衬，它要经受钢、渣的冲刷，熔渣的化学侵蚀，高温和温度急变，物料冲击等一系列作用。同时工作层不断侵蚀，也将

影响炉内化学反应的进行。因此，要求工作层在高温下，有足够的强度，一定的化学稳定性和抗热震性等性能。

转炉各部位炉衬厚度参考值见表1-4。

表1-4 转炉炉衬厚度设计参考值

炉衬各部分名称		转炉容量/t		
		<100	100~200	>200
炉 帽	永久层厚度/mm	60~115	115~150	115~150
	工作层厚度/mm	400~600	500~600	550~650
炉身（加料侧）	永久层厚度/mm	115~150	115~200	115~200
	工作层厚度/mm	550~700	700~800	750~850
炉身（出钢侧）	永久层厚度/mm	115~150	115~200	115~200
	工作层厚度/mm	500~650	600~700	650~700
炉 底	永久层厚度/mm	300~450	350~450	350~450
	工作层厚度/mm	550~600	600~650	600~750

1.1.2.2 炉壳

转炉炉壳的作用是承受耐火材料、钢液、渣液的全部质量，保持转炉有固定的形状，倾动时承受扭转力矩。大型转炉炉壳如图1-5所示。由图可知，炉壳本身主要由三部分组成，即锥形炉帽、圆柱形炉身和炉底。各部分用普通锅炉钢板或低合金钢板成型后，再焊接成整体。三部分连接的转折处必须以不同曲率的圆滑曲线来连接，以减少应力集中。

为了适应转炉高温作业频繁的特点，要求转炉炉壳必须具有足够的强度和刚度，在高温下不变形，在热应力作用下不破裂。考虑到炉壳各部分受力的不均衡，炉帽、炉身、炉底应选用不同厚度的钢板，特别是对大型转炉来说更应如此。炉壳各部位钢板的厚度可根据经验选定，见表1-5。

表1-5 炉壳钢板厚度的确定 （mm）

部 位		转炉吨位/t							
		15（20）	30	50	100（120）	150	200	250	300
尺寸	炉帽	25	30	45	55	60	60	65	70
	炉身	30	35	45	70	70	75	80	85
	炉底	25	30	45	60	60	60	65	70

（1）炉帽。炉帽部分的形状有截头圆锥体形和半球形两种。半球形的刚度好，但制造时需要做胎模，加工困难；而截头圆锥体形制造简单，但刚度稍差，一般用于30t以下的转炉。

炉帽上设有出钢口，因出钢口最易烧坏，为了便于修理更换，最好设计成可拆卸式的，但小型转炉的出钢口还是焊接在炉帽上为好。

在炉帽的顶部，现在普遍装有水冷炉口。它的作用是防止炉口钢板在高温下变形，提高炉帽的寿命；另外还可减少炉口结渣，而且即使结渣也较容易清理。

水冷炉口有水箱式和埋管式两种结构。

水箱式水冷炉口用钢板焊成,如图1-6所示。在水箱内焊有若干块隔水板,使进入的冷却水在水箱中形成一个回路。同时隔水板也起撑筋作用,以加强炉口水箱的强度。这种水冷炉口在高温下,钢板易产生热变形而使焊缝开裂漏水。在向火焰的炉口内环用厚壁无缝钢管,使焊缝减少,对防止漏水是有效的。

埋管式水冷炉口是把通冷却水用的蛇形钢管埋铸于灰口铸铁、球墨铸铁或耐热铸铁的炉口中,如图1-7所示。这种结构不易烧穿漏水,使用寿命长;但存在漏水后不易修补,且制作过程复杂的缺点。

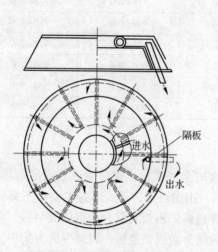

图1-6 水箱式水冷炉口结构

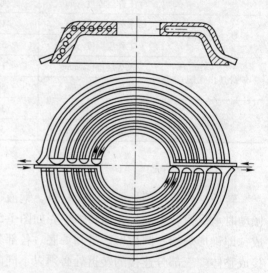

图1-7 埋管式水冷炉口结构

埋管式水冷炉口可用销钉–斜楔与炉帽连接,由于喷溅物的黏结,拆卸时不得不用火焰切割。因此我国中、小型转炉采用卡板连接方式将炉口固定在炉帽上。

在锥形炉帽的下半段还焊有环形伞状挡渣护板(裙板),以防止喷溅出的渣、铁烧损炉帽、托圈及支撑装置等。

(2)炉身。炉身一般为圆筒形,它是整个转炉炉壳受力最大的部分。转炉的全部质量(包括钢水、炉渣、炉衬、炉壳及附件的质量)通过炉身和托圈的连接装置传递到支撑系统上,并且它还要承受倾动力矩,因此用于炉身的钢板要比炉帽和炉底适当厚些。

炉身被托圈包围部分的热量不易散发,在该处易造成局部热变形和破裂。因此,应在炉壳与托圈内表面之间留有适当的间隙(可按$0.03D_{壳}$计算确定,我国多数转炉均小于计算值,一般在$100\sim150$mm),以加强炉身与托圈之间的自然冷却,防止或减少炉壳中部产生变形(椭圆和胀大)。托圈的高度为炉壳全高的20%~40%,托圈的宽度为炉壳直径的11.5%~13.5%。

炉帽与炉身也可以通水冷却,以防止炉壳受热变形,延长其使用寿命。例如有的厂家100t转炉在其炉帽外壳上焊有盘旋的角钢,内通水冷却;炉身焊有盘旋的槽钢,内通水冷却。这套炉壳自1976年投产至今,炉壳基本上没有较大的变形,仍在服役。

(3)炉底。炉底部分有截锥形和球缺形两种。截锥形炉底制作和砌砖都较为简便,但其强度不如球缺形好,适用于小型转炉。

炉底部分与炉身的连接分为固定式与可拆式两种。相应地，炉底结构也有死炉底和活炉底两类。死炉底的炉壳，结构简单、质量轻、造价低，使用可靠，但修炉时，必须采用上修。修炉劳动条件差、时间长，多用于小型转炉。而活炉底采用下修炉方式，拆除炉底后，炉衬冷却快，拆衬容易，因此，修炉方便，劳动条件较好，可以缩短修炉时间，提高劳动生产率，适用于大型转炉。但活炉底装、卸都需专用机械或车辆（如炉底车）。

1.1.2.3　炉体支撑系统

炉体支撑系统包括：支撑炉体的托圈、炉体和托圈的连接装置以及支撑托圈的耳轴、耳轴轴承和轴承座等。托圈与耳轴连接，并通过耳轴坐落在轴承座上，转炉则坐落在托圈上。转炉炉体的全部质量通过支撑系统传递到基础上，而托圈又把倾动机构传来的倾动力矩传给炉体，并使其倾动。

A　托圈及耳轴

（1）托圈与耳轴的作用、结构。托圈和耳轴是用以支撑炉体并传递转矩的构件，因而它要承受以下几方面力的作用：

1）承受炉壳、炉衬、炉液、托圈、耳轴及冷却水的总质量，不同公称吨位转炉总质量见表1-6。

表1-6　不同公称吨位转炉总质量

公称吨位/t	50	80	120	150	210	300
炉液重/t	72	约96	154	190	约262	370
炉衬重/t	194	250	385	377	约600	692.5
炉壳重/t	94	129	173	195	约192	约340
总重/t	360	约475	715	762	约1054	约1400

2）承受由于受热不一致，炉体和托圈在轴向所产生的热应力。

3）承受由于兑铁水、加废钢、清理炉口粘钢、粘渣等不正常操作时所出现的瞬时冲击力。

因此，对托圈的材质、耳轴的材质要求冲击韧性高，焊接性能好，并具有足够的强度和高度。

托圈的结构如图1-8所示。它是断面为箱形或开式的环形结构，两侧有耳轴座，耳轴装在耳轴座内。大、中型转炉的托圈多采用Q345钢板焊接或铸造成型。考虑到机械加工和运输的方便，大、中型转炉的托圈通常做成两段或四段的剖分式结构（图1-8为剖分为四段加工

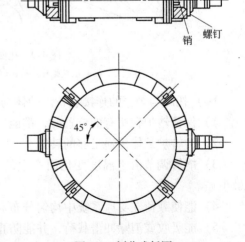

销　螺钉

图1-8　剖分式托圈

制造的托圈），然后，在转炉现场再用螺栓连接成整体。为增加托圈的刚度，中间焊接有垂直筋板。而小型转炉的托圈一般是做成整体的（钢板焊接或铸件）。

箱形托圈内通水冷却，可以降低热应力。托圈的高宽比一般在2.5~3.5。

转炉的耳轴支撑着炉体和托圈的全部质量，并通过轴承座传给地基，同时倾动机构低转速的大扭矩又通过耳轴传给托圈和转炉。耳轴受热会产生轴向的伸长和翘曲变形，耳轴要承受静、动载荷产生的转矩、弯曲和剪切的综合负荷，因此，耳轴应有足够的强度和刚度。转炉两侧的耳轴都是阶梯形圆柱体金属部件，可用40Cr锻造加工而成。由于转炉时常转动，有时要转动±360°，而水冷炉口、炉帽和托圈等需要的冷却水也必须连续地通过耳轴，同时耳轴本身也需要水冷，这样，耳轴要做成空心的。

（2）托圈与耳轴的连接。托圈与耳轴的连接有法兰螺栓连接、静配合连接、直接焊接三种方式，如图1-9所示。

法兰螺栓连接如图1-9a所示。耳轴用过渡配合装入托圈的耳轴座中，再用螺栓和圆销连接、固定，以防止耳轴与孔发生相对转动和轴向移动。这种连接方式连接件较多，而且耳轴需要一个法兰，从而增加了耳轴的制造难度。

静配合连接如图1-9b所示。耳轴有过盈尺寸，装配时用液体氮将耳轴冷缩后插入耳轴座中，或把耳轴孔加热膨胀，将耳轴在常温下装入耳轴孔中。为了防止耳轴与耳轴孔产生转动和轴向移动，传动侧耳轴的配合面应拧入精制螺钉，游动侧采用带小台肩的耳轴。

耳轴与托圈直接焊接如图1-9c所示。这种结构没有耳轴座和连接件，结构简单，质量轻，加工量少。制造时先将耳轴与耳轴板用双面环形焊缝焊接，然后将耳轴板与托圈腹板用单面焊缝焊接。但制造时要特别注意保证两耳轴的平行度和同心度。

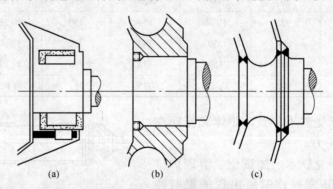

图1-9　托圈与耳轴的连接方式
（a）法兰螺栓连接；（b）静配合连接；（c）焊接连接

（3）托圈与炉壳的连接装置。炉体与托圈之间的连接装置应能满足下述要求：

1）保证转炉在所有的位置时，都能安全地支撑全部工作负荷。

2）为转炉炉体传递足够的转矩。

3）能够调节由于温度变化而产生的轴向和径向的位移，使其对炉壳产生的限制力最小。

4）能使载荷在支撑系统中均匀分布。

5）能吸收或消除冲击载荷，并能防止炉壳过度变形。

6）结构简单，工作安全可靠，易于安装、调整和维护，而且经济。

目前已在转炉上应用的支撑系统大致有以下几类：

1）悬挂支撑盘连接装置。悬挂支撑盘连接装置，如图1-10所示，属三支点连接结构，位于两个耳轴位置的支点是基本承重支点，而在出钢口对侧，位于托圈下部与炉壳相连接的支点是一个倾动支撑点。

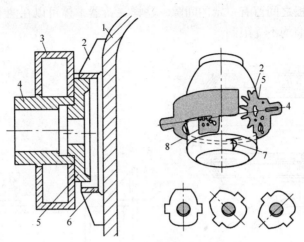

图 1-10　悬挂支承盘连接装置

1—炉壳；2—星形筋板；3—托圈；4—耳轴；5—支撑盘；
6—托环；7—导向装置；8—倾动支撑器

两个承重支点主要由支撑盘 5 和托环 6 构成，托环 6 通过星形筋板 2 焊接在炉壳上，支撑盘 5 装在托环内，它们不同心，有约 10mm 的间隙。

在倾动支撑点装有倾动支撑器 8，在与倾动支撑器同一水平轴线的炉体另一侧装有导向装置 7，它与倾动支撑器构成了防止炉体沿耳轴方向窜动的定位装置。

悬挂支撑盘连接装置的主要特征是炉体处于任何倾动位置，都始终保持托环与支撑盘顶部的线接触支撑。同时，在倾动过程中炉壳上的托环始终沿托圈上的支撑盘滚动。所以，这种连接装置倾动过程平稳、没有冲击。此外，结构也比较简单，制造、安装容易，使用可靠，维护方便。但由于保留卡板装置，所以仍然存在限制，炉壳相对托圈的胀缩，加上球铰连接，使用时间长易发生磨损，炉体倾动会产生晃动。

2）夹持器连接装置。夹持器连接装置的基本结构是沿炉壳圆周装有若干组上、下托架，托架夹住托圈的顶面和底部，通过接触面把炉体的负荷传给托圈。当炉壳和托圈因温差而出现热变形时，可自由地沿其接触面相对位移。

图 1-11 所示为双面斜垫板托架夹持器的典型结构。它由四组夹持器组成。两耳轴部位的两组夹持器 R_1、R_2 为支撑夹持器，用于支撑炉体和炉内液体等的全部质量。位于装料侧托圈中部的夹持器 R_3 为倾动夹持器，转炉倾动时主要通过它来传递倾动力矩。靠出钢口的一组夹持器 R_4 为导向夹持器，它不传递力，只起导向作用。每组夹持器均有上、下托架，托架与托圈之间有一组支撑斜垫板。炉体通过上、下托架和斜垫板夹住托圈，借以支撑其质量。

这种双面斜垫板托架夹持器的连接装置基本满足了转炉的工作要求，但其结构复杂，加工量大，安装调整比较困难。

图 1-12 所示为平面卡板夹持器。它一般由 4~10 组夹持器将炉壳固定在托圈上，其中有一对布置在耳轴轴线上，以便炉体倾转到水平位置时承受载荷。每组夹持器的上、下卡

板用螺栓成对地固定在炉壳上，利用焊在托圈上的卡座将上、下卡板伸出的底板卡在托圈的上、下盖板上。底板和卡座的两平面间和侧面均有垫板 3，垫板磨损可以更换。托圈下盖板与下卡板的底板之间留有一定的间隙，这样夹持器本体可以在两卡座间滑动，使炉壳在径向和轴向的胀缩均不受限制。

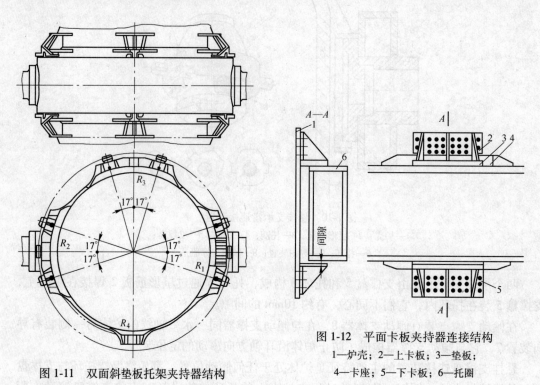

图 1-11　双面斜垫板托架夹持器结构

图 1-12　平面卡板夹持器连接结构

1—炉壳；2—上卡板；3—垫板；

4—卡座；5—下卡板；6—托圈

3）薄带连接装置。薄带连接装置，如图 1-13 所示，是采用多层挠性薄钢带作为炉体与托圈的连接件。

由图 1-13 可以看出，在两侧耳轴的下方沿炉壳圆周各装有五组多层薄钢带，钢带的下端借螺钉固定在炉壳的下部，钢带的上端固定在托圈的下部。在托圈上部耳轴处还装有一个辅助支撑装置。当炉体直立时，炉体是被托在多层薄钢带组成的"托笼"中；炉体的倾动，主要靠距耳轴轴线最远位置的钢带组来传递扭矩；当炉体倒置时，炉体质量由钢带压缩变形和托圈上部的辅助支撑装置来平衡。托圈上部在两耳轴位置的辅助支撑除了在倾动和炉体倒置时，承受一定力外，主要是用于炉体对托圈的定位。

这种连接装置的特点是将炉壳上的主要承重点放在了托圈下部炉壳温度较低的部位，以消除炉壳与托圈间热膨胀的影响，减小炉壳连接处的热应力。同时，由于采用了多层挠性薄钢带作连接件，它能适应炉壳与托圈受热变形所产生的相对位移，还可以减缓连接件在炉壳、托圈连接处引起的局部应力。

B　耳轴轴承座

转炉耳轴轴承是支撑炉壳、炉衬、金属液和炉渣全部质量的部件。负荷大、转速慢、温度高、工作条件十分恶劣。

用于转炉耳轴的轴承大体分为滑动轴承、球面调心滑动轴承、滚动轴承三种类型。滑

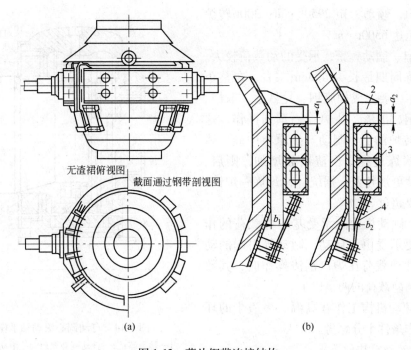

图 1-13　薄片钢带连接结构

（a）薄钢带连接图；（b）薄钢带与炉体和托圈连接结构适应炉体膨胀情况

a_2-a_1—炉壳与托圈沿轴向膨胀差；b_2-b_1—炉壳与托圈沿径向膨胀差；

1—炉壳；2—周向支撑装置；3—托圈；4—钢带

动轴承便于制造、安装，所以小型转炉上用得较多。但这种轴承无自动调心作用，托圈变形后磨损很快。球面调心滑动轴承是滑动轴承改进后的结构，磨损有所减少。为了有效地克服滑动轴承磨损快、摩擦损失大的缺点，在大、中型转炉上普遍采用了滚动轴承。采用自动调心双列圆柱滚动轴承，能补偿耳轴由于托圈翘曲和制造安装不准确而引起的不同心度和不平行度。该轴承结构如图 1-14 所示。

　　为了适应托圈的膨胀，驱动端的耳轴轴承设计为固定的，而另一端则设计成可沿轴向移动的自由端。

　　为了防止脏物进入轴承内部，轴承外壳采取双层或多层密封装置，这对于滚动轴承尤其重要。

1.1.2.4　转炉倾动机构

A　倾动机构的工作特点

　　在转炉设备中，倾动机构是实现转炉炼钢生产的关键设备之一。转炉倾动机构的工作特点是：

　　（1）减速比大。转炉的工作对象是高温的液体金属，在兑铁水、出钢等项操作时，要求炉体能平稳地倾动和准确地停位。因此，炉子采取很低的倾动速度，一般为 0.1 ~ 1.5 r/min。为此，倾动机构必须具有很高的减速比，通常为 700~1000，甚至数千。

　　（2）倾动力矩大。转炉炉体的自重很大，再加上装料质量等，整个被倾转部分的质量达到上百吨甚至上千吨。如炉容量为 350t 的转炉，其总重达 1450t。有的 120t 转炉的总

质量为 715t，倾动力矩 2950t · m；300t 转炉
的倾动力矩达 6500t · m。

（3）启、制动频繁，承受的动载荷较大。
转炉的冶炼周期最长为 40min 左右，在整个
冶炼周期中，要完成加废钢、兑铁水、取样、
测温、出钢、出渣、补炉等一系列操作，这
些都涉及转炉的启、制动。如原料中硅、磷
含量高，吹炼过程中倒渣次数增加，则启、
制动操作就更加频繁，据统计，每炼一炉钢，
启、制动要超过 30 次。

另外，倾动机构除承受基本静载荷的作
用外，还要承受由于启动、制动等引起的动
载荷。这种动载荷在炉口刮渣操作时，其数
值甚至达到静载荷的两倍以上。

（4）倾动机构工作在高温、多渣尘的环
境中，工作条件十分恶劣。

B　对倾动机构的要求

根据转炉倾动机构的工作特点和操作工
艺的需要，倾动机构应满足以下要求：

（1）在整个生产过程中，必须满足工艺

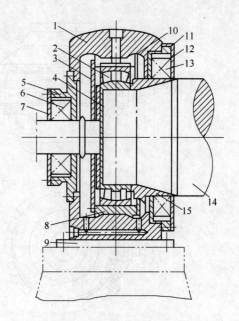

图 1-14　自动调心滚动轴承座
1—轴承座；2—自动调心双列圆柱滚动轴承；
3，10—挡油板；4—轴承压板；5，11—轴承端盖；
6，13—毡圈；7，12—压盖；8—轴承套；
9—轴承底座；14—耳轴；15—甩油推环

的需要。应能使炉体正反转动 360°，并能平稳而又准确地停在任一倾角位置上，以满足
兑铁水、加废钢、取样、测温、出钢、倒渣、补炉等各项工艺操作的要求，并且要与氧
枪、副枪、炉下钢包车、烟罩等设备连锁。

（2）根据吹炼工艺的要求，转炉应具有两种以上的倾动速度。转炉在出钢、倒渣、
人工测温取样时，要平稳缓慢地倾动，以避免钢、渣猛烈晃动，甚至溅出炉口；当转炉空
炉、或从水平位置摇直、或刚从垂直位置摇下时，均可用较高的倾动速度，以减少辅助时
间。在接近预定位置时，采用低速倾动，以便停位准确，并使炉液平稳。

一般小于 30t 的转炉可以不调速，倾动转速为 0.7r/min；50 ~ 100t 转炉可采用两级转
速，低速为 0.2r/min，高速为 0.8r/min；大于 150t 的转炉可无级调速，转速在 0.15 ~
1.5r/min。

（3）在生产过程中，倾动机构必须能安全可靠地运转，不应发生电动机、齿轮及轴、
制动器等设备事故，即使部分设备发生故障，也应有备用能力继续工作，直到本炉钢冶炼
结束。

（4）倾动机构对载荷的变化和结构的变形应有较好的适应性。当托圈产生挠曲变形
而引起耳轴轴线出现一定程度的偏斜时，仍能保持各传动齿轮的正常啮合，同时，还应具
有减缓动载荷和冲击载荷的性能。

（5）结构紧凑，质量轻，机械效率高，安装、维修方便。

C　转炉倾动机构的类型

转炉倾动机构随着氧气转炉炼钢生产的发展也在不断地发展和完善，出现了各种形式

的倾动机构。

倾动机构一般由电动机、制动器、一级减速器和末级减速器组成，末级减速器的大齿轮与转炉驱动端耳轴相连，就其传动设备安装位置可分为落地式、半悬挂式和全悬挂式等。

（1）落地式倾动机构。落地式倾动机构，是指转炉耳轴上装有末级大齿轮，而所有其他传动件都装在另外的基础上。或所有的传动件（包括大齿轮在内）都安装在另外的基础上。这种倾动机械结构简单，便于加工制造和装配维修。

图 1-15 所示为我国小型转炉采用的落地式倾动机构。这种传动形式，当耳轴轴承磨损后，大齿轮下沉或是托圈变形耳轴向上翘曲时，都会影响大、小齿轮的正常啮合传动。此外，大齿轮系开式齿轮，易落入灰砂，磨损严重，寿命短，应加外罩防护。

小型转炉的倾动机构多采用蜗轮蜗杆传动，其优点是速比大、体积小、设备轻、有反向自锁作用，可以避免在倾动过程中因电动机失灵而发生转炉自动翻转的危险。同时可以使用比较便宜的高速电动机；缺点是功率损失大，效率低。而大型转炉则采用全齿轮减速机，以减少功率损失。图 1-16 所示为我国某厂 150t 转炉采用全齿轮传动的落地式倾动机构。为了克服低速级开式齿轮磨损较快的缺点，将开式齿轮放入箱体中，成为主减速器。该减速器安装在基础上。大齿轮轴与耳轴之间用齿形联轴器连接，因为齿形联轴器允许两轴之间有一定的角度偏差和位移偏差，因此可以部分克服因耳轴下沉和翘曲而引起的齿轮啮合不良。

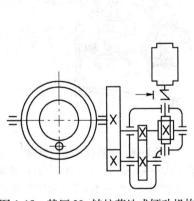

图 1-15　某厂 30t 转炉落地式倾动机构

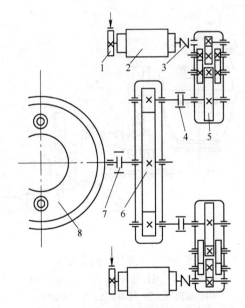

图 1-16　150t 顶吹转炉倾动机构

1—制动器；2—电动机；3—弹性联轴器；
4，7—齿形联轴器；5—分减速器；
6—主减速器；8—转炉炉体

为了使转炉获得多级转速，采用了直流电动机，此外考虑倾动力矩较大，采用了两台分减速器和两台电动机。

（2）半悬挂式倾动机构。半悬挂式倾动机构是在转炉耳轴上装有一个悬挂减速器，而其余的电动机、减速器等都安装在另外的基础上。悬挂减速器的小齿轮通过万向联轴器或齿形联轴器与落地减速器相连接。

图1-17所示为某厂30t转炉半悬挂式倾动机构。这种结构，当托圈和耳轴受热、受载而变形翘曲时，悬挂减速器随之位移，其中的大小人字齿轮仍能正常啮合传动，消除了落地式倾动机构的弱点。

半悬挂式倾动机构，设备仍然很重，占地面积也较大，因此又出现了悬挂式倾动机构。

（3）全悬挂式倾动机构。全悬挂式倾动机构，如图1-18所示，是把转炉传动的二次减速器的大齿轮悬挂在转炉耳轴上，而电动机、制动器、一级减速器都装在悬挂大齿轮的箱体上。这种机构一般都采用多电动机、多初级减速器的多点啮合传动，消除了以往倾动设备中齿轮位移啮合不良的现象。此外，它还装有防止箱体旋转并起缓震作用的抗扭装置，可使转炉平稳地启动、制动和变速，而且这种抗扭装置能够快速装卸以适应检修的需要。

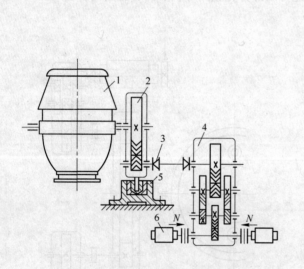

图1-17　半悬挂式倾动机构
1—转炉；2—悬挂减速器；3—万向联轴器；
4—减速器；5—制动装置；6—电动机

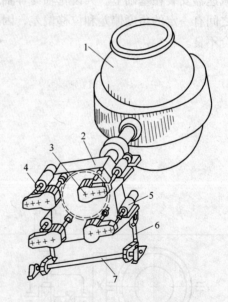

图1-18　全悬挂式倾动机构
1—转炉；2—齿轮箱；3—三级减速器；4—联轴器；
5—电动机；6—连杆；7—缓震抗扭轴

全悬挂式倾动机构具有结构紧凑、质量轻、占地面积小、运转安全可靠、工作性能好的特点。但由于增加了啮合点，加工、调整和对轴承质量的要求都较高。这种倾动机构多为大型转炉所采用。

我国上海宝钢的300t、首钢迁钢210t转炉均采用了全悬挂式倾动机构。

【技能训练】

项目 1.1-1　利用山东星科开发的转炉炼钢虚拟仿真实训系统，进行转炉倾动系统、冷却系统操作

（1）系统检查。仿真实训操作时，点击【系统检查】按钮，弹出如图 1-19 所示的窗口，进行相关项目的检查。包括氧枪系统的检查（氧枪水流量、氧枪水温度、氧枪钢丝绳张力等）；炉体倾动及润滑、水冷系统的检查（炉体水流量、炉体水温度等）；除尘系统和汽化冷却系统（风机是否高速、氮封等）的检查；其他方面的检查（事故连锁、料仓内余料及副枪系统等）。

（2）转炉倾动系统、冷却系统操作。点击转炉主操作画面中的转炉主令实现装料、出钢、出渣等倾动操作，通过打开钢铁生产仿真实训车间——炼钢转炉倾动控制操作画面（图 1-20）上控制冷却水的阀门实现冷却系统控制，通过画面的自动、手动按钮可以实现转炉倾动系统、冷却系统控制自动操作和手动操作。

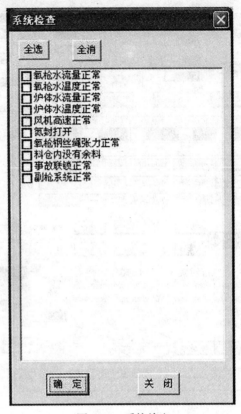

图 1-19　系统检查

项目 1.1-2　转炉本体、倾动系统、冷却系统设备的日常检查及常见故障的判断与处理

A　转炉本体、倾动系统、冷却系统设备的日常检查

（1）检查润滑管路，保证畅通。

（2）检查密封部位是否漏油。

（3）检查制动器是否有效。

（4）检查钢滑块是否松动、脱落。

（5）检查抗扭装置连接螺丝、基础螺丝是否松动。

（6）检查托圈上制动块是否松动、脱落，炉子在倾动中炉体与托圈是否有相对位移。

（7）检查大轴承连接螺丝、基础螺丝是否松动。

（8）检查轴承运转是否有异声。

（9）检查耳轴与托圈的连接螺丝是否折断、松动。

（10）检查炉口是否有结渣，炉子倾动时会不会发生意外或碰撞烟罩。

（11）检查各种仪表、开关及连锁装置是否有效。

（12）炉体倾动时，检查电流表显示值是否在正常范围内。

（13）检查炉口、炉帽、托圈等水冷件的管件是否渗漏，进出水管路是否畅通，水冷

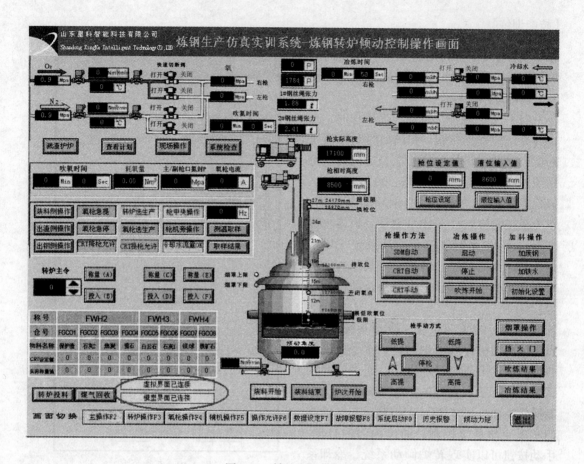

图1-20 转炉主操作画面

件进出水的流量、压力、温度是否正常。

B 转炉本体、倾动系统、冷却系统设备常见故障的判断与处理

（1）塌炉事故的征兆如下：

1）倒炉时，炉内补炉砂及贴砖处有黑烟冒出，说明该处可能塌炉。

2）倒炉时，熔池液面有不正常的翻动，翻动处可能塌炉。

3）补炉后，在铁水进炉时有大量的浓厚黑烟从炉口冲出，则说明已经发生塌炉。即使在进炉时没有发生塌炉，但由于补炉料的烧结不良，也有可能在冶炼过程中发生塌炉。所以，在冶炼中应仔细观察火焰，以掌握炉内是否发生塌炉事故。

4）新开炉冶炼时，如果发现炉气特别"冲"并且浓黑，意味着已经发生塌炉，操作要特别小心。

预防措施：

1）补炉前一炉出钢后要将残渣倒干净，采用大炉口倒渣，且炉子倾倒180°。

2）每次补炉用的补炉砂数量不应过多，特别是开始补炉的第一、二次，一定要执行"均匀薄补"的原则。这样，一方面可以使第一、二炉补上去的少量补炉砂烧结牢固，不易塌落；另一方面可以使原本比较平滑的炉衬受损表面补上少量补炉砂后变得粗糙不平，有助于以后炉次补上去的补炉砂黏结补牢。以后炉次的补炉也需要采用薄补方法，宜少量多次，有利于提高烧结质量，防止和减少塌炉。

3）补炉后的烧结时间要充分，这是预防塌炉发生的一个关键所在。实践证明，补炉后若烧结时间充分，能提高烧结质量，可以避免塌炉事故。所以，各厂对烧结时间都有明确的规定。烧结时间从喷补结束开始计算，一般为 40min 以上；如一次喷补不合格而需要再次喷补时，从第二次喷补结束时计算，烧结时间为 20～25min，特殊情况下还应该适当延长。可见确保有充分的烧结时间的重要性。

4）补炉后的第一炉一般采用纯铁水吹炼，不加冷料，要求吹炼过程平稳、全程化渣、氧压及供氧强度适中，尽量避免吹炼过程的冲击波现象，操作要规范、正常，特别要控制炼钢温度，适当地将其控制在上限以保证补炉料的更好烧结。如有可能的话，适当增加渣料中生白云石的用量，以提高渣中 MgO 含量，有利于补牢炉子。

5）严格控制好补炉衬质量，如喷补料不能有粉化现象，填料与贴砖要有足够的沥青含量且不能有粉化现象。在有条件的情况下，要根据炉衬的材质来选择补炉料的材料。

（2）穿炉事故的征兆如下：

1）从炉壳外面检查，如发现炉壳钢板的表面颜色由黑色变为灰白色，随后又逐渐变红（由暗红色到红色），变色面积也由小到大，说明炉衬砖在逐渐变薄，向外传递的热量在逐渐增加。炉壳钢板表面的颜色变红往往是穿炉漏钢的先兆，应先补炉后在冶炼。

2）从炉内检查，如发现炉衬侵蚀严重，已达到可见保护砖的程度，说明穿炉短期内就可能发生，应该重点补炉。对于后期炉子，其炉衬本来已经较薄，如果发现凹坑（一般凹坑处发黑），则说明该处炉衬更薄，极易发生穿炉事故。

应急处理：一般发生穿炉事故的部位为炉底，炉底与炉身接缝处，炉身（炉身又分前墙（倒渣侧），后墙（出钢侧）），耳轴侧和出钢口周围。因此，当遇到穿炉事故时首先不要惊慌，而是要立即判断出穿炉的部位，并尽快倾动炉子，使钢水液面离开穿漏区。如炉底与炉身接缝处穿漏且发生在出钢侧，应迅速将炉子向倒渣侧倾动；反之，则炉子应向出钢侧倾动。如耳轴处渣线在吹炼时发现渗漏现象，由于渣线位置一般高于熔池，应立即提枪，将炉内钢水倒出炉子后再进行炉衬处理。对于炉底穿漏，一般就较难处理了，往往会造成整炉钢漏在炉下，除非在穿漏时炉下正好有钢包且穿漏部位又在中心，才可迅速用钢包盛装漏出的钢水，减轻穿漏造成的损失。

处理方法：发生穿漏事故后，对炉衬情况必须进行全面的检查及分析。特别是高炉龄的炉子，如穿漏部位大片炉衬砖已被侵蚀得较薄，此时应拆炉并进行砌炉作业；对于一些中期炉子或新炉子，整个炉子的砖衬厚度较厚，因个别部位砌炉质量问题或个别砖的质量问题，仅是局部出现一个深坑或空洞而引起的穿炉事故，则可以采用补炉的方法来修补炉衬，但此后该穿漏的地方就应列入重点检查的护炉区域。修补穿漏处的方法一般用干法，这是目前常规的补炉方法，即先用破碎的补炉砖填入穿钢的洞口，如果穿钢后造成炉壳处的熔洞较大，一般应先在炉壳外侧用钢板贴补后焊牢，然后再填充补炉料，并用喷补砂喷补。如穿炉部位在耳轴两侧，则可用半干喷补方法先将穿炉部位填满，然后吹 1～2 炉，再用补侧墙的方法（干法）将穿炉区域补好。

穿炉后采取换炉（重新砌炉）还是采用补炉法补救是一个重要的决策，应由有经验的工作人员商讨决定，特别是补炉后继续冶炼时更要认真对待，避免出现再次穿炉事故。

（3）冻炉事故的原因如下：

1）吹炼过程中由于某种原因造成转炉机械长时间不能转动，如果突然停电且短时间无法恢复或转炉机械故障需要较长时间的抢修，转炉无法转动，钢水留在转炉内也无法倒出，最后形成冻炉。

2）由于转炉发生穿炉事故或出钢时出现穿包事故，流出的钢水使钢包车轨道粘钢及烧坏，钢包车本身也被烧坏而无法行动，但转炉内尚剩余部分钢水没有出完，必须等待炉下钢包轨道抢修及调换烧坏的钢包车，致使炉内剩余钢水凝固，引起冻炉事故。

3）氧枪喷头烧穿，大量冷却水进入炉内，需长时间排水和蒸发后方能动炉和吹炼，结果在动炉前就已形成冻炉。

预防：上述产生冻炉事故的主要原因中，由外界造成的原因是无法预防的；由设备造成的原因，重在加强点检及巡检，当发现传动设备有异常现象，如传动声音不正常、运行不平稳或发现转炉与托圈的固定有松动时，必须及时安排检查与维修，绝不能带病作业，造成冻炉事故。

对于穿炉或穿包造成的事故，在不影响抢修的情况下，如发生穿炉或穿出钢口事故时已经将钢包车烧坏，钢包车不能运行，此时干脆将炉内的钢水全部倒入钢包内，然后空炉等待出钢线铁轨的修理和调换钢包车，以避免冻炉；在出钢过程中发现有穿包现象时，如能立即停止出钢并加紧将钢包车开出平台，让吊车迅速吊走钢包，一般情况下出钢线的恢复还是比较快的。因此在出钢时，钢包车的操作人员应密切注意出钢时钢包的变化，发现问题要及时联系，避免事态扩大；否则，待钢包车已烧毁再摇起炉子停止出钢，因是穿包事故，炉内的剩余钢水不能往下继续倒，就会被迫出现冻炉事故。

（4）炉口水箱漏水的原因如下：

炉口水箱漏水最常发生的地方是在直接受火焰冲刷的一圈圆周上，此处温度最高，受冲刷也最厉害；而且其也是制造加工的薄弱环节，应力最大；同时此处在进炉时易被铁水包或废钢斗碰撞擦伤，在倒渣时带出少量钢水，这都会加速该处的熔损。

（5）出钢口堵塞的常见原因如下：

1）上一炉出钢后没有堵出钢口，在冶炼过程中钢水、炉渣飞溅进入出钢口，使出钢口堵塞。

2）上一炉出钢、倒渣后，出钢口内残留钢渣未全部凿清就堵出钢口，致使下一炉出钢口堵塞。

3）新出钢口一般口小孔长，堵塞未到位，在冶炼过程中钢水、炉渣溅进或灌进孔道致使堵塞。

4）在出钢过程中，熔池内脱的炉衬砖、结块的渣料进入出钢孔道，也可能会造成出钢口堵塞。

5）采用挡渣球挡渣出钢，在下一炉出钢前，没有将上一炉的挡渣球捅开，造成出钢口堵塞。

处理：采用什么方法来排除出钢口堵塞应视出钢口堵塞的程度来决定。通常出钢时，将转炉向后摇到开出钢口位置，由一人用短钢钎捅几下出钢口即可捅开，使钢水能正常流出。如发生捅不开的出钢口堵塞事故，则可以根据堵塞程度不同采取不同的排除方法，具体如下：

1）如是一般性堵塞，可由数人共握钢钎合力冲撞出钢口，强行捅开出钢口。

2）如堵塞比较严重，操作工人可用一短钢钎对准出钢口，由另一人用榔头敲打短钢钎冲击出钢口，一般也能捅开出钢口，保证顺利出钢。

3）如堵塞更严重时，应使用氧气烧开出钢口。

4）当出钢过程中有堵塞物，如散落的炉衬砖或结块的渣料等堵塞出钢口时，则必须将转炉从出钢位置摇回到出钢口位置，使用长钢钎凿开堵塞物使孔道畅通，再将转炉摇到出钢位置继续出钢。这在生产上称为二次出钢，会增加下渣量和回磷量，并使合金元素的回收率很难估计，对钢质造成不良后果。

（6）倾动设备常见故障及排除。

倾动设备常见故障及排除方法见表1-7。

表1-7　倾动设备常见故障及排除方法

故　障	主要原因	排除方法
冶炼过程中炉体突然不能倾动	（1）稀油站油压下降或停泵后倾动电动机也停过电（应有讯号）； （2）托圈、耳轴滚动轴承温度上升或供油量不足； （3）吊挂大齿轮切向键松动而使齿轮窜动，人字齿啮合卡死； （4）耳轴大滚动轴承或吊挂大齿轮滚动轴承破裂； （5）行星差动减速机两根高速轴齿轮损坏或滚动轴承破裂	（1）启动油泵或备用油泵，油压上升后便能倾动，并检查指示讯号； （2）加大油压，调节各供油点的油流量； （3）拆检吊挂齿箱，打紧切向键； （4）停炉调换； （5）检查，如快速轴转、慢速轮不转，拆减速箱调快速轴
冶炼过程中倾动炉体失去控制	（1）电动机倾动力矩不够； （2）同一电动机轴上两个制动器都失去制动能力，在这种情况下炉口结渣过重，一旦炉体重心超过耳轴中心就会倾翻； （3）减速系统或联轴器齿形断裂	（1）检查电气设备； （2）调整制动器制动瓦片的开度，炉口清渣； （3）检查快速与慢速之比（速比），调换齿轮

【知识拓展】

项目 1.1　转炉本体、倾动系统设备的使用

转炉倾动的操作装置是主令开关，某厂转炉倾动的操作装置（手柄）见图1-21。转炉的主令开关有两套，一套安装在炼钢中控室（炉前操作室）内；另一套安装在炉旁摇炉房内，由炉倾地点选择开关（图1-22）进行选择使用。炉倾地点选择开关安装在操作室的操作台上。

A　炉前炉倾操作

（1）将炉倾地点选择开关的手柄转到"炉前"位置（此时炉前主令开关的手柄应处于"0"位）。

（2）按工艺要求将炉前主令开关的手柄从"0"位转到"+90°"（前摇炉）或"-90°"（后摇炉）位，使炉体倾动。

（3）当炉体倾动至工艺所要求的倾角时，立即将主令开关手柄恢复到"0"位，使炉子固定在这个角度上。

图 1-21　某厂转炉倾动的操作装置　　　　图 1-22　炉倾地点选择开关示意图

B　炉后炉倾操作

（1）将炉倾地点选择开关的手柄旋转到"炉后"位置。

（2）进入炉后操作房，用炉后主令开关进行摇炉操作（同炉前）。

【思考与练习】

1.1-1　单项选择题

（1）转炉炉型是指（　　）。

　　A. 转炉炉壳形状　　　　　　　B. 由耐火材料所砌成的炉衬内型

　　C. 生产过程中转炉内衬形状

（2）大中型转炉炉壳采用（　　）制作。

　　A. 普通低合金钢钢板　　　　　B. 优质合金钢容器钢板

　　C. 优质低合金钢容器钢板　　　D. 优质碳素钢钢板

1.1-2　判断题

（1）转炉炉壳通常是用普通钢板焊接成的。　　　　　　　　　　　　（　　）

（2）转炉公称容量是指该炉子炉役期设计平均每炉出钢量。　　　　　（　　）

（3）氧气转炉炉壳由锥形炉帽、圆柱形炉身和炉底三部分组成。　　　（　　）

1.1-3　填空题

（1）转炉主要设备为转炉炉体、炉体支撑系统、（　　　）。

（2）转炉炉体结构从上到下组成为（　　　）、（　　　）、（　　　）。

（3）转炉炉体倾动角度要求能正反两个方向做（　　　）的转动。

1.1-4　简述题

（1）塌炉的原因、征兆、预防和处理的方法是什么？

（2）造成出钢口堵塞的常见方法有哪些？又如何排除出钢口堵塞？

（3）穿炉有什么预兆，如何预防及处理？

（4）冻炉事故的原因及预防措施有哪些？

教学活动建议

本项目单元理论性较强，文字表述多，抽象，难于理解，在教学活动之前学生应到企业现场参观实习，具有感性认识；教学活动过程中，应利用现场视频及图片、仿真技术、虚拟仿真实训室或钢铁大学网站，使设备的工作过程形象化，结构清楚明了，同时将讲授法、演示法、教学练相结合，实施"做中教"、"做中学"，以提高教学效果。

查一查

学生利用课余时间，自主查询转炉炼钢生产转炉系统设备使用、操作规程。

项目单元1.2　转炉炼钢原材料供应系统设备操作与维护

【学习目标】

知识目标：

(1) 掌握转炉原材料供应系统的设备组成、作用及操作要点。

(2) 熟悉转炉原材料供应系统的设备结构、维护方法。

(3) 了解散状料供应系统设备结构的工作原理。

能力目标：

(1) 能熟练描述散状材料供应系统设备的结构组成及作用。

(2) 能使用计算机熟练操作设备。

(3) 能利用网络、图书馆收集相关资料、自主学习。

【任务描述】

(1) 高炉铁水运至转炉车间的方式有两种：第一种是高炉铁水出至高炉下的铁水罐车内，铁水罐车由机车牵引到转炉车间。在转炉车间用天车吊起铁水罐，将铁水兑入混铁炉内。混铁炉的两侧设有煤气烧嘴，靠高温火焰实现铁水保温，并按要求取样、测温并进行记录。接到出铁通知时，将铁水包吊至混铁炉出铁口下方，倾动炉体，按要求的数量出铁，并通知铁水成分和温度。第二种是高炉铁水出至高炉下的鱼雷罐车内，混铁车由机车牵引到转炉车间出铁坑上方，取样、测温并记录。接到出铁通知时，将铁水包吊至混铁车出铁口下方，倾动炉体，按要求的数量出铁，并通知铁水成分和温度。

(2) 根据铁水条件和冶炼钢种等要求，转炉炼钢需加入部分废钢。

(3) 按工艺要求，使用计算机操作画面对转炉散装料进行高位料仓的上料、称量、加入等操作。

1) 造渣材料的上料、加料。上料工根据高位料仓料位显示启动皮带运输机，将石灰、白云石、矿石、氧化铁皮等造渣材料运至高位料仓。吹氧工根据冶炼炉矿，通过点击计算机控制系统设定要加入的造渣剂种类、数量，启动给料机，使渣料进入称量漏斗称量，然后打开气动阀门，设定的造渣剂经汇集漏斗进入炉内。

2) 铁合金的上料、加料。根据冶炼需求的种类、数量，将铁合金经汽车运入车间，用天车将其吊入料仓或使用皮带输送机运入料仓。出钢时，将预先称量好的合金通过溜槽加入包内。

（4）对散状料供应系统设备进行日常维护及常见故障的判断、处理。对熔剂加料系统、渣料系统、合金下料系统设备进行检查，发现故障应进行维护，对常见的故障进行判断并及时处理，保证炉料能及时、准确地加入到转炉。

【相关知识点】

1.2.1　铁水供应

1.2.1.1　铁水供应的方式

铁水是转炉炼钢的主要原料。按所供铁水来源的不同可分为化铁炉铁水和高炉铁水两种。由于化铁炉需二次化铁，能耗与熔损较大，已被国家明令淘汰。

高炉向转炉供应铁水的方式有：铁水罐车供应（铁水罐直接热装）、混铁炉供应、混铁车供应等。

（1）铁水罐车供应铁水。高炉铁水流入铁水罐后，运进转炉车间。转炉需要铁水时，将铁水倒入转炉车间的铁水包，经称量后用铁水吊车兑入转炉。其工艺流程为：

高炉→铁水罐车→前翻支柱→铁水包→称量→转炉

铁水罐车供应铁水的特点是设备简单，投资少。但是铁水在运输及待装过程中热损失严重，用同一罐铁水炼几炉钢时，前后炉次的铁水温度波动较大，不利于操作，而且粘罐现象也较严重。另外，对于不同高炉的铁水、或同一座高炉不同出铁炉次的铁水、或同一出铁炉次中先后流出的铁水来说，铁水成分都存在差异，使兑入转炉的铁水成分波动也较大。

我国采用这种供铁方式的主要是小型转炉炼钢车间。

（2）混铁炉供应铁水。采用混铁炉供应铁水时，高炉铁水罐车由铁路运入转炉车间加料跨，用铁水吊车将铁水兑入混铁炉。当转炉需要铁水时，从混铁炉将铁水倒入转炉车间的铁水包内，经称量后用铁水吊车兑入转炉。其工艺流程为：

高炉→铁水罐车→混铁炉→铁水包→称量→兑入转炉

由于混铁炉具有贮存铁水，混匀铁水成分和温度的作用，因此这种供铁方式，铁水成分和温度都比较均匀，特别是对调节高炉与转炉之间均衡地供应铁水有利。

（3）混铁车供应铁水。混铁车又称混铁炉型铁水罐车或鱼雷罐车，由铁路机车牵引，兼有运送和贮存铁水的两种作用。

采用混铁车供应铁水时，高炉铁水出到混铁车内，由铁路将混铁车运到转炉车间倒罐站旁。当转炉需要铁水时，将铁水倒入铁水包，经称量后，用铁水吊车兑入转炉。其工艺流程为：

高炉→混铁车→铁水包→称量→转炉

采用混铁车供应铁水的主要特点是：设备和厂房的基建投资以及生产费用比混铁炉低，铁水在运输过程中的热损失少，并能较好地适应大容量转炉的要求，还有利于进行铁水预处理（预脱磷、硫和硅）。但是，混铁车的容量受铁路轨距和弯道曲率半径的限制不宜太大，因此，贮存和混匀铁水的作用不如混铁炉。这个问题随着高炉铁水成分的稳定和温度波动的减小而逐渐获得解决。近年来世界上新建大型转炉车间采用混铁车供应铁水的厂家日益增多。

1.2.1.2　混铁炉

混铁炉是高炉和转炉之间的桥梁，具有贮存铁水、稳定铁水成分和温度的作用，对调节高炉与转炉之间的供求平衡和组织转炉生产极为有利。

A　混铁炉构造

混铁炉由炉体、炉盖开闭机构和炉体倾动机构三部分组成，如图 1-23 所示。

（1）炉体。混铁炉的炉体一般采用短圆柱炉型，其中段为圆柱形，两端端盖近于球面形，炉体长度与圆柱部分外径之比近于 1。

炉体包括炉壳、托圈、倒入口、倒出口和炉内砖衬等。

炉壳用 20~40mm 厚的钢板焊接或铆接而成。两个端盖通过螺钉与中间圆柱形主体连接，以便于拆装修炉。炉内耐火砖衬由外向内依次为硅藻土砖、黏土砖和镁砖。

在炉体中间的垂直平面内配置铁水倒入口、倒出口和齿条推杆的凸耳。倒入口中心与垂直轴线呈 5°倾角，以便于铁水倒入和混匀。倒出口中心与垂直轴线约呈 60°倾角。在工作中，炉壳温度高达 300~400℃，为了避免变形，在圆柱形部分装有两个托圈。同时，炉体的全部质量也通过托圈支撑在辊子和轨座上。

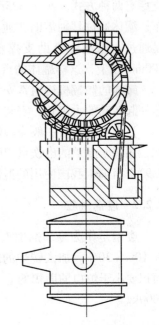

图 1-23　混铁炉构造图

为了铁水保温和防止倒出口结瘤，炉体端部与倒出口上部配有煤气、空气管，用火焰加热。

（2）炉盖开闭机构。倒入口和倒出口皆有炉盖。通过地面绞车放出的钢绳绕过炉体上的导向滑轮独立地驱动炉盖的开闭。因为钢绳引上炉体时，钢绳引入点处的导向滑轮正好布置在炉体倾动的中心线上，所以当炉体倾动时，炉盖状态不受影响。

（3）炉体倾动机构。目前混铁炉普遍采用的一种倾动机构是齿条传动倾动机构。齿条与炉壳凸耳铰接，由小齿轮传动，小齿轮由电动机通过四对圆柱齿轮减速后驱动。

B　混铁炉容量和座数的配置

目前国内混铁炉容量有：300t、600t、900t、1300t、3000t。混铁炉容量应与转炉容量相配合。要使铁水保持成分的均匀和温度的稳定，要求铁水在混铁炉中的贮存时间为 8~10h，即混铁炉容量相当于转炉容量的 15~20 倍。

由于转炉冶炼周期短，混铁炉受铁和出铁作业频繁，混铁炉检修又不能影响转炉的正常生产，因此，一座经常吹炼的转炉配备一座混铁炉较为合适。

1.2.1.3　混铁车

混铁车由罐体、罐体支撑及倾翻机构和车体等部分组成，如图 1-24 所示。

罐体是混铁车的主要部分，外壳由钢板焊接而成，内砌耐火砖衬。通常罐体中部较长一段是圆筒形，两端为截圆锥形，以便从直径较大的中间部位向两端耳轴过渡。罐体中部上方开口，供受铁、出铁、修砌和检查出入之用。罐口上部设有罐口盖保温。

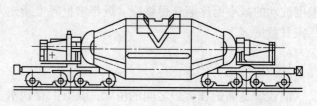

图1-24　混铁车

根据国外已有的混铁车，罐体支撑有两种方式。小于325t的混铁车，罐体通过耳轴借助普通滑动轴承支撑在两端的台车上；325t以上的混铁车，其罐体是通过支撑滚圈借助支撑辊支撑在两端的台车上。罐体的旋转轴线高于几何轴线约100mm以上，这样罐体的重心无论是空罐或满罐，总能保持在旋转轴线以下。

罐体的倾翻机构通常安装在前面台车上，由电动机、减速机及开式齿轮组成。带动罐体一起转动的大齿轮，安装在传动端的耳轴上。

混铁车的容量一般为转炉吨位的整数倍，大体上按一台混铁车的铁水兑一炉或两炉考虑，还应与高炉的出铁量相配合，一般以一次出铁量基本装满一车为原则（装满系数 f 取0.9）。目前，我国使用的混铁车最大公称吨位为260t和300t，国外最大公称吨位为600t。

1.2.2　废钢供应

废钢是作为冷却剂加入转炉的。根据氧气顶吹转炉热平衡计算，废钢的加入量一般为10%~30%。加入转炉的废钢块度，最大长度不得大于炉口直径的三分之一，最大截面积要小于炉口的面积的七分之一。根据炉子吨位的不同，废钢块单重波动范围为150~2000kg。

1.2.2.1　废钢的加入方式

目前在氧气顶吹转炉车间，向转炉加入废钢的方式有两种。

（1）直接用桥式吊车吊运废钢槽倒入转炉。这种方法是用普通吊车的主钩和副钩吊起废钢料槽，靠主、副钩的联合动作把废钢加入转炉。这种方式的平台结构和设备都比较简单，废钢吊车与兑铁水吊车可以共用，但一次只能吊起一槽废钢，并且废钢吊车与兑铁水吊车之间的干扰较大。

（2）用废钢加料车装入废钢。这种方法是在炉前平台上专设一条加料线，使加料车可以在炉前平台上来回运动。废钢料槽用吊车事先吊放到废钢加料车上，然后将废钢加料车开到转炉前并倾动转炉，废钢加料车将废钢料槽举起，把废钢加入转炉内。这种方式废钢的装入速度较快，并可以避免装废钢与兑铁水吊车之间的干扰。但平台结构复杂。

对以上两种废钢加入方式，以往人们认为，当转炉容量较小，废钢装入数量不多时，宜采用吊车加入废钢；而当转炉容量较大，装入废钢数量较多时，可以考虑采用废钢加料车装入废钢。但据资料介绍，现在大型转炉更趋向于用吊车加入废钢，而不是用废钢加料车。因为用废钢加料车加废钢过程中易对炉体产生冲击，而且加废钢过程中需要调整转炉的倾角。而用吊车加废钢则平稳、便利得多。一些大型转炉为了缩短加废钢时间，增加废钢添加量，采用了双槽式专用加废钢吊车，或专用的单槽式大型废钢料槽吊车（料槽容积为10m³）。

1.2.2.2　废钢的加入设备

（1）废钢料槽。废钢料槽是钢板焊接的一端开口、底部呈平面的长簸箕状槽。在料槽前部和后部的两侧有两对吊挂轴，供吊车的主、副钩吊挂料槽。

（2）废钢加料车。废钢加料车在国内曾出现两种形式。一种是单斗废钢料槽地上加料机，废钢料槽的托架被支撑在两对平行的铰链机构的轴上，用千斤顶的机械运动，使料槽倾翻并退至原位，如图 1-25 所示。另一种是双斗废钢料槽加料车，是用液压操纵倾翻机构动作的。

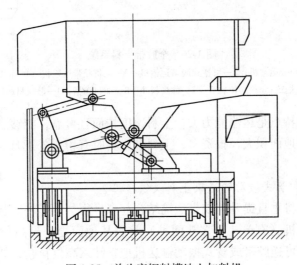

图 1-25　单斗废钢料槽地上加料机

1.2.3　散状材料供应

散状材料是指炼钢过程中使用的造渣材料、补炉材料和部分冷却剂等，如石灰、萤石、白云石、铁矿石、氧化铁皮、焦炭等。氧气转炉所用散状材料供应的特点是种类多、批量小、批数多。供料要求迅速、准确、连续、及时，设备可靠。

供应系统包括车间外和车间内两部分。通过火车或汽车将各种材料运至主厂房外的原料间（或原料场）内，分别卸入料仓中，然后再按需要通过运料提升设施将各种散状料由料仓送往主厂房内的供料系统设备中。

1.2.3.1　散状材料供应的方式

散状材料供应系统一般由贮存、运送、称量和向转炉加料等几个环节组成。整个系统由存放料仓、运输机械、称量设备和向转炉加料设备组成。按料仓、称量设备和加料设备之间所采用运输设备的不同，目前国内已投产的转炉车间散状材料的供应主要有以下几种方式。

A　全胶带上料系统

图 1-26 表示一个全胶带上料系统，其作业流程如下：

地下（或地面）料仓→固定胶带运输机→转运漏斗→可逆式胶带运输机→高位料仓→分散称量漏斗→电磁振动给料器→汇集胶带运输机→汇集料斗→转炉

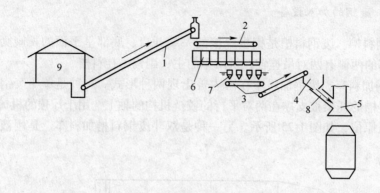

图 1-26　全胶带上料系统

1—固定胶带运输机；2—可逆式胶带运输机；3—汇集胶带运输机；4—汇集料斗；

5—烟罩；6—高位料仓；7—称量料斗；8—加料溜槽；9—散状材料间

　　这种上料系统的特点是运输能力大，上料速度快而且可靠，能够进行连续作业，有利于自动化；但它的占地面积大，投资多，上料和配料时有粉尘外逸现象，适用于 30t 以上的转炉车间。

　　B　斗式提升机和管式振动输送机上料及供料工艺

　　这种上料方式是将垂直提升与胶带运输结合起来，用翻斗车将散状材料运输到主厂房外侧，通过斗式提升机（有单斗和多斗两种）将料从地面提升到高位料仓以上，再用胶带运输、布料小车、可逆胶带或管式振动输送机把料卸入高位料仓，如图 1-27 所示。

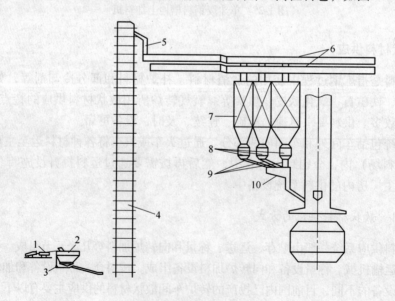

图 1-27　多斗提升机和管式振动输送机上料示意图

1—翻斗汽车；2—半地下料仓；3，9—电磁振动给料器；4—多斗提升机；

5—溜槽；6—管式振动输送机；7—高位料仓；8—称量漏斗；10—汇集料斗

这种上料方式减少了占地面积和设备投资，简化了供料流程，但是供料能力比固定胶带运输机小，且不连续，可靠性差，一般用于中、小型氧气转炉车间。

C　固定胶带和管式振动输送机上料系统

这种系统的上料方式，如图 1-28 所示，它与全胶带上料方式基本相同。不同的是以管式振动输送机代替可逆胶带运输机，配料时灰尘外逸情况大大改善，车间劳动条件好，适用于大、中型氧气转炉车间。

1.2.3.2　散状材料供应系统的设备

A　地下料仓

地下料仓设在靠近主厂房的附近，它兼有贮存和转运的作用。料仓设置形式有地下式、地上式和半地下式三种，其中采用地下式料仓较多，它可以采用底开车或翻斗汽车方便地卸料。

各种散状料的贮存量决定于吨钢消耗量、日产钢量和贮存天数。各种散状料的贮存天数可根据材料的性质、产地的远近、购买是否方便等具体情况而定，一般矿石、萤石可以贮存时间长些（10~30 天）。石灰易于粉化，贮存天数不宜过多（一般为 2~3 天）。

B　高位料仓

高位料仓的作用是临时贮料，以保证转炉随时用料的需要。根据转炉炼钢所用散状料的种

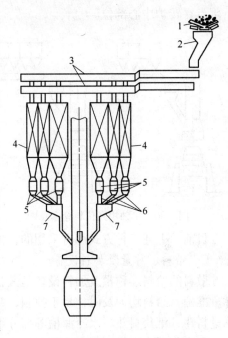

图 1-28　固定胶带和管式振动输送机
上料系统
1—固定胶带运输机；2—转运漏斗；
3—管式振动输送机；4—高位料仓；
5—称量漏斗；6—电磁振动给料器；7—汇集料斗

类，高位料仓设置有石灰、白云石、萤石、氧化铁皮、铁矿石、焦炭等料仓，其贮存量要求能供 24h 使用。因为石灰用量最大，料仓容积也最大，大、中型转炉一般每座转炉设置两个以上的石灰料仓，其他用量较少的材料每炉设置一个或两座转炉共用一个料仓。这样每座转炉的料仓数目一般有 5~10 个，布置形式有共用、单独用和部分共用三种。

（1）共用料仓。两座转炉共用一组料仓，如图 1-29 所示。其优点是料仓数目少，停炉后料仓中剩余石灰的处理方便。缺点是称量及下部给料器的作业频率太高，出现临时故障时会影响生产。

（2）单独用料仓。每个转炉各有自己的专用料仓，如图 1-30 所示。主要优点是使用的可靠性比较高。但料仓数目增加较多，停炉后料仓中剩余石灰的处理问题尚未合理解决。

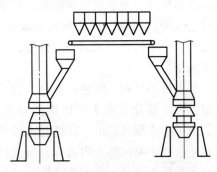

图 1-29　共用高位料仓示意图

（3）部分共用料仓。某些散料的料仓两座转炉共用，某些散料的料仓则单独使用，如图 1-31 所示。这种布置克服了前两种形式的缺

点，基本上消除高位料仓下部给料器作业负荷过高的缺点，停炉后也便于处理料仓中的剩余石灰。转炉双侧加料能保证成渣快，改善了对炉衬侵蚀的不均匀性，但应力求做到炉料下落点在转炉中心部位。

图1-30 单独用高位料仓示意图   图1-31   部分共用高位料仓示意图

目前，上述三种方式都有采用的，但以部分共用料仓采用较为广泛。

C 给料、称量及加料设备

散料的给料、称量及加料设备是散状材料供应的关键部件。因此，要求它运转可靠，称量准确，给料均匀及时，易于控制，并能防止烟气和灰尘外逸。这一系统是由给料器、称量料斗、汇集料斗、水冷溜槽等部分组成。

在高位料仓出料口处，安装有电磁振动给料器，用以控制给料。电磁振动给料器由电磁振动器和给料槽两部分组成，通过振动使散状料沿给料槽连续而均匀地流向称量料斗。

称量料斗是用钢板焊接而成的容器，下面安装有电子秤，对流进称量料斗的散状料进行自动称量。当达到要求的数量时，电磁振动给料器便停止振动而停止给料。称量好的散状料送入汇集料斗。

散状料的称量有分散称量和集中称量两种方式。分散称量是在每个高位料仓下部分别配置一个专用的称量料斗。称量后的各种散状料用胶带运输机或溜槽送入汇总漏斗。集中称量则是在每座转炉的所有高位料仓下面集中设置一个共用的称量料斗，各种料依次叠加称量。分散称量的特点是称量灵活，准确性高，便于操作和控制，特别是对临时补加料较为方便。而集中称量则称量设备少，布置紧凑。一般大、中型转炉多采用分散称量，小型转炉则采用集中称量。

汇集料斗又称中间密封料仓，它的中间部分常为方形，上下部分是截头四棱锥形容器，如图1-32所示。为了防止烟气逸出，在料仓入口和出口分别装有气动插板阀，并向料仓内通入氮气进行密封。加料时

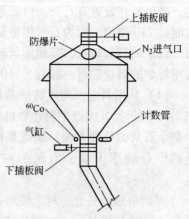

图1-32 中间密封料仓

先将上插板阀打开，装入散状料后，关闭上插板阀，然后打开下插板阀，炉料即沿溜槽加入炉内。

中间密封料仓顶部设有两块防爆片，万一发生爆炸可用以泄压，保护供料系统设备。

在中间密封料仓出料口外面设有料位检测装置，可检测料仓内炉料是否卸完，并将讯号传至主控室内，便于炉前控制。

D　运输机械设备

散状材料供应系统中常用的运输设备有胶带运输机和振动输送机。

胶带运输机是大、中型转炉散状材料的基本供料设备。它具有运输能力大，功率消耗少，结构简单，工作平稳可靠，装卸料方便，维修简便又无噪声等优点。缺点是占地面积大，橡胶材料及钢材需要量大，不易在较短距离内爬升较大的高度，密封比较困难。

振动输送机是通过输送机上的振动器使承载构件按一定方向振动，当其振动的加速度达到某一定值时，使物料在承载构件内沿运输方向实现连续微小的抛掷，使物料向前移动而实现运输的机械设备。

振动输送机的特点是：密封好，便于运输粉尘较大的物料；由于运输物料的构件是钢制的，可运送温度高达500℃的高温物料，并且物料运输构件的磨损较小；它的机械传动件少，润滑点少，便于维护和检修；设备的功率消耗小；易于实现自动化。但它向上输送物料时，效率显著降低，不宜运输黏性物料，而且设备基础要承受较大的动负荷。

1.2.4　铁合金供应

铁合金的供应系统一般由炼钢厂铁合金料间、铁合金料仓及称量和输送、向钢包加料设备等部分组成。

铁合金在铁合金料间（或仓库）内加工成合格块度后，应按其品种和牌号分类存放，还应保存好其出厂化验单。贮存面积主要取决于铁合金的日消耗量、堆积密度及贮存天数。

铁合金由铁合金料间运到转炉车间的方式有以下两种：

（1）铁合金用量不大的炼钢车间。将铁合金装入自卸式料罐，然后用汽车运到转炉车间，再用吊车卸入转炉炉前铁合金料仓。需要时，经称量后用铁合金加料车经溜槽或铁合金加料漏斗加入钢包。

（2）需要铁合金品种多、用量大的大、中型转炉炼钢车间。铁合金加料系统有两种形式：

第一种方式是铁合金与散状料共用一套上料系统，然后从炉顶料仓下料，经旋转溜槽加入钢包，如图1-33所示。这种方式不另增设铁合金上料设备，而且操作可靠，但稍增加了散状材料上料胶带运输机的运输量。

第二种方式是铁合金自成系统用胶带运输机上料，有较大的运输能力，使铁合金上料不受散状原料的干扰，还可使车间内铁合金料仓的贮量适当减少。对于规模很大的转炉车间，这种流程更可确保铁合金的供应。但增加了一套胶带运输机上料系统，设备质量与投资有所增加。

【技能训练】

项目1.2-1　铁水供应实践操作

A　混铁车、混铁炉受铁操作

（1）兑铁前应了解罐内铁水成分及质量，若发现高炉铁水渣子过多、温度偏低等异

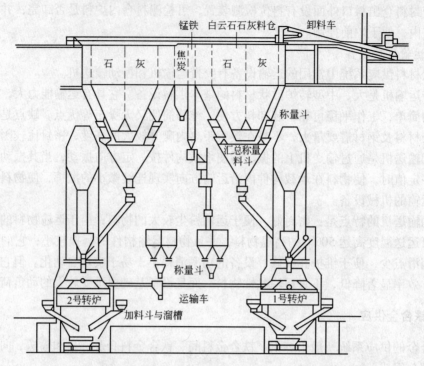

图 1-33　美国扬斯顿公司芝加哥转炉散状料及铁合金供应系统图

常情况，应及时向值班调度汇报。

（2）铁水罐渣子结壳时应压破渣壳，然后才能兑铁，严禁结壳翻铁。

（3）兑完铁水后观察铁水罐内情况，若衬砖侵蚀严重或局部掉砖应停止使用，罐口结壳严重时必须更换。

（4）指挥行车必须站位准确、指令清楚，避免各类事故发生。

（5）无特殊情况不得直接倾翻铁水罐兑铁入炉，必须从混铁炉出铁，当铁水 $w_{[Si]} \geqslant$ 0.8%，$w_{[S]} \geqslant 0.06\%$ 时必须入混铁炉。

B　混铁炉出铁操作

（1）每班接班时先检查气动松闸机构是否正常，出铁时若发生停电或失控故障，应立即扳动气动松闸手柄，使炉子迅速回零位。

（2）出铁前认真检查铁水包情况，在确认无结壳、包位准确后才能出铁。

（3）出铁质量严格按转炉铁水工要求控制，误差可在 ±1.5t 范围内。出完铁时间比入转炉时间提前 5~10min，不能过早出铁，但必须确保转炉不等铁水。

（4）出铁时执行"两头小、中间大"和"看包为主、看秤为辅"的要点，出铁到规定质量 2t 左右时准确抬炉，防止溢铁事故。

（5）包内铁水不能出得过满，铁水液面距最低包沿应大于 200mm，每次出完铁后倾炉手柄应回到零位，关上控制开关。

（6）每班对出炉铁水测温两次（接班一次、生产中途一次），每天取样一次，并将结果及时通知炉前。

C　混铁炉保温操作

（1）每班检查炉体各部位及兑铁槽情况，并对各种设备进行检查和加油润滑，发现问题应及时处理上报。

（2）每 2h 对炉腔温度和炉壁温度进行一次监测记录，结合出炉铁水温度和炉内存铁量调整煤气、空气流量，将炉内温度控制在 1150~1300℃之间，确保混铁炉倒出铁水的温度在 1250~1300℃。

（3）每 2h 对炉壳温度进行一次红外线测量，在各部位多点监测，记录最高点，出现温度异常情况应及时上报。

项目 1.2-2　散状材料的供应实践操作

A　使用计算机操作画面按工艺要求完成散状材料的上料操作

（1）上料、加料设备的检查。

1）检查料仓是否有料，可以直接观察高位料仓。

2）检查振动给料器是否完好，由仪表工配合检查。

3）检查计量仪表是否正常，若显示不正确，由仪表工配合检查。

4）检查料位显示器是否正常，若显示不正确，由仪表工配合检修。

5）检查各料仓进出口阀门是否正常，由钳工配合检查。

6）检查固定烟罩上的下料口是否堵塞，发现堵塞应及时清理。

（2）上料操作。

点击转炉倾动主界面【转炉投料 F3】按钮，如图 1-34 所示，切换到转炉投料操作界面中，如图 1-35 所示。

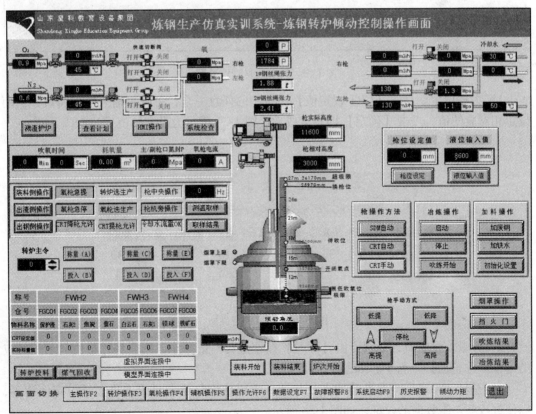

图 1-34　主操作界面转炉投料

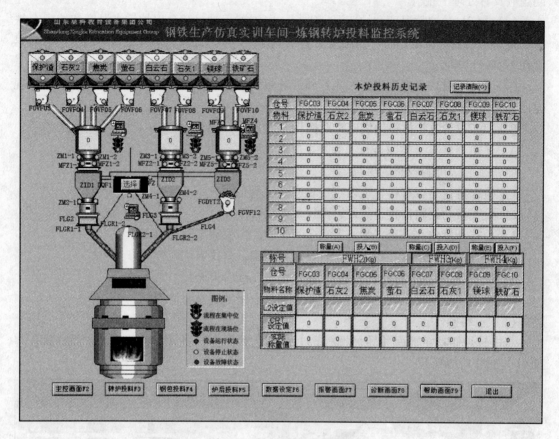

图 1-35　转炉投料操作界面

1）数据设定。点击【CRT 设定值】一行中的任意一个，可弹出输入数据窗口，从而设定相对应的值，点击【确定】即设定成功。图 1-36 所示为设定好值后的窗口。

称号	FWH2				FWH3		FWH4	
仓号	FGC01	FGC02	FGC03	FGC04	FGC05	FGC06	FGC07	FGC08
物料名称	保护渣	石灰2	备用	萤石	白云石	石灰1	镁球	铁矿石
CRT设定值	25	96	0	0	87	0	0	98
实际称量值	0	0	0	0	0	0	0	0

图 1-36　数据设定界面

2）称量。设定后，分别点击【称量】按钮进行称量操作，则会将称量值显示到对应的【实际称量值】一行中，如图 1-37 所示。

3）投料。称量后，点击【投入】按钮，即可将所称量的料投入进去且设定值清零，以便进行新一组数据的设定，如图 1-38 所示。

称号	FWH2				FWH3		FWH4	
仓号	FGC01	FGC02	FGC03	FGC04	FGC05	FGC06	FGC07	FGC08
物料名称	保护渣	石灰2	备用	萤石	白云石	石灰1	镁球	铁矿石
CRT设定值	25	96	0	0	87	0	0	98
实际称量值	25	96	0	0	87	0	0	98

图 1-37　称量界面

称号	FWH2				FWH3		FWH4	
仓号	FGC01	FGC02	FGC03	FGC04	FGC05	FGC06	FGC07	FGC08
物料名称	保护渣	石灰2	备用	萤石	白云石	石灰1	镁球	铁矿石
CRT设定值	0	0	0	0	0	0	0	0
实际称量值	0	0	0	0	0	0	0	0

图 1-38　投料界面

B　散状料供应系统设备常见故障的判断

加料装置常见的故障如下：

（1）汇集料斗出口阀不动作。其主要原因是该出口阀距炉膛较近，受炉内高温辐射和高温烟气的冲刷后易变形，变形后的阀门不动作（打不开或关不上）。

（2）物料加不下去。其主要原因是物料堵塞或振动器失灵等。一些渣料堵塞是由于块度太大或粉料过多、受潮结块所致；物料中混有杂物，会造成堵塞；固定烟罩的下料口因喷溅而结块，也会造成堵塞。振动器故障一般由电气原因造成的。

（3）仪表不显示称量值。其原因可能高位料仓已无料、仓内渣料结团不下料、振动给料器损坏、仪表损坏等。

（4）料位显示不复零。汇集料斗内的料放完后，料位指示器应显示无料，这称为复零。如果不复零，可能的原因有：出口阀打不开或下料口堵塞，致使汇集料斗内的料放不下来，汇集料斗内不空，所以此时显示不复零；若检查汇集料斗后确认其内无料而料位显示不复零，则要考虑仪表损坏的问题。

【知识拓展】

项目 1.2-1　铁水包的日常维护及穿包事故的征兆、判断与处理

A　铁水包的日常维护

（1）每班启动一次干油润滑系统。

（2）每班要对入炉、出炉铁水量进行准确记录，下班前必须核对清楚，各种记录要真实、规范、完整。交班时要交接清楚，需双方签字认可，有异议时做好记录并及时反映。

（3）新铁水包上线前必须检查其在烘烤过程中有无裂纹产生、有无窜砖和掉料。

（4）使用新铁水包第一次装铁后，必须认真观察有无掉砖和粘铁现象。

（5）在每次使用中，应对铁水包耳轴、挡板、销轴等关系到吊运安全的部位进行检查，若发现问题应及时下线处理，严禁带隐患使用。

B　铁水包的穿包事故的征兆、判断与处理

征兆：穿包的主要原因是铁水包外层包壳的温度变化。常温下，钢材在没有油漆保护的情况下受到空气中氧的氧化，一般呈灰黑色。钢材在受热过程中颜色会发生一些变化，在 650℃ 以下时，仍呈灰黑色；超过 650℃ 时，其颜色会逐渐发红，先成暗红色，然后逐渐发亮；当温度超过 850℃ 时，就会变成亮红色，然后直接熔化（一般包壳的熔点在 1500℃ 左右）。

值得注意的是，一旦出现包壳发红，即说明其内部耐材已经失去作用，包壳温度的上升趋势越来越快，如不能及时采取措施，很快就会发生穿包事故。因此，只有及早发现铁水包包壳发红，才能将事故的损失降到最低。

判断：

（1）铁水包上线前及在线过程中装铁前进行检查，若发现耐材侵蚀严重、裂纹纵横交错（形成局部龟裂）、局部窜砖，应停止使用。

（2）铁水兑入转炉后、往铁水车上坐包前用测温仪检测包壳温度，特别是大包嘴下方包壁铁水冲击区以及包底铁水冲击区部位的包壳温度，有利于尽早发现问题。若相同部位本次测量温度高于上次 30℃，应立即对其包衬耐材重点检查，发现问题则停止使用。

（3）铁水包装完铁后，若测量局部温度高于 500℃，应立即做倒包处理。

处理：

（1）铁水包穿包一般发生在转炉装铁之前，即出铁到待装的过程。

（2）如铁水包还没有吊到炼钢转炉平台（如在铁水车吊包位），应快速将铁水包吊到事故包上方，视穿包部位倒包或等待其停止漏铁。

（3）对于出铁过程中发生在中下部包壁、包底的穿漏事故，应立即中断翻铁操作，快速将铁水车开出，指挥天车将铁水包吊至事故包上方。

项目 1.2-2　上料、加料设备的使用

A　手动操作

（1）将加料方式按钮选择"手动"位。

（2）根据加料种类，在计算机加料画面选定料仓，并在指定位置输入所需加入物料的数量，并按"回车键"确认。

（3）启动当前振动料仓下面的振动电机按钮，执行称料操作，将设定的物料加到对应的称料斗内。

（4）从炉前汇集料斗往前，逐步将各条皮带运输机启动。

（5）检查并确认各条运输线流向无误后，启动对应称量斗下的放料按钮，将物料从称料斗加到炉前汇集料斗内。

（6）当确定设定量的物料全部加到汇集料斗之后，再"启动"停止按钮，结束放料。然后再按照与启动时相反的顺序，分别将皮带运输机逐步停止。

（7）打开汇集料斗下部的启动插板阀和炉盖加料门气缸，将料加到炉内或钢包内。

B　自动操作

（1）将加料方式按钮选择"自动"位。

（2）根据加料种类，在计算机加料画面上选择料仓，并在指定位置设定所需加入的物料数量，按"回车键"确认。

（3）启动当前料仓下面的振动电机按钮，执行称量操作，将设定的物料加到对应的称料斗内。

（4）打开称量斗内的加料按钮，各皮带从后向前依次自动启动，然后加料振动机自动启动，将料一直加到炉前汇集料斗内。待料全部加到汇集料斗后，振动机及各条皮带依次自动停止。

（5）打开汇集料斗下部的启动插板阀和炉盖加料门气缸，将料加到炉内或包内。待料加完后，气动插板阀和炉门自动关闭，加料全部结束。

【思考与练习】

1.2-1 单项选择题

（1）混铁炉出铁的操作原则是（　　）。

  A. 中间小、两头大 B. 两头小、中间大 C. 自始至终一样大

（2）混铁炉的三大作用之一是（　　）。

  A. 改变铁水成分 B. 均匀铁水的化学成分

  C. 降低碳的含量，使之达到钢的成分的要求

（3）混铁炉炉内温度应控制在（　　）。

  A. 1150～1300℃ B. 1250～1300℃ C. 1150～1350℃

（4）混铁炉的总容量一般比转炉容量大（　　）倍。

  A. 5～10 B. 1～5 C. 15～20

（5）下图属于（　　）高位料仓的布置形式。

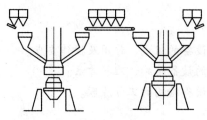

题（5）图

  A. 部分共用 B. 共用 C. 单独用

（6）下图属于（　　）散状材料的供应方式。

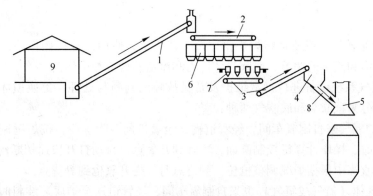

题（6）图

　A. 多斗提升机和管式振动输送机上料　　　　　　　B. 全胶带上料

　C. 固定胶带和管式振动输送机上料

1.2-2　填空题

（1）转炉炼钢散状材料供应系统一般由贮存、运送、称量和（　　　）等几个环节组成。整个系统由一些（　　　）、运输机械、称量设备和向转炉加料设备组成。

（2）混铁车由（　　　）、罐体支撑及倾翻机构和车体等部分组成。

（3）混铁炉由（　　　）、炉盖开闭机构和炉体倾动机构三部分组成。

教学活动建议

本项目单元理论性较强，文字表述多，抽象，难于理解，在教学活动之前学生应到企业现场参观实习，具有感性认识；教学活动过程中，应利用现场视频及图片、仿真技术、虚拟仿真实训室或钢铁大学网站，使设备的工作过程形象化，结构清楚明了，同时将讲授法、演示法、教学练相结合，实施"做中教"、"做中学"，以提高教学效果。

查一查

学生利用课余时间，自主查询转炉炼钢生产原材料供应系统设备使用、操作规程。

项目单元 1.3　转炉供气系统设备操作与维护

【学习目标】

知识目标：

（1）掌握转炉供气系统设备的组成、作用及操作要点。

（2）熟悉转炉供气系统的设备结构、维护方法。

（3）了解转炉供气系统设备结构的工作原理。

能力目标：

（1）能熟练描述供气系统设备的结构组成及作用。

（2）能使用计算机熟练操作设备。

（3）能利用网络、图书馆收集相关资料、自主学习。

【任务描述】

（1）无论是转炉提钒还是转炉炼钢，按工艺要求，使用计算机操作画面进行氧枪的升降、氧气压力和流量的调节、底吹气体压力和流量的调节等操作。

（2）对供气系统设备进行日常维护及常见故障的判断与处理，更换损坏的氧枪。转炉向炉内供气分为顶吹氧和底吹气两种：

1）顶吹的氧气来自制氧车间，经管道输送至氧枪前。吹炼前，按炉况调整好氧压及其流量。吹炼时，操作计算机控制画面，下降到开氧点，自动打开快速切断阀，控制氧枪到吹炼枪位，吹炼中根据炉况调整枪位。到终点时，提升氧枪到等待点。

2）底吹气体（氮气或氩气）也来自制氧车间，经管道送至炉底。装料时，即开始送一定压力、流量的气体。冶炼时，可根据钢种需要将氮气切换成氩气，直到出渣。

【相关知识点】

1.3.1 制氧基本原理及氧气转炉炼钢（提钒）车间供氧系统

1.3.1.1 制氧基本原理

空气中含有 20.9% 的氧、78% 的氮和 1% 的稀有气体（如氩、氦、氖等气体）。在 103125Pa 下，空气、氧气和氮气等气体的物理性质见表 1-8。

表 1-8 气体的物理性质

气体 性质	空气	氧气	氮气	氩气
密度/kg·m^{-3}	1.293	1.429	1.2506	1.784
沸点/℃	-193	-183	-195.8	-189.2
熔点/℃		-218	-209.86	-185.7

由表 1-8 可知，氧气和氮气具有不同的沸点。若把空气变成液态，再把它"加热"，在不同的温度下分别蒸发出氧气和氮气来，就能达到氧氮分离的目的。因此制氧时，首先要创造条件使空气液化，然后再将液化空气加热（精馏），由于液氮的沸点较低，故氮先蒸发成氮气逸出，剩下的液态空气含氧浓度相应升高，将这种富氧液态空气再次蒸发，使氮成分继续逸出，最后得到液态工业纯氧。将液态氧加热气化，便可得到氧气，其纯度达 98%~99.9%，即所谓工业纯氧。其纯度愈高，对钢质量愈好。

在近代制氧工业中，还可获得氩气、氮气副产品，氩气是氩氧炉和氩气搅拌法的重要气源；氮气可作为顶底复吹转炉的底部气源，也是生产化肥的原料。

1.3.1.2 氧气转炉炼钢（提钒）车间供氧系统

氧气转炉炼钢车间的供氧系统一般是由制氧机、压氧机、中压储气罐、输氧管、控制闸阀、测量仪表及氧枪等主要设备组成。我国某钢厂供氧系统流程如图 1-39 所示。

（1）低压储气柜。低压储气柜是储存从制氧机分馏塔出来的压力为 0.0392MPa 左右的低压氧气，储气柜的构造与煤气柜相似。

（2）压氧机。由制氧机分馏塔出来的氧气压力仅有 0.0392MPa，而炼钢用氧要求的工作氧压为 0.785~1.177MPa，需用压氧机把低压储气柜中的氧气加压到 2.45~2.94MPa。氧压提高后，中压储气罐的储氧能力也相应提高。

（3）中压储气罐。中压储气罐把由压氧机加压到 2.45~2.94MPa 的氧气储备起来，直接供转炉使用。转炉生产有周期性，而制氧要求满负荷连续运转，因此通过设置中压储气罐来平衡供求，以解决车间高峰用氧的问题。中压储气罐由多个组成，其形式有球形和长筒形（卧式或立式）等。

（4）供氧管道。供氧管道包括总管和支管，在管路中设置有控制闸阀、测量仪表等，通常有以下几种：

1）减压阀。它的作用是将总管氧压减至工作氧压的上限。如总管氧压一般为 2.45～2.94MPa，而工作氧压最高需要为 1.177MPa，则减压阀就人为地将输出氧压调整到 1.177MPa，工作性能好的减压阀可以起到稳压的作用，不需经常调节。

2）流量调节阀。它是根据吹炼过程的需要调节氧气流量，一般用薄膜调节阀。

3）快速切断阀。这是吹炼过程中吹氧管的氧气开关，要求开关灵活、快速可靠、密封性好。一般采用杠杆电磁气动切断阀。

4）手动切断阀。在管道和阀门出事故时，用手动切断阀开关氧气。

氧气管道和阀门在使用前必须用四氯化碳清洗，使用过程中不能与油脂接触，以防引起爆炸。

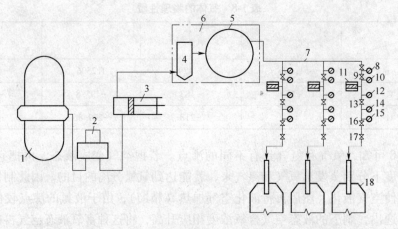

图 1-39　供氧系统工艺流程图

1—制氧机；2—低压储气柜；3—压氧机；4—桶形罐；5—中压储气罐；
6—氧气站；7—输氧总管；8—总管氧压测定点；9—减压阀；10—减压阀后氧压测定点；
11—氧气流量测定点；12—氧气温度测定点；13—氧气流量调节阀；14—工作氧压测定点；
15—低压信号连锁；16—快速切断阀；17—手动切断阀；18—转炉

1.3.2　氧枪

1.3.2.1　氧枪结构

氧枪又称喷枪或吹氧管，是转炉吹氧设备中的关键部件，它由喷头（枪头）、枪身（枪体）和枪尾所组成，其结构如图 1-40 所示。

由图 1-40 可知，氧枪的基本结构是由三层同心圆管将带有供氧、供水和排水通路的枪尾与决定喷出氧流特征的喷头连接而成的一个管状空心体。

氧枪的枪尾与进水管、出水管和进氧管相连，枪尾的另一端与枪身的三层套管连接，枪尾还有与升降小车固定的装卡结构，在它的端部有更换氧枪时吊挂用的吊环。

枪身是三根同心管，内层管通氧气，上端用压紧密封装置牢固地装在枪尾，下端焊接在喷头上。外层管牢固地固定在枪尾和枪头之间。当外层管承受炉内外显著的温差变化而产生膨胀和收缩时，内层管上的压紧密封装置允许内层管在其中自由竖直伸缩移动。中间管是分离流过氧枪的进、出水之间的隔板，冷却水由内层管和中间管之间的环状通路进入,下降至喷头后转180°经中间管与外层管形成的环状通路上升至枪尾流出。为了保证中间管下端的水缝,其下端面在圆周上均布着三个凸爪,借此将中间管支撑在枪头内腔底面上。同时为了使三层管同心,以保证进、出水的环状通路在圆周上均匀,还在中间管和内层管的外壁上焊有均布的三个定位块。定位块在管体长度方向按一定距离分布,通常每 $1\sim2m$ 左右放置一环三个定位块,如图 1-41 所示。

氧枪设计喷头的作用是将压力能转化为动能,工作时处于炉内最高温度区,因此要求具有良好的导热性并有充分的冷却。喷头决定着冲向金属熔池的氧流特性,直接影响吹炼效果。喷头与管体的内层管用螺纹或焊接连接,与外层管采用焊接方法连接。

1.3.2.2 喷头类型

转炉吹炼时,为了保证氧气流股对熔池的穿透和搅拌作用,要求氧气流股在喷头出口处具有足够大的速度,使之具有较大的动能,以保证氧气流股对熔池具有一定的冲击力和冲击面积,使熔池中的各种反应快速而顺利地进行。显然,决定喷出氧流特征的喷头,包括喷头的类型,喷头上喷嘴的孔形、尺寸和孔数就成为达到这一目的的关键。

目前存在的喷头类型很多,按喷孔形状

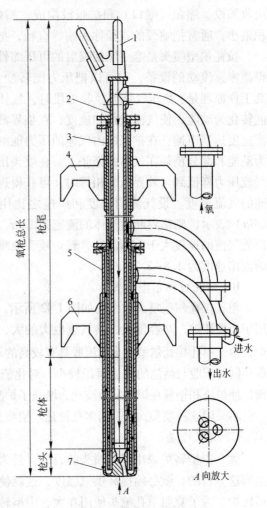

图 1-40 氧枪结构示意图

1—吊环;2—内层管;3—中层管;4—上卡板;
5—外层管;6—下卡板;7—喷头

可分为拉瓦尔型、直筒型、螺旋型等;按喷头孔数又可分为单孔喷头、多孔喷头和介于二者之间所谓单三式的或直筒型三孔喷头;按吹入物质分,有氧气喷头、氧-燃喷头和喷粉料的喷头。由于拉瓦尔型喷头能有效地把氧气的压力能转变为动能,并能获得比较稳定的超声速射流,而且在相同射流穿透深度的情况下,它的枪位可以高些,有利于改善氧枪的工作条件和炼钢的技术经济指标,因此拉瓦尔型喷头使用得最广。

A 拉瓦尔型喷头的工作原理

拉瓦尔型喷头的结构如图 1-42 所示。它

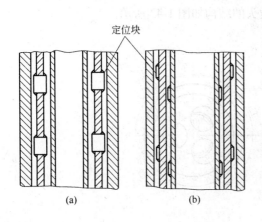

图 1-41 定位块的两种安装形式

由收缩段、缩颈（喉口）和扩张段构成，缩颈处于收缩段和扩张段的交界，此处的截面积最小，通常把缩颈的直径称为临界直径，把该处的面积称为临界断面积。

　　拉瓦尔型喷头是唯一能使喷射的可压缩性流体获得超声速流动的设备，它可以把压力能转变为动能。其工作原理是：高压气体流经收缩段时，气体的压力能转化为动能，使气流获得加速度；在临界截面上气流速度达到声速；在扩张段内气体的压力能继续转化为动能和部分消耗在气体的膨胀上。在喷头出口处当气流压力降低到与外界压力相等时，可获得远大于声速的气流速度。设气流的速度和声速之比用马赫数（Ma）表示，则临界断面气体的流速为 $1Ma$，而在出口处气流的速度大于 $1Ma$。通常转炉喷头喷嘴的气体的流出速度为 $1.8\sim2.2Ma$。

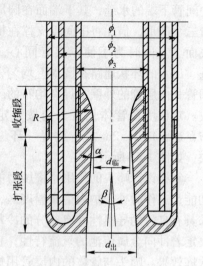

图 1-42　单孔拉瓦尔型喷头

　　B　单孔拉瓦尔型喷头

单孔拉瓦尔型喷头的结构如图 1-42 所示。它仅适用于小型转炉，对容量大、供氧量也大的大、中型转炉，由于单孔拉瓦尔型喷头的流股具有较高的动能，对金属熔池的冲击力过大，因而喷溅严重；同时流股与熔池的相遇面积较小，对化渣不利。单孔喷头氧流对熔池的作用力也不均衡，使炉渣和钢液在炉中发生波动，增强了炉渣和钢液对炉衬的冲刷和侵蚀，故大、中型转炉已不采用这种喷头，而采用多孔拉瓦尔型喷头。

　　C　多孔喷头

　　大、中型转炉采用多孔喷头的目的，是为了进一步强化吹炼操作，提高生产率。但欲达到这一目的，就必须提高供氧强度，这就使大、中型转炉单位时间的供氧量远远大于小型转炉。为了克服单孔喷头使用在大、中型转炉上所带来的一系列问题，人们采用了多孔喷头，分散供氧，很好地解决了这个问题。

　　多孔喷头包括三孔、四孔、五孔、六孔、七孔、八孔、九孔等，它们的每个小喷孔都是拉瓦尔型喷孔。其中以三孔喷头使用得较多。

　　（1）三孔拉瓦尔型喷头。三孔拉瓦尔型喷头的结构如图 1-43 所示。

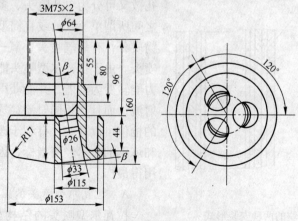

图 1-43　三孔拉瓦尔型喷头（30t 转炉用）

　　三孔拉瓦尔型喷头的三个孔均为拉瓦尔喷孔，它们的中心线与喷头的中心线成一夹角 β（$\beta = 9° \sim 11°$），三个孔以等边三角形分布，α 为拉瓦尔喷孔扩张段的扩张角。

　　这种喷头的氧气流股分成三份，分别进入三个拉瓦尔喷孔，在出口处获得三股超声速氧气流股。

　　生产实践已充分证明，三孔拉瓦尔型喷头比单孔拉瓦尔型喷头有较好的工艺性能。在吹炼中使用三孔拉瓦尔型喷头可以提高供氧强度，枪位稳定，化渣好，操作平稳，喷溅少，并可提高炉龄。热效率也较单孔高。

　　但三孔拉瓦尔型喷头的结构比较复杂，加工制造比较困难，三孔中心的夹心部分易于烧毁而失去三孔的作用。为此加强三孔夹心部分的冷却就成为三孔喷头结构改进的关键。改进的措施有：在喷孔之间开冷却槽，使冷却水能深入夹心部分进行冷却，或在喷孔之间穿洞，使冷却水进入夹心部分循环冷却。这种喷头加工比较困难，为了便于加工，国内外一些工厂把喷头分成几个加工部件，然后焊接组合，称为组合式水内冷喷头，如图 1-44 所示。这种喷头加工方便，使用效果好，适合于大、中型转炉。另外，从工艺上如何防止喷头粘钢，防止出高温钢及化渣不良、低枪操作等对提高喷头寿命也是有益的。

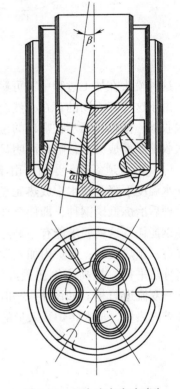

　　三孔喷头的三孔夹心部分（又称鼻尖部分）易于烧损的原因是在该处形成一个回流区，炉气和其中包含的高温烟尘不断被卷进鼻尖部分，并附着于喷头这个部位的表面，再加上粘钢，进而侵蚀喷头，逐渐使喷头损坏。

　　（2）四孔以上喷头。我国 120t 以上中、大型转炉采用四孔、五孔喷头。

图 1-44　组合式水内冷喷头

　　四孔喷头的结构有两种形式，一种是中心一孔，周围平均分布三孔。中心孔孔径与周围三孔的孔径尺寸可以相同，也可以不同。另一种是四个孔平均分布在喷头周围，中心无孔。

　　五孔喷头的结构也有两种形式：一种是五个孔均匀地分布于喷头四周；另一种结构为中心一孔，周围平均分布四孔。中心孔孔径与周围四孔孔径可以相同，也可以不同；中心孔孔径可以比周围四孔孔径小，也可以比它们大。五孔喷头的使用效果是令人满意的。

　　五孔以上的喷头由于加工不便，应用较少。

　　（3）三孔直筒型喷头。三孔直筒型喷头的结构如图 1-45 所示。它是由收缩段、喉口以及三个和喷头轴线成 β 角的直筒型孔所构成的，β 角一般为 $9° \sim 11°$，三个直筒型的孔的断面积为喉口断面积的 $1.1 \sim 1.6$ 倍。这种喷头可以得到冲击面积比单孔拉瓦尔型喷头大 $4 \sim 5$ 倍的氧气流股。从工艺操作效果上与三孔拉瓦尔型喷头基本相同，而且制造方便，使用寿命较高，我国中、小型氧气转炉多采用三孔直筒型喷头。

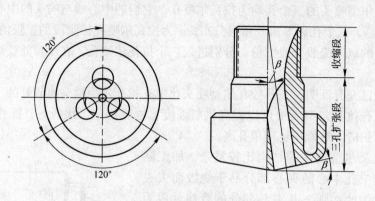

图 1-45　三孔直筒型喷头

　　这种喷头在加工过程中不可避免地会在喉口前后出现"台"、"棱"、"尖"这类障碍物。由于这些障碍物的存在必然会增加氧气流股的动能损失，同时造成气流膨胀过程中的二次收缩，使临界面不在喉口的位置，而在其下的某一断面。若设计加工不当很可能导致二次收缩断面成为意外喉口而明显改变其喷头性能。

　　（4）双流道氧枪。当前，由于普遍采用铁水预处理和顶底复合吹炼工艺，出现了入炉铁水温度下降及铁水中放热元素减少等问题，使废钢比减少。尤其是用中、高磷铁水经预处理后冶炼低磷钢种，即使全部使用铁水，也需另外补充热源。此外，使用废钢可以降低炼钢能耗，这就要求能有一种经济、合理的能源作为转炉的补充热源。目前热补偿技术主要有：预热废钢；向炉内加入发热元素；炉内 CO 的二次燃烧。显然 CO 二次燃烧是改善冶炼热平衡、提高废钢比最经济的方法。为此近年来，国内外出现了一种新型的氧枪——双流道氧枪。如图 1-46 和图 1-47 所示。其目的在于提高炉气中 CO 的燃烧比例，增加炉内热量，加大转炉装入量的废钢比。

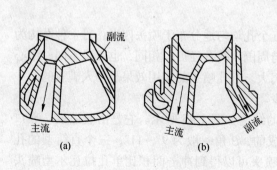

图 1-46　端部式双流道氧枪
（a）单流单层双流；（b）双流单层双流

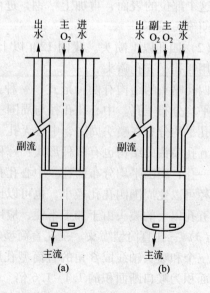

图 1-47　顶端式双流道氧枪
（a）单流双层双流；（b）双流双层双流

双流道氧枪的喷头分主氧流道和副氧流道。主氧流道向熔池所供氧气用于钢液的冶金化学反应，与传统的氧气喷头作用相同。副氧流道所供氧气，用于炉气的二次燃烧，所产生的热量不仅有助于快速化渣，还可加大废钢入炉的比例。

双流道氧枪的喷头有两种形式，即端部式和顶端式（台阶式）。

图 1-46 所示为端部式双流道氧枪的喷头。它的主、副氧道基本上在同一平面上，主氧道喷孔常为三孔、四孔或五孔拉瓦尔型喷孔，与轴线呈 $9° \sim 11°$。副氧道有四孔、六孔、八孔、十二孔等直筒形喷孔，角度通常为 $30° \sim 35°$。主氧道供氧强度为 $2.0 \sim 3.5 m^3/(t \cdot min)$（标态）；副氧道为 $0.3 \sim 1.0 m^3/(t \cdot min)$（标态）；主氧量加副氧量之和的 20% 为副氧流量的最佳值（也有采用 15% $\sim$ 30% 的）。采用顶底复吹转炉的底气吹入量为 $0.05 \sim 0.10 m^3/(t \cdot min)$（标态）。

端部式双流道氧枪的枪身仍为三层管结构，副氧道喷孔设在主氧道外环的同心圆上。副氧流是从主氧道氧流中分流出来的，副氧流流量受副氧流喷孔大小、数量及氧管总压、流量的控制。这既影响主氧流的供氧参数，也影响副氧流的供氧参数，但其结构简单，喷头损坏时更换方便。

图 1-47 所示为顶端式双流道氧枪的喷头。它的主、副氧流量及底气吹入量参数与端部式喷头基本相同，副氧道喷孔角通常为 $20° \sim 60°$。副氧道离主氧道端面的距离与转炉的炉容量有关，对于小于 100t 的转炉为 500mm，大于 100t 转炉为 $1000 \sim 1500 mm$（有的甚至高达 2000mm）。喷孔可以是直筒孔形，也可以是环缝形。

顶端式双流道氧枪对捕捉 CO 的覆盖面积比端部式有所增大，并且供氧参数可以独立自控，国外设计多倾向于顶端式双流道氧枪。但顶端式氧枪的枪身必须设计成四层同心套管（中心走主氧、二层走副氧、三层为进水、四层为出水），副氧喷孔或环缝必须穿过进出水套管，加工制造及损坏更换较为复杂。

采用双流道氧枪，炉内 CO 二次燃烧的热补偿效果与转炉的炉容量有关。在 30t 以下的转炉中，二次燃烧率可增加 20%，废钢比增加近 10%，热效率为 80% 左右。100t 以上转炉的二次燃烧率可增加 7%，废钢比增加约 3%，热效率为 70% 左右。二次燃烧对渣中全铁（TFe）含量和炉衬寿命没有影响。但采用副氧流道后，使炉气中的 CO 量降低了6%，最高可降低 CO 含量 8%。

1.3.3 氧枪升降和更换机构

1.3.3.1 对氧枪升降和更换机构的要求

为了适应转炉吹炼工艺的要求，在吹炼过程中，氧枪需要多次升降以调整枪位。转炉对氧枪的升降机构和更换装置提出以下要求：

（1）应具有合适的升降速度并可以变速。在冶炼过程中，氧枪在炉口以上应快速升降，以缩短冶炼周期。当氧枪进入炉口以下时，则应慢速升降，以便控制熔池反应和保证氧枪安全。目前国内大、中型转炉氧枪升降速度，快速高达 50m/min，慢速为 $5 \sim 10 m/min$；小型转炉一般为 $8 \sim 15 m/min$。

（2）应保证氧枪升降平稳、控制灵活、操作安全。

（3）结构简单、便于维护。

（4）能快速更换氧枪。

（5）应具有安全连锁装置。为了保证安全生产，氧枪升降机构设有下列安全连锁装置：

1）当转炉不在垂直位置（允许误差±3°）时，氧枪不能下降。当氧枪进入炉口后，转炉不能做任何方向的倾动。

2）当氧枪下降到炉内经过氧气开、闭点时，氧气切断阀自动打开；当氧枪提升通过此点时，氧气切断阀自动关闭。

3）当氧气压力或冷却水压力低于给定值，或冷却水升温高于给定值时，氧枪能自动提升并报警。

4）副枪与氧枪也应有相应的连锁装置。

5）车间临时停电时，可利用手动装置使氧枪自动提升。

1.3.3.2　氧枪升降装置

当前，国内外氧枪升降装置的基本形式都相同，即采用起重卷扬机来升降氧枪。从国内的使用情况看，它有两种类型，一种是垂直布置的氧枪升降装置，适用于大、中型转炉；另一种是旁立柱式（旋转塔型）升降装置，只适用于小型转炉。

A　垂直布置的氧枪升降装置

垂直布置的升降装置是把所有的传动及更换装置都布置在转炉的上方，见图 1-48。这种方式的优点是结构简单、运行可靠、换枪迅速。但由于枪身长，上下行程大，为布置上部升降机构及换枪设备，要求厂房要高（一般氧气转炉主厂房炉子跨的标高，主要是考虑氧枪布置所提出的要求）。因此垂直布置的方式只适用于大、中型氧气转炉车间。在该车间内均设有单独的炉子跨，国内 15t 以上的转炉都采用这类方式。

垂直布置的升降装置有单卷扬型氧枪升降机构和双卷扬型氧枪升降机构两种类型。

（1）单卷扬型氧枪升降机构。单卷扬型氧枪升降机构如图 1-48 所示。这种机构是采用间接升降方式，即借助平衡重锤来升降氧枪，工作氧枪和备用氧枪共用一套卷扬装置。它由氧枪、氧枪升降小车、导轨、平衡重锤、卷扬机、横移装置、钢丝绳滑轮系统、氧枪高度指示标尺等几部分组成。

氧枪 1 固定在氧枪小车 2 上，氧枪小车沿着用槽钢制成的轨道 3 上下移动，通过钢绳 4 将氧枪小车 2 与平衡锤 9 连接起来。

其工作过程为：当卷筒 11 提升平衡锤 9 时，氧枪 1 及氧枪小车 2 因自重而下降；当放下平衡锤时，平衡锤的质量将氧枪及氧枪小车提升。平衡锤的质量比氧枪、氧枪小车、冷却水和胶皮软管等质量的总和大 20%~30%，即过平衡系数为 1.2~1.3。

为了保证工作可靠，氧枪升降小车采用了两根钢绳，当一条钢绳损坏，另一条钢绳仍能承担

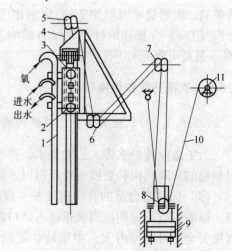

图 1-48　单卷扬型氧枪升降机构

1—氧枪；2—升降小车；3—导轨；4, 10—钢绳；
5~8—滑轮；9—平衡锤；11—卷筒

全部负荷，使氧枪不至于坠落损坏。

（2）双卷扬型氧枪升降机构。这种升降机构设置两套升降卷扬机，一套工作，另一套备用。这两套卷扬机均安装在横移小车上，在传动中不用平衡重锤，采用直接升降的方式，即由卷扬机直接升降氧枪。当该机构出现断电事故时，用风动马达将氧枪提出炉口。

图 1-49 为 150t 转炉双卷扬型氧枪升降传动示意图。

双卷扬型氧枪升降机构与单卷扬型氧枪升降机构相比，备用能力大，在一台卷扬设备损坏，离开工作位置检修时，另一台可以立即投入工作，以保证正常生产。但多一套设备，并且两套升降机构都需装设在横移小车上，引起横移驱动机构负荷加大。同时，在传动中不适宜采用平衡重锤，这样，传动电动机的工作负荷增大。在事故断电时，必须用风动马达将氧枪提出炉外，因而又增加了一套压气机设备。

B 旁立柱式（旋转塔型）氧枪升降装置

图 1-50 所示为旁立柱式氧枪升降装置。它的传动机构布置在转炉旁的旋转台上，采用旁立柱固定、升降氧枪，旋转立柱可移开氧枪至专门的平台进行检修和更换氧枪。

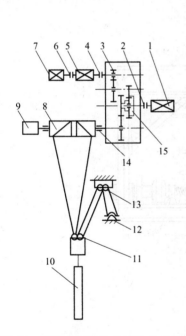

图 1-49 双卷扬型氧枪升降传动示意图
1—快速提升电动机；
2，4—带联轴节的液压制动器；
3—圆柱齿轮减速器；5—慢速提升电动机；
6—摩擦片离合器；7—风动马达；
8—卷扬装置报警；9—自整角机；
10—氧枪；11—滑轮组；
12—钢绳断裂；13—主滑轮组；
14—齿形联轴节；15—行星减速器

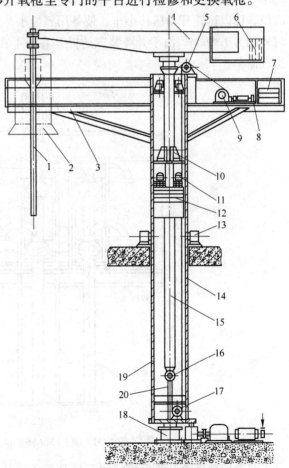

图 1-50 旁立柱式（旋转塔型）氧枪升降装置
1—氧枪；2—烟罩；3—桁架；4—横梁；5，10，16，17—滑轮；
6，7—平衡锤；8—制动器；9—卷筒；11—导向辊；12—配重；13—挡轮；14—回转体；15，20—钢丝绳；18—向心推力轴承；19—立柱旁立柱式升降装置适用于厂房较矮的小型转炉车间,它不需要另设专门的炉子跨,占地面积小,结构紧凑。缺点是不能装设备用氧枪,换枪时间长,吹氧时氧枪振动较大,氧枪中心与转炉中心不易对准。这种装置基本能满足小型转炉炼钢车间生产上的要求。

1.3.3.3　氧枪更换装置

换枪装置的作用是在氧枪损坏时,能在最短的时间里将备用氧枪换上投入工作。

换枪装置基本上都是由横移换枪小车、小车座架和小车驱动机构三部分组成。但由于采用的升降装置形式不同,小车座架的结构和功用也明显不同,氧枪升降装置相对于横移小车的位置也截然不同。单卷扬型氧枪升降机构的提升卷扬与换枪装置的横移小车是分离配置的;而双卷扬型氧枪升降机构的提升卷扬则装设在横移小车上,随横移小车同时移动。

图 1-51 所示为某厂 50t 转炉单卷扬型换枪装置。在横移小车上并排安装有两套氧枪升降小车,其中一套对准工作位置,处于工作状态,另一套备用。如果氧枪烧坏或发生其他故障,可以迅速开动横移小车,使备用氧枪小车对准工作位置,即可投入生产。整个换枪时间约为 1.5min。由于升降装置的提升卷扬不在横移小车上,所以横移小车的车体结构比较简单。

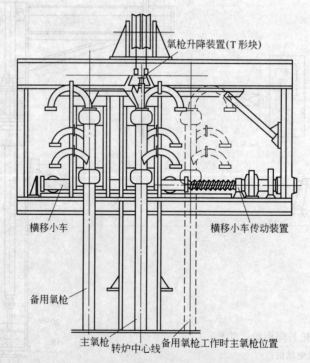

图 1-51　某厂 50t 转炉单卷扬型换枪装置

双卷扬型氧枪升降机构的两套提升卷扬都装设在横移小车上。如我国 300t 转炉,每座有两台升降装置,分别装设在两台横移换枪小车上。一台横移小车携带氧枪升降装置处于转炉中心的操作位置时,另一台处于等待备用位置,每台横移小车都有各自独立的驱动装置。当需要换枪时,损坏的氧枪与其升降装置脱离工作位置,备用氧枪与其升降装置进入工作位置。换枪所需时间为 4min。

1.3.4 氧枪各操作点的控制位置

转炉生产过程中,为了能及时、安全和经济地向熔池供给氧气,氧枪应根据生产情况处于不同的控制位置。图 1-52 所示为某厂 120t 转炉氧枪在行程中各操作点的标高位置。各操作点的标高系指喷头顶面距车间地平轨面的距离。

氧枪各操作点标高的确定原则:

(1) 最低点。最低点是氧枪下降的极限位置,其位置取决于转炉的容量,对于大型转炉,氧枪最低点距熔池钢液面应大于 400mm,而对中、小型转炉应大于 250mm。

(2) 吹氧点。此点是氧枪开始进入正常吹炼的位置,又称吹炼点。这个位置与转炉的容量、喷头类型、供氧压力等因素有关,一般根据生产实践经验确定。

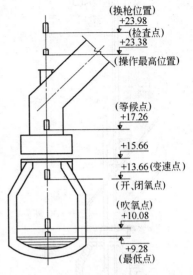

图 1-52 氧枪在行程中各操作点的位置

(3) 变速点。在氧枪上升或下降到此点时就自动变速。此点位置的确定主要是保证安全生产,又能缩短氧枪上升和下降所占用的辅助时间。

(4) 开、闭氧点。氧枪下降至此点应自动开氧,氧枪上升至此点应自动停氧。开、闭氧点位置应适当,过早地开氧或过迟地停氧都会造成氧气的浪费,若氧气进入烟罩也会引起不良影响;过迟地开氧或过早地停氧也不好,易造成氧枪粘钢和喷头堵塞。一般开、闭氧点可与变速点在同一位置。

(5) 等候点。等候点位于炉口以上。此点位置的确定应以氧枪不影响转炉的倾动为准,过高会增加氧枪上升和下降所占用的辅助时间。

(6) 最高点。最高点是氧枪在操作时的最高极限位置,它应高于烟罩上氧枪插入孔的上缘。检修烟罩和处理氧枪粘钢时,需将氧枪提升到最高位置。

(7) 换枪点。更换氧枪时,需将氧枪提升到换枪点。换枪点高于氧枪操作的最高点。

1.3.5 副枪

转炉副枪是相对于喷吹氧气的氧枪而言。它同样是从炉口上部插入炉内的水冷枪,有操作副枪和测试副枪两类。

操作副枪用以向炉内吹石灰粉、附加燃料或精炼用的气体。测试副枪用于在不倒炉的情况下快速检测转炉熔池钢水温度、碳含量和氧含量以及液面高度,它还被用以获取熔池钢样和渣样。目前,测试副枪已被广泛用于转炉吹炼计算机动态控制系统。本节主要介绍测试副枪。

测试副枪布置见图 1-53,测试副枪装置见图 1-54。

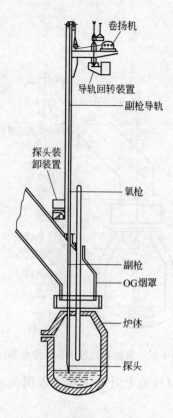

图 1-53　测试副枪布置图

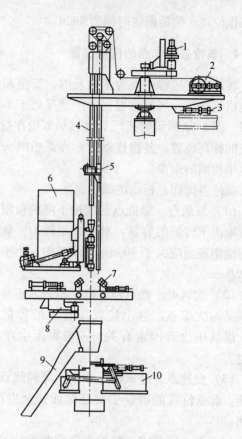

图 1-54　下给头副枪装置示意图

1—旋转机构；2—升降机构；3—定位装置；
4—副枪；5—活动导向小车；6—装头装置；
7—拔头机构；8—锯头机构；9—溜槽；
10—清渣装置及枪体矫直装置组成的集合体

1.3.5.1　对副枪的要求

转炉所用测试副枪必须满足以下要求：

（1）副枪必须具有在吹炼过程和终点均能进行测温、取样、定碳定氧和检测液面高度等功能，并留有开发其他功能的余地。

（2）探头自动装卸，方便可靠。

（3）与计算机连接，具有实现计算机-副枪自动化闭环控制的条件。

（4）既能自动操作，又能手动操作；既能集中操作，又能就地操作；既能弱电控制，又能强电控制。

（5）副枪升降速度应能在较大范围内调节（0.5~90m/min），而且调速平稳。能准确停在熔池的一定部位及装探头的固定位置，停点准确要求不大于±10mm。

（6）当副枪处在下列任一状态时，有连锁制动或非正常状态报警显示：

1）转炉处于非直立状态。

2）副枪探头未装上或未装好。

3）二次仪表未接通或不正常。

4）枪管内冷却水断流或流量过低，水温过高。

（7）当遇到突然停电或电动机拖动系统出现故障，或断绳、乱绳时，通过风动马达能迅速提升副枪。

1.3.5.2 副枪结构与类型

副枪装置主要由副枪枪身、导轨小车、卷扬传动装置、换枪机构（探头进给装置）等部分组成。

副枪按探头的供给方式可分为"上给头"和"下给头"两种。探头从贮存装置由枪体的上部压入，经枪膛被推送到枪头的工作位置，这种给头方式称为"上给头"。探头借机械手等装置从下部插在副枪枪头插杆上的给头方式称为"下给头"。由于给头方式的不同，两种副枪结构及其组成也不相同。目前，上给头副枪已很少使用。

下给头副枪是由三层同心钢管组成的水冷枪体，内层管中心装有信号传输导线，并通保护用气体，一般为氮气；内层管与中间管、中间管与外层管之间的环状通路分别为进、出冷却水的通道；在枪体的下顶端装有导电环和探头的固定装置。

副枪装好探头后，插入熔池，所测温度、碳含量等数据反馈给计算机，或在计器仪表中显示。副枪提出炉口以上，锯掉探头样杯部分，钢样通过溜槽，风动送至化验室校验成分。拔头装置拔掉探头废纸管，装头装置再装上新探头，准备下一次的测试工作。

1.3.5.3 测试头

测试头又称探头，可以分为单功能探头和复合探头，目前应用广泛的是测温与定碳复合探头。

测温定碳复合探头的结构形式，主要取决于钢水进入探头样杯的方式，有上注式、侧注式和下注式，侧注式是普遍采用的形式。

侧注式测温定碳探头结构如图 1-55 所示。

1.3.5.4 检测位置

（1）水平方向。副枪检测时应避开氧流，同时也要与炉口边缘保持一定距离。

（2）垂直方向。大型转炉熔池内成分和温度只有在距熔池面一定的距离以下才比较均匀、有代表性。对顶吹转炉应在熔池面下 500~600mm，对顶底复吹转炉因熔池振动严重，温度不稳，插入更深。

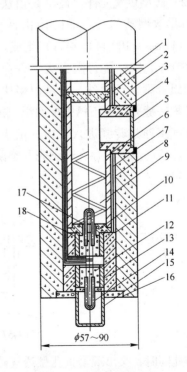

图 1-55 副枪用的探头

1—压盖；2—样杯盖；3—大纸管；4—进钢水样嘴；
5—挡板；6—样杯；7—样杯保护纸管；8—保护纸；
9，17—脱氧剂；10—样杯底座；11，13—小纸管；
12，16—快干水泥；14—U 形石英管；15—保护罩；
18—中纸管

1.3.6　复吹转炉的底部供气元件

1.3.6.1　底部供气元件的构造

底部供气元件是复吹的关键性部件，也是复吹技术的核心。供气元件的结构与材质关系到熔池搅拌效果、炉衬寿命，以及冶炼钢种的质量和经济效益，因此要求供气元件的透气性好，在低流量条件下，各操作阶段气体通道不堵塞；气体阻力小，气体的分布面要大，相对抽引提升钢水量大，供气量的调节范围要宽，形成稳定、分散、细流的供气形式。常用的供气元件有以下几类：

（1）喷嘴型供气元件。早期使用的是单管式喷嘴型供气元件，因其易造成钢水黏结喷嘴和灌钢等，因而出现由底吹氧气转炉引申来的双层套管喷嘴。但其外层不是引入冷却介质，而是吹入速度较高的气流，以防止内管的黏结堵塞。实践表明，采用双层套管喷嘴，可有效地防止内管黏结。图1-56所示为双层套管构造。图1-57所示为采用双层套管喷嘴的复吹法。

（2）砖型供气元件。最早是由法国和卢森堡联合研制成功的弥散型透气砖，即砖内由许多呈弥散分布的微孔（约0.147mm（100目）左右）组成。由于其气孔率高、砖的致密性差、气体绕行阻力大、寿命低等缺点，因而又出现砖缝组合型供气元件。它是由多块耐火砖以不同形式拼凑成各种砖缝并外包不锈钢板而组成的（见图1-58），气体经下部气室通过砖缝进入炉内。由于砖较致密，其寿命比

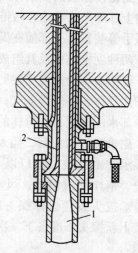

图1-56　双层套管构造图
1—内管；2—环缝

弥散型透气砖高。但存在着钢壳开裂漏气，砖与钢壳间缝隙不匀等缺陷，造成供气不均匀和不稳定。

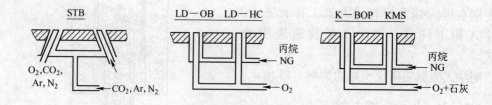

图1-57　双层套管喷嘴复吹法

与此同时，又出现了直孔型透气砖（见图1-59），砖内分布很多贯通的直孔道。它是在制砖时埋入许多细的易熔金属丝，在焙烧过程中被熔出而形成的。这种砖致密度比弥散型好，同时气流阻力小。

砖型供气元件，可调气量大，具有能允许气流间断的优点，故对吹炼操作有较大的适应性，在生产中得到应用。

（3）细金属管多孔塞式。最早由日本钢管公司研制成功的是多孔塞型供气元件（mutiple hole plug，简称 MHP）。它是由埋设在母体耐火材料中的许多不锈钢管组成的（见图1-60），所埋设的金属管内径一般为 $\phi0.1 \sim 0.3mm$（多为 $\phi1.5mm$ 左右）。每块供气元件中埋设的细金属管数通常为 10~150 根，各金属管焊装在一个集气箱内。此种供气元件调节气量幅度比较大，不论在供气的均匀性、稳定性和寿命上都比较好。经反复实践并不断改进，研制出的新型细金属管砖式供气元件如图 1-61 所示。由图 1-61 可以看出，在砖体外层细金属管处，增设一个专门供气箱，因而使一块元件可分别通入两路气体。在用 CO_2 气源供气时，可在外侧通以少量氩气，以减轻多孔砖与炉底接缝处由于 CO_2 气体造成的腐蚀。

细金属管多孔砖的出现，可以说是喷头和砖两种基本元件综合发展的结果。它既有管式元件的特点，又有砖式元件的特点。新的类环缝管式细金属管型供气元件（见图 1-62）

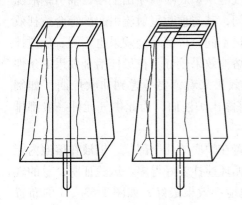

图 1-58　砖缝式供气元件

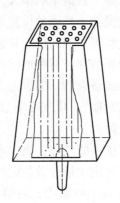

图 1-59　直孔型透气砖

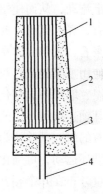

图 1-60　MHP 供气元件
1—细金属管；2—母体耐火材料；
3—集气箱；4—进气箱

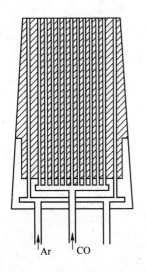

图 1-61　MHP-D 型金属砖结构

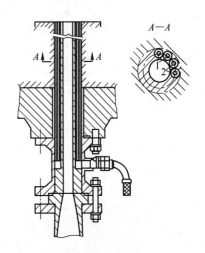

图 1-62　新的类环缝管式细金属管型
供气元件
1—细金属管；2—母体耐火材料

的出现，使环缝管型供气元件有了新的发展，同时也简化了细金属管砖的制作工艺。细金属管型供气元件，将是最有发展前途的一种类型。

1.3.6.2　底部供气元件的布置

底部供气元件的布置应根据转炉装入量、炉型、氧枪结构、冶炼钢种及溅渣要求采用不同的方案，主要应获得如下效果：

（1）保证吹炼过程平稳，获得良好的冶金效果。

（2）底吹气体辅助溅渣以获得较好的溅渣效果，同时保持底部供气元件有较高的寿命。

底部供气元件的布置对吹炼工艺的影响很大，气泡从炉底喷嘴喷出上浮，抽引钢液随之向上流动，从而使熔池得到搅拌。喷嘴的位置不同，其与顶吹氧射流引起的综合搅拌效果也有差异。因此，底部供气喷嘴布置的位置和数量不同，得到冶金效果也不同。从搅拌效果来看，底部气体从搅拌较弱的部位对称地吹入熔池效果较好。在最佳冶金效果的条件下，使用喷嘴的数目最少为最经济合理。若从冶金效果来看，要考虑到非吹炼期（如倒炉测温、取样等成分化验结果时期），供气喷嘴最好露出炉液面，为此供气元件一般都排列于耳轴连接线上，或在此线附近。

有的研究试验认为，底部供入的气体，集中布置在炉底的几个部位，钢液在熔池内能加速循环运动，可强化搅拌，比用大量分散的微弱循环搅拌要好得多。试验证明，总的气体流量分布在几个相互挨得很近的喷嘴内，对熔池搅拌效果最好，如图 1-63c、f 的布置形式为最佳。试验还发现，使用 8 支 ϕ8mm 小管供气，布置在炉底的同一个圆周线上，获得很好的工艺效果。宝钢的水力学模型实验认为，在顶吹火点区内或边缘布置底部供气喷嘴较好。图 1-64 所示为某厂炉底透气砖布置图。

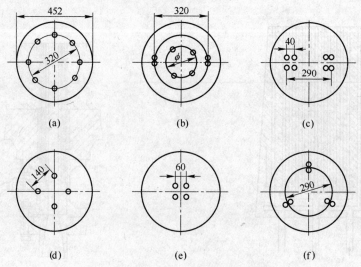

图 1-63　底部供气元件布置模拟试验图

（a）形式之一；（b）形式之二；（c）形式之三；

（d）形式之四；（e）形式之五；（f）形式之六

1.3.6.3　供气元件维护

A　底部供气元件损坏原因

经大量的实践与研究表明，底部供气元件的熔损机理主要是：

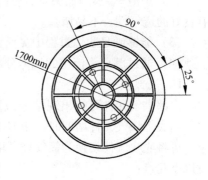

图 1-64　炉底透气砖布置图

（1）气泡反击。气流通过供气元件以气泡的形式进入熔池，当气泡脱离元件端部的瞬间，对其周围的耐火材料有一个冲击作用，称此现象为"气泡反击"。底部供气流量越大，反击频率也越高，能量越大，对元件周围耐火材料的蚀损也越严重。

（2）水锤冲刷。在气泡脱离元件端部时，引起钢水的流动，冲刷着元件周围的耐火材料，这种现象称为"水锤冲刷"。供气流量越大，对耐火材料的"水锤冲刷"也越严重。

（3）凹坑熔损。由于气体与钢水的共同冲刷，在元件周围耐火材料上形成凹坑，有的也称为"锅底"。凹坑越深，对流传热效果也越差，更加剧了对耐火材料的蚀损。

由于上述现象的共同作用，供气元件被损坏。

B　炉渣-金属蘑菇头的形成

在底部供气元件的细管出口处，都会形成微孔蘑菇体，也称为蘑菇头，如图 1-65 所示。

从炉渣-金属蘑菇头的剖析来看，它是由金属蘑菇头-气囊带、放射气孔带、迷宫式弥散气孔带三层组成。推断其形成机理如下：

开炉初期，由于温度较低，再加上供入气流的冷却作用，金属在元件毛细管端部冷凝形成单一的小金属蘑菇头，并在每个小金属蘑菇头间形成气囊。

通过粘渣、挂渣和溅渣，有熔渣落在蘑菇头上面，底部继续供气，并且提高了供气强度，其射流穿透渣层，冷凝后即形成了放射气孔带。

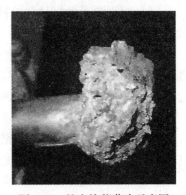

图 1-65　炉底枪蘑菇头示意图

落在放射气孔带上面的熔渣继续冷凝，炉渣-金属蘑菇头长大；此时的蘑菇头，加大了底部气流排出的阻力，气流的流动受到熔渣冷凝不均匀的影响，随机改变了流动方向，形成了细小、弥散的气孔带，又称迷宫式弥散气孔带。

从迷宫式弥散气孔带流出的流股极细，因此冷凝后气流的通道也极细小（$\phi \leqslant 1mm$），这不仅增加气流阻力，再加上钢水与炉渣的界面张力大，钢水很难润湿蘑菇头，所以气孔不易堵塞。从弥散气孔流出的气流又被上面冷凝的熔渣加热，其冷却效应减弱，因而蘑菇头又难以无限长大。

C　炉渣-金属蘑菇头的优点

炉渣-金属蘑菇头有以下优点：

（1）炉渣-金属蘑菇头可以显著地减轻"气泡反击"、"水锤冲刷"，完全避免形成"凹坑"。

（2）炉渣-金属蘑菇头具有较高的熔点和抗氧化能力，在吹炼过程中不易熔损，并具有良好的透气性，不易堵塞。

（3）能够满足吹炼过程中灵活调整底部供气的技术要求。

（4）通过蘑菇头流出的气体分散、细流，对熔池的搅拌均匀。

D　底部供气元件的维护

底部供气元件可能出现堵塞或漏钢事故。这些事故都与炉渣-金属蘑菇头的维护有关。当底部供气元件堵塞时，相似操作条件下，底部供气会出现气压升高，流量降低的现象。可将底吹气体切换为氧气烧开堵塞的冷钢和渣。为了提高底部供气元件的寿命，应注意以下几点：

（1）底部供气元件设计合理，使用高质量的材料，各喷嘴气流应独立控制，严格按加工程序制作。

（2）在炉役初期通过粘渣、挂渣和溅渣快速形成良好结构的炉渣-金属蘑菇头，避免元件的熔损；炉役中、后期根据工艺要求调节控制底部供气流量，稳定炉渣-金属蘑菇头，防止堵塞，延长其使用寿命。

（3）采用合理的工艺制度，提高终点控制的命中率，避免后吹；降低终点钢水过热度，避免出高温钢。

（4）尽量缩短冶炼周期，缩短空炉时间，以减轻温度急变对炉衬的影响。

（5）根据要求做好日常炉衬的维护工作，同时防止炉底上涨和元件堵塞，发现后要及时妥善处理。

依靠良好的维护，目前炉渣-金属蘑菇头已经与转炉炉龄同步，成为"永久蘑菇头"，能够使供气元件长寿，从而提高了复吹率。

底部供气元件损坏，可更换整个炉底或者单独更换透气元件。

E　炉底供气元件的更换

炉底供气元件一般比炉底整体蚀损速度要快，为了提高转炉整体寿命和复吹比，可以在热状态下更换供气元件或炉底整体更换，以使全炉役能保持复吹工艺。

（1）炉底的整体更换。转炉的炉底如果是可拆卸小炉底，可以整体更换。更换炉底是使用专用设备，通过炉下的升降台车，将旧炉底拆下，再装上新炉底后顶紧。鞍钢公司就是采用此法。其工序是：

1）停炉后将炉底的沉积残渣、耐火材料吹扫干净。

2）拆除旧炉底，在其接口部位清除残留的耐火泥料。

3）安装新炉底。

4）新炉底与原炉底固定部分之间的沟缝要填充密实。

5）加热烘炉至使用。

（2）单个供气元件的更换。单个供气元件的更换比更换整个炉底要省时、省料，方法也简单，但也需要快速更换专用设备。首先用钻孔机打孔钻眼，将旧供气元件取出，然后用元件插入机，将新供气元件快速置入。上海宝钢公司就是采用这种方法。其步骤如下：

1）拆除供气元件保护罩。

2）拆除供气元件连接接头与导线。

3）割除元件尾部的金属件。

4）钻透和捣碎元件砖，但不能破坏套砖和座砖。

5）将新元件插入原元件位置。

6）连接管路和导线。

7）元件罩的复位安装。

整个更换过程只有步骤4）和步骤5）完全是靠机械来完成的。

【技能训练】

项目 1.3-1　氧枪的升降操作

点击转炉炼钢虚拟仿真实训系统主操作画面【氧枪操作 F4】按钮，即可进入转炉氧枪控制操作界面，如图 1-66 所示。

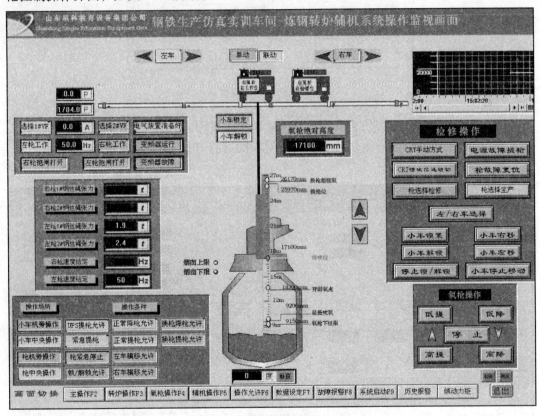

图 1-66　转炉氧枪控制操作界面

当需要进行升降氧枪操作时，可选择自动操作方法和手动操作方法，可以通过点击【SDM 自动】、【CRT 自动】、【CRT 手动】按钮实现氧枪的自动操作和手动操作。

采用自动操作时，通过输入枪位设定值，然后点击【CRT 自动】按钮即可实现氧枪的升降；采用手动操作时，可以通过主界面或氧枪控制操作界面上的【低降】／【低提】、【高降】／【高提】、【停止】等按钮实现氧枪的升降操作。

项目 1.3-2　气体压力和流量的调节

点击转炉炼钢虚拟仿真实训系统主操作画面【初始化设置】按钮可弹出图 1-67 所示的窗口，对氧气流量进行设定。点击【确定】按钮即可将有关数据进行保存，且进行冶炼操作。

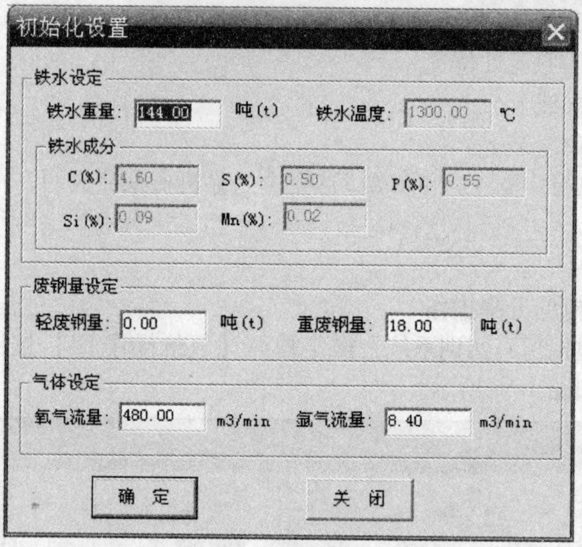

图 1-67　初始化设置窗口

　　通过点击转炉炼钢虚拟仿真实训系统主操作画面（图 1-68）上控制氧气压力的阀门，可实现氧压的控制；通过点击快速切断阀中对应的【打开】、【关闭】按钮，可进行开氧点与闭氧点操作。

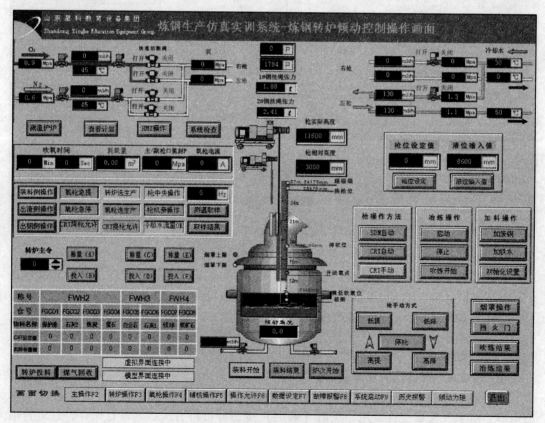

图 1-68　转炉软件主界面

项目 1.3-3 损坏氧枪的更换

氧枪固定在升降小车上,升降小车沿导轨上下横移,横移小车(有两套)被安置在横移装置上。如果处于工作状态的氧枪烧坏或发生故障需要更换,可以迅速将氧枪提升到换枪位置,然后开动横移小车,使备用氧枪移到工作位置,对准固定导轨后则可立即投入生产,如图 1-51 所示。

项目 1.3-4 供气系统设备的检查

A 氧枪升降装置和更换机构的检查

(1)检查氧枪升降用钢丝绳是否完好。

(2)对氧枪进行上升、下降、刹车等动作试车,检查氧枪提升设备是否完好。

(3)检查氧枪上升、下降的速度是否符合设计要求。

(4)氧枪下降至机械限位时,检查标尺上枪位的指示是否与新炉子所测量的氧枪零位相符(新炉子需测量和校正氧枪零位)。

(5)检查上、下电气限位是否失灵,限位位置是否正确。

(6)新开炉前,检查氧枪更换机构是否正常、有效。

B 氧枪供氧、供水情况的检查

(1)检查开氧、关氧位置是否基本正确。

(2)在氧枪切断氧气时,用听声音的方法来判断是否漏气。

(3)检查各种仪表(包括氧气压力和流量以及氧枪冷却水流量、压力和温度仪表)是否显示读数并确认其正确,检查各种连锁是否完好。

C 氧枪本体的检查

(1)检查氧枪喷头是否变形、粘钢、漏水。

(2)检查氧枪枪身是否粘钢、渗水。

项目 1.3-5 供气系统设备常见故障的判断

A 氧枪粘钢

氧枪喷嘴粘钢后,散热条件恶化,容易烧坏。喷嘴中心"鼻尖"部位往往被"吃"掉,无法使用,被迫更换氧枪。

枪身的粘钢大部分是冷钢夹着炉渣。严重时,粘钢厚度可达 30~150mm、长几米,致使氧枪提不起来,只能停炉处理。

氧枪粘钢主要产生于吹炼中期,炉渣化得不好,渣中析出的高熔点物质,熔渣黏稠,导致金属喷溅,形成钢与渣混合物黏结在枪身上很难脱落,使枪身逐渐变粗,严重时粘在氧枪上。另外,喷嘴结构不合理、工作氧压高等对氧枪粘钢也有一定的影响。氧枪粘钢的主要原因有:

(1)吹炼过程中炉渣没有化好、化透,流动性差。化渣的原则是:初期渣早化,过程渣化透,终渣溅渣护炉。但在实际生产中,由于操作人员没有精心操作或者操作不熟练、操作经验不足,往往会使冶炼前期炉渣化得太迟或者过程炉渣未化透,甚至在冶炼中期发生炉渣严重返干现象,这时继续吹炼会造成严重的金属喷溅,使氧枪粘钢。

(2)由于种种原因使氧枪喷头至熔池液面的距离不合适,即所谓的枪位不准。氧枪粘钢主要是由于距离太近所致。造成氧枪喷头至熔池液面距离太近的主要原因有以下几点:

1）转炉入炉铁水和废钢的装入量不准，而且是严重超装，而摇炉工未察觉，操作工按常规枪位操作。

2）由于转炉炉衬的补炉产生过补现象，炉膛体积缩小，造成熔池液面上升，而摇炉工没有意识到，未及时调整枪位。

3）由于溅渣护炉操作不当，造成转炉炉底上涨，从而使熔池液面上升。

氧枪粘钢少是比较好处理的，一般可在下炉吹炼时，适当降低炉渣碱度，增加萤石加入量，使熔渣有较好的流动性，炉温可高于出钢温度10℃左右，这样可以涮掉枪身的粘钢。粘钢若上一炉没有涮干净，可在下炉继续涮，一般吹炼两炉钢粘钢基本上可以全部涮干净。

倘若连续两、三炉粘钢仍没有减轻，只有人工烧氧切割粘钢。当粘粗超过规定标准时立即更换新氧枪。

若氧枪粘粗程度超过氧枪孔直径时，应将转炉摇出烟罩，先停高压水，割断枪身再换新枪，特别要注意避免氧枪冷却水进入炉内。

这些处理办法，无论对钢的质量、炉衬寿命、材料的消耗、冶炼时间都有不良影响。因此，最根本的解决办法就是精心操作，避免粘枪。

预防氧枪粘钢的措施有：

（1）吹炼中控制好枪位，化好过程渣。

（2）出钢时出净炉内钢水，如有剩余钢水，不得进行溅渣。

（3）用刮渣器刮渣处理，选用带锥度氧枪，有利于枪身粘着物脱落。

B　氧枪漏水

由于喷头处在高温恶劣条件下工作，并不断受到喷溅的高温炉渣、钢液的冲刷浸泡，因此，喷头表面温度很高，表面晶粒粗大，同时喷头频繁激冷激热，在热应力作用下表面产生龟裂，易发生端部渗水；另外，三孔（或三孔以上）喷头中心由于周围高流速氧气而产生负压，当金属喷溅时易使喷头中心及周围粘钢，这不但严重影响喷头导热性能，而且降低喷头熔点，从而使喷头端面一层层剥落，以致损坏。

转炉吹炼过程中发现氧枪漏水或其他原因造成炉内进水，应立即提枪停吹，切断氧枪或其他漏水水源，将氧枪移出氧枪孔，严禁摇炉，待炉内积水全部蒸发后方可摇炉。重新换氧枪或消除漏水并恢复供水后，方能继续吹炼。氧枪漏水主要有：

（1）氧枪漏水常发生在喷头与枪身的接缝处。

（2）氧枪漏水发生在喷头端面。氧枪喷头的设计一般采用马赫数 $Ma \approx 2$ 的近似拉瓦尔型喷嘴，从气体动力学分析，在氧枪喷头喷孔气流出口方向（因为一般氧枪为三孔或多孔）及喷孔的出口附件有一个负压区，当冶炼过程出现金属喷溅时，负压会引导喷溅的金属粒子冲击喷头端面，引起喷头端面磨损，磨损太深则会漏水。

（3）喷头的材质不良会导致漏水。目前的喷头大部分是铜铸件，如铸件有砂眼或隐裂纹，则会发生漏水现象。

（4）氧枪中套管定位块脱落，中套管定位偏离氧枪中心，冷却水水量不均匀，局部偏小部位的外套容易在吹炼时烧穿。

（5）氧枪本身材质有问题，在枪身靠近熔池部位也会出现烧穿的小洞而漏水。

【知识拓展】

项目 1.3-1 供氧装置的使用

A 供氧装置的使用

氧枪升降开关用于控制氧枪升降，一般安置在右手操作方便的位置，是一种万能开关，手柄在中间为零位，两边分别为升、降氧枪的位置。平时手柄处于零位。

（1）升降操作。将手柄由零位推向左边"升"的方向，氧枪升降装置电动机、卷扬机动作，将氧枪提升。当氧枪升高到需要的高度时立即将手柄扳回到零位，因电动机、卷扬机止动而使氧枪停留在该高度位置上。操作时要眼观氧枪枪位标尺指示。

（2）降枪操作。将手柄由零位推向右边"降"的方向，氧枪升降装置电动机、卷扬机动作，使氧枪下降。当氧枪下降到需要的枪位时立即将手柄扳回到零位，因电动机、卷扬机止动而使氧枪停留在该高度位置上。操作时要眼观氧枪枪位标尺指示。

B 氧压升降操作

在操作室的操作台屏板上，装有工作氧压显示仪表和氧压操作按钮。

（1）升压操作。当需要提高工作氧压时，按下"增压"按钮使工作氧压逐渐提高，并且眼观氧压仪表的显示读数，当氧压提高到所需数值时立即松开按钮，使氧压在这个数值下工作。

（2）降压操作。当需要降低工作氧压时，按下"降压"按钮使工作氧压逐渐降低，并且眼观氧压仪表的显示读数，当氧压降低到所需数值时立即松开按钮，使氧压在这个数值下工作。

一般情况下，氧压的升降操作都是在供氧情况下进行的。静态下调节的数值在供氧时会有变动。

项目 1.3-2 供气系统设备的安全技术操作规程

（1）凡有下列情况之一，不准冶炼或应立即停止冶炼：

1）氧枪传动钢丝绳、保护绳磨损达到报废标准。

2）氧枪氧气胶管漏气，高压水胶管漏水，枪身或喷头漏水。

3）转炉与氧枪罩群一次风机一文水电气连锁失灵。

4）氧枪孔、加料三角槽口氮封压力低于规定数值。

5）氧气调节阀失灵，氧气切断阀漏气。

6）冷却水或氧气测量系统有故障。

（2）吹炼过程中氧枪失灵时，应用事故提枪装置紧急提枪，严禁吹炼。

（3）处理氧枪传动等系统故障和测液面时，必须将氧气切断阀关死，防止突然放氧。

（4）需要调试氧气流量时，必须通知炉前，待氧枪孔周围人员离开后方可进行，防止发生意外伤害。

（5）测液面、清理氧枪氮封口钢渣以及换枪、移枪处理料仓时应注意站位，防止跌落；并应注意平台，防止有悬浮物掉下伤人。

综上所述，在实际生产中，转炉氧枪喷头损坏的主要原因有高温钢渣的冲刷和急冷急热作用、质量不佳、冷却不良、喷头端面粘钢。

项目 1.3-3　氧枪喷头寿命

为了提高氧枪寿命和转炉作业率，需了解氧枪喷头损毁原因及氧枪更换标准，以便保持喷头参数的正确数值，提高氧枪寿命。

A　氧枪喷头损坏的原因

氧枪喷头损坏的原因有：

（1）高温钢渣的冲刷和急冷急热作用。喷头的工作环境极其恶劣，氧流喷出后形成的反应区温度高达约 2500℃，喷头受高温和不断飞溅的熔渣与钢液的冲刷，熔损逐渐变薄。由于温度频繁地急冷急热，喷头端部产生龟裂，随着使用时间的延续，龟裂逐步扩展，直至端部渗水乃至漏水报废。

（2）冷却不良。研究证明，喷头表面晶粒受热长大，损坏后喷头中心部位的晶粒与新喷头相比长大 5~10 倍；由于晶粒的长大引起喷孔变形，氧射流性能变坏。

（3）喷头端面粘钢。由于枪位控制不当，或喷头性能不佳而粘钢，导致端面冷却条件变差，寿命降低。多孔喷头射流的中间部位形成负压区，泡沫渣及夹带的金属液滴熔渣被不断地吸入，当高温、具有氧化性的金属液滴击中并黏附在喷头端面的一瞬间，铜呈熔融状态，钢与铜形成 Fe-Cu 固熔体牢牢地黏结在一起，影响了喷头的导热性（钢的导热性只有铜的 1/8）。若再次发生炽热金属液滴黏结，会发生 [Fe]-[O] 反应，放出的热量使铜熔化，喷头损坏。

（4）喷头质量不佳。铜的纯度、密度、导热性能、焊接性能变差，造成喷头寿命低。经金相检验，铜的夹杂物为 CuO，并沿着晶界成串分布，有夹杂的晶界为薄弱部位，金属液滴可能由此浸入损坏喷头的端面。

B　氧枪喷头的停用标准

喷头不能保持原设计时射流特性，就应及时更换，如有的大型转炉氧枪喷头停用的标准是：

（1）喷孔出口变形不小于 3mm。

（2）喷孔蚀损变形，冶炼指标恶化要及时更换。

（3）喷头、氧枪出现渗水或漏水。

（4）喷头或枪身涮蚀不小于 4mm。

（5）喷头或枪身粘钢变粗达到一定直径，应立即更换。

（6）喷头被撞坏，枪身弯曲大于 40mm。

C　提高氧枪喷头寿命的措施

提高喷头寿命的途径有以下几种：

（1）喷头设计合理，保证氧气射流的良好性能。

（2）采用高纯度无氧铜锻压组合喷头，确保质量，提高其冷却效果和使用性能，延长其寿命。

（3）确定合理的供氧制度，在设计氧压条件下工作，严防总管氧压不足。

（4）提高原材料质量和强度，保持其成分的稳定并符合标准。采用活性石灰造渣；当原材料条件发生变化时，及时调整枪位，保持操作稳定，避免烧坏喷头。

（5）提高操作人员水平，实施标准化操作。化好过程渣，严格控制好过程温度，提高终点控制的命中率；要及时测量液面，根据炉底状况，调整过程枪位。

（6）复合吹炼工艺底部供气流量增大时，顶吹枪位要相应提高，以求吹炼平稳。

【思考与练习】

1.3-1　填空题

（1）氧气转炉炼钢氧枪喷头是将（　　　）转化（　　　）的能量转换器。

（2）氧气转炉吹炼一般使用的氧枪形式为（　　　）。

（3）熔池供氧的主要设备是氧枪，氧枪由喷头、（　　　）和（　　　）三部分组成。

（4）氧枪有三层同心钢管组成，内管道是（　　　）通道，内层管与中间管之间是冷却水的（　　　）水通道，中间管与外层管之间是冷却水的（　　　）水通道。

（5）转炉氧枪喷头损坏的主要原因有高温钢渣的冲刷和急冷急热作用、质量不佳、冷却不良、（　　　）。

（6）转炉吹炼过程中，注意氧枪氮封口，如有（　　　）现象应及时处理。

（7）（　　　）是复吹技术的核心。

1.3-2　判断题

（1）氧气转炉炼钢使用氧枪的冷却水是从枪身的中间管内侧流入，从中间管外侧流出的。　　　　　　　　　　　　　　　　　　　　　　　　　　　　　　（　　　）

（2）旁立柱式氧枪升降装置的优点是结构简单，运行可靠且换枪迅速。　（　　　）

1.3-3　单项选择题

（1）直筒型氧枪喷头与拉瓦尔型氧枪喷头比较，（　　　）。

　　A. 直筒型喷头在高压下能获得较稳定的超声速射流

　　B. 拉瓦尔型喷头在高压下更能获得稳定的超声速射流

　　C. 两种喷头的效果差不多

（2）转炉双流道氧枪的主要作用是（　　　）。

　　A. 促进化渣　　　　　　B. 压抑喷溅　　　　　　C. 热补偿

（3）氧枪喷头端部被侵蚀的主要原因是（　　　）。

　　A. 枪位正常但炉内温度高

　　B. 氧枪在炉内泡沫渣中吹炼时间长

　　C. 喷头端部粘钢，降低喷头熔点

（4）双流道氧枪主要特点是增加供氧强度，缩短吹炼时间及（　　　）。

　　A. 不利热补偿　　　　　B. 对热补偿无影响　　　　C. 有利热补偿

（5）转炉氧枪喷头结构大多为（　　　）。

　　A. 直筒型　　　　　　　B. 锥形　　　　　　　　　C. 拉瓦尔型

（6）氧枪冷却水要从枪身中间管内侧流入、外侧流出是为了（　　　）。

　　A. 提高冷却水的流速　　B. 节约冷却水用量　　　　C. 提高冷却效果

　　D. 设计方便

（7）转炉氧枪喷头的作用是（　　　）。

　　A. 压力能变成动能　　　B. 动能变成速度能　　　　C. 搅拌熔池

（8）转炉在（垂直位置）±（　　　）°时，氧枪才允许下降。

A. 1　　　　　　　　B. 2　　　　　　　　C. 3　　　D. 4

1.3-4　简述题

（1）氧枪漏水或其他原因造成炉内进水如何处理？

（2）简述转炉氧枪在吹炼过程中各操作点及确定原则。

（3）简述氧枪垂直布置的升降装置。

（4）从哪些方面来维护复吹转炉的底部供气元件？

教学活动建议

本项目单元文字表述多，抽象，难于理解，在教学活动之前学生应到企业现场参观实习，具有感性认识；教学活动过程中，应利用现场视频及图片、仿真技术、虚拟仿真实训室或钢铁大学网站进行转炉顶部供氧、底部供气操作，使设备的工作过程形象化，结构清楚明了，同时将讲授法、演示法、教学练相结合，实施"做中教"、"做中学"，以提高教学效果。

查一查

学生利用课余时间，自主查询转炉炼钢生产供气系统设备使用、维护及操作规程。

项目单元 1.4　转炉烟气净化及煤气回收系统设备操作与维护

【学习目标】

知识目标：

（1）熟悉烟气、烟尘的性质。

（2）掌握转炉烟气净化处理方式、烟气净化及煤气回收系统设备组成、类型及作用。

（3）熟悉烟气净化及煤气回收系统设备的结构、使用和维护。

（4）熟悉转炉提钒与转炉炼钢烟气处理的差异。

能力目标：

（1）能熟练陈述转炉烟气和烟尘的特点、烟气净化及煤气回收系统的构成和类型。

（2）学会使用计算机控制系统进行转炉煤气回收操作，并能判断常见的设备故障。

（3）能利用网络、图书馆收集相关资料、自主学习。

【任务描述】

（1）无论是转炉提钒还是转炉炼钢，冶炼过程中均会产生烟气。

（2）转炉炼钢吹炼时，打开除尘风机，冶炼初期的烟气经净化系统净化后排入大气，进入脱碳器。操作计算机画面降下烟罩，切换烟气、烟囱和煤气回收管道的三通阀，含高浓度 CO 的转炉煤气进入煤气柜；进入冶炼后期，烟气中 CO 浓度越来越低，重新转换三通阀，除尘后的烟气排入大气。

（3）含钒铁水转炉吹氧提钒的吹氧时间较炼钢转炉小得多，供氧强度也比炼钢转炉小，脱碳速度随吹氧过程发生较大的变化，煤气含量和数量不稳定，因此提钒转炉一般仅进行烟气净化，不考虑煤气回收。

【相关知识点】

转炉吹炼过程中，可观察到在炉口排出大量棕红色的浓烟，这就是烟气。烟气的温度很高，可以回收利用。烟气是含有大量 CO 和少量 CO_2 及微量其他成分的气体，其中还夹带着大量氧化铁、金属铁粒和其他细小颗粒的固体尘埃，这股高温含尘气流冲出炉口进入烟罩和净化系统。炉内原生气体称为炉气，炉气冲出炉口以后称为烟气。转炉烟气的特点是温度高、气量多、含尘量大，具有毒性和爆炸性，任其放散会污染环境。我国 1996 年颁布了《大气污染物综合排放标准》（GB 16297—1996），规定工业企业废气（标态）含尘量不得超过 $120mg/m^3$，标准从 1997 年 1 月 1 日开始执行。对转炉烟气净化处理后，可回收大量的物理热、化学热以及氧化铁粉尘等。

1.4.1 烟气、烟尘的性质

1.4.1.1 烟气净化回收

在不同条件下转炉烟气和烟尘具有不同的特征。根据所采用的处理方式不同，所得的烟气性质也不同。目前的处理方式有燃烧法和未燃法两种，简述如下：

（1）燃烧法。炉气从炉口进入烟罩时，令其与足够的空气混合，使可燃成分燃烧形成高温废气经过冷却、净化后，通过风机抽引并放散到大气中。

（2）未燃法。炉气排出炉口进入烟罩时，通过某种方法，使空气尽量少地进入炉气，因此，炉气中可燃成分 CO 只有少量燃烧。经过冷却、净化后，通过风机抽入回收系统中贮存起来，加以利用。

未燃法与燃烧法相比，未燃法烟气未燃烧，其体积小，温度低，烟尘的颗粒粗大，易于净化，烟气可回收利用，投资少。

1.4.1.2 烟气的特征

（1）烟气的来源及化学组成。在吹炼过程中，熔池碳氧反应生成的 CO 和 CO_2 是转炉烟气的基本来源；另外，炉气从炉口排出时吸入部分空气，可燃成分有少量燃烧生成废气，也有少量来自炉料和炉衬中的水分，以及生烧石灰中分解出来的 CO_2 气体等。

转炉炼钢冶炼过程中烟气成分是不断变化的，这种变化规律可用图 1-69 来说明。

转炉烟气的化学成分给烟气净化带来较大困难。转炉烟气的化学成分随烟气处理方法不同而异。燃烧法与未燃法两种烟气成分和含量差别很大，见表 1-9。

（2）转炉烟气的温度。未燃法烟气温度一般为 1400~1600℃，燃烧法废气温度一般为 1800~2400℃。因此，在转炉烟气净化系统中必须设置冷却设备。

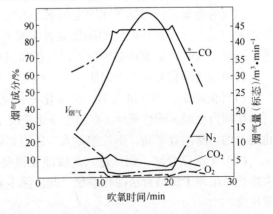

图 1-69 转炉炼钢在吹炼过程中烟气成分变化曲线

表1-9　未燃法与燃烧法烟气成分及其含量比较

成分 除尘方法	CO	CO_2	N_2	O_2	H_2	CH_4
未燃法	60~80	14~19	5~10	0.4~0.6		
燃烧法	0~0.3	7~14	74~80	11~20	0~0.4	0~0.2

（3）转炉烟气的数量。未燃法平均吨钢烟气量（标态）为 $80m^3/t$，燃烧法的烟气量为未燃法的 4~6 倍。

（4）转炉烟气的发热量。未燃法中烟气主要成分是 CO，含量在 60%~80% 时，其发热量波动在 7745.95~10048.8kJ/m^3，燃烧法的废气仅含有物理热。

1.4.1.3　烟尘的特征

（1）烟尘的来源。在氧气流股冲击的熔池反应区内，"火点"处温度高达 2000~2600℃。一定数量的铁和铁的氧化物蒸发，形成浓密的烟尘随炉气从炉口排出。此外，烟尘中还有一些被炉气夹带出来的散状料粉尘和喷溅出来的细小渣粒。

（2）烟尘的成分。未燃法烟尘呈黑色，主要成分是 FeO，其含量在 60% 以上；燃烧法的烟尘呈红棕色，主要成分 Fe_2O_3，其含量在 90% 以上，可见转炉烟尘是含铁很高的精矿粉，可作为高炉原料或转炉自身的冷却剂和造渣剂。

（3）烟尘的粒度。通常把粒度在 5~10μm 之间的尘粒称为灰尘；由蒸气凝聚成的直径在 0.3~3μm 之间的微粒，呈固体的称为烟；呈液体的称为雾。燃烧法尘粒小于 1μm 的约占 90% 以上，接近烟雾，较难清除；未燃法烟尘颗粒直径大于 10μm 的达 70%，接近于灰尘，其清除比燃烧法相对容易一些。

（4）烟尘的数量。氧气顶吹转炉炉气中夹带的烟尘量，约为金属装入量的 0.8%~1.3%，炉气（标态）含尘量 80~120g/m^3。烟气中的含尘量一般小于炉气含尘量，且随净化过程逐渐降低。顶底复合吹炼转炉的烟尘量，一般比顶吹工艺少。

1.4.2　烟气、烟尘净化回收系统主要设备

转炉烟气净化系统可概括为烟气的收集与输导、降温与净化、抽引与放散三部分。

烟气的收集有活动烟罩和固定烟罩。烟气的输导管道称为烟道。烟气的降温装置主要是烟道和溢流文氏管。烟气的净化装置主要有文氏管脱水器以及布袋除尘器和电除尘器等。回收煤气时，系统还必须设置煤气柜和回火防止器等设备。

转炉烟气净化方式有全湿法、干湿结合法和全干法三种形式：

（1）全湿法。烟气进入第一级净化设备就与水相遇，称为全湿法除尘系统。双文氏管净化即为全湿法除尘系统。在整个净化系统中，都是采用喷水方式来达到烟气降温和净化的目的。除尘效率高，但耗水量大，还需要处理大量污水和泥浆。

（2）干湿结合法。烟气进入次级净化设备与水相遇，称干湿结合法净化系统，平一文净化系统即干湿结合法净化系统。此法除尘效率稍差些，污水处理量较少，对环境有一定污染。

（3）全干法。在净化过程中烟气完全不与水相遇，称为全干法净化系统。布袋除尘、

静电除尘为全干法除尘系统。全干法净化可以得到干烟尘，无需设置污水、泥浆处理设备。

下面以未燃全湿法净化系统为例介绍其主要设备。为了收集烟气，在转炉上面装有烟罩。烟气经活动烟罩和固定烟罩之后，进入汽化冷却烟道或废热锅炉以利用废热，再经净化冷却系统。

1.4.2.1　烟气的收集和冷却设备

A　烟气的收集设备

（1）活动烟罩。为了收集烟气，在转炉上面装有烟罩。烟气经活动烟罩和固定烟罩之后进入汽化冷却烟道或废热锅炉以利用废热，再经净化冷却系统。用于未燃法的活动烟罩，要求能够上、下升降，以保证烟罩内外气压大致相等，既避免炉气的外逸恶化炉前操作环境，也不吸入空气而降低回收煤气的质量，因此在吹炼各阶段烟罩能调节到需要的间隙。吹炼结束出钢、出渣、加废钢、兑铁水时，烟罩能升起，不妨碍转炉倾动。当需要更换炉衬时，活动烟罩又能平移出炉体上方。这种能升降调节烟罩与炉口之间距离，或者既可升降又能水平移出炉口的烟罩称为"活动烟罩"。

OG法是用未燃法处理烟气，也是当前采用较多的方法。其烟罩是裙式活动单烟罩和双烟罩。

图1-70所示为裙式活动单烟罩。烟罩下部裙罩口内径略大于水冷炉口外缘，当活动烟罩下降至最低位置时，使烟罩下缘与炉口处于最小距离，约为50mm，以利于控制罩口内外微压差，进而实行闭罩操作，这对提高回收煤气质量，减少炉下清渣量，实现炼钢工艺自动连续定碳均带来有利条件。

活动烟罩的升降机构可以采用电力驱动。烟罩提升时，通过电力卷扬，下降时借助升降段烟罩的自重。活动烟罩的升降机构也可以采用液压驱动，是用4个同步液压缸，以保证烟罩的水平升降。

图1-71所示为活动烟罩双罩结构。从图可以看出它是由固定部分（又称下烟罩）与升降部分（又称罩裙）组成。下烟罩与罩裙通过水封连接。固定烟罩又称上烟罩，设有两个散状材料投料孔、氧枪和副枪插入孔、压力温度检测、气体分析取样孔等。

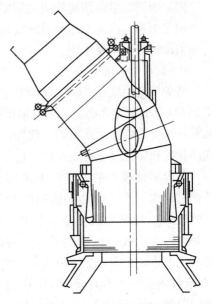

图1-70　OG法活动烟罩

罩裙是用锅炉钢管围成，两钢管之间平夹一片钢板（又称鳍片），彼此连接在一起形成了钢管与钢板相间排列的焊接结构，又称横列管型隔片结构。管内通温水冷却。

罩裙下部由三排水管组成水冷短截锥套，这是避免罩裙与炉体接触时损坏罩裙。罩裙的升降由4个同步液压缸驱动。上部烟罩也是由钢管围成，只不过是纵列式管型隔片结构。上部烟罩与下部烟罩都是采用温水冷却，上、下部烟罩通过沙封连接。我国300t转炉就是采用这种活动烟罩结构。

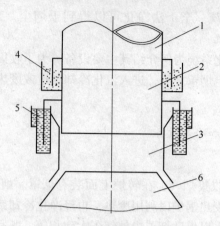

图 1-71　活动烟罩结构示意图
1—上部烟罩（固定烟罩）；2—下部烟罩（活动烟罩固定段）；3—罩裙（活动烟罩
升降段）；4—沙封；5—水封；6—转炉

（2）固定烟罩。固定烟罩装于活动烟罩与汽化冷却烟道或废热锅炉之间，也是水冷结构件。固定烟罩上开有散状材料投料孔、氧枪和副枪插入孔，并装有水套冷却。为了防止烟气的逸出，对散状材料投料孔、氧枪和副枪插入孔等均采用氮气或蒸汽密封。

固定烟罩与单罩结构的活动烟罩多采用水封连接。

固定烟罩与汽化冷却烟道或废热锅炉拐弯处的拐点高度与水平线的倾角，对防止烟道的倾斜段结渣有重要作用。

B　烟气的冷却设备

转炉炉气温度在 1400~1600℃ 左右，炉气离开炉口进入烟罩时，由于吸入空气使炉气中的 CO 部分或全部燃烧，烟气温度可能更高。高温烟气体积大，如在高温下净化，使净化系统设备的体积非常庞大。此外，单位体积的含尘量低，也不利于提高净化效率，所以在净化前和净化过程中要对烟气进行冷却。

国内早期投产的转炉，多采用水冷烟道。水冷烟道耗水量大，废热无法回收利用。近期新建成的转炉，均采用汽化冷却烟道。所谓汽化冷却就是冷却水吸收的热量用于自身的蒸发，利用水的汽化潜热带走冷却部件的热量。如 1kg 水每升高 1℃ 吸收热量约 4.2kJ；而由 100℃ 水到 100℃ 蒸汽则吸收热量约 2253kJ/kg。两者相比，相差 500 多倍。汽化冷却的耗水量将减少到 1/30~1/100，所以汽化冷却是节能的冷却方式。汽化冷却装置是承压设备，因而投资费用大，操作要求也高，下面分项叙述。

（1）汽化冷却烟道。汽化冷却烟道是用无缝钢管围成的筒形结构，其断面为方形或圆形，如图 1-72 所示。钢管的排列有水管式、隔板管式和

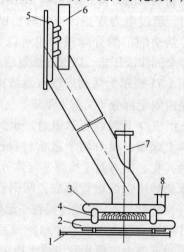

图 1-72　汽化冷却烟道示意图
1—排污集管；2—进水集箱；3—进水总管；
4—分水管；5—出口集箱；6—出水（汽）总管；
7—氧枪水套；8—进水总管接头

密排管式，如图 1-73 所示。

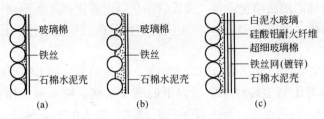

图 1-73 烟道管壁结构
(a) 水管式；(b) 隔板管式；(c) 密排管式

水管式烟道容易变形；隔板管式加工费时，焊接处容易开裂且不易修复；密排管式不易变形，加工简单，更换方便。

汽化冷却用水是经过软化处理和除氧处理的。图 1-74 所示为汽化冷却系统流程。汽化冷却系统可自然循环，也可强制循环。汽化冷却烟道内由于汽化产生的蒸汽形成气水混合物，经上升管进入汽包，气与水分离，所以汽包也称分离器；气水分离后，热水从下降管经循环泵，又送入汽化冷却烟道继续使用。若取消循环泵，为自然循环系统，其效果也很好。当汽包内蒸汽压力升高到 $(6.87\sim7.85)\times10^5\mathrm{Pa}$ 时，气动薄膜调节阀自动打开，使蒸汽进入蓄热器供用户使用。当蓄热器的蒸汽压力超过一定值时，蓄热器上部的气动薄膜调节阀自动打开放散。当汽包需要补充软水时，由软水泵送入。

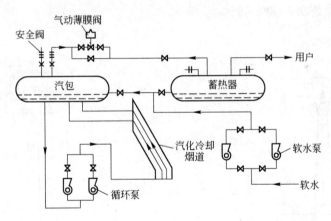

图 1-74 汽化冷却系统流程

汽化冷却系统的汽包布置应高于烟道顶面。一座转炉设有一个汽包，汽包不宜合用，也不宜串联。汽化冷却烟道受热时会向两端膨胀伸长，上端热伸长量在一文水封中得到补偿；下端热伸长量在烟道的水封中得到缓冲。汽化冷却烟道也称汽化冷却器，可以冷却烟气并能回收蒸汽，也可称它是废热锅炉。

(2) 废热锅炉。无论是未燃法还是燃烧法都可采用汽化冷却烟道。只不过燃烧法的废热锅炉在汽化冷却烟道后面增加对流段，进一步回收烟气的余热，以产生更多的蒸汽。对流段通常是在烟道中装设蛇形管，蛇形管内冷却水的流向与烟气流向相反，通过烟气加热蛇形管内的冷却水，再作为汽化冷却烟道补充水源，这样就进一步利用了烟气的余热，也增加了回收蒸汽量。

（3）文氏管净化器。文氏管净化器是一种湿法除尘设备，也兼有冷却降温作用。文氏管是当前效率较高的湿法净化设备。文氏管净化器由雾化器（碗形喷嘴）、文氏管本体及脱水器三部分组成，如图 1-75 所示。文氏管本体是由收缩段、喉口段、扩张段三部分组成。

烟气流经文氏管收缩段到达喉口时气流加速，高速的烟气冲击喷嘴喷出的水幕，使水二次雾化成小于或等于烟尘粒径 100 倍以下的细小水滴。喷水量（标态）一般为 0.5 ~ 1.5L/m³（液气比）。气流速度（60 ~ 120m/s）越大，喷入的水滴越细，在喉口分布越均匀，二次雾化效果越好，越有利于捕集微小的烟尘。细小的水滴在高速紊流气流中迅速吸收烟气的热量而汽化，一般在 1/50 ~ 1/150s 内使烟气从 800 ~ 1000℃ 冷却到 70 ~ 80℃。同样在高速紊流气流中，尘粒与液滴具有很高的相对速度，在文氏管的喉口段和扩张段内互相撞击而凝聚成较大的颗粒。经过与文氏管串联气水分离装置（脱水器），使含尘水滴与气体分离，烟气得到降温与净化。

按文氏管的构造可分成定径文氏管和调径文氏管。

在湿法净化系统中采用双文氏管串联，通常以定径文氏管作为一级除尘装置，并加溢流水封；以调径文氏管作为二级除尘装置。

1）溢流文氏管。在双文氏管串联的湿法净化系统中，喉口直径一定的溢流文氏管（见图 1-76）主要起降温和粗除尘的作用。经汽化冷却烟道烟气冷却至 800 ~ 1000℃，通过溢流文氏管时能迅速冷却到 70 ~ 80℃，并使烟尘凝聚，通过扩张段和脱水器将烟气中粗粒烟尘除去，除尘效率为 90% ~ 95%。

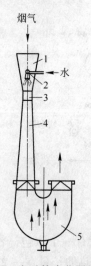

图 1-75　文氏管净化器的组成
1—文氏管收缩段；2—碗形喷嘴；
3—喉口；4—扩张段；5—弯头脱水器

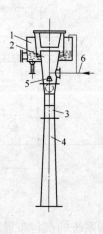

图 1-76　定径溢流文氏管
1—溢流水封；2—收缩段；3—腰鼓形喉口（铸件）；
4—扩张段；5—碗形喷嘴；6—溢流供水管

采用溢流水封主要是为了保持收缩段的管壁上有一层流动的水膜，以隔离高温烟气对管壁的冲刷，并防止烟尘在干湿交界面上产生积灰结瘤而堵塞。溢流水封为开口式结构，有防爆泄压、调节汽化冷却烟道因热胀冷缩引起位移的作用。

溢流文氏管收缩角为 20° ~ 25°，扩张角为 6° ~ 8°；喉口长度为 (0.5 ~ 1.0)$D_{喉}$，小转炉烟道取上限。

溢流文氏管的入口烟气速度为 20~25m/s，喉口烟气速度为 40~60m/s，出口气速为 15~20m/s；一文阻力损失为 3000~5000Pa；溢流水量每米周边约 500kg/h。

2）调径文氏管。在喉口部位装有调节机构的文氏管，称为调径文氏管，主要用于精除尘。

在喷水量一定的条件下，文氏管除尘器内水的雾化和烟尘的凝聚，主要取决于烟气在喉口处的速度。吹炼过程中烟气量变化很大，为了保持喉口烟气速度不变，以稳定除尘效率，采用调径文氏管，它能随烟气量变化相应增大或缩小喉口断面积，保持喉口处烟气速度一定，还可以通过调节风机的抽气量控制炉口微压差，确保回收煤气质量。

现用的矩形调径文氏管，调节喉口断面大小的方式很多，常用的有阀板、重砣、矩形翼板、矩形滑块等。

调径文氏管的喉口处安装米粒形阀板，即圆弧形-滑板（R-D），用以控制喉口开度，可显著降低二文阻损，如图 1-77 所示。喉口阀板调节性能好，喉口开度与气体流量在相同的阻损下，基本上呈直线函数关系，这样能准确地调节喉口的气流速度，提高喉口的调节精度。另外，阀板是用液压传动控制，可与炉口微压差同步，调节精度得到保证。

调径文氏管的收缩角为 23°~30°，扩张角为 7°~12°；调径文氏管收缩段的进口气速为 15~20m/s，喉口气流速度为 100~120m/s；二文阻损一般为 10000~12000Pa。

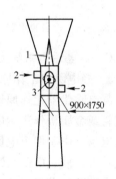

图 1-77　圆弧形-滑板调节
（R-D）文氏管
1—导流板；2—供水；
3—可调阀板

（4）脱水器。在湿法和干湿结合法烟气净化系统中，湿法净化器的后面必须装有气水分离装置，即脱水器。脱水情况直接关系到烟气的净化效率、风机叶片寿命和管道阀门的维护，而脱水效率与脱水器的结构有关。

1）重力脱水器。如图 1-78 所示，烟气进入脱水器后流速下降，流向改变，依靠含尘水滴自身重力实现气水分离，适用于粗脱水，如与溢流文氏管相连进行脱水。重力脱水器的入口气流速度一般不小于 12m/s，管体内流速一般为 4~5m/s。

2）弯头脱水器。含尘水滴进入脱水器后，受惯性及离心力作用，水滴被甩至脱水器的叶片及器壁，沿叶片及器壁流下，通过排污水槽排走。弯头脱水器按其弯曲角度不同，可分为 90° 和 180° 弯头脱水器两种。图 1-79 所示为 90° 弯头脱水器。弯头脱水器能够分离粒径大于 30μm 的水滴，脱水效率可达 95%~98%。进口速度为 8~12m/s，出口速度为 7~9m/s，阻力损失为 294~490Pa。弯头脱水器中叶片多，则脱水效率高；但叶片多容易堵塞，尤其是一文更易堵塞。改进分流挡板和增设反冲喷嘴，有利于消除堵塞现象。

3）丝网脱水器。丝网脱水器用以脱除雾状细小水滴，如图 1-80 所示。由于丝网的自由体积大，气体很容易通过，烟气中夹带的细小水滴与丝网表面碰撞，沿丝与丝交叉结扣处聚集逐渐形成大液滴脱离而沉降，实现气水分离。

丝网脱水器是一种高效率的脱水装置，能有效地除去粒径为 2~5μm 的雾滴。它阻力小、质量轻、耗水量少，一般用于风机前作精脱水设备。但丝网脱水器长期运转容易堵塞，一般每炼一炉钢冲洗一次，冲洗时间为 3min 左右。为防止腐蚀，丝网材料用不锈钢丝、紫铜丝或磷铜丝编织，其规格为 0.1mm×0.4mm 扁丝。丝网厚度也分为 100mm 和 150mm 两种规格。

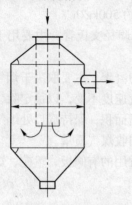

图 1-78　重力脱水器

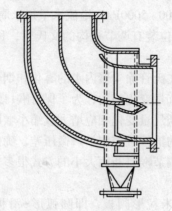

图 1-79　90°弯头脱水器

图 1-80　丝网脱水器

C　静电除尘系统主要设备

a　静电除尘工作原理

静电除尘器工作原理如图 1-81 所示。以导线作放电电极也称电晕电极，为负极；以金属管或金属板作集尘电极，为正极。在两个电极上接通数万伏的高压直流电源，两极间形成电场，由于两个电极形状不同，形成了不均匀电场；在导线附近，电力线密集，电场强度较大，使正电荷束缚在导线附近，因此，在空间电子或负离子较多。于是通过空间的烟尘大部分捕获了电子，带上负电荷，得以向正极移动。带负电荷的烟尘到达正极后，即失去电子而沉降到电极板表面，达到气与尘分离的目的。定时将集尘电极上的烟尘振落或用水冲洗，烟尘即可落到下部的积灰斗中。

b　静电除尘器构造形式

静电除尘器主要由放电电极、集尘电极、气流分布装置、外壳和供电设备组成。

静电除尘器有管式和板式两种，图 1-81 为板式静电除尘器示意图。管式静电除尘器的金属圆管直径为 50～300mm，长为 3～4m。板式除尘器集尘板间宽度约为 300mm。立式的集尘电极高约为 3～4mm；卧式的长度约为 2～3mm。静电除尘器由三段或多段串联使用。烟气通过每段，都可去除大部分尘粒，经过多段可以达到较为彻底净化的目的。据报道，静电除尘效率高达 99.9%。它的除尘效

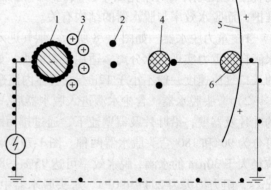

图 1-81　静电除尘器的工作原理
1—放电电极；2—烟气电离后产生的电子；
3—烟气电离后产生的正离子；4—捕获电子后的尘粒；
5—集尘电极；6—放电后的尘粒

率稳定，不受烟气量波动的影响，特别适于捕集小于 1μm 的烟尘。

烟气进入前段除尘器时，烟气含尘量高，且大颗粒烟尘较多，因而静电除尘器的宽度可以宽些，从此以后宽度可逐渐减小。后段烟气中含尘量少，颗粒细小，供给的电压可由

前至后逐渐增高。

烟气通过除尘器时的流速约为 2~3m/s 为好，流速过高，易将集尘电极上的烟尘带走；流速过低，气流在各通道内分布不均匀，设备也要增大；电压过高，容易引起火花放电；电压过低，除尘效率低。集尘电极上的积灰可以通过敲击振动清除，落入积灰斗中的烟尘通过螺旋输送机运走，又称干式除尘。还可以用水冲洗集尘电极上的积尘，也称湿式除尘，污水与泥浆需要处理，用水冲洗方式除尘效率较高。干式除尘适用于板式静电除尘器；而湿式除尘适用于管式静电除尘器。

目前，国外有的厂家已经将静电除尘系统应用于转炉生产，从长远来看，干法静电除尘系统是一种较好的烟气净化方法。

D　布袋除尘器

布袋除尘器是一种干式除尘设备。含尘气体通过织物过滤而使气与尘粒分离，达到净化的目的。过滤器实际上就是袋状织物，整个除尘器是由若干个单体布袋组成。

布袋一般是用普通涤纶制作的，也可用耐高温纤维或玻璃纤维制作滤袋。它的尺寸直径在 50~300mm 范围，最长在 10m 以内。根据气体含尘浓度和布袋排列的间隙，具体选择确定布袋尺寸。

由于含尘气体进入布袋的方式不同，布袋除尘分为压入型和吸入型两种，如图 1-82 所示。

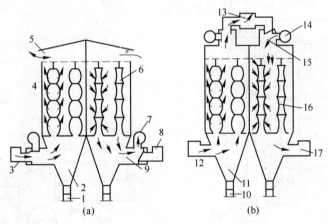

图 1-82　布袋除尘器构造示意图

(a) 压入型；(b) 吸入型

1，10—灰尘排出阀；2，11—灰斗，3，12，8—进气管；4—布袋过滤；5—顶层巷道；
6，16—布袋逆流；7，14—反吸风管；9，15—灰尘抖落阀；13—排出管道；17—输气管道

脉冲喷吹布袋除尘器的结构及工作原理如图 1-83 所示。含尘气体由进口管 13 进入中部箱体 11，其中装有若干排滤袋 10。含尘气体由袋外进入袋内，粉尘被阻留在滤袋外表面。已净化的气体经过文氏管 7 进入上箱体 1，最后由排气管 18 排出。滤袋通过钢丝框架 9 固定在文氏管上。

每排滤袋上部均装有一根喷吹管 2，喷吹管上有 6.4mm 的喷射孔与每条滤袋相对应。喷吹管前装有与压缩空气包 4 相连的脉冲阀 6，控制仪 12 不停地发出短促的脉冲信号，通过控制阀有程序地控制各脉冲阀使之开启。当脉冲阀开启（只需 0.1~0.12s）时，与

该脉冲阀相连的喷吹管与气包相通，高压空气从喷射孔以极高的速度喷射出去。在高速气流周围形成一个比自己的体积大 5~7 倍的诱导气流，一起经文氏管进入滤袋，使滤袋急剧膨胀引起冲击振动。同时在瞬间内产生由内向外的逆向气流，使粘在袋外及吸入滤袋内部的粉尘被吹扫下来。吹扫下来的粉尘落入箱体 19 及灰斗 14，最后经卸灰阀 16 排出。

布袋除尘器是一种高效干式除尘设备，可以回收干尘，便于综合利用。但是无论用哪种材料制作滤袋，进入滤袋的烟气必须低于 130℃，并且不宜净化含有潮湿烟尘的气体。袋式除尘器比电除尘器结构简单，工作稳定，还可回收因电阻高而难于回收的粉尘。它与文氏管除尘器相比，可以回收干粉尘，便于综合利用，而免去泥浆处理的困难，同时动力消耗也较少。

1.4.2.2　煤气回收系统的主要设备

转炉煤气回收设备主要是指煤气柜和水封式回火防止器。

A　煤气柜

煤气柜是贮存煤气之用，以便于连续供给用户成分、压力、质量稳定的煤气，是顶吹转炉回收系统中重要设备之一。它犹如一个大钟罩扣在水槽中，随煤气进出而升降；通过水封使煤气柜内煤气与外界空气隔绝。其结构示意图见图 1-84。

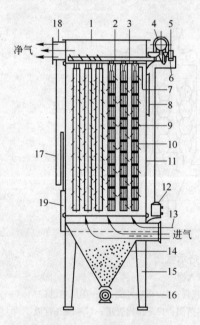

图 1-83　脉冲喷吹布袋除尘器

1—上箱；2—喷吹管；3—花板；4—气包；5—排气阀；
6—脉冲阀；7—文氏管；8—检修孔；9—框架；10—滤袋；
11—中箱；12—控制仪；13—进口管；14—灰斗；
15—支架；16—卸灰阀；17—压力计；18—排气管；
19—下箱体

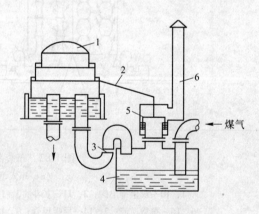

图 1-84　煤气柜自动放散装置

1—煤气柜；2—钢绳；3—正压连接水封；
4—逆止水封；5—放散阀；6—放散烟囱

B　水封器

水封器的作用是防止煤气外逸或空气渗入系统；阻止各污水排出管之间相互窜气；阻

止煤气逆向流动；也可以调节高温烟气管道的位移；还可以起到一定程度的泄爆作用和柔性连接器的作用，因此它是严密可靠的安全设施。根据其作用原理分为正压水封、负压水封和连接水封等。

逆止水封器是转炉煤气回收管路上防止煤气倒流的部件。其工作原理示意图如图 1-85 所示。当气流 $p_1 > p_2$ 正常通过时，必须冲破水封从排气管流出；当 $p_1 < p_2$ 的情况时，水封器水液面下降，水被压入进气管中阻止煤气倒流。

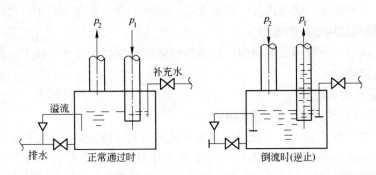

图 1-85　逆止水封工作原理图

C　煤气柜自动放散装置

图 1-84 是 10000m³ 煤气柜的自动放散装置示意图。它是由放散阀、放散烟囱、钢绳等组成。钢绳的一端固定在放散阀顶上，经滑轮导向，另一端固定在第三级煤气柜边的一点上，该点高度经实测得出。当煤气柜贮气量上升至 9500m³ 时，钢绳 2 呈拉紧状态，提升放散阀 5，脱离水封面而使煤气从放散烟囱 6 放散。当贮气量小于 9500m³ 时，放散阀借自重落在水封中，钢绳呈松弛状，从而稳定煤气柜的贮气量。

1.4.2.3　风机与放散烟囱

A　风机

烟气经冷却、净化，由引风机将其排至烟囱放散或输送到煤气回收系统中备用。因此引风机是净化回收系统的动力中枢，非常重要。但目前没有顶吹转炉专用风机而是套用 D 形单进煤气鼓风机。风机的工作环境比较恶劣。例如，未燃法全湿净化系统，进入风机的气体（标态）含尘量约 100~120mg/m³，温度在 36~65℃，CO 含量在 60% 左右，相对湿度为 100%，并含有一定量的水滴，同时转炉又周期性间断吹氧，基于以上工作特点，对风机的要求如下：

（1）调节风量时其压力变化不大，同时在小风量运转时风机不喘震。

（2）叶片、机壳应具有较高的耐磨性和抗蚀性。

（3）具有良好的密封性和防爆性。

（4）应设有水冲洗喷嘴，以清除叶片和机壳内的积泥。

（5）具有较好的抗震性。

多年的实践表明，D 形单进煤气鼓风机能够适应转炉生产的要求。在电动机与风机之间用液力耦合器连接，非吹炼时间，风机则以低速运转，以节约电耗。

　　风机可以布置在车间上部，也可以布置于地面。布置于地面较好，可以降低投资造价，也便于维修。

　　B　放散烟囱

　　a　烟囱高度的确定

　　氧气转炉烟气因含有可燃成分，其排放与一般工业废气不同，一般工业用烟囱只高于方圆 100m 内最高建筑物 3~6m 即可。氧气转炉的放散烟囱的标高应根据距附近居民区的距离和卫生标准来决定。据国内各厂调查来看，放散烟囱的高度均高出厂房屋顶 3~6m。

　　b　放散烟囱结构形式的选择

　　一座转炉设置一个专用放散烟囱。钢质烟囱防震性能好，又便于施工。但北方寒冷地区要考虑防冻措施。

　　c　烟囱直径的确定

　　烟囱直径的确定应依据以下因素决定：

　　(1) 防止烟气发生回火，为此烟气的最低流速（12~18m/s）应大于回火速度。

　　(2) 无论是放散或回收，烟罩口应处于微正压状态，以免吸入空气。关键是提高放散系统阻力与回收系统阻力相平衡。其办法有：在放散系统管路中装一水封器，既可增加阻力又可防止回火；或在放散管路上增设阻力器等。

1.4.3　烟气净化回收的防爆与防毒

1.4.3.1　防爆

　　转炉煤气中含有大量可燃成分 CO 和少量氧气，在净化过程中还混入了一定量的水蒸气，它们与空气或氧气混合后，在特定的条件下会发生爆炸，造成设备损坏，甚至人身伤亡。因此防爆是保证转炉净化回收系统安全生产的重要措施。可燃气体如果同时具备以下条件时，就会引起爆炸：

　　(1) 可燃气体与空气或氧气的混合比在爆炸极限的范围之内。

　　(2) 混合的温度在最低着火点以下，否则只能引起燃烧。

　　(3) 遇到足够能量的火种。

　　可燃气体与空气或氧混合后，气体的最大混合比称为爆炸上限，最小混合比称为爆炸下限。

　　几种可燃气与空气或氧气混合，在 20℃ 和常压条件下的爆炸极限见表 1-10。

表 1-10　可燃气与空气、氧气混合的爆炸极限

气体种类	爆炸极限				气体种类	爆炸极限			
	与空气混合		与氧气混合			与空气混合		与氧气混合	
	下限	上限	下限	上限		下限	上限	下限	上限
CO	12.5	75	13	96	焦炉煤气	5.6	31	—	—
H_2	4.15	75	4.5	95	高炉煤气	46	48	—	—
CH_4	4.9	15.4	5	60	转炉煤气	12	65	—	—

　　各种可燃气体的着火温度是：

CO 与空气混合，着火温度是 610℃，与氧气混合，着火温度是 590℃；

H_2 与空气混合，着火温度是 530℃，与氧气混合，着火温度是 450℃。

由此看出，氧气转炉煤气 CO 含量和温度处于爆炸极限范围之内，所以在烟气净化系统中应严格消除火种，并采取必要的防爆措施：

(1) 加强系统的严密性，保证不漏气、不吸入空气。

(2) 氧枪、副枪插入孔，散状材料投料孔应采用惰性气体密封。

(3) 设置防爆板、水封器，以备在万一发生爆炸时能起到泄爆的作用，减少损失。

(4) 配备必要的检测仪表，安装磁氧分析仪，以随时分析回收煤气中的氧含量，控制该含量低于容许范围。

1.4.3.2 防毒

转炉煤气中的一氧化碳，在标准状态下，其密度是 $1.23kg/m^3$，是一种无色无味的气体，对人体有毒害作用。一氧化碳被人吸入后，经肺部而进入血液，它与红血素的亲和力比氧大 210 倍，很快形成碳氧血色素，使血液失去送氧能力，使全身组织，尤其是中枢神经系统严重缺氧，致使中毒，严重者可致死。

为了防止煤气中毒，必须注意以下几点：

(1) 必须加强安全教育，严格执行安全规程。

(2) 注意调节炉口微压差，尽量减少炉口烟气外逸。

(3) 净化回收系统要严密，杜绝煤气的外漏；并在有关地区设置一氧化碳浓度报警装置，以防中毒。

(4) 煤气放散烟囱应有足够的高度，以满足扩散和稀释的要求。

(5) 煤气放散时应自动打火点燃。

(6) 加强煤气管沟、风机房和加压站的通风措施。

1.4.4 净化回收系统简介

1.4.4.1 OG 净化回收系统

图 1-86 是 OG 净化回收系统流程示意图。这是当前世界上未燃法全湿系统净化效果较好的一种。

其主要特点为：

(1) 净化系统设备紧凑。净化系统由繁到简，实现了管道化，系统阻损小，且不存在死角，煤气不易滞留，利于安全生产。

(2) 设备装备水平较高。通过炉口微压差来控制二文的开度，以适应各吹炼阶段烟气量的变化和回收放散的转换，实现了自动控制。

(3) 节约用水量。烟罩及罩裙采用热水密闭循环冷却系统，烟道用汽化冷却，二文污水返回一文使用，明显地减少用水量。

(4) 烟气净化效率高。排放烟气（标态）的含尘浓度可低于 $100mg/m^3$，净化效率高。

(5) 系统安全装置完善。设有 CO 与烟气中 O_2 含量的测定装置，以保证回收与放散

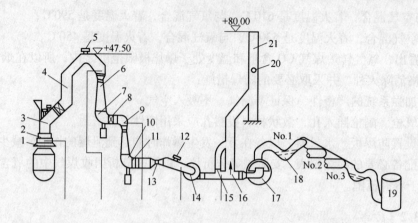

图 1-86 OG 系统流程示意图

1—罩裙；2—T 烟罩；3—烟罩；4—汽化冷却烟道；5—上部安全阀（防爆门）；6—一文；

7—一文脱水器；8，11—水雾分离器；9—二文；10—二文脱水器；12—下部安全阀；

13—流量计；14—风机；15—旁通阀；16—三通阀；17—水封逆止阀；18—V 形水封；

19—煤气柜；20—测定孔；21—放散烟囱

系统的安全。

（6）实现了煤气、蒸气、烟尘的综合利用。

1.4.4.2 静电除尘干式净化回收系统

图 1-87 所示为联邦德国萨尔茨吉特钢铁公司 1 座 200t 氧气顶吹转炉采用的静电除尘干式净化回收系统。其工艺流程是：

炉气与空气在烟罩和自然循环锅炉 2 内混合燃烧并冷却，烟气冷却至 1000℃ 左右，进入喷淋塔 3 后冷却到约 200℃，喷入的雾化水全部汽化。烟气再进入三级静电除尘器 4。集尘极板上的烟尘通过敲击清除，由螺旋运输机 7 送走。净化后的烟气从烟尘积灰仓 8 点燃后放散。

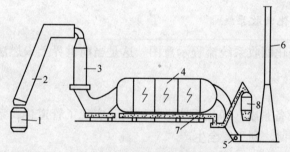

图 1-87 静电除尘系统流程示意图

1—转炉；2—自然循环锅炉；3—喷淋塔；4—三级卧式干法静电除尘器；

5—风机；6—带电点火器的烟囱；7—烟尘螺旋运输机；8—烟尘积灰仓

【技能训练】

项目 1.4-1 使用计算机操作画面进行烟气净化及煤气回收系统的操作和监控

使用山东星科智能科技有限公司开发的钢铁生产仿真实训软件，通过点击转炉操作界面中的【煤气回收】即可进入煤气回收操作界面，如图 1-88 所示。首先降下烟罩，打开风机，通过观察界面上的氧量与 CO 量来确定是否回收煤气，同时要保证氧气分析正常、CO 分析正常、风机为高转速、旁通阀正常、逆止阀正常、储备站正常，然后点击【开始回收按钮】，进行除尘系统、汽化冷却系统、煤气回收系统的操作。若不满足回收条件，点击【紧急放散按钮】时，旁通阀打开，逆止阀关闭，回收终止。

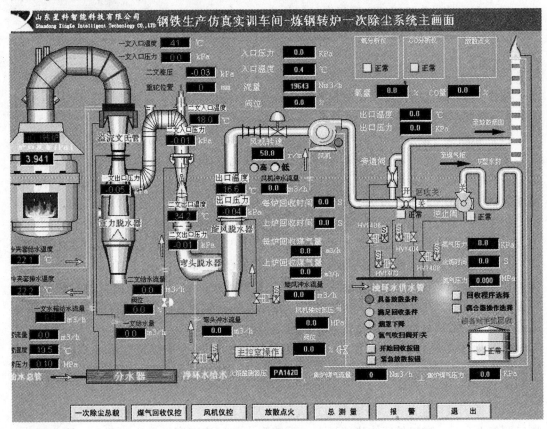

图 1-88　煤气回收操作界面示意图

项目 1.4-2　烟气净化及煤气回收系统设备的检查

A　除尘及煤气系统的检查

（1）观察风机故障信号。该灯不亮，表示风机正常；该灯亮，表示风机有故障。

（2）观察要求送停风按钮、信号灯是否正常。

（3）观察煤气回收信号灯是否显示正常。回收阀开时，放散阀关；回收阀关时，放散阀开。

（4）检查与煤气加压站联系回收煤气的按钮、信号灯是否正常，检查煤气加压站同意回收煤气信号灯是否正常。

（5）检查与风机房联系的按钮是否有效（自动回收煤气用）。

（6）检查氧枪插入口、下料口氮气阀门是否打开，检查氮气压力是否满足规程要求。

（7）开新炉子时，炉前校验各项设备正常后，要求净化回收系统有关人员进行汽化冷却水补水、检查各处水封等，由风机房人员开风机。若是正常的接班冶炼操作，以上检查只需将当时工况与信号灯显示状况对照，相符即可。

（8）吹炼过程中发现炉气外逸严重时，需观察耦合器高、低速信号灯显示是否正常，若不正常应与风机房联系并要求处理。

B　注意事项

（1）观察炉口烟气，若严重外冒（异常）需与风机房联系。

（2）严格按操作规程规定进行煤气回收。

（3）若发现汽化冷却烟道发红或漏水，应及时报告净化回收系统有关人员。

【知识拓展】

项目 1.4　烟气净化及煤气回收系统设备常见故障的判断

A　转炉喷溅造成固定烟罩大量结渣

（1）原因及可能危害。如今转炉生产节奏越来越快，吹氧强度也在不断增加，而且超装现象严重，会造成转炉喷溅现象频繁发生；汽化冷却设备的改造跟不上，冷却能力不够。转炉的喷溅常常造成较大量的渣钢黏结在固定烟道的不同部位，占据了烟道中烟气的流通面积，造成气流阻力过大，使大量的炉气无法吸入烟道而直接在炉口外逸，烧坏设备，污染环境。一旦固定烟道中黏结的渣钢达到一定的体积，烟道中的阻力上升到一定值，一文溢流盘水封的水就会被抽干。这时一方面炉口大量烟气外逸，造成严重的环境污染；另一方面造成空气进入转炉煤气中，可能引发煤气爆炸。

（2）故障现象。随着风机转速的提高，一文溢流盘的水位不断下降，甚至溢流水全部被吸干，且吹氧时转炉炉口大量冒黄烟，检查汽化冷却烟道弯头处没有堵塞，就证明是烟道粘渣，一般从氧枪口可以直接观察到粘渣情况。

（3）处理方法。对于小面积的渣钢，可以用氧枪吹 N_2 冲刷固定烟道（视枪位），使渣钢脱落。

B　系统阻力大

（1）原因及可能危害。系统阻力过大的原因除汽化冷却烟道粘渣钢之外还有：一是喉口调整不合适，喉口处气体流速过大，系统阻力与气流速度的平方成正比，阻力过大；二是水量调整不合适，尤其是溢流水封给水过大，形成很厚的水幕，气流冲开水幕造成阻力过大；三是喉口、管道、脱水器结垢或者转炉扩容之后烟气净化系统没有相应改造，系统中烟气流速超过设计速度造成阻力过大。阻力过大会导致炉口大量黄烟外逸，影响环保工作；甚至各层平台 CO 严重超标，威胁职工的安全和健康；此外，还会烧坏烟罩上侧钢梁，影响厂房的安全。

（2）故障现象。系统阻力变大，尤其是风机机前阻力可达到 23kPa 以上，炉口大量黄烟外逸，检查风机已经提速，装入量、吹氧强度都没有异常，氧枪口、下料口氮封的氮气压力流量没有异常，可以确认为系统阻力过大。

（3）处理方法及预防措施。处理方法及预防措施主要有：

1）检查、调整水量，确认在正常范围内。

2）检查、调整喉口，确认在合适位置。

3）检查喉口结垢情况，如果结垢严重，进行人工清理或高压水枪清理。

4）检查脱水器结构情况，尤其是丝网脱水器的折板清理或更换丝网。

5）检查风机进口管道，必要时清理，尤其是弯头处。

6）如果煤气回收时炉口冒烟严重，则重点检查三逆止阀之间管道的结垢及积水情况，必要时清理。

7）如果煤气没有回收，风机出口压力大，则检查放散情况，必要时清理。

C 风机产生振动

（1）原因及可能危害。风机产生振动的主要原因是由于风机入口的烟气超出设计的工况标准，风机长期在超出设计标准的工况下运行，叶轮积灰速度加快，且叶轮和外壳冲刷速度加剧，破坏风机平衡，在极短的时间内因振动而停机；其次是由于系统操作、维护、管理中存在问题，风机检修安装存在问题以及备件质量存在问题等。风机振动会导致突然停机，严重影响生产的顺行，还会增加备品备件费用和人工的劳动强度。

（2）故障现象。风机振动加剧，振幅超出规定值，风机轴承温度升高，被迫停机检修。

（3）处理方法。

1）检查风机机组基础螺栓是否有松动，如果有松动应紧固，观察振动是否有变动。

2）检查风机振动振幅是否随风机转速的变化而变化。如果随着转速的提高风机振幅加大，基本可以判定是风机转子出现问题，应清理转子，必要时做到平衡；如果风机振幅不随转速的提高而加大，可能是由于机组不同心，应调整风机、液力耦合器的同心度。

3）风机振动伴随杂声及轴承温度升高，轴承损坏，应停机更换轴承。

4）提速或降速之后风机振动加剧，可能是在不稳定区工作，应继续观察，躲开不稳定区工作。

5）风机振动伴随电流急剧波动，风机喘振，应检查烟气净化系统，查看是否有喉口误关、水封堵塞造成水堵等问题，在风机机壳上进口侧开观察孔，用高压水清洗。

D 烟气净化系统集尘效果不好

（1）原因及可能危害。烟气净化系统集尘效果不好的原因很多，汽化冷却烟道粘渣、系统结垢、水量调整不合适、风机能力不够、风机故障等都会造成集尘效果不好，会导致炉口大量黄烟外逸，影响环保工作；甚至各层平台 CO 严重超标，威胁职工的安全和健康；还会烧坏烟罩上侧钢梁，影响厂房的安全。

（2）故障现象。炉口大量黄烟外逸，烟道上部横梁烧红，炉后各层平台 CO 超标。

（3）处理方法。处理方法主要有：

1）氧枪口、下料口氮封使用的氮气流量、压力过大，导致烟道内形成氮气阻塞、烟气外逸，应关小氮气。

2）风机出口舌口处结垢，导致风机风量减小，应将风机机壳舌口处清理干净。

3）风机进口密封失效，导致风机内漏，应更换风机进口密封；如果使用液力耦合器，因油量少或油质不好导致风机达不到额定转速，应添加或更换液力耦合器用油。

4）汽化冷却烟道没有做气密性试验，漏风严重，会导致空气漏入二次燃烧，应处理汽化冷却烟道漏风问题。

5）系统防爆阀泄爆后没有及时关闭，造成大量漏风，此时应关闭防爆阀。

6）三通阀故障，旋转水封阀关闭后，没有及时打到放散阀，此时应停风机处理故障。

【思考与练习】

1.4-1　填空题

（1）转炉烟气净化系统可概括为烟气的（　　　）、（　　　）、抽引与放散三部分。

（2）转炉烟气净化方式有（　　　）、干湿结合法和全干法三种形式。

（3）转炉烟气净化方式全湿法是指烟气进入（　　　）净化设备就与水相遇，称为全湿法除尘系统。

（4）转炉烟气净化方式干湿结合法是指烟气进入（　　　）净化设备与水相遇，称为干湿结合法净化系统。

（5）转炉烟气净化方式全干法是指烟气在净化过程中烟气完全（　　　）相遇，称为全干法净化系统。

（6）转炉吹炼时，其产生的炉气主要成分是（　　　）、（　　　）。

1.4-2　单项选择题

（1）转炉烟气净化系统中一文的作用是（　　　）。

　　　A. 初除尘　　　　　B. 精除尘　　　　　C. 脱水

（2）转炉烟气净化系统中二文的作用是（　　　）。

　　　A. 初除尘　　　　　B. 精除尘　　　　　C. 脱水

1.4-3　简述题

（1）名词解释：炉气，烟气，燃烧法，未燃法。

（2）文氏管的除尘过程有哪几个步骤？

（3）文氏管本体由哪几个部分组成？

（4）转炉提钒烟气为什么要进行冷却、净化和回收？

（5）汽化冷却系统的作用是什么？

（6）下面是转炉炼钢生产烟气净化系统中的一些设备，请根据它们的性能特点，选取其中一些设备，使之组成完整的烟气净化回收处理系统。

①活动烟罩；②固定烟罩；③布袋除尘器；④平面旋风除尘器；⑤溢流文氏管；⑥可调径文氏管；⑦弯头脱水器；⑧丝网除雾器；⑨水封逆止阀；⑩煤气柜；⑪烟囱；⑫风机；⑬转炉烟气；⑭冷却烟道；⑮静电除尘器；⑯蒸发冷却器或喷淋塔；⑰三通阀。

A. 全湿法

B. 干湿结合法

C. 全干法

教学活动建议

本项目单元文字表述多，抽象，难于理解，在教学活动之前学生应到企业现场参观实习，具有感性认识；教学活动过程中，应利用现场视频及图片、拼图、虚拟仿真实训室或钢铁大学网站进行煤气回收操作训练，使设备的工作过程形象化，结构清楚明了，同时将讲授法、演示法、教学练相结合，实施"做中教"、"做中学"，以提高教学效果。

查一查

学生利用课余时间，自主查询转炉炼钢资源二次利用技术，并形成书面文字或课件进行汇报。

项目 2 提钒与转炉炼钢生产相关理论知识

项目单元 2.1 气体射流与熔池的相互作用

【学习目标】

知识目标:

(1) 熟悉顶吹气体射流与熔池相互作用的基本特征及其对转炉吹炼工艺参数确定的影响。

(2) 了解底吹射流特征及底吹气体的作用。

(3) 掌握转炉提钒和炼钢生产的基本原理。

能力目标:

(1) 能陈述出所学理论知识对转炉提钒和炼钢吹炼过程中工艺参数确定影响的要点。

(2) 能利用网络、图书馆收集相关资料、自主学习。

【任务描述】

(1) 氧气转炉提钒和转炉炼钢生产均是将高压、高纯度(含 O_2 99.5%以上)的氧气通过水冷氧枪,以一定距离(喷头到熔池面的距离约为 1~3m)从熔池上面吹入的。为了使熔池搅拌均匀,目前采用顶底复合吹工艺。转炉提钒和炼钢生产工艺参数的确定与顶吹氧射流和底吹射流特征有关系,了解顶吹氧射流和底吹射流特征是十分必要的。

(2) 转炉提钒和转炉炼钢过程,实际上是在高温条件下进行的复杂物理化学过程。为了获得高产、优质、低耗、长寿的技术经济指标,不断地改进工艺流程和工艺操作,必须深入、全面地分析研究各种冶炼过程中所发生的现象,所以必须掌握一定的物理化学知识,为科学提钒及炼钢生产奠定理论基础。

【相关知识点】

2.1.1 顶吹供氧射流

射流是指高压气体从喷嘴喷出后所形成的定向流股。顶吹氧气转炉提钒及炼钢是将高压、高纯度(含 O_2 99.5%以上)的氧气通过水冷氧枪,以一定距离(喷头到熔池面的距离约为 1~3m)从熔池上面吹入的。为了使氧流有足够的能力吹入熔池,使用出口为拉瓦尔型的多孔喷头,氧气的使用压力约为 $6.5 \times 10^5 \sim 1.0 \times 10^5 Pa$,氧流出口速度可达 450~500m/s。

2.1.1.1 射流状态

A 自由流股或自由射流的运动规律

自由流股或自由射流是指气体从喷嘴向无限大的空间喷出后,空间内气体的物理性质与喷嘴喷出的气流的物理性质相同，这时喷出气体形成的气流称为自由流股或自由射流。其运动规律为：氧气从喷嘴喷出后，形成超声速流股。从喷嘴喷出的氧气流股，在一段长度内流速不变，称为等速段。由于流股边缘与周围介质气体发生摩擦，卷入部分气体并与之混合而减速，随着流股向前运动，达到一定距离后，流股中心轴线上的某一点速度达到声速，即马赫数 $Ma=1$，这点以前的区域，包括等速段，称为流股的超声速核心段，又称为首段（其长度大约是喷嘴出口直径的6倍）。此点以后的区域，气流的速度低于声速，称为亚声速气流段，又称为尾段，如图2-1所示。在超声速区域内，流股的扩张角较小，为 $10°\sim12°$，亚声速区域流股的扩张角一般为 $22°\sim26°$。

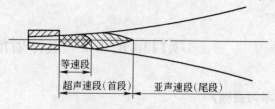

图 2-1　超声速射流示意图

声速（即声波波前的传播速度）可用下式计算：

$$c = \sqrt{KgRT} \tag{2-1}$$

式中　c——当地温度条件小的声速，m/s；

　　　K——气体的热容比，对于空气和氧气，$K=1.4$；

　　　g——重力加速度，$g=9.81\text{m/s}^2$；

　　　R——气体常数，$R=26.49\text{m/K}$；

　　　T——温度，K。

对于氧气来说，声速值为

$$c = 19.07\sqrt{T}$$

例如，设氧枪喷头出口处的温度为200K，则对于氧气流来说，该处的声速为：

$$c = 19.07\sqrt{200} = 269.6 \approx 270\text{m/s}$$

对于超声速射流，人们习惯于用射流的马赫数（Ma）来表示其速度，所谓马赫数是指气体流动速度（v）与当地的声速（c）之比，即 $Ma=v/c$，$Ma<1$ 为亚声速，$Ma=1$ 为声速，$Ma>1$ 为超声速。

B　单孔喷头的射流状态

高压氧射流由喷头喷出后的运动规律：氧射流由喷头喷出后，在向前运动时，吸收了炉内气体，导致氧射流流量不断增加，流股各截面速度逐渐变小，边缘速度比中间降低得快，截面逐渐扩大。由于动压头与速度平方成正比，故射流动压头也逐渐降低。氧射流由喷头喷出后，射向熔池的情况见图2-2。

距喷头不同距离氧射流断面上的压力变化如图2-3所示。

氧射流由喷头喷出后，由于是超声速气流，流股并不马上扩张，当射流速度降到声速后，才扩张。射流展开角约12°左右。

由图2-3可见，当供氧压力一定时，若喷头距液面较近，则对液面的冲击力较大，接触面积较小。相反，若喷头距液面较远，则对液

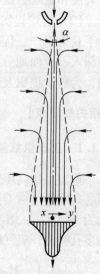

图 2-2　氧射流由喷头喷出后流股的形状

面的冲击力减小，接触面积增大。如果喷头至液面距离
一定时，供氧压力增大则氧射流动压头增大，对金属液
面的冲击力也增大，接触面积减小。

C 多孔喷头的射流状态

多孔喷头的设计思想是增大流量，分散射流，增加
流股与熔池液面的接触面积，使气体逸出更均匀，吹炼
更平稳。然而，多孔喷头与单孔喷头的射流流动状态有
重要差别，在总的喷出量相同的情况下，多孔喷头射流
的速度衰减要快些，射程要短些，几股射流之间还存在
相互影响。

（1）多孔喷头的单孔轴线速度衰减。多孔喷头中的
单孔轴线速度衰减规律与单孔喷头的衰减规律是相似的，
只是速度衰减更快一些。

（2）多孔喷头速度分布。多孔喷头的速度分布是非
对称的，它受喷孔布置的影响。若喷头中心有孔，其流
股速度的最大值在氧枪中心线上；若喷头中心没有孔，
其流股速度的最大值不在中心线上。其流速分布情况见
图 2-4 和图 2-5。

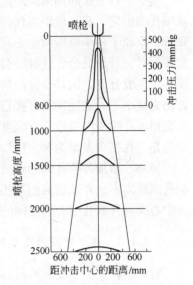

图 2-3　氧射流冲击压力与枪高
的关系（1mmHg = 133.322Pa）
喷头尺寸 $d = 45$mm

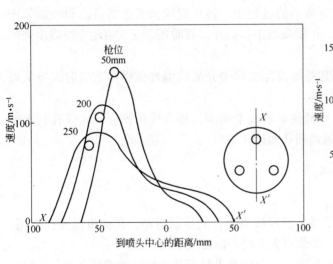

图 2-4　喷头无中心孔的速度分布

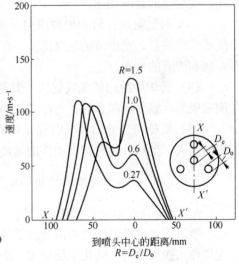

图 2-5　喷头有中心孔的速度分布

（3）射流间的相互作用。多孔喷头是从一个喷头流出几股射流。每一股氧流在与其
他各流股相接触之前，保持着自由流股的特性。当各股氧流接触后，就有了动量的交换，
相互混合，这种混合从流股的边缘逐渐向中心轴线发展，各单股氧流所具有的自由特性逐
渐消失。最后，当多股氧流汇合成一股氧流时，就有形成了单股氧流，它仍然具有自由流
股的特性。如果多股氧流在汇合前就与熔池液面接触，这时对熔池的冲击力减小，冲击面
积增大，枪位操作稳定，利于吹炼。

喷头上各喷孔间的间隔距离或夹角减小,都会造成流股间相互牵引的增加。一股射流从喷孔喷出后,有一段距离保持射流的刚性,但同时也吸入周围介质,由于中心区域压力降低,推动了各个流股向中心靠拢。若喷孔夹角愈小,流股靠拢的趋势愈明显。当各个流股接触时,开始混合,这种混合从中心区边缘向各流股中发展,最后形成多流股汇合。为使各个流股分开,国外研究结果表明:各喷孔夹角应在 15°~18°之间,更大的夹角使流股冲击力减小了,也使冲击区接近炉壁。为了提高炉衬寿命,改善冶金效果和减少喷溅,有人提出多孔喷头的流股应有轻度的汇合。众多的研究指出,喷孔夹角与孔数有关,通常采用的是三孔喷头夹角为 9°~12°,四孔喷头 12°~15°,四孔以上喷头 15°~20°。

另外,增加各喷孔间的距离同增加喷孔夹角具有同样使射流分开的作用,而且增大各喷孔间距离不会降低射流的冲击力。三孔喷头典型的间距为一个喷孔的出口直径(即喷头中心线与各喷孔中心线之间的距离为一个喷孔的出口直径)。

2.1.1.2　转炉炉膛内氧气射流的特征

转炉炉膛是一个复杂的高温多相体系,喷吹入炉内的氧气射流离开喷头后,流股与炉气、炉渣、金属液滴发生作用,且遇上升炉气而向下推进,其衰减规律是十分复杂的。在顶吹转炉炉膛内氧气射流的特征大致如下:

(1)出口马赫数远大于 1 的超声速射流。

(2)在转炉炉膛内,氧气射流遭到与射流运动方向相反,以 CO 为主的相遇气流的作用,使射流的衰减加速。

(3)氧气射流在转炉炉膛内向下流动的过程中,将从周围抽吸金属液滴和渣滴等密度很大的质点,使射流的速度降低,扩张角减小。此外,有时还会受到熔池中喷溅出来的金属和炉渣的冲击。

(4)转炉炉膛内的氧气射流,其初始温度比周围介质的温度低得多,当射流与从周围抽吸的高温介质混合时,射流被加热。

(5)氧枪出口处的氧气射流,其密度显著大于周围气相介质的密度,这应有利于射程的增大。当然,这种密度差将随远离喷孔而迅速减小。

2.1.1.3　氧射流与熔池的相互作用

A　氧射流与熔池的物理作用

氧射流通过高温炉气冲击金属熔池,引起熔池内金属液的运动,起到机械搅拌作用。搅拌作用强且均匀,则化学反应快,冶炼过程平稳,冶炼效率高。

搅拌作用的强弱和均匀程度与氧射流对熔池的冲击状况及熔池运动情况有关。一般以熔池中产生的凹坑深度(冲击深度)和凹坑面积(冲击面积)来衡量。由于氧射流对熔池的冲击是在高温下进行的,实际测定有不少困难,目前通常用冷模型、热模型进行研究,也有在工业炉内直接进行测定研究的。

(1)凹坑的形成。氧射流冲击在熔池表面上,当这个冲击力大于维持液面静平衡状态的炉内压力时,就会把铁水挤开而形成凹坑。

1)凹坑的特点。从凹坑处取样分析,发现该处金属液主要为铁的氧化物,大部分为FeO(可达 85%~98%)。

有人研究认为，在凹坑区紧邻液面上方的气相温度可高达 2000~2400℃（较熔池温度高出 500~800℃）。

2）冲击深度。凹坑的最低点到熔池表面的距离称为冲击深度。目前国内外不少冶金工作者，根据冷、热模型试验的结果，将冲击深度与氧枪使用的滞止压力、枪高等参数联系起来得到了许多经验公式。佛林（R. A. Flinn）的经验公式应用比较广泛。佛林经验公式如下（适用于单孔喷头，多孔喷头应作修正）：

$$h = 34.0 \frac{p_0 d_t}{\sqrt{H}} + 3.81 \qquad (2-2)$$

式中　h——冲击深度，cm；

　　　p_0——喷头前压力，kg/cm^2；

　　　d_t——喉口直径，cm；

　　　H——氧枪喷头出口处距静止熔池金属液面之间的距离（枪位），cm。

3）有效冲击面积。有效冲击面积的计算比较困难，尚无精确的计算公式。在冶炼过程中，一般把氧射流与静止熔池接触时的流股截面积称为冲击面积。

（2）熔池内金属液在氧射流作用下形成环流运动。氧射流冲击熔池液面后，使其形成凹坑，凹坑中心部分被吹入气流所占据，排出气体沿坑壁流出，排出的气流层一方面与吹入气流的边界相接触，另一方面与凹坑壁相接触。由于排出气体的速度比较大，因此对凹坑壁面有一种牵引作用。这样就会使邻近凹坑的液体层获得一定速度，沿坑底流向四周，随后沿坑壁向上和向外运动。往往沿凹坑周界形成一个"凸肩"，然后在熔池上层内继续向四周流动。从凹坑内流出的铁水，为达到平衡必须由四周给予补充，于是就引起熔池内液体运动，其总趋势是朝向凹坑，这样熔池内铁水就形成了以射流滞止点为中心的环状流，起到对熔池的搅拌作用，见图 2-6。

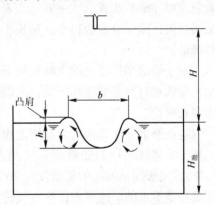

图 2-6　熔池运动示意图
H—枪高；$H_{池}$—熔池深度；
h—凹坑深度；b—凹坑宽度

实践证明，喷头结构、枪位等对熔池内液体循环运动有着密切的影响。例如，当氧射流的动能较大，即在高氧压或低枪位"硬吹"时，射流到达液面具有较大的冲击力，冲击深度深，射流边缘部分会发生反射和液体飞溅，而射流的主要部分则深深地穿透在熔池中（图 2-7a）。环状流较强，整个熔池处于强烈的搅拌状况。若枪位过低或氧压过高，冲击深度过大，将会损伤炉底并影响氧枪寿命。动能较小的氧气射流，即采用低氧压或高枪位"软吹"时，射流将液面冲击成表面光滑的浅凹坑，氧流股沿着凹坑表面反射并流散（图 2-7b）。环状流较弱，不能拖动熔池底层铁水，不利于冶炼的正常进行。枪位过高或者氧压很低的氧枪操作模式称为吊吹，吊吹时氧气流股的动能低到根本不能吹开熔池液面，只是从表面掠过，这时反射气流也起不到搅拌液面的作用，长时间吊吹是有很大危害的，应该避免。一般认为冲击深度约为熔池深度的 50%~75% 较适宜。不同枪位炉内熔池运动状况的模拟试验见图 2-7。

氧气转炉炼钢法在生产中终点碳为 0.07%~0.10%，由于种种原因仍需继续进行的吹

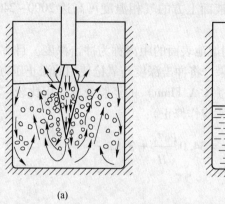
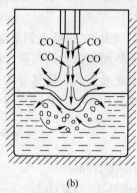

(a)　　　　　　　　　　　　　　　(b)

图 2-7　不同枪位炉内熔池运动状况
(a) 硬吹；(b) 软吹

炼，称为后吹，也称低吹。此时吹入的氧气主要氧化钢液中的铁元素，钢液中的氧含量开始急剧增加，后吹或低吹主要危害表现在增加钢中氧含量和夹杂物，影响钢的质量；增大金属损失，降低合金收得率；延长了吹炼时间，降低转炉生产率；加剧炉衬的侵蚀，使炉龄降低。

对于熔池半径很大的大吨位炉子，单股射流产生的环流就很难使整个熔池，特别是熔池外层铁水有良好的循环运动，所以必须增加射流流股，以增大搅拌作用。因此，通常采用多孔喷枪。

应该指出，在氧气射流与熔池相遇处，按非弹性体的碰撞进行研究，射流的动能主要消耗于非弹性碰撞的能量损失（约占 70%~80%）和克服浮力的能量损失（约占 5%~10%）；用于搅动熔池的能量仅占 20%。因此只靠氧射流约 20% 的能量搅动熔池，搅拌强度显然是不足的。这可由顶吹氧气转炉吹炼低碳钢的末期，脱碳速度比底吹氧气转炉慢得多，而且熔池成分和温度不均匀的现象来说明。因此顶吹氧气转炉熔池搅动的能量主要是由吹炼过程中脱碳反应产生的 CO 气体从熔池排出的上浮力提供的（忽略金属液各部分因成分和温度不同所引起的密度不同产生的对流）。当然，脱碳反应速度及其反应的均匀性也和氧气射流与熔池的作用情况密切相关。例如减小氧气射流的穿透深度而增大冲击面积，可使 CO 气体沿熔池横断面分散析出；同样增多喷孔数和增大喷孔倾角，能使 CO 气体呈多股形式在不同的地点分散析出，因而显著改善熔池中液体循环的速度场，所以合理的喷头设计及供氧制度为氧气射流与熔池间的物理和化学作用创造最良好的条件。

（3）熔池与射流间的相互破碎与乳化。转炉吹炼中，由于氧气射流和炉内产生的 CO 气体共同作用，引起氧气射流与金属液和炉渣之间的相互破碎，形成液滴和气泡，产生金属-炉渣-气泡的乳化液，它们之间的接触面积剧烈增大，如图 2-8 所示。这是吹氧吹炼的特点，是转炉反应速度快、生产率高的根本原因。因此，在研究转炉内的传质、传热和反应速度时，仅仅把进入金属熔池的氧射流周围的凹坑表面积作为氧气与金属液的接触面积是不全面的。

研究表明，顶吹转炉吹炼时期，不存在单独的炉渣层与金属液层，熔池中大部分熔体可看成是金属-渣-气的乳化液。看来只有熔池底部的金属液才可能是单相的液层。

关于金属与炉渣间的乳化是金属与炉渣互相掺混合弥散的过程，归纳有关研究资料表明，促使金属-渣乳化形成和稳定的因素有：适当提高黏度，炉渣中存在稳定的固体质点，降低金属-渣间的界面张力和创造稳定的吸附膜。研究结果还表明，增大炉渣黏度，使金属液滴在炉渣中的沉降速度大为减小，因而使乳化的稳定性提高；固体质点附着在金属液滴和气泡表面时，可以阻碍乳化液的破坏；增加渣中 FeO、SiO_2、P_2O_5 等表面活性物质，可使金属-渣间界面张力降低，有利于金属液和炉渣间互相掺混合弥散，实现乳化液的形成和稳定。

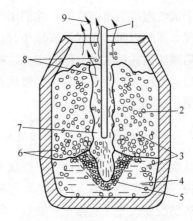

图 2-8 氧气顶吹转炉熔池和
乳化相示意图

1—氧枪；2—气-渣-金属乳化相；
3—CO 气泡；4—金属熔池；5—火点；
6—金属液滴；7—由作用区释放的 CO 气流；
8—喷出的金属液滴；9—离开转炉的烟尘

B 氧气射流对熔池的化学作用

这里主要叙述射流中的氧是如何传给金属和炉渣，进行杂质氧化的。近年来这方面有许多实验和理论研究。

氧气射流对熔池传氧方式有直接传氧和间接传氧两种。进入熔池的高速氧气射流，在开始的一段里，将射流周围坑穴中的金属表面层以及卷入射流中的金属滴表面层氧化成 Fe_2O_3。由于液滴的表面积很大，卷入射流的金属滴中的任何元素在强氧化性气氛下氧化都极迅速，因而液滴是将氧传给熔池的基本载体。载氧液滴随射流急速前进，一方面参与熔池的循环运动，另一方面这种带氧化铁渣膜的金属液滴，直接散落在炉渣中而呈乳浊状态，在熔池中进行二次氧化，将氧传给金属，这种传氧方式属于直接传氧。同时，由于它的密度较金属液小而逐渐上浮进入炉渣，在高枪位或低氧压"软吹"的情况下，射流穿透深度小，熔池搅拌微弱，载氧液滴中的 Fe_2O_3 向熔池传氧较慢而上浮路程较短，会载有较多的氧上浮进入炉渣，使炉渣的氧化性提高，当炉渣氧化性高时向金属扩散，这种传氧方式属于间接传氧。

射流被熔池的反作用击散产生的氧气气泡同样参与熔池的循环，并在循环过程中进行金属的氧化。

无论是载氧液滴带入炉渣的 Fe_2O_3，还是射流直接氧化炉渣产生的 Fe_2O_3，由于熔池的搅拌，都迅速将氧传给金属和进行杂质的氧化反应：

$$(Fe_2O_3) + [Fe] = 3(FeO)$$
$$(FeO) = [Fe] + [O]$$
$$[O] + [C] = \{CO\}$$

2.1.2 底吹供气的射流

2.1.2.1 鼓泡与射流

气体从炉底吹入熔池属于浸没式射流运动，当气体通过浸没喷嘴流出时，气体在熔池中既可以形成气泡，也可以形成射流。森一美等实验研究了气体从浸没式喷嘴中流出的情况，形成气泡或射流的特征，他们用氮气从底部吹入水或水银，并用高速摄影机拍摄其流出情况。实验表明，在气体流量小时，气体在喷嘴出口扩大而形成气泡，气泡长大到一定大小后则脱离孔口上浮，他们定义这种现象为鼓泡。在流量达到某一临界值以上时，气流在孔口处不扩大，而是在孔口上形成连续的气体射流进入液体中，他们定义这种现象为浸没射流。

2.1.2.2　浸没式射流的行为特征

从底部喷入炉内的气体，一般属亚声速。气体喷入熔池的液相内，除在喷孔处可能存在一段连续流股外，喷入的气体将形成大小不一的气泡，气泡在上浮过程中将发生分裂、聚集等情况而改变气泡体积和数量。特克多根描述了垂直浸没射流的特征，提出了图 2-9 所示的定性图案。他认为，在喷孔上方较低的区域内，由于气流对液滴的分裂作用和不稳定的气-液表面对液体的剪切作用，使气流带入的绝大多数动能都消耗掉了。射流中的液滴沿流动方向逐渐聚集，直至形成液体中的气泡区。

2.1.2.3　气泡对喷孔的影响

喷入熔池内的气体分散形成气泡时，残余气袋在距喷孔二倍于其直径的距离处，受到液体的挤压而断裂，气相内回流压向喷孔端面，这个现象称为气泡对喷孔的后坐，图 2-10 为这种现象的示意图。

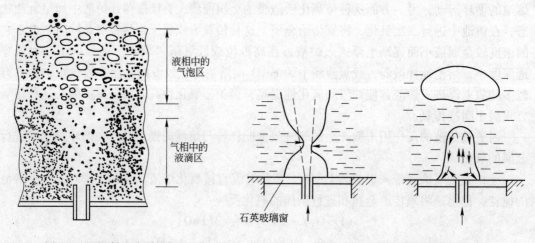

图 2-9　浸没射流碎裂特征　　　　　　　图 2-10　气泡后坐示意图

油田隆果研究测定出气泡后坐力可达 1MPa。李远洲经测定和分析认为，这样大的反推力包括气体射流的反作用力和后坐力两部分，实际后坐力只有 $0.01 \sim 0.024$MPa，但后坐的氧化性气体对炉衬仍有很大的破坏作用。由此可见，气泡后坐现象不论是后坐力或是氧化气氛，都可能对喷孔和炉衬的损坏带来不良影响。目前的研究认为，采用缝隙型和多金属管型底吹供气元件能有效地消除后坐现象。

【思考与练习】

2.1-1　判断题

（1）氧气流股从氧枪喷头喷出后，压力愈来愈小，气流速度也愈来愈小。　（　　）

（2）氧枪喷头氧气出口马赫数 Ma 是指氧气流速与喷头氧气出口处声速之比。

　（　　）

（3）在氧气转炉生产中希望氧气射流到达金属熔池液面时具有超声速或至少声速。

　（　　）

（4）声速是常数。　　　　　　　　　　　　　　　　　　　　　　　　（　　）

2.1-2　单项选择题

（1）氧枪喷头出口处的马赫数为 Ma，氧气流速度为 v，声速为 c，马赫数表示为
（　　）。

　　　A. $Ma=v/c$　　　　B. $Ma=c/v$　　　　C. $Ma=v \cdot c$

（2）马赫数（Ma）是氧枪喷头的一个重要参数，它决定了氧气流股对熔池的冲击能力的大小，一般 Ma 都在（　　）。

　　　A. 1.0 左右　　　　B. 2.0 左右　　　　C. 3.0 左右

（3）氧枪三孔喷头与单孔喷头相比增大了氧气流股对熔池的冲击面积，（　　）。

　　　A. 增大了冲击深度，提高了供氧强度　　B. 减小了冲击深度，提高了供氧强度

　　　C. 减小了冲击深度，降低了供氧强度

（4）当氧压一定时，采用低枪位，氧气射流对熔池的冲击深度大但冲击面积小，熔池的搅拌力（　　）。

　　　A. 强　　　　　　　B. 弱　　　　　　　C. 不变　　　　D. 不确定

（5）氧气转炉"硬吹"时，渣中的 $\sum(FeO)$ 含量（　　）。

　　　A. 升高　　　　　　B. 保持不变　　　　C. 降低

（6）转炉炼钢"软吹"操作时，氧气射流的（　　）。

　　　A. 冲击深度小　　　B. 冲击深度和冲击面积都大

　　　C. 冲击面积小

（7）氧气顶吹转炉氧枪枪位是指（　　）。

　　　A. 氧枪喷头端部至转炉底部的距离　　　　B. 氧枪喷头端部至转炉熔池渣面间的距离

　　　C. 氧枪喷头端部至转炉熔池金属液面间的距离

2.1-3　简述题

（1）名词解释：自由射流，冲击深度，枪位，马赫数，冲击面积，冲击深度，硬吹，软吹。

（2）分析枪位对冶炼过程的影响。

教学活动建议

本任务单元理论性较强，文字表述多，抽象，难于理解，在教学活动之前，通过参观现场或观看现场视频增强学生对本部分知识学习必要性的理解；教学活动过程中，充分利用多媒体教学设施，将讲授法、教学练相结合。

项目单元 2.2　钒渣的生产原理

【学习目标】

知识目标：

（1）熟悉钒渣的六个牌号及其化学成分。

（2）掌握氧气转炉提取钒的任务、转炉提钒的基本原理、转炉提钒脱钒脱碳规律。

（3）掌握转炉提钒影响因素。

能力目标：

（1）能陈述出氧气转炉提钒的任务及基本原理。

（2）会进行碳钒转化温度的计算。

（3）能陈述转炉提钒影响因素对提钒生产实践工艺操作的指导作用。

【任务描述】

目前中国的钒钛磁铁矿冶炼，主要是用回转窑-电炉或高炉，冶炼出含钒铁水，然后利用转炉吹炼提取钒渣，使钒得到富集，为下一步生产商品钒渣和炼钢提供原料。为了获得高产、优质、低耗、长寿的技术经济指标，不断地改进工艺流程和工艺操作，所以必须掌握一定的钒渣生产理论知识，为科学提钒生产奠定基础。

【相关知识点】

2.2.1　钒渣的基本知识

提钒过程是为了经济、合理、工业化地从含钒矿物或含钒废料中获得高品位的钒渣（钒渣是指含钒铁水经过雾化炉、转炉等方法吹炼氧化成富含钒氧化物和铁氧化物的炉渣）和高物理热及高化学热的半钢，为下一步生产商品钒渣和炼钢提供原料。钒渣是含钒铁水在吹炼过程中产生的炉渣。钒渣是钒的初级产品，是冶炼和制取钒合金和金属钒的原料，含五氧化二钒 16%~30%。

目前世界上含钒铁水绝大部分由高炉冶炼，也有用电炉生产的。用含钒铁水生产钒渣的方法主要有氧气转炉提钒、摇包提钒和雾化提钒等工艺。世界钒需求量的 80% 来自钒钛磁铁矿，钒资源丰富的国家有：中国、俄罗斯、南非、美国等。中国的钒渣主要由攀枝花钢铁公司生产，其产量约占全国钒渣产量的 80% 左右。

含钒铁水提钒的主要任务有以下几个：

（1）把含钒铁水吹炼成高碳含量并满足下一步炼钢要求的半钢。

（2）通过提钒得到适合于下一步提取五氧化二钒要求的钒渣。

（3）最大限度地把铁水中的钒氧化使其进入钒渣。

（4）铁的损耗要降至最低限度，即半钢的收得率要高，降低钒渣生产成本。

钒渣中的钒主要以钒铁尖晶石（$FeO \cdot V_2O_3$）的形式存在。钒渣的成分（质量分数）为：氧化钒 16%~30%，氧化硅 10%~24%，氧化锰 6%~14%，氧化铬 1%~12%，氧化钛

6%～14%，氧化钙0.3%～30.0%，金属铁2%～20%，其余大部分为氧化铁；钒渣的矿物成分（质量分数）为：尖晶石40%～70%，玻璃2%～10%，其余为辉石和橄榄石。其中尖晶石晶粒具有规则的几何形状，晶粒尺寸为25～80μm，尖晶石颗粒的大小主要取决于生产钒渣的冷却速度。所得到的钒渣可以用来生产含钒的产品，如五氧化二钒及含钒的合金。

钒渣按五氧化二钒品位分为六个牌号，其化学成分应符合表2-1规定。

表 2-1　钒渣牌号规定

牌　　号			钒渣 11	钒渣 13	钒渣 15	钒渣 17	钒渣 19	钒渣 21
代　　号			FZ11	FZ13	FZ15	FZ17	FZ19	FZ21
V_2O_5			10.0～12.0	>12.0～14.0	>14.0～16.0	>16.0～18.0	>18.0～20.0	>20.0
化学成分 /%	P	一组	不大于	0.08				
		二组		0.35				
		三组		0.70				
	CaO	一组		1.0				
		二组		1.5				
		三组		2.5				
	SiO_2	一组		22.0				
		二组		24.0				
		三组		34.0				
		四组		40.0				

2.2.2　钒渣生产方法

生产钒渣的过程称为提钒。钒渣是提钒过程的初级产品，同时也是后期各类深加工产品的原料。钒渣的生产是进一步开发各种钒产品的基础。

钒渣的生产方法有雾化提钒法、转炉提钒法（包括氧气顶吹转炉提钒法、空气底吹转炉提钒法、氧气顶底复吹转炉提钒法）、铁水包吹氧提钒法及摇包提钒法等，德国、南非主要采用转炉法和摇包法，我国主要采用转炉法和雾化法。目前应用较广泛的是转炉提钒法中的氧气顶吹转炉提钒法及氧气顶底复吹转炉提钒法。

氧气转炉吹炼钒渣根据吹钒时转炉座数、造渣制度等不同，可分为：

（1）同炉单渣法。在同一座转炉内，加入造渣剂，用吹炼与普通铁水相似的操作方法直接将含钒铁水吹炼成钢，并获得含 CaO 高的低品位钒渣。特点是提钒渣与炼钢渣混在一起，渣量大，渣中 V_2O_5 含量低，无直接使用价值。

（2）同炉双渣法。即在同一座转炉内，先不加入碱性造渣材料仅加入冷却剂进行吹炼，当硅、锰、钒等元素氧化后，碳剧烈氧化刚开始时，立即停氧倒出钒渣，然后再加入造渣材料，在同一炉子内造渣，去 P、S 降碳继续吹炼成钢。同炉双渣法吹炼钒渣分为吹钒期和炼钢期。同炉双渣法的特点是钒渣含钒低，钒回收率较低，CaO、P 高，半钢余钒较高，不适宜用现行工艺进行焙烧浸出处理。钒氧化率较低。

（3）转炉-转炉双联法。即应用两座转炉，一座为吹钒炉，仅加冷却剂，获得钒渣和半钢，将半钢倒入另一座转炉内，加入造渣材料脱磷、脱硫并脱碳后吹炼成钢。转炉-转炉双联法的特点是钒回收率较高，钒渣的水浸率可高达 90.0% ~ 97.7%，是从铁水中提出优质钒渣的较好方法。缺点是生产调度上较为复杂。

实际生产中，转炉提钒根据铁水钒含量和市场的变化，可实施"深提钒工艺"和"浅提钒工艺"。

铁水深提钒工艺是指适当增大过程冷却强度，延长吹氧时间，使铁水中钒充分氧化，降低半钢中余钒含量，提高产渣率。铁水深提钒工艺半钢中碳含量较低，半钢转炉炼钢"吃"废钢较少，例如攀钢 2001 年吨钢废钢消耗仅 35.93 kg。

铁水浅提钒工艺是指通过减少提钒冷却剂加入量和供氧量，以钒回收率下降为代价来减少半钢碳烧损，为炼钢多"吃"废钢提供高碳（≥3.7%）、高温（≥1370℃）的半钢。

2.2.3　转炉提钒的基本原理

转炉提钒就是利用选择性氧化的原理，采用高速氧射流在转炉中对含钒铁水进行搅拌，将铁水中钒氧化成稳定的钒氧化物，以制取钒渣的一种物理化学反应过程。在反应过程中，通过加入冷却剂控制熔池温度在碳钒转化温度以下，以达到"去钒保碳"的目的。

转炉提钒是氧射流与金属熔体表面相互作用，与铁水中铁、钒、碳、硅、锰、钛、磷、硫等元素的氧化反应过程。这些元素氧化反应进行的速度取决于铁水本身化学成分、吹钒时的动力学条件和热力学条件。

目前转炉提钒的方法主要有氧气顶吹转炉提钒、空气底吹转炉提钒、顶底复吹转炉提钒等。本章主要介绍氧气顶吹转炉提钒的基本原理和方法。

到 1994 年为止，国外用氧气顶吹转炉提钒的工厂仅有俄罗斯下塔吉尔钢铁公司一家。该公司建于 1940 年，从 1957 年开始由乌拉尔黑色冶金研究所等单位研究的转炉提钒-转炉炼钢的双联法提钒炼钢获得成功，在 10t 实验转炉所做研究的基础上，不断扩大试验规模。1963 年 11 月建成 100t 转炉，并进行了第一批工业试验，证实了采用氧气从铁水中提钒的合理性及提钒的高效率，可以实现深度脱钒，钒氧化率达 92% ~ 94%。

从 20 世纪 60 年代初开始，我国为了加速钒钛磁铁矿的综合利用，曾先后在首钢 3t 和 30tLD 转炉、唐钢 5tLD 转炉、上钢 30tLD 转炉、攀钢 120tLD 炼钢转炉上进行过多次半工业与工业性试验，获得了大量的试验数据，为氧气顶吹转炉提钒工艺转化为工艺性生产奠定了基础。

氧气顶吹转炉提钒法的优点是：

（1）半钢温度高。

（2）可保证生产各种品种的钢。

（3）制取的钒渣含量高，氧化钙、磷等杂质少，有利于下一步提钒（五氧化二钒）。

（4）钒渣金属杂质少。

（5）可提高炉子寿命。

（6）钒氧化率高。

2.2.4　铁质初渣与金属熔体间的氧化反应

转炉提取钒主要是通过供氧，形成钒的氧化物提取出来。钒是极易氧化的元素，钒与氧的亲和力介于硅和锰与氧的亲和力之间。供氧后，铁水中 Fe 被大量氧化，Si、V、Mn 和少量的 C 也同时被氧化。钒能与氧形成一系列化合物：V_2O_2、V_2O_3、V_2O_4 和 V_2O_5。在炼钢的温度范围内，最稳定的钒的氧化物是 V_2O_3 和 V_2O_5。钒的氧化反应一般写成：

$$2[V] + 3(FeO) === (V_2O_3) + 3[Fe]$$
$$2[V] + 5(FeO) === (V_2O_5) + 5[Fe]$$

在固态的钒渣中，钒主要以钒尖晶石 $FeO \cdot V_2O_3$ 形式存在。钒的氧化反应也可写成：

$$2[V] + 4(FeO) === (FeO \cdot V_2O_3) + 3[Fe]$$
$$2[V] + 4[O] + [Fe] === [FeV_2O_4]$$

提钒过程是氧气流与金属熔体表面相互作用的过程，是铁水中铁、钒、碳、硅、锰、钛、磷、硫等元素的氧化反应过程，这些元素的氧化反应进行的速度取决于铁水本身的化学成分、吹钒时的热力学和动力学条件。

反应能力的大小取决于铁水组分与氧的化学亲和力，通常称之为标准生成自由能 $\Delta G^{\ominus}$。其值越负，氧化反应越容易进行。

图 2-11 所示为铁水中各元素与氧生成氧化物的标准生成自由能与温度（$\Delta G^{\ominus}$-T）的关系曲线。从图中可以看出，在铁水中各元素原始活度相等和不存在动力学困难的情况下，各元素氧化的情况。可见钛的氧化优先，硅和钒的氧化较慢。Ca、Mg、Al、Ti、Si、V、Mn、Cr、Fe、Co、Ni、Pb、Cu 各元素的氧化逐渐减弱。

2.2.5 提钒过程脱钒、脱碳规律

如图 2-12 所示，在吹钒前期熔池处于"纯脱钒"状态，脱钒量占总提钒量的 70%，进入中后期，碳氧化逐渐处于优先，随钒含量的降低，脱钒速度也随之降低。

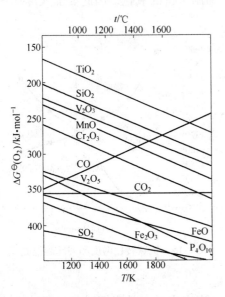

图 2-11 铁水中各元素氧化的 $\Delta G^{\ominus}$-T 图

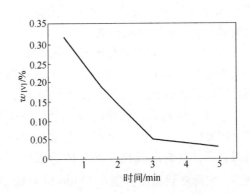

图 2-12 吹钒过程中脱钒规律

如图 2-13 所示，在吹炼前期，脱碳较少，反应进行速度较低，中后期脱碳速度明显加快，在此期间碳氧化率达 70%。另外，在倒炉及出半钢期间，也有少量碳氧化。

在熔池区域，碳的氧化反应按下列反应进行：

$$[C] + [O] \Longrightarrow CO$$

在射流区域碳的氧化反应按下列反应进行：

$$2[C] + O_2 \Longrightarrow 2CO$$

实际提钒过程中钒元素和碳元素变化情况如图 2-14 所示。

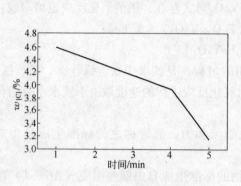

图 2-13　吹钒过程中脱碳规律

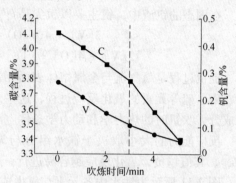

图 2-14　吹钒过程中元素变化

2.2.6　铁水中钒与碳氧化的转化温度

在元素氧化 $\Delta G^{\ominus}$-T 图中，如图 2-11 所示，标准状态下一氧化碳的 $\Delta G^{\ominus}$ 线段与 V_2O_3 的 $\Delta G^{\ominus}$ 线段的交点温度，称为选择性氧化的转化温度 $T_{转}$。吹钒时 $T_{转}$ 极为重要，因为当铁水中的组元钛、硅、铬、钒、锰、碳、铁等氧化时要放出大量的热，使熔池温度迅速上升；当温度超过 $T_{转}$ 时，铁水中的碳将大量氧化，抑制了钒的氧化，因此要加入冷却剂来降温。

需要注意的是，如图 2-15 所示，实际铁水中各元素选择性氧化转化温度 $T_{转}$ 与标准状况下 $T_{转}^{\ominus}$ 是有差距的。实际的 $T_{转}$ 随铁水的成分和炉渣的成分的变化而变化。如铁是主要元素，吹氧时就被氧化形成铁质初渣。

实际吹钒过程的转化温度，随着铁水中钒浓度的升高和氧分压的增大，转化温度略有升高，同时随着铁液中 [V] 浓度的降低，即半钢中余钒含量越低，转化温度越低，保碳就越难。因此脱钒到一定程度后，要求半钢温度较高时，则只有在多氧化一部分碳的条件下才能做到。实际吹钒温度控制在 1340~1400℃ 范围内。

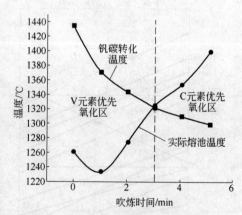

图 2-15　钒碳转化温度和实际熔池温度

通过转化温度的计算，可以根据工艺的要求，规定出适当的半钢成分，即可估计转化温度，在吹炼过程中控制过程温度不要超过此温度。根据原铁水成分及规定的半钢成分，并算出吹炼的终点温度（转化温度），即可做一热平衡计算以估计需用的冷却剂用量。

2.2.7　影响提钒的主要因素

2.2.7.1　铁水成分的影响

A　全铁含量的影响

铁水中 Si、Mn、Cr、V、Ti 的含量直接影响钒渣的品质。

钒渣中铁有两种形态存在：金属铁和氧化铁。

钒渣在破碎处理时都要将大部分金属铁通过各种方法除去，但含量过高会影响钒渣处理时的难度。同时过细的金属铁在钒渣氧化焙烧过程中，氧化反应时要放出大量热量会使物料黏结。

氧化铁的影响主要是少量的钒熔解于 Fe_2O_3 中造成钒损失。当 Fe_2O_3 的质量分数超过 70% 时影响明显。

钒渣中的铁含量与铁水提取钒渣的方法、过程的温度、操作制度、渣铁分离方法等因素有关。渣中全铁 $\sum(FeO)$ 含量通常取决于供氧强度和氧枪枪位等。

B　铁水中钒的影响

钒渣中钒含量对钒渣的焙烧转化率的影响规律，原则上是钒含量高有利于提高其焙烧转化率。钒渣中钒的含量主要取决于铁水的钒含量及杂质（硅、锰、钛、铬等）含量，其次也与提取钒渣过程的操作制度有关（如冷却剂加入量、温度控制、终点控制条件等），因为大量的杂质氧化和加入会降低钒渣中的钒含量。

1977 年我国统计了雾化提钒、转炉提钒铁水的原始成分与半钢余钒量对钒渣中的五氧化二钒浓度的影响规律：

$$w_{(V_2O_3)} = 6.224 + 31.916w_{[V]} - 10.556w_{[Si]} - 8.964w_{[V]_{\text{余}}} - 2.134w_{[Ti]} - 1.855w_{[Mn]}$$

上述规律说明，铁水中原始钒含量高得到的钒渣 V_2O_5 品位高。生产实践表明，吹炼 $w_{[V]} = 0.40\%$ 左右的铁水时，钒渣中 $w_{(V_2O_3)}$ 为 16% ~ 20%；若吹炼 $w_{[V]}$ 为 0.20% 的铁水，渣中 $w_{(V_2O_3)}$ 只有 10% 左右。

铁水提钒过程中的钒与渣中的 FeO 可发生氧化反应，生成 VO、V_2O_3、V_2O_4、V_2O_5；如图 2-16 所示，在提钒过程钒的氧化过程中，V 与 FeO 生成 V_2O_3 的反应 $\Delta G^{\ominus}$ 值最小，说明在钒的氧化反应中，V_2O_3 最容易生成。

C　铁水中硅的影响

吹钒过程中，铁水中 Fe、V、C、Si、Mn、Ti、P 等元素的氧化速度取决于铁水中该元素的含量、吹钒时的热力学条件和动力学条件，而反应能力的大小又取决于铁水组分与氧的化学亲和力——标准生成自由能 $\Delta G^{\ominus}$。

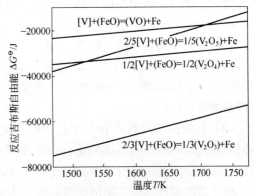

图 2-16　提钒过程中 V 与渣中
FeO 反应的 $\Delta G^{\ominus}$-T 图

$$[Si]+O_2 \Longrightarrow (SiO_2) \qquad\qquad \Delta G^\ominus = -946350+197.64T$$

$$[V]+3/4O_2 \Longrightarrow 1/2(V_2O_3) \qquad \Delta G^\ominus = -601450+118.76T$$

从以上两个反应式可知，[Si] 与氧的亲和力比 [V] 与氧的亲和力强，铁水 [Si] 含量较高时，将抑制 [V] 的氧化，因此应严格控制铁水中 [Si] 的含量。在提钒温度范围内，铁水中 Si 元素的主要氧化产物为 SiO_2。钒渣中硅的来源主要是铁水，其次也与冷却剂种类及加入量有关。

铁水中的 [Si] 被氧化后生成（SiO_2），初渣中的（SiO_2）与（FeO）、（MnO）等作用生成铁橄榄石 $[Fe \cdot Mn]_2SiO_4$ 等低熔点（1220 ℃）的硅酸盐相，它们使初渣熔点降低，钒渣黏度降低，流动性升高。在铁水 [Si] 浓度较低时（≤0.05%），通过向熔池配加一定量的 SiO_2，适度增加炉渣流动性，可避免渣态偏稠，有利于钒的氧化。在铁水 [Si] 浓度偏高（≥0.15%）时，渣中低熔点相过高，渣态过稀，又会增加出钢过程中钒渣的流失。铁水 [Si] 偏高会造成熔池升温加快，阻碍钒的氧化，且 [Si] 被氧化进入渣相，使粗钒渣中（SiO_2）比例上升，降低了钒渣品位。1999 年攀钢统计了 120t 氧气转炉 610 炉次的吹钒过程中铁水中的 [Si] 对钒渣（V_2O_5）浓度的影响规律，得到下列关系式：

$$w_{(V_2O_5)} = 22.255-0.4378w_{[Si]} \qquad (R=0.85) \qquad\qquad (2-3)$$

通过以上分析，认为铁水硅含量高对钒渣中（V_2O_5）浓度的影响：

（1）[Si] 高会抑制钒的氧化。

（2）[Si] 氧化成（SiO_2）进入渣相，对钒渣有"稀释"作用。

（3）[Si] 氧化放热使提钒所需的低温熔池环境时间缩短。

（4）[Si] 偏高（≥0.15%）时，渣态过稀，使出钢过程中钒渣的流失增加。

D　铁水中钛的影响

在提钒温度范围内，铁水中 Ti 元素的氧化产物主要为 TiO_2，Ti 元素的氧化产物有 TiO、Ti_2O_3、Ti_3O_5、TiO_2 四种，其中 TiO_2 最容易生成，TiO 最难生成。

俄罗斯下塔吉尔公司统计了 130t 氧气顶吹转炉 1000 炉次的吹钒过程中铁水中的硅、钛对钒渣中五氧化二钒浓度的影响规律，得到以下规律：

$$w_{(V_2O_3)} = 29.41-22.08w_{[Si]_{铁水}} -11.38w_{[Ti]_{铁水}} \qquad (R=0.77) \qquad (2-4)$$

可见，随着铁水中的硅、钛含量的增加，会降低渣中 V_2O_5 的浓度。

E　其他成分的影响

其他成分主要是指磷、锰等。

（1）磷的影响。钒渣中的磷的来源主要是铁水。钒渣中的磷主要影响是焙烧过程中磷与钠盐反应生成溶于水的磷酸盐。被浸出到溶液中，磷对钒的沉淀影响极大，同时也影响产品的质量。

（2）锰的影响。钒渣中的锰主要来自铁水。钒渣中锰对后步工序的影响目前存在着不同的看法。实践表明，锰的化合物是水浸熟料时生成"红褐色"薄膜的原因之一，这将使过滤十分困难。同时，部分锰将转入 V_2O_5 的熔片中，以后进入钒铁，将影响对锰含量要求严格的钢种质量。我国钒渣标准中对锰没有限制，但俄罗斯限制钒渣中 MnO 的质量分数不大于 12%。

（3）氧化铝、氧化铬的影响。这些氧化物在钒渣中是与钒置换固溶于尖晶石中的，实践表明，当它们含量高时将影响钒的转化率，但在钒渣标准中没有限制规定。目前关于它们的影响研究尚少。

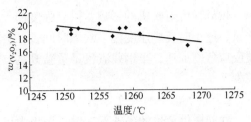

2.2.7.2　铁水温度的影响

图 2-17 所示为铁水入炉温度与 V_2O_5 浓度的关系。入炉铁水温度越高，越不利于提钒所需的低温熔池环境。

图 2-17　铁水入炉温度与 V_2O_5 浓度的关系

$(w_{(V_2O_5)} = -0.1247T_\lambda + 175.67 \qquad R_2 = 0.5533)$

2.2.7.3　吹炼终点温度对钒渣中全铁含量影响

提高终点温度有利于碳氧化反应的进行。

$$(FeO) + [C] \Longrightarrow [Fe] + CO$$

因此，钒渣中氧化铁含量随着吹炼终点温度的提高而降低。

2.2.7.4　冷却剂的种类、加入量和加入时间的影响

为了调节吹炼过程温度，防止过程温度上升过快，提高钒的氧化率，达到"去钒保碳"的目的，通常在转炉提钒过程中加入冷却剂。一般冷却剂的种类有生铁块、废钢、水蒸气、氮气、废钒渣、氧化铁皮、铁矿石、烧结矿、球团矿、水等，各种冷却剂的冷却效应应以含钒生铁块为基数。

对冷却剂要求除了具有冷却能力外，还要有氧化能力，带入的杂质少。冷却剂中的氧化性冷却剂既是冷却剂又是氧化剂，其中氧化铁皮最好。它的杂质少，除有氧化作用外还可以与氧化倒渣中的三氧化二钒结合成稳定的铁钒尖晶石（$FeO \cdot V_2O_3$），但是这种冷却剂的加入与加入非氧化性冷却剂（生铁块、废钢、氮气）相比会使钒渣中的氧化铁含量显著增高，特别是加入时间过晚更为严重。用废钢作冷却剂可增加半钢产量，但会降低半钢中钒浓度，影响钒在渣与铁间的分配，影响钒渣的质量。用水作冷却剂冷却效果好，但使炉内烟气量增加，易喷溅、粘枪。生铁可增加半钢产量，但不会降低半钢中钒的浓度（当然是钒钛磁铁矿所炼的生铁）。

2.2.7.5　供氧制度的影响

转炉提钒供氧制度就是使氧气流股合理地供给熔池，以及确定合理的喷头结构、供氧强度、供氧压力和氧枪枪位，为熔池创造良好的物理化学反应条件。供氧制度包括氧枪枪位、结构、耗氧量、供氧强度、压力等诸因素，是控制吹钒过程的中心环节。

A　耗氧量

耗氧量是指将 1t 含钒铁水吹炼成半钢时所需的氧量，单位为 m^3/t。

一般根据不同的铁水成分和吹炼方式，耗氧量有很大的差异，同时耗氧量的多少也影响着半钢中的碳和余钒量的多少。

耗氧量还与供应强度和搅拌情况有关，是交互作用的。

B　供氧强度

单位时间内每吨金属的耗氧量（标态）单位为 $m^3/(t \cdot min)$。

供氧强度对吹钒的影响：供氧强度的大小影响吹钒过程的氧化反应强度，过大时喷溅严重，过小时反应速度慢，吹炼时间长，会造成熔池温度的升高，超过转化温度，导致脱碳反应急剧加速，半钢残渣钒量重新升高。因此，一般在吹氧初期可提高供氧强度，后期减少。

C　供氧压力和枪位

在同样供氧量的条件下，供氧压力大可加强熔池搅拌，强化动力学条件，有利于提高钒等元素的氧化速度。

枪位指氧枪喷头出口端部到金属熔池静止液面的高度，是吹炼过程中调节最灵活的参数。当氧压一定时，若采用过低枪位，氧气射流对熔池的冲击深度大但冲击面积小，熔池的搅拌力越强，可强化氧化速度，但加速了炉内脱碳反应，熔池碳氧反应剧烈，渣中（FeO）降低，炉渣变干，流动性差，易喷溅和粘枪，而且对炉底损害大；当氧压一定时，采用过高枪位，氧气射流对熔池的冲击深度小但冲击面积大，表面铁的氧化加快，钒渣的（FeO）含量上升，炉渣流动性变好，化渣容易，但对炉壁冲刷加大，熔池的搅拌力减弱，氧化速度慢。因此，选择枪位时既保证氧气射流有一定的冲击面积，又要保证氧气射流在不损坏炉底的前提下有足够的冲击深度。

一般采用恒压变枪位操作。例如俄罗斯下塔吉尔 160t 氧气顶吹转炉提钒时，在吹初期枪位高度控制在 2.0m，到后期枪位降低到 1m。当铁水硅含量高时，枪位均保持下限。

D　氧枪喷嘴结构

氧气喷枪的结构包括喷嘴结构直径和喷嘴的孔数、角度等参数，这些条件直接影响氧气的深度、分布和利用率的高低。在选择氧枪时，以上几个方面要统筹考虑，这几个方面是彼此交互作用来共同影响吹钒过程的。

E　渣铁分离

当转炉提钒时，氧气转炉提钒吹炼结束后，半钢和钒渣分离的好坏对钒渣回收率有重要影响。俄罗斯下塔吉尔钢铁公司发现，160t 氧气转炉提钒吹炼结束后，从转炉倒出半钢过程中，大约有 5%~10% 的钒渣随半钢流出，这是造成钒渣损失的主要原因。

【知识拓展】

项目 2.2-1　钒渣中铁的存在形式

钒渣中铁有两种形态存在：金属铁和氧化铁。

钒渣中 MFe（明铁）和 TFe（全铁）的区别：MFe（明铁）是指粗钒渣制样过程磁选出的铁含量；而 TFe（全铁）是指精钒渣铁及铁氧化物的铁含量。

钒渣在破碎处理时都要将大部分金属铁通过各种方法除去，但含量过高会影响钒渣处理时的难度，同时过细的金属铁在钒渣氧化焙烧过程中，氧化反应时要放出大量热量会使物料黏结。反应式如下：

$$2Fe+\frac{3}{2}O_2 \rightleftharpoons Fe_2O_3 \qquad \Delta_r H_m^{\ominus} = 825.50kJ/mol$$

钒渣混合料的质量热容估算为 $0.85J/(g \cdot K)$。

假定在绝热情况下，全部金属铁都氧化后，1kg 钒渣中含有金属铁量为 10%，氧化放出热量为 738.82kJ，升温 869.2℃。但实际上金属铁不可能同时全部氧化，颗粒大的金属铁仅是表面氧化而已。以上说明金属铁氧化放热是有影响的，除去钒渣中的 MFe（明铁）是必要的。

项目 2.2-2　钒渣质量评价标准

目前评价钒渣质量的主要内容是以化学成分为依据。为了满足后部工序提取 V_2O_5 的需要，标准中对 V_2O_5 含量越高，CaO、P、SiO_2、MFe 等其他元素含量越低的钒渣评级越高。因此，判断钒渣质量首先是对 V_2O_5 品位进行判定，并按照其他成分的相应含量对钒渣进行评级。为了提高钒的回收率，改善技术经济指标，还要求尽量降低钒渣中有害成分 CaO、SiO_2 和 P_2O_5 的含量，以及金属铁的含量。具体要求如钒渣标准（表 2-2）所示，攀钢钒渣成分见表 2-3。

表 2-2　钒渣标准（YB 320—1965）

品　级	化学成分(质量分数)/%				
	V_2O_5（不小于）	SiO_2	CaO	P	
				I	II
		不大于			
1	15.0	27	0.8	0.08	0.8
2	14.0	28	1.0	0.10	0.8
3	12.0	29	1.0	0.10	0.8
4	10.0	31	1.0	0.10	0.8

表 2-3　攀钢钒渣的主要成分

成　分	CaO	SiO_2	V_2O_5	TFe	MFe	P
含量(质量分数)/%	1.5~2.5	14~17	16~20	26~32	8~12	0.06~0.10

项目 2.2-3　提取钒渣的主要方法

（1）雾化提钒法。雾化提钒法是攀钢 1978~1995 年采用的从铁水吹炼钒渣的方法。其生产工艺流程和主要设备分别如图 2-18 和图 2-19 所示。炼铁厂输送来的铁水罐经过倾翻机将铁水倒入中间罐，铁水进行撇渣和整流，然后进入雾化器。雾化提钒的最大特点就在于雾化器。雾化器外形如马蹄，在雾化器的相对两个内侧面各有一排形成一定交角的风孔。当富氧空气（氧气+空气：10%+90%）从风孔高速射出时，形成一个交叉带，当铁水从交叉带流过时，高速富氧流股将铁水击碎成雾状，雾状铁水和富氧空气强烈混合，使铁水和氧的反应界面急剧增大，氧化反应迅速进行。同

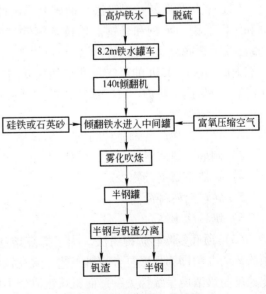

图 2-18　雾化提钒工艺流程

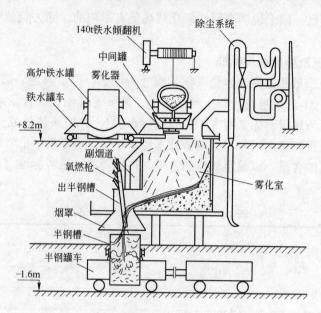

图 2-19　雾化提钒主要设备示意图

时，压缩空气中其他成分的进入，对反应区进行非常有效的冷却，使反应温度限制在对钒氧化有利的范围内。被击碎的铁水在反应过程中汇集到雾化室底部通过半钢出钢槽进入半钢罐，钒渣漂浮于半钢表面形成渣层，最后将半钢与钒渣分离。

由于铁水从中间罐水口到半钢罐中的时间差很短，因此雾化提钒中钒的氧化只有 50%~60% 是在雾化炉中完成的，其余的 40%~50% 的钒是在半钢罐中完成氧化的。

雾化铁水提钒工艺曾于 1978~1995 年间在攀钢生产过，由于雾化铁水提钒工艺所得钒渣含铁高以及钒的回收率低、钒氧化率低等原因被淘汰。从 1995 年，攀钢采用了更有效的氧气转炉铁水提钒工艺。

（2）氧气顶吹转炉提钒法。世界上采用此方法提钒的厂家有俄罗斯下塔吉尔钢铁公司和中国攀钢、承钢和马钢。攀枝花钢铁（集团）公司曾经建有 2 座 120t 的氧气顶吹（现已改为顶底复吹）提钒转炉，年可提钒处理铁水 610 万吨，产钒渣 25 万吨；承德钢厂有 80t、100t、150t 的氧气顶吹提钒转炉各 1 座，年产钒渣 14 万吨；马钢目前有 1 座 30t 氧气顶吹提钒转炉。氧气顶吹转炉提钒法的优点是：

1）半钢温度高。

2）可保证生产各种品种的钢。

3）制取的钒渣钒含量高，CaO、P 等杂质少，有利于下一步提取 V_2O_5。

4）钒渣金属夹杂物少。

5）转炉衬砖寿命高。

6）钒氧化率高。

（3）顶底复吹转炉提钒法。为了提高熔池的搅拌强度，采用炉底吹入搅拌气体、炉顶吹氧的办法即为顶底复合吹钒工艺。钒在铁水侧扩散是钒氧化反应的限制性环节。钒氧化速度与钒浓度呈线性关系，而钒从钒渣向半钢的逆向还原位于化学反应限制环节内，钒还原速度与温度呈指数关系。因此，为了有效脱钒，从热力学角度看，应使熔体及元素与氧化剂接触表面保持适宜的温度；从动力学角度看，加速钒在铁侧扩散传质是加快低钒铁水中钒氧化的首要条件。加强搅拌，不仅可以加快低钒铁水传质，而且还可增加反应界面，是加快钒氧化的主要手段。

（4）摇包提钒法。在摇包中通过吹氧使含钒铁水中的钒变为钒渣的铁水提钒工艺。通过摇包的偏心摇动，可以对铁水产生良好的搅拌，使氧气在较低的压力下能够传入金属熔池，获得较高的提钒率并可防止粘枪。摇包法铁水提钒是由南非海威尔德钒钢有限公司于 1968 年开始用于生产的。该公司 60t 摇包见图 2-20。

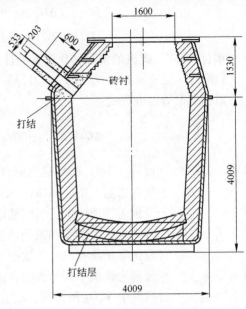

图 2-20 南非海威尔德钒钢公司 60t 摇包图

工艺操作：摇包放在摇包架上，以 30 次/min 做偏心摇动。根据铁水成分和温度计算出吹氧量和冷却剂加入量。冷却剂铁块和废钢在开始吹氧前加入，吹炼过程中枪位高度为 750mm，氧气流量为 28~42m³/min，氧压为 0.15~0.25MPa。当吹氧量达到预定值时，即提枪停止吹氧；停氧后继续摇包 5min 以降低渣中氧化铁含量并提高钒渣品位。提钒结束后，即将半钢兑入转炉和把钒渣运至渣场冷却。

摇包提钒法虽可得到高的钒提取率，但其炉衬寿命短，生产效率低，综合指标低于转炉提钒法。

【技能训练】

项目 2.2-1 碳钒的理论转化温度的计算

【例 1】 标准状态下钒的 $T_{转}^{\ominus}$ 计算。

已知：

$$C(s) + 1/2\{O_2\} = CO(g) \qquad \Delta G_1^{\ominus} = -114400 - 85.77T \qquad (2-5)$$

$$C(s) = [C] \qquad \Delta G_2^{\ominus} = 22590 - 42.26T \qquad (2-6)$$

$$2/3[V](s) + 1/2\{O_2\} = 1/3(V_2O_3) \qquad \Delta G_3^{\ominus} = -400966 - 79.18T \qquad (2-7)$$

$$V(s) = [V] \qquad \Delta G_4^{\ominus} = -20710 - 45.61T \qquad (2-8)$$

求：$2/3[V] + CO(g) = 1/3(V_2O_3) + [C]$ 反应的 $T_{转}^{\ominus}$。 $\qquad (2-9)$

解： 碳的氧化反应：

$$[C] + 1/2\{O_2\} = CO(g) \qquad (2-10)$$

反应（2-10）= 反应（2-6）- 反应（2-5）

得到：

$$\Delta G_5^{\ominus} = -136990 - 43.51T$$

钒的氧化反应：$\qquad 2/3[V] + 1/2\{O_2\} = 1/3(V_2O_3) \qquad (2-11)$

反应（2-11）= 反应（2-7）- 2/3×反应（2-8）

$$\Delta G_6^{\ominus} = \Delta G_3^{\ominus} - 2/3\Delta G_4^{\ominus} = -387160 + 109.58T$$

反应(2-9)＝反应(2-11)－反应(2-10)：

$$2/3[V] + CO(g) = 1/3(V_2O_3) + [C]$$

$$\Delta G_7^{\ominus} = -398309 + 92.28T$$

$$T_{转}^{\ominus} = 250170/153.09 = 1634K = 1361℃$$

项目 2.2-2　碳钒的实际转化温度的计算

【例 2】　反应 (2-9) $2/3[V] + CO(g) = 1/3(V_2O_3) + [C]$ 实际转换温度 $T_{转}$ 的计算。

解：根据等温方程式：

$$\Delta G_7 = \Delta G_7^{\ominus} + RT\ln K = \Delta G_7^{\ominus} + RT\ln \frac{a_C a_{V_2O_3}^{1/2}}{a_V^{2/3} p_{CO}}$$

式中　$\Delta G_7^{\ominus}$ ——反应 (2-9) 的标准生成自由能；

　　　R ——气体常数，$R = 8.314J/(K \cdot mol)$；

a_C，a_V ——分别为铁液中碳、钒的活度，$a_C = f_C \cdot w_{[C]}$，$a_V = f_V \cdot w_{[V]}$；

f_C，f_V ——分别为铁液中碳和钒的活度系数，可通过铁液中各组元的浓度，通过物理化学手册查出一些数据（交互作用系数）计算出来；

$w_{[C]}$，$w_{[V]}$ ——分别为铁液中碳和钒的含量；

　　　$a_{V_2O_3}$ ——钒渣中 V_2O_3 的浓度，$a_{V_2O_3} = \gamma_{V_2O_3} N_{V_2O_3}$；

　　　$N_{V_2O_3}$ ——钒渣中 V_2O_3 的浓度；

　　　$\gamma_{V_2O_3}$ ——钒渣中 V_2O_3 的活度系数；

　　　p_{CO} ——气相中 CO 的分压。

当 $\Delta G_7 = 0$ 时：

$$250170 + 153.09T + RT\ln \frac{a_C a_{V_2O_3}^{1/2}}{a_V^{2/3} p_{CO}} = 0$$

$$T_{转} = 250170 + 250170 \bigg/ \left[153.09 + R\ln \frac{a_C a_{V_2O_3}^{1/2}}{a_V^{2/3} p_{CO}}\right] \tag{2-12}$$

【思考与练习】

2.2-1　填空题

（1）氧气转炉提钒的两大主产品是（　　）和半钢。

（2）提钒吹炼前期，熔池处于（　　）状态，脱钒量占总提钒量的 70%。

（3）根据碳和钒的氧势线可以确定碳钒转化温度，低于此温度，（　　）优先于碳氧化，高于此温度，（　　）优先于钒氧化。

（4）吹炼前期，熔池处于"纯脱钒"状态，脱钒量占总提钒量的 70%，进入中后期，（　　）氧化逐渐处于优先，而且钒含量降低，脱钒速度也随着降低。

（5）半钢中余钒越低，转化温度越低，保碳就越（　　）。

（6）钒渣的颜色为（　　）。

（7）供氧强度大小影响吹钒的氧化反应程度。供氧强度（　　）喷溅严重，供氧强度（　　）反应速度慢。

（8）转炉提钒铁水中原始钒含量（　　）有利于钒渣 V_2O_5 浓度的提高。

2.2-2 单项选择题

（1）钒的氧化是（　　）反应，故低温有利于反应的进行。

　　A. 放热　　　　B. 吸热　　　　C. 既放热又吸热　　　D. 以上都不对

（2）转炉提钒的两大主产品是（　　）和半钢。

　　A. V_2O_5　　　B. 钒铁　　　　C. 钒渣　　　　　D. 烟气

（3）转炉提钒熔池温度低于碳钒转化温度，（　　）氧化。

　　A. 钒优先于碳　　B. 碳优先于钒　　C. 钒碳同时　　　D. 以上都不对

（4）对钒渣结构的许多研究中都证明了钒在钒渣中都是以几价离子存在于尖晶石中的（　　）。

　　A. 三价　　　　B. 四价　　　　C. 五价

（5）钒渣中氧化铁（FeO）含量随着吹炼终点温度的提高而（　　）。

　　A. 升高　　　　B. 降低　　　　C. 不变

（6）铁水 Si 偏高时容易造成熔池升温加快，（　　）钒的氧化。

　　A. 阻碍　　　　B. 有利于　　　C. 加快　　　　　D. 减少

2.2-3 判断题

（1）在吹钒前期熔池处于"纯脱钒"状态，脱钒量占总提钒量的70%。　　　（　　）

（2）半钢中余钒含量越低，转化温度越低，保碳就越难。　　　　　　　（　　）

（3）提钒熔池低于碳钒转化温度，碳优先于钒氧化，高于此温度，钒优先于碳氧化。

　　　　　　　　　　　　　　　　　　　　　　　　　　　　　　　　（　　）

（4）铁水 Si 偏高造成熔池升温加快，阻碍了钒的氧化，且 Si 被氧化进入渣相，使粗钒渣中 SiO_2 比例上升，稀释了钒渣 V_2O_5 品位。　　　　　　　　　　　（　　）

（5）钒渣中氧化铁含量随着吹炼终点温度的提高而提高。　　　　　　　（　　）

2.2-4 简述题

（1）转炉提钒的任务是什么？

（2）钒渣的生产原理是什么？

（3）简述氧势图对提钒生产的指导作用是什么？

（4）铁水硅高对钒渣中（V_2O_5）浓度有何影响？

教学活动建议

本项目单元理论性较强，文字表述多，抽象，难于理解，在教学活动过程中，利用多媒体教学设施，将图片、文字表述有机结合，讲授和训练相结合，实施教学练一体。

查一查

学生利用课余时间，自主查询钒的用途及性质、国内外提钒生产情况，并形成书面文字或课件进行汇报。

项目单元 2.3　氧气转炉炼钢的基本原理

【学习目标】

知识目标：

（1）掌握转炉炼钢的基本任务及为完成任务所采取的措施。

（2）熟悉氧气转炉炼钢金属液成分、熔渣成分、熔池温度的变化规律及反应特点。

（3）掌握转炉一炉钢冶炼过程划分三个阶段的依据及各阶段应完成的任务。

能力目标：

（1）能陈述出氧气转炉炼钢的任务及所采取的措施。

（2）能陈述氧气转炉吹炼过程中金属液成分 Si、Mn、C、P、S 的变化规律，熔渣成分、熔池温度的变化规律。

（3）能利用网络、图书馆收集相关资料、自主学习。

【任务描述】

目前世界上主要炼钢方法为氧气转炉炼钢法，其钢产量约占总钢产量的 70% 左右。氧气转炉炼钢为了获得高产、优质、低耗、长寿的技术经济指标，不断地改进工艺流程和工艺操作，所以必须掌握一定的炼钢生产理论知识，为科学炼钢生产奠定基础。

【相关知识点】

2.3.1　炼钢的基本任务

从化学成分来看，钢和生铁都是铁碳合金，并还含有 Si、Mn、P、S 等元素，由于碳和其他元素含量不同，所形成的组织不同，因而性能也不一样。根据 Fe-C 相图，碳含量在 0.0218% ~ 2.11% 之间的铁碳合金称为钢；碳含量在 2.11% 以上的铁碳合金称为生铁（根据国家标准和国际标准规定以碳含量 2% 为钢和铸铁的分界点）；碳含量在 0.0218% 以下的铁碳合金称为工业纯铁。冶标规定碳含量在 0.04% 以下为工业纯铁。根据标准规定，在实际应用中钢是以铁为主要元素，碳含量一般在 2% 以下，并含有其他元素材料的统称。

若以生铁为原料炼钢，需氧化脱碳，使碳降低到钢种所需的碳量；钢中 P、S 含量过高分别造成钢的冷脆性和热脆性，炼钢过程应脱除 P、S；钢中的氧含量超过限度后会加剧钢的热脆性，并形成大量氧化物夹杂，因而要脱氧；钢中含有氢、氮会分别造成钢的氢脆和时效性，应该降低钢中有害气体含量；夹杂物的存在会破坏钢基体的连续性，从而降低钢的力学性能，也应该去除；炼钢过程应设法提高温度达到出钢要求，同时还要加入一定种类和数量的合金，使钢的成分达到所炼钢种的规格。

综上所述，炼钢的基本任务包括：脱碳、脱磷、脱硫、脱氧；去除有害气体和夹杂；提高温度；调整成分，可简称"四脱二去，调质调温"。炼钢过程通过供氧、造渣、加合金、搅拌、升温等手段完成炼钢基本任务。氧气顶吹转炉炼钢过程主要是降碳、升温、脱磷、脱硫以及脱氧和合金化等高温物理化学反应的过程，其工艺操作则是控制供氧、造渣、温度及加入合金材料等，以获得所要求的钢液，并浇成合格钢钢锭或铸坯。

2.3.2　氧气转炉冶炼的基本反应

在通常的氧气转炉炼钢过程中，总要根据冶炼钢种的要求，将铁水中的 C、Si、Mn、P、S 去除到规定的要求。虽然从热力学的平衡条件来看，不论炼钢方法之间差异如何，其气-渣-金属相之间的反应平衡都是相同的。但是，由于各种炼钢方法所处环境的动力学条件不同，在冶炼过程中对反应平衡的偏差程度也各有所异。本章主要阐述氧气转炉内各种炼钢过程中的基本反应。

2.3.2.1　吹炼过程状况

氧气转炉炼钢是在十几分钟内进行供氧和供气操作，在这短短的时间内要完成造渣、脱碳、脱磷、脱硫、去夹杂、去气和升温的任务，其吹炼过程的反应状况是多变的。图2-21 是顶吹转炉吹炼过程中金属液成分、温度和炉渣成分的变化实例；图2-22 是复合吹炼转炉在吹炼过程中的各成分变化实例。

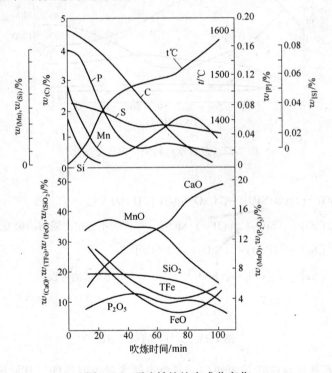

图 2-21　顶吹转炉炉内成分变化

A　金属液成分的变化规律

（1）Si。在吹炼初期 Si 就大量氧化。吹炼初期，一般在 5min 内 Si 就被氧化到很低，一直到吹炼终点，也不发生硅的还原。熔池中［Si］的氧化图解如图2-23 所示。

（2）Mn。Mn 在吹炼初期迅速氧化，但不如［Si］氧化得快。在开吹时，铁水中［Mn］高，同时［Mn］和氧的亲和力大，随着吹炼进行，渣中的锰逐步回升。在复吹转

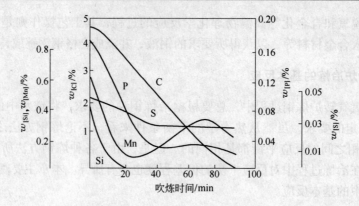

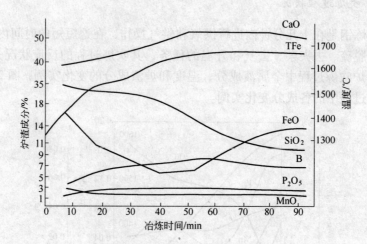

图 2-22　复合吹炼转炉炉内成分变化

$$熔渣 \begin{vmatrix} 2(CaO)+(2FeO \cdot SiO_2)=(2CaO \cdot SiO_2)+2(FeO) \\ 2(FeO)+(SiO_2)=(2FeO \cdot SiO_2) \quad （产物不稳定，随熔渣碱度提高而转变） \end{vmatrix}$$

界面　——　$[Si]+(2FeO)=(SiO_2)+2[Fe]$　——

钢水　　　$[Si]+2[O]=(SiO_2)$　　　（熔池内反应）

　　　　　$[Si]+\{O_2\}=(SiO_2)$　　　（氧气直接氧化）

图 2-23　[Si] 的氧化图解

炉中，锰的回升趋势比顶吹转炉要快些，其终点锰含量也要高些。其原因是因为复吹转炉渣中（FeO）比顶吹转炉低些。[Mn] 的氧化图解如图 2-24 所示。

（3）C。Si、Mn 被氧化的同时，碳也被少量氧化，当 Si、Mn 氧化基本结束后，炉温达到 1450℃ 以上时，碳的氧化速度迅速提高。吹炼后期，脱碳速度又有所降低。[C] 的氧化图解如图 2-25 所示。

在 C-O 反应中除了与渣中（FeO）的反应是吸热外，都是放热反应，C-O 反应主要在气泡和金属的界面上发生的。[C] 的氧化规律主要表现为吹炼过程中 [C] 的氧化速

熔渣 $\quad[C]+(MnO)=[Mn]+\{CO\}$ （吹炼后期，炉温升高，（MnO）被还原）

$2(CaO)+(MnO\cdot SiO_2)=(MnO)+(2CaO\cdot SiO_2)$（在碱性渣中大部分呈游离 MnO）

$\quad(SiO_2)+(MnO)=(MnO\cdot SiO_2)\qquad$（吹炼前期）

界面 $\quad\text{——}\ [Mn]+(FeO)=(MnO)+[Fe]\ \text{——}$

$\quad[Mn]+[O]=(MnO)\qquad$（熔池内反应）

钢水 $\quad[Mn]+\dfrac{1}{2}\{O_2\}=(MnO)\qquad$（氧气直接氧化反应）

图 2-24　[Mn] 的氧化图解

熔渣 $\quad[C]+(FeO)\rightarrow[FeO]+\{CO\}\qquad$（乳浊液内反应）

界面 $\quad\text{——}\ [C]+(FeO)\rightarrow[FeO]+\{CO\}\ \text{——}$

钢水 $\quad[C]+[O]=\{CO\}\qquad$（熔池粗糙表面上反应，只有 $w_{[C]}<0.05\%$ 时，才反应）

$\quad[C]+2[O]=\{CO_2\}$

$\quad[C]+\{O_2\}=\{CO_2\}\qquad$（氧气射流冲击区，直接氧化反应）

图 2-25　[C] 的氧化图解

度，氧气吹炼过程中，金属熔池中的脱碳速度变化可由图 2-26 表示。

脱碳速度的变化在整个吹炼过程分为三个阶段：吹炼前期，以 Si、Mn 氧化为主，脱碳速度由于温度升高而逐步加快；吹炼中期以碳的氧化为主，脱碳速度达到最大，几乎为常数；吹炼后期，随着金属熔池中的碳含量的减少，脱碳速度逐步降低。由此可见，整个冶炼过程中脱碳速度的变化近似于梯形。

脱碳速度表示式：

第一阶段：$v_C=-\dfrac{dw_{[C]}}{dt}=K_I t$ 　　　　（2-13）

脱碳速度由慢到快，最后达最大值。K_I 不是常数，是铁水成分和温度的函数。

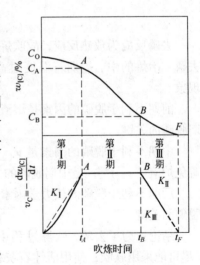

图 2-26　脱碳速度和吹炼时间
关系的模拟图

第二阶段：$v_C=-\dfrac{dw_{[C]}}{dt}=K_{II}$ 　　　　（2-14）

脱碳速度保持最高水平，几乎为定值，v_C 最大可达 0.3% ~ 0.5%C/min，$v_C=K_{II}\times10^3=1.89v_{O_2}-0.048h-28.5$，脱碳速度主要受供氧强度的影响，供氧强度越大，其脱碳速度也越大。

第三阶段：$v_C=-\dfrac{dw_{[C]}}{dt}=K_{III}w_{[C]}$ 　　　　（2-15）

随 $w_{[C]}$ 的减少，v_C 不断下降。

式中　　t ——吹炼时间，min；

　　　$w_{[C]}$ ——熔池碳含量，%；

$K_I \sim K_{III}$ ——系数，分别受各阶段主要因素影响；

　　　v_{O_2} ——供氧强度，m^3/min；

　　　h ——枪位，mm。

（4）P。[P] 的变化规律主要表现为吹炼过程中的脱磷速度。脱磷速度的变化规律主要受下列因素影响：熔池温度、熔池金属磷含量、熔渣中 $w_{(\Sigma FeO)}$、熔渣碱度、熔池的搅拌强度或脱碳速度。P 在金属液中主要以 [Fe_2P] 和 [Fe_3P] 形式存在，在脱磷反应中简写为 [P]，脱磷反应图解如图 2-27 所示。

$$总反应 \quad 2[P]+5(FeO)+n(CaO) = (nCaO \cdot P_2O_5) + 5Fe \qquad 放热$$

$$熔渣 \begin{cases} n(CaO) + (3FeO \cdot P_2O_5) = (nCaO \cdot P_2O_5) + 3(FeO) & （吹炼中后期，\ n 为 3 或 4） \\ 3(FeO) + (P_2O_5) = (3FeO \cdot P_2O_5) & （吹炼前期） \end{cases}$$

$$界面 \quad —— 2[P]+5(FeO) = (P_2O_5) + 5[Fe] ——$$

$$钢水 \quad \begin{cases} 2[P]+5[O] = (P_2O_5) \\ 2[P]+\dfrac{5}{2}\{O_2\} = (P_2O_5) \end{cases}$$

图 2-27　脱磷反应图解

去磷反应为放热反应，故吹炼初期炉温较低时，最有利于去磷，应抓紧这个时机大力去磷。冶炼的中、后期若温度过高，也会发生回磷，脱氧合金加入不当也会发生回磷现象。

前期不利于脱磷的因素是熔渣碱度比较低。因此如何及早形成碱度较高的熔渣，是前期脱磷的关键。

中期不利于脱磷的因素是 $w_{(\Sigma FeO)}$ 较低。因此，如何控制渣中 $w_{(\Sigma FeO)}$ 达 10%～12%，避免炉渣"返干"，是中期脱磷的关键。

后期不利于脱磷的热力学因素是熔池温度高。因此，如何防止终点温度过高，是后期脱磷的关键。

结论：为了去磷，吹炼过程中应根据去磷反应的热力学条件，首先搞好前期化渣（尽可能采用软吹；使用活性石灰；使用合成渣料），尽快形成高氧化性炉渣，以利在吹炼前期低温去磷。若铁水磷含量高，还可在化好渣的情况下倒掉部分高磷炉渣，以提高脱磷效率。而在吹炼后期，则要控制好炉渣碱度和渣中（FeO），保证磷稳定在炉渣中，而不发生回磷现象。在吹炼前期快速降低，进入吹炼中期略有回升，而到吹炼后期再度降低。

（5）S。[S] 的变化规律主要表现为吹炼过程中的脱硫速度。吹炼过程中脱硫速度变化规律的主要影响因素有：熔池温度、熔池 [S] 含量、熔渣中 $w_{(\Sigma FeO)}$、熔渣碱度、熔池的搅拌强度或脱碳速度。在氧气转炉炼钢中，由于熔池供氧，使炉内呈氧化性气氛，故渣中氧化铁含量不低，因而使转炉的脱硫能力受到限制。

[S] 在开吹后，若熔池温度低，碱度低，流动性差，脱硫速度很慢；若炉子热行，温度较高，有一定的碱度，则可提前较好地脱硫。在吹炼中期，由于熔池温度逐渐升高，石灰大量熔化，熔渣碱度升高，一般是脱硫的最好时期。在吹炼后期，熔池温度已升高，接近出钢温度，熔渣碱度高，流动性好，但由于 [S] 含量比前、中期都低，脱硫速度低于或稍低于中期。总之，[S] 含量在开吹后下降不明显，在吹炼中、后期，高碱度活性渣形成后，温度升高才得以脱除。

硫在金属液中存在三种形式，即 [FeS]、[S] 和 S^{2-}，FeS 既熔于钢液，也熔于熔渣。碱性氧化渣脱硫反应如图 2-28 所示，这是根据熔渣的分子理论写出的脱硫反应式。渣中的（MnO）、（MgO）也可发生脱硫反应。

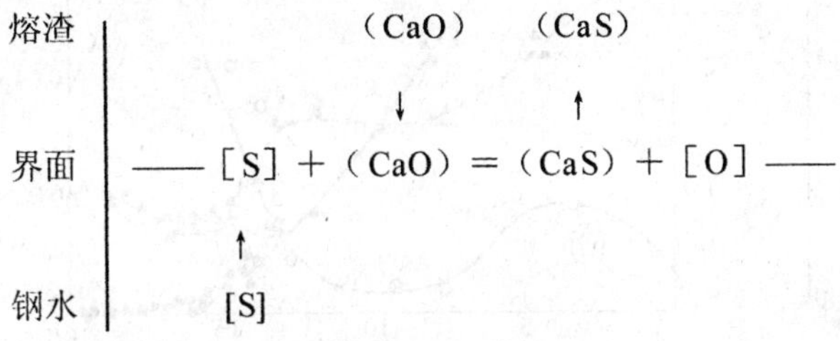

$$
\begin{array}{l}
熔渣 \quad\quad\quad （CaO）\quad （CaS）\\
\quad\quad\quad\quad\quad\downarrow\quad\quad\quad\uparrow\\
界面 \quad —— [S] + （CaO） = （CaS） + [O] ——\\
\quad\quad\quad\quad\quad\uparrow\\
钢水 \quad\quad\quad [S]
\end{array}
$$

图 2-28　脱硫反应图解

根据熔渣结构的离子理论，脱硫反应式可表示为：
$$[S] + (O^{2-}) \Longrightarrow (S^{2-}) + [O]$$

在吹炼过程中，为了去硫，就要充分应用脱硫的热力学条件，实现高温状况下化好渣，利用吹炼过程的中、后期高温、高碱度、低氧化性的有利条件去硫。

气化脱硫：有文献中指出，在氧气顶吹转炉内，直接气化脱硫是不可能实现的；只有在钢液中没有 [Si]、[Mn]、[C] 或含 [C] 很少时，在氧化性气流强烈流动并能顺利排出的条件下，才有可能气化脱硫。因此，钢液气化脱硫的最大可能是钢液中 [S] 进入炉渣后，再被气化去除，即：

$$(S^{2-}) + \frac{3}{2}O_2 \Longrightarrow SO_2\uparrow + (O^{2-})$$

在氧气顶吹转炉熔池的氧流冲击区，由于温度很高，硫以 S、S_2、SO 和 COS 形态挥发是可能的，即

$$S_2 + 2CO \Longrightarrow 2COS$$
$$SO_2 + 3CO \Longrightarrow 2CO_2 + COS$$

从氧气顶吹硫的衡算可以得出，氧化渣脱硫占脱硫总量的 60%～90%，气化脱硫约占脱硫总量的 10%～40% 左右，不是主要脱硫方式。

（6）N。吹炼过程中金属熔池氮含量的变化规律与脱碳反应有密切的关系。图 2-29 示出，吹炼初期发生脱氮，中期停滞，到末期又进行脱氮，但停吹前 2～3min 起，氮含量又上升。这个脱氮曲线也随操作方法的不同会有大幅度地变化。通常认为，吹炼时熔池内脱碳反应产生的 CO 气泡中氮气的分压力近于零，因而钢中的氮析出会进入 CO 气泡中，和 CO 气体一起被排出炉外，因此脱碳速度越快，终点氮含量也越低。图 2-30 所示为平均脱碳速度和终点钢中氮含量的关系。冶炼中期脱氮停滞的原因是：此时脱碳是在冲击区附

近进行的，该处的气泡形成的氧化膜使钢中氮的扩散减慢；同时熔池内部产生的 CO 气泡少了，相应地减少了脱氮量。吹炼末期，由于脱碳效率显著降低，废气量减少，所以从炉口卷入的空气量增多，炉气中氮的分压增大，因而停吹前 2~3min 时出现增氮现象。

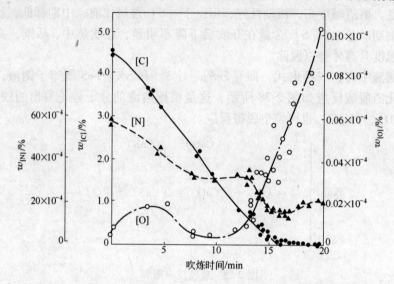

图 2-29　转炉吹炼中 [C]、[O]、[N] 的变化
（炉数 3；氧流量 470m³/min（标态）；枪高 1400mm；喷嘴直径 35.4mm×4）

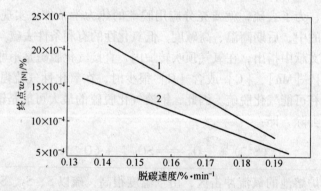

图 2-30　平均脱碳速度和终点 [N] 的关系
1—顶吹；2—复吹

B　熔渣成分的变化规律

熔渣成分影响着元素的氧化和脱除的规律，而元素的氧化和脱除又影响着熔渣的成分的变化。

炉内实际的成渣过程是很难直接观察到的，主要是根据固体炉渣的化学成分及矿物组成，推测其成渣过程。

a　炉渣的形成

炉渣一般是由铁水中的 Si、P、Mn、Fe 的氧化以及加入的石灰熔解而生成的；另外还有少量的其他渣料（白云石、萤石等）、带入转炉内的高炉渣、侵蚀的炉衬等。炉渣的氧化性和化学成分在很大程度上控制了吹炼过程中的反应速度。如果吹炼要在脱碳时同时脱磷，则必须控制（FeO）在一定范围内，以保证石灰不断熔解，形成一定碱度、一定数量的泡沫化炉渣。

开吹后，铁水中 Si、Mn、Fe 等元素氧化生成 FeO、SiO$_2$、MnO 等氧化物进入渣中。这些氧化物相互作用生成许多矿物质，吹炼初期渣中主要矿物组成为各类橄榄石（Fe、Mn、Mg、Ca）SiO$_4$ 和玻璃体 SiO$_2$。随着炉渣中石灰熔解，由于 CaO 与 SiO$_2$ 的亲和力比其他氧化物大，CaO 逐渐取代橄榄石中的其他氧化物，形成硅酸钙。随碱度增加而形成 CaO·SiO$_2$，3CaO·2SiO$_2$，2CaO·SiO$_2$，3CaO·SiO$_2$，其中最稳定的是 2CaO·SiO$_2$。到吹炼后期，C-O 反应减弱，（FeO）有所提高，石灰进一步熔解，渣中可能产生铁酸钙。表 2-4 列出炉渣中的化合物及其熔点。

表 2-4　炉渣中的化合物及其熔点

化 合 物	矿物名称	熔点/℃	化 合 物	矿物名称	熔点/℃
CaO·SiO$_2$	硅酸钙	1550	CaO·MgO·SiO$_2$	钙镁橄榄石	1390
MnO·SiO$_2$	硅酸锰	1285	CaO·FeO·SiO$_2$	钙铁橄榄石	1205
MgO·SiO$_2$	硅酸镁	1557	2CaO·MgO·2SiO$_2$	镁黄长石	1450
2CaO·SiO$_2$	硅酸二钙	2130	3CaO·MgO·SiO$_2$	镁蔷薇灰石	1550
FeO·SiO$_2$	铁橄榄石	1205	2CaO·P$_2$O$_5$	磷酸二钙	1320
2MnO·SiO$_2$	锰橄榄石	1345	CaO·Fe$_2$O$_3$	铁酸钙	1230
2MgO·SiO$_2$	镁橄榄石	1890	2CaO·Fe$_2$O$_3$	正铁酸钙	1420
MgO·Al$_2$O$_3$	铝酸镁	2130	CaO·CaF$_2$	氟酸钙	1400

b　石灰的熔解

石灰的熔解在成渣过程中起着决定性的作用。由 2-31 图可见，在 25% 的吹炼时间内，渣主要靠元素 Si、Mn、P 和 Fe 的氧化形成。在此以后的时间里，成渣主要是石灰的熔解，特别是吹炼时间的 60% 以后，由于炉温升高，石灰熔解加快使渣大量形成。

石灰在炉渣中的熔解是复杂的多相反应，其过程分为三步：

第一步，液态炉渣经过石灰块外部扩散边界层向反应区迁移，并沿气孔向石灰块内部迁移。

第二步，炉渣与石灰在反应区进行化学反应，形成新相。反应不仅在石灰块外表面进行，而且在内部气孔表面上进行，其反应为：

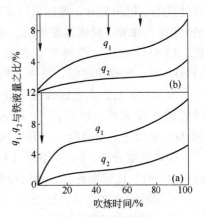

图 2-31　吹炼过程中渣量 q_1 和石灰溶解量 q_2 的变化

（a）矿石冷却；（b）废钢冷却

$$2(FeO) + (SiO_2) + CaO \longrightarrow (FeO_x) + (CaO·FeO·SiO_2)$$
$$(Fe_2O_3) + 2 CaO \longrightarrow (2CaO·Fe_2O_3)$$
$$(CaO·FeO·SiO_2) + CaO \longrightarrow (2CaO·SiO_2) + (FeO)$$

第三步，反应产物离开反应区向炉渣熔体中转移。

炉渣由表及里逐渐向石灰块内部渗透，表面有反应产物形成。通常在顶吹转炉和底吹转炉吹炼前期从炉内取出的石灰块表面存在着高熔点、致密坚硬的 2CaO·SiO$_2$ 外壳，它阻碍石灰的熔解。但在复吹转炉中从炉内取出的石灰块样中，均没有发现 $2CaO \cdot SiO_2$ 外壳，其原因可认为是底吹气体加强了熔池搅拌，消除了顶吹转炉中渣料被吹到炉膛四周的不活动区，从而加快了（FeO）向石灰渗透作用的结果。由以上分析可见，影响石灰熔解的主要因素有：

（1）炉渣成分。实践证明，炉渣成分对石灰熔解速度有很大影响。有研究表明，石灰熔解与炉渣成分之间的统计关系为：

$$v_{CaO} = k \left[w_{(CaO)} + 1.35 w_{(MgO)} + 2.75 w_{(FeO)} + 1.90 w_{(MnO)} - 39.1 \right] \tag{2-16}$$

式中　v_{CaO}——石灰在渣中的熔解速度，kg/m^2；

　　　k——比例系数；

　$w_{(CaO)}$ 等——渣中氧化物含量，%。

由式（2-16）可见，（FeO）对石灰熔解速度影响最大，它是石灰熔解的基本熔剂。其原因是：

1）它能显著降低炉渣黏度，加速石灰熔解过程的传质。

2）它能改善炉渣对石灰的润湿和向石灰孔隙中的渗透。

3）它的离子半径不大（$r_{Fe^{2+}} = 0.083nm$，$r_{Fe^{3+}} = 0.067nm$，$r_{O^{2-}} = 0.132nm$），且与 CaO 同属立方晶系。这些都有利于（FeO）向石灰晶格中迁移并生成低熔点物质。

4）它能减少石灰块表面 $2CaO \cdot SiO_2$ 的生成，并使生成的 $2CaO \cdot SiO_2$ 变疏松，有利石灰熔解。

熔渣中（FeO）的变化决定于它的来源和消耗两方面。（FeO）的来源主要与枪位、加矿量有关；（FeO）的消耗主要与脱碳速度有关，其影响因素有枪位、铁矿石加入及脱碳速度等。枪位低时，高压氧气流股冲击熔池，熔池搅动激烈，渣中金属液滴增多，形成渣-金属乳浊液，脱碳速度加快，消耗渣中（FeO），（FeO）降低；枪位高时，脱碳速度低，（FeO）增高。渣料中加的铁矿石多，则渣中（FeO）增加。脱碳速度快，渣中（FeO）低；脱碳速度慢，渣中（FeO）高。

开始吹氧后，大量铁珠被氧化，表面生成一层氧化膜，或生成 FeO 而进入熔渣，此时脱碳速度又低，所以渣中（FeO）很快升高。有时采用高枪位操作和加矿石造渣，（FeO）很快达到最高值。一般可达到 18% ~ 25%，平均为 20% 左右。

中期温度升高，［C］还原（FeO）的能力增强，脱碳速度大，枪位较低，所以中期渣中（FeO）比前期低，一般可降低到 7% ~ 12%。

后期脱碳速度降低，熔渣中（FeO）又开始增加。

可见，吹炼过程中渣中（FeO）呈有规律性变化，即前后期高、中期低。而复吹转炉在冶炼后期（FeO）比顶吹转炉更低一些。钢中的氧到目前为止还不能控制。吹炼初期，随着钢液中硅含量降低，氧含量升高。吹炼中期，脱碳反应剧烈，钢液中氧含量降低。吹炼末期，由于钢中碳含量降低，钢中氧含量显著升高（如图 2-32 所示）。一般根据终点碳含量的不同，氧含量变化在（600 ~ 1000）×10^{-6} 之间。当然由于钢种不同、吹炼方法不同，终点钢中碳和终点钢中氧含量的关系会有很大差别。

随着吹炼的进行，石灰在炉内熔解增多，渣中（CaO）逐渐增高，炉渣碱度也随之变大。（CaO）对石灰熔解速度的影响具有极值性，石灰的熔解速度随着渣中（CaO）的增高先是增大，在（CaO）达到某一值时，石灰的熔解速度达到最大，再继续增加，石灰的熔解速度反而减小。

（SiO_2）对石灰熔解速度的影响具有极值性作用，当 $w_{(SiO_2)} \leqslant 20\%$，随着（$SiO_2$）的增加，熔点降低，黏度值降低，石灰熔解速度增加。当 $w_{(SiO_2)} > 20\%$，生成 $2CaO \cdot SiO_2$，阻碍渗透。当 $w_{(SiO_2)} > 30\%$，大量的复合硅氧阴离子使炉渣的黏度数值大大增加。

渣中（MnO）对石灰熔解速度的影响仅次于（FeO），故在生产中可在渣料中配加锰矿；而在炉渣中加入6%左右的（MgO）也对石灰熔解有利，因为 CaO—MgO—SiO_2 系化合物的熔点都比 $2CaO \cdot SiO_2$ 低。

熔池温度高，高于炉渣熔点以上，可以使炉渣黏度降低，加速炉渣向石灰块内的渗

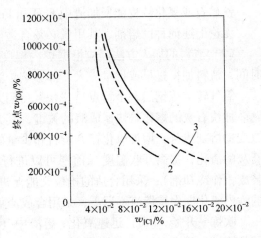

图 2-32　不同钢种终点［C］、［O］的关系图
1—连铸 Al 镇静钢；2—普通模铸镇静钢；
3—连铸热轧材

透，使生成的石灰块外壳化合物迅速熔融而脱落成渣。转炉冶炼的实践已经证明，在熔池反应区，由于温度高而且（FeO）多，石灰的熔解加速进行。

加快熔池的搅拌，可以显著改善石灰熔解的传质过程，增加反应界面，提高石灰熔解速度。复吹转炉的生产实践也已证明，由于熔池搅拌加强，石灰熔解和成渣速度都比顶吹转炉提高。

表面疏松、气孔率高、反应能力强的活性石灰，能够有利于炉渣向石灰块内渗透，也扩大了反应界面，加速了石灰熔解过程。目前，在世界各国转炉炼钢中都提倡使用活性石灰，以利快成渣，成好渣。

由此可见，炉渣的成渣过程就是石灰的熔解过程。石灰熔点高，高（FeO）、高温和激烈搅拌是加快石灰熔解的必要条件。

铁水中［Mn］高（0.6%~1.0%）时，初期渣形成快，中期渣返干现象减轻。铁水中［Si］过低，不利于石灰熔解。

助熔剂萤石（CaF_2）与 CaO、SiO_2 形成1362℃的低熔点共晶体，能加速石灰熔解，其反应式如下：

$$2(CaF_2) + 3(SiO_2) = \{SiF_4\} + 2(CaO \cdot SiO_2) \qquad （熔点 1550℃）$$

$$3(CaO) + 2(SiO_2) + (CaF_2) = (3CaO \cdot CaF_2 \cdot 2SiO_2) \qquad （熔点 1362℃）$$

上述反应快，既不降低熔渣碱度，又能改善熔渣流动性（只是萤石的化渣作用维持时间不长），但萤石加得过多，则降低炉衬寿命，原因是 CaF_2（通过 H_2O）与炉衬中 SiO_2 作用，生成 SiF_4 跑掉了，反应式：

$$2CaF_2 + 2H_2O = 4\{HF\} + 2CaO$$

$$4HF + SiO_2 = \{SiF_4\} + 2H_2O$$

综合以上两式得：

$$2CaF_2 + SiO_2 \xrightarrow{H_2O} \{SiF_4\} + 2CaO$$

铁矾土（Al_2O_3）在炼钢熔渣的一般含量下，能加速石灰熔解。

铁矿石或氧化铁皮能增加渣中 FeO 和 Fe_2O_3 含量，加速石灰熔解。

无论上述何种助熔剂，其用量必须合适。

（2）渣料的加入方法。应根据炉内温度和化渣情况，正确地确定渣料的批量和加入时间，渣料加得过早或批量过大，都影响炉温，不利于化渣。

氧气转炉炼钢的一个特点是"快"，所以"快速成渣"是转炉快速炼钢的一个核心问题。加快石灰的熔化是快速成渣的关键，其方法是改进石灰质量（采用活性石灰）；适当改变助溶剂成分，增加氧化锰、萤石和少量的氧化镁，以便组成低熔点的矿物，都有利于石灰的渣化；提高开吹温度（前期可以进行适当低枪位操作，有条件的话可以用矿石代替废钢作冷却剂）；采用合适的枪位既能促进石灰的渣化，又可避免发生喷溅，还可在碳的激烈氧化期保持熔渣不返干；采用合成渣可以促进熔渣的快速形成。

吹炼一开始，[Si] 迅速氧化，熔渣中（SiO_2）很快提高，有时可高达 30%，之后随着吹炼过程的进行，（SiO_2）降低。

开始吹氧后，[Mn] 大量氧化，使熔渣中（MnO）达到较高值，之后随着吹炼过程的进行，（MnO）含量降低。

渣中（MgO）含量的变化与是否采用白云石或菱镁矿造渣工艺有关。如果加白云石或菱镁矿，还与加入的数量有关。

c　熔池温度的变化规律

熔池温度在吹炼过程中逐步升高，尤以吹炼前期升温速度快。

熔池温度的变化与熔池的热量来源和热量消耗有关，即氧气转炉吹炼过程中熔池温度的变化与元素的氧化放热相对应，但由于加入废钢、渣料和各种冷却剂的影响，使实际升温与炉内加入的冷却剂数量相关。某厂 30t 转炉所测定的温度变化分为三阶段：每个阶段的温度变化回归方程如下：

0~6min　　　　　　　　$T = 1146.7 + 68.4t\ (℃)$　　　　　　　　　　（2-17）

6~11min　　　　　　　　$T = 1253.4 + 26.1t\ (℃)$　　　　　　　　　　（2-18）

11~18min　　　　　　　　$T = 1192.7 + 30.4t\ (℃)$　　　　　　　　　　（2-19）

吹炼第一阶段升温速度很快，达 68.4℃/min，主要是铁水中 Si、Mn、P 氧化大量放热的结果，前期终了，熔池温度可升高至 1500℃ 左右。吹炼第二阶段升温较慢，升温速度仅为 26.1℃/min，原因虽然是碳大量氧化，但由于加入的废钢熔化而大量耗热，加入的二批渣料和冷却剂耗热，况且大量的烟气带走了大量热量。由此可见，第二批渣料分小批多次加入，不仅对化渣有利，也有助于合理控制熔池温度。吹炼中期，熔池温度可达 1500~1550℃。第三阶段碳氧化接近后期，并有部分铁氧化，而炉内基本不加入冷却剂，故其升温速度略比第二阶段高。冶炼过程平均升温速度为 33℃/min，可达 1650~1680℃，而一般顶吹转炉的升温速度为 25~35℃/min。要控制好吹炼温度，就应根据钢种对温度的要求来调整冷却剂的加入量，以达到成分与温度同时达到出钢要求的目的。在整个一炉钢的吹炼过程中，熔池温度约提高 350℃ 左右。

2.3.2.2　一炉钢冶炼过程

根据一炉钢在吹炼过程中炉内成分（金属成分、炉渣成分）、熔池温度的变化情况，通常把冶炼过程分三个阶段：

（1）吹炼前期（也称硅锰氧化期）。由于铁水温度不高，硅、锰的氧化速度比碳快，开吹 2~4min 时，硅、锰已基本上被氧化。同时，铁也被氧化形成 FeO 进入渣中，由于装料后在开吹的同时加入了 1/3~1/2 的造渣材料，石灰也逐渐熔解，使磷也氧化进入渣中。硅、锰、磷、铁的氧化放出大量热，使熔池迅速升温。吹炼初期炉口出现黄褐色的烟尘，随后燃烧成火焰，这是由于带出的铁尘和小铁珠在空气中燃烧而形成。开吹时，由于渣料未熔化，氧气射流直接冲击在金属液面上，产生的冲击噪声较刺耳，随着渣料熔化，炉渣乳化形成，而噪声变得温和。吹炼前期的任务是早化渣、化好渣，保证温升均匀，以利于去除磷等有害杂质，同时也要注意造渣，以减少对炉衬的侵蚀，因此开吹枪位的确定是很重要的，其确定原则是早化渣，多去磷。

（2）吹炼中期（也称碳氧化期）。铁水中硅、锰氧化后，熔池温度升高，炉渣也基本化好，碳的氧化速度加快，此时从炉口冒出的浓烟急剧增多，火焰变大，亮度也提高；同时炉渣起泡，炉口有小渣块溅出，这标志着反应进入吹炼中期。由于熔池温度升高使废钢大量熔化，吹炼中期是碳氧反应剧烈时期，此间供入熔池中的氧气几乎 100% 与碳发生反应，使脱碳速度达到最大。由于碳氧剧烈反应，使炉温升高，渣中（FeO）含量降低，磷和锰在渣-金属间分配发生变化，产生回磷和回锰现象。但此间由于高温、低 $w(\mathrm{FeO})$、高 $w(\mathrm{CaO})$ 存在，使脱硫反应得以大量进行。吹炼中期的任务是脱碳和去硫，因此应控制好供氧和底气搅拌，防止炉渣"返干"和喷溅的发生。其枪位确定原则是化好渣，不喷溅，快速脱碳，熔池均匀升温。

（3）吹炼后期。吹炼后期，铁水中碳含量低，脱碳速度减小，从炉口排出的火焰逐步收缩，透明度增加。此时吹入熔池中的氧气使部分铁氧化，使渣中的（FeO）和钢水中 [O] 含量增加。同时，温度达到出钢要求，钢水中磷、硫得以去除。吹炼后期主要是进行终点控制，其首要任务是在拉碳的同时确保硫、磷合乎钢种要求，钢水温度达到所炼钢种的要求，控制好炉渣的氧化性以确保钢中氧含量适量，保证钢水质量。对于复吹转炉，则应增大底吹供气流量，以均匀成分、温度、去除夹杂。若终点控制失误，则要补加渣料和补吹。

拉碳后，测温、取样。若成分和温度合格，便可以出钢。在出钢过程中进行脱氧合金化。

出钢完毕，检查炉衬损坏情况，进行溅渣或喷补后，便组织装料，继续炼钢。

【思考与练习】

2.3-1　填空题

（1）炼钢的基本任务有（　　）、脱磷、脱硫、（　　）；去除有害气体和夹杂；提高温度；调整成分；简称（　　）脱（　　）去，调质调温。

（2）前期脱磷与后期脱磷的共同要求有较高的（　　），不同点在于前期靠（　　）、高氧化铁脱磷，后期靠（　　）、高氧化铁脱磷。

2.3-2　选择题

（1）氧气转炉吹炼过程中脱碳速度最快的时期是（　　）。

　　A. 吹炼前期　　　　　　B. 吹炼中期　　　　　　C. 吹炼后期

（2）氧气转炉吹炼脱碳速度的变化规律是由于（　　）。

  A. 铁水中碳含量由高变低，所以脱碳速度由高变低

  B. 炉内温度和碳含量变化，其脱碳速度是低→高→低变化

  C. 熔池温度由低→高，碳氧反应放热，所以脱碳速度由高→低

（3）一般情况下，氧气转炉炼钢脱磷主要在吹炼（　　）。

  A. 前期　　　　　　　　B. 中期　　　　　　　　C. 后期

（4）炼钢中硅与氧的反应是（　　）。

  A. 放热反应　　　　　　B. 吸热反应　　　　　　C. 不吸热也不放热反应

（5）炉渣中（　　）含量适当高对脱硫有利。

  A. 二氧化硅（SiO_2）

  B. 三氧化二铝（Al_2O_3）、五氧化二磷（P_2O_5）、氧化镁（MgO）

  C. 氧化钙（CaO）、氧化锰（MnO）

2.3-3　判断题

（1）转炉吹炼前期主要是硅、锰、碳的氧化。   （　　）

（2）硅的氧化是放热反应，而锰的氧化是吸热反应。   （　　）

（3）实际中，钢是指碳含量在 2% 以下的铁碳合金。   （　　）

（4）在碱性氧气转炉冶炼过程中，铁水中硅的氧化产物二氧化硅（SiO_2）在渣中的稳定性比锰的氧化产物氧化锰（MnO）差。   （　　）

2.3-4　简述题

（1）氧气顶吹转炉冶炼一炉钢划分为哪几个阶段，划分的依据是什么，各阶段的任务是怎样的？

（2）熔池中脱碳速度的变化是怎样的？请画图说明。

教学活动建议

  本项目单元为氧气转炉炼钢的基础知识，理论性较强，文字表述多，抽象，难于理解，在教学活动过程中，首先引导学生清楚学习的目的，与氧气转炉炼钢工艺之间的关联，再利用用多媒体教学设施，将图片、文字表述有机结合，讲授和训练相结合，实施教学练一体。

项目单元 2.4　转炉冶炼的基本特征

【学习目标】

知识目标：

  掌握氧气转炉吹炼过程中各阶段的基本特征。

能力目标：

  （1）能陈述氧气转炉吹炼过程中各阶段的基本特征。

  （2）能根据火焰特征，判断熔池反应的进程、熔池出现的状况，确保冶炼的正常进行。

  （3）能利用网络、图书馆收集相关资料、自主学习。

【任务描述】

（1）氧气转炉吹炼通过顶吹氧枪向熔池供给高纯度氧气，转炉开吹后，炉口出现火焰，火焰的颜色、亮度、形状、长度与炉内反应状况紧密相连。

（2）氧气转炉吹炼过程中为了将已知原料冶炼成合格钒渣，需向炉内供氧、加冷却剂等，为确保冶炼的正常进行，所以必须掌握冶炼过程各阶段的基本特征。

（3）氧气转炉吹炼过程中为了将已知原料冶炼成合格钢水，需向炉内供氧、加渣料、冷却剂等，炉内发生了复杂的物理化学反应，为获得高产、优质、低耗、长寿的技术经济指标，需准确地判断反应进程，因此必须掌握氧气转炉冶炼过程各阶段的基本特征，为科学炼钢生产奠定基础。

【相关知识点】

2.4.1　硅锰氧化期的火焰特征

根据前期火焰特征，掌握硅、锰氧化进程，确保及早成渣，使冶炼正常进行。

2.4.1.1　观察火焰特征

冶炼前期为硅锰氧化期，一般在 4min 左右。此时由于加入了废钢和第一批渣料等冷料，所以温度较低，多数元素通常还没活跃反应，火焰一般浓而暗红。

当开吹到 3min 左右时要特别仔细观察，此时火焰开始由浓而暗红渐渐浓度减淡，颜色也逐渐由暗红变红。当吹炼到 3~4min 时，只要见到火焰中有一束束白光出现（俗称碳焰初期）时，则说明铁水中硅、锰的氧化基本结束，吹炼开始进入碳氧化期（碳已开始剧烈氧化），可以开始分批加入第二批渣料。

2.4.1.2　控制操作

如果发现火焰较早发亮且起渣较早，则说明铁水温度较高，可以提前分批加入第二批渣料，促使及早成渣，全程化渣。

如果发现火焰较暗红，说明硅、锰氧化还未结束，温度较低，第二批渣料需推迟加入，保证冶炼正常进行。

2.4.1.3　注意事项

（1）硅氧化速度和氧化时间的长短受到铁水中硅含量、炉内温度供氧压力、供氧强度等诸多因素的影响，在观察火焰特征时要充分考虑这些因素。而综合考虑这些因素的经验要靠平时的长期积累。

（2）当铁水中锰含量较高时，吹炼时的火焰与正常情况有所不同；火焰一般的要红一点，暗一点，使硅锰氧化期延长些。

（3）根据火焰判断硅锰氧化期是否正确，将影响到第二批渣料开始加入时间，而第二批渣料开始加入时间太早或太迟都会对冶炼造成不良后果。

2.4.2　碳反应期的火焰特征

根据碳氧化期的火焰特征，掌握反应进程，保证冶炼正常进行。

2.4.2.1　判断过程

（1）随着冶炼的进行，火焰从暗红色逐渐变红，而且浓度变淡，当见到红色火焰中有一束束白光出现时，说明碳开始剧烈反应，进入碳氧化期。碳氧化期是整个吹炼过程中碳氧化最为剧烈的阶段，其正常的火焰特征为：火焰的红色逐渐减退，白光逐步增强；火焰比较柔软，看上去有规律的一伸一缩。当火焰几乎全为白亮颜色且有刺眼感觉，很少有红烟飘出，火焰浓度略有增强且柔软度稍差时，说明碳氧反应已经达到高峰值。之后随着碳氧反应的减弱，火焰浓度降低，白亮度变淡（此时一般可以隐约看到氧枪）。当火焰开始向炉口收缩，并更显柔软时，说明 $w_{[C]}$ 已不高（大致在 0.20% ~ 0.30%），这时要注意终点控制。

（2）如果火焰正常，在碳氧化期（冶炼中期）内将第二批渣料分几小批适时加入炉内，以保证碳氧反应激烈而均匀地进行和促使过程化渣。

2.4.2.2　注意事项

（1）火焰颜色的浓淡深浅和红白亮暗，对不同的炉子、不同的操作工以及采用不同的观察火镜都会有不同的结果，应该说火焰的特征只是相对的，而不是绝对的，判断结果正确与否还与每个人在平时观察中积累的经验有关。

（2）冶炼过程中观察碳氧化期的火焰特征时要注意炉渣返干和喷溅的影响。

2.4.3　炉渣返干的火焰特征

根据火焰特征，了解熔池是否返干，并采取相应的措施，保证中期炉渣不返干，确保冶炼正常进行。

2.4.3.1　观察并识别返干的火焰特征

"返干"一般在冶炼中期（碳氧化期）的后半阶段发生，是化渣不良的一种特殊表现形式。

"返干"是指在氧气转炉吹炼过程中，因氧压高，枪位过低，尤其是在碳氧化激烈的中期，脱碳反应大量消耗渣中 FeO，$w_{\Sigma(FeO)}$ 降低过多（一般低于 8% ~ 10%），生成高熔点的 $2CaO \cdot SiO_2$、$3CaO \cdot SiO_2$ 等物质，炉渣熔点升高，出现部分炉渣呈固态，显著变黏，不能覆盖金属液面的现象。冶炼中期（碳氧化期）的后半阶段正常的火焰特征是：白亮、刺眼，柔软性稍微变差。但如果发生"返干"，其火焰特征为：由于气流循环不正常而使正常的火焰（有规律的、柔和的一伸一缩）变得直窜、硬直，火焰不出烟罩；同时由于"返干"炉渣结块成团未能化好，氧流冲击到未化的炉渣上面会发出刺耳的怪声；有时还可看到有金属颗粒喷出。

渣况的好坏与火焰特征有关系，一般化渣好，火焰较柔软（声音轻而均匀）；化渣差火焰硬直，发"冲"（噪声大而刺耳）。

2.4.3.2　应用音频化渣仪预报返干

应用音频化渣仪来预报返干的发生比较灵敏。当音频强度曲线走势接近或达到预警线时，操作工应及时采取相应措施，进行预防或处理，如图 2-33 所示。

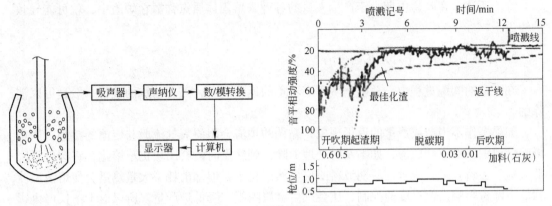

图 2-33　音频化渣仪预报喷溅

2.4.3.3　注意事项

要认真观察火焰的变化情况，在中期更要注意防止返干的发生。一旦发生返干则说明炉渣未化好，严重时会发生炉渣成块结团，恶化吹炼过程，降低去硫、磷效果等，所以避免炉渣严重返干是转炉炼钢中要特别注意的一个问题。当火焰特征从正常向不正常转化时，要及时正确判断并采取相应措施来预防，减轻和消除返干，确保炉渣化好、化透，使冶炼正常进行。

2.4.3.4　返干产生的一般原因

石灰的熔化速度影响成渣速度，而成渣速度一般可以通过吹炼过程中成渣量的变化来体现，从图 2-34 中可见：吹炼前期和后期的成渣速度较快，而中期成渣速度缓慢。

吹炼前期：由于（FeO）含量高，但炉温还偏低，仍有一部分石灰被熔化，成渣较快。

吹炼中期：炉温已经升高，石灰得到了进一步的熔化，$w_{(CaO)}$ 增大，CaO 与 SiO_2 结合成高熔点的 $2CaO \cdot SiO_2$，同时又由于碳的激烈氧化，（FeO）被大量消耗，含有 FeO 的一些低熔点物质（如 $2FeO \cdot SiO_2$，1205℃）转变为高熔点物质（$2CaO \cdot SiO_2$，2130℃）；还会形成一些高熔点的 RO 相。此外，由于吹炼中期渣中熔解 MgO 能力的降低，促使 MgO 部分析出，而这些未熔的固体质点大量析出弥散在炉渣中，致使炉渣黏稠，成团结块，气泡膜就变脆而破裂，出现了所谓的返干现象。

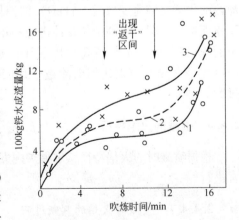

图 2-34　吹炼过程中渣量变化
1—枪位 700mm；2—枪位 800mm；3—枪位 900mm

吹炼后期：随着脱碳速度的降低，$w_{(FeO)}$ 有又所增大，以及炉温上升，促使炉渣熔化，石灰的溶解量（成渣量）急剧增大。同时后期渣中低熔点的（$CaO \cdot Fe_2O_3$）、（$CaFe \cdot SiO_4$）等矿物较多，渣子流动性较好，只要碱度不过高，一般不会产生返干，相反需控制（FeO）的含量不能太高，否则难以做到终渣符合溅渣护炉的要求。

综上所述，在吹炼中期由于产生大量的各种未熔固体质点弥散在炉渣中，就可能导致炉渣返干。

2.4.3.5　炉渣返干对冶炼的影响

在正常的吹炼过程中，总会产生程度不重的返干现象，随着冶炼的进行一般是可以消除的。

如果操作不当造成严重的返干现象，黏稠的炉渣会阻碍氧气流股与熔池的接触，严重影响熔池中的反应和成渣；如不及时处理消除，到终点时渣料团块仍不熔化，将会极大降低去硫、去磷效果，或者在后期渣料团块虽然熔化了，但却消耗了大量热量会使熔池温度骤然下降，影响出钢温度的控制，还会产生金属喷溅，降低炉产量。所以返干不仅严重影响正常冶炼，也会因之而造成质量问题。

2.4.3.6　返干的预防措施

（1）在冶炼过程中严格遵守工艺操作规程（特别是枪位操作和造渣操作），在冶炼中期要保持渣中适当的（FeO）含量，预防炉渣过黏、结块而产生返干。

（2）在冶炼过程中要密切注意火焰的变化，当有返干趋势时，要及时适当提高枪位或加入适量的氧化铁皮以增加（FeO）含量，促使迅速化渣，改善炉渣状况，预防"返干"的产生。

（3）学会采用音频化渣仪对返干进行有效的预报并采取措施，预防"返干"的产生。

（4）产生返干后的处理方法：一是补加一定量的氧化铁皮或铁矿石，铁皮中（FeO）含量在 90% 以上，加入后能迅速增加（FeO）含量；二是适当提高枪位，提高枪位后由于接触熔池液面的氧气流股动能减少，冲击深度小，传入熔池内的氧气量明显减少，致使熔池内的化学反应速度减慢，（FeO）的消耗速度减小得比较明显，因此，（FeO）含量由于积累而增加。同时提高枪位使冲击面积相对扩大，也使（FeO）含量增加；三是在提高枪位的同时还可以适当调低吹炼氧压，延长吹炼时间，降低脱碳速度，同样可以促使（FeO）含量增加，以达到消除返干的目的；四是火焰调整后，要逐步降枪，幅度不能过大。

2.4.4　喷溅的火焰特征

根据喷溅时的火焰特征，掌握炉内发生喷溅的预兆，防止喷溅的发生，保证冶炼的正常进行。

2.4.4.1　喷溅时火焰的判断过程

（1）当发现火焰相对于正常火焰较暗，熔池温度较长时间升不上去，并有少量渣子随着喷出的火焰被带出炉外时，往往会发生低温喷溅。措施：应及时降低枪位以求快速升温及降低（FeO）含量（原因泡沫化严重），同时延迟加入冷料，预防喷溅发生。

（2）当发现火焰相对于正常火焰较亮，火焰较硬、直冲，有少量渣子随着火焰带出炉外，且炉内发生刺耳的声音时，说明炉渣化得不好，大量气体不能均匀逸出，一旦有局部渣子化好，声音由刺耳转为柔和，就有可能发生高温喷溅。措施：针对具体情况采取必要的措施，提枪降低 C-O 反应速度和升温速度，氧气射流冲开泡沫渣促使 CO 析出，促使（FeO）增加来加速化渣；或加冷料来降温；或二者兼顾用来防止和减少喷溅的发生。

2.4.4.2　注意事项

一旦发生喷溅，操作人员特别是炉长头脑要保持冷静，首先正确判断喷溅类型，然后果断采取相应措施来减轻和消除喷溅。切忌发生喷溅后，在不明原因前就盲目采取措施，这样有可能加剧喷溅的程度，造成更大危害。

【技能训练】

项目 2.4　使用山东星科智能科技有限公司开发的转炉炼钢虚拟仿真软件，点击计算机操作画面进行返干处理训练。

铁水条件和吹炼钢种要求见表 0-1；主要辅原料的成分见表 0-2；合金成分及收得率见表 0-3。炼钢转炉公称吨位为 120t。

转炉虚拟仿真实训操作顺序为：开机→双击转炉炼钢仿真实训系统→点击炼钢项目菜单→依次点击虚拟界面、模型界面和控制界面→进行系统检查→初始化设置→点击转炉装料侧→摇炉→装废钢→摇炉→兑铁水→摇炉→氧枪调节与控制操作→加入第一批造渣料→吹炼操作→依据炉况加入第二批造渣材料、铁矿石→测温取样→拉碳→出钢操作→溅渣护炉→出渣→摇炉至待料位→炉次结束。

【思考与练习】

2.4-1　填空题

（1）炉渣中化合物 $2CaO \cdot SiO_2$ 的熔点为（　　　）℃。

（2）返干一般发生在吹炼（　　　）的后半阶段，是（　　　）不良的一种特殊表现形式。

（3）氧气转炉吹炼中炉渣是否"返干"，可通过观察炉口（　　　）及听炉内声音。

2.4-2　选择题

（1）在氧气转炉吹炼中，造成炉渣"返干"现象的原因有（　　　）。

　　A. 渣料量大　　　　　　　　　B. 供氧量大于碳氧反应所耗氧量

　　C. 供氧量小于碳氧反应所耗氧量　　D. 操作不当，渣中（ΣFeO）过低

（2）氧气转炉炼钢过程中，在碳激烈氧化期，（FeO）含量往往较低，炉渣容易出现（　　　）。

　　A. 喷溅　　　　　　　　　B. 返干　　　　　　　　C. 没有影响

2.4-3　简述题

（1）硅锰氧化期正常的火焰特征是什么？

（2）碳氧化期的正常火焰特征是什么？

（3）炉渣返干的火焰特征是什么，发现熔渣返干如何处理？

教学活动建议

本项目单元抽象，理论联系实际强，难于理解。在教学活动之前或过程中，通过参观现场或观看现场视频增强学生感性认识，利用多媒体教学设施，将图片、文字表述有机结合，教学练结合，以提高教学效果。

项目单元 2.5　转炉冶炼的基本判断方法

【学习目标】

知识目标：

（1）熟悉转炉炼钢冶炼过程中钢水温度的判断方法。

（2）熟悉转炉炼钢冶炼过程中钢水成分的判断方法。

能力目标：

（1）能陈述转炉冶炼过程中钢水温度、钢水成分的判断方法。

（2）能根据火焰特征、钢样等判断钢水温度，以便调整熔池温度，确保终点温度符合要求。

（3）能根据火焰特征、钢样和其他方法判断钢样的成分，以便过程调整和准确进行终点控制。

（4）能利用网络、图书馆收集相关资料、自主学习。

【任务描述】

（1）氧气转炉吹炼通过顶吹氧枪向熔池供给高纯度氧气，转炉开吹后，炉口出现火焰，火焰的颜色、亮度、强度等与炉内反应状况紧密相连。

（2）氧气转炉吹炼过程中为了将已知原料冶炼成合格钢水，需向炉内供氧、加渣料、冷却剂等，炉内熔池温度、成分等发生了复杂变化，为获得高产、优质、低耗、长寿的技术经济指标，需准确地调整和控制钢液成分和温度，因此必须掌握转炉冶炼的基本判断方法，为科学炼钢生产奠定基础。

【相关知识点】

2.5.1　钢水温度的判断

2.5.1.1　根据火焰特征判断钢水温度

根据火焰特征（颜色、亮度、强度等）判断钢水温度，并采取相应的升温或降温措施，控制好过程温度，确保终点温度准确。

　A　火焰特征及火焰判温的一般规律

（1）火焰特征。吹炼前期，熔池温度较低，火焰暗红色。吹炼中期，随着铁水中硅、锰的氧化基本结束和元素碳的大量氧化，温度升高，此期的火焰逐渐由红变得白亮，红烟稀薄。吹炼后期，由于碳-氧反应速度的下降，温度也基本达到终点要求，此时火焰白亮程度有所减弱，并在火焰四周有少许蓝色。

（2）判温的一般规律。钢水温度高，火焰颜色白亮、刺眼，火焰四周有白烟，且浓厚有力；钢水温度低，火焰颜色较红（暗红），火焰周围白亮少（甚至没有），略带蓝色，并且火焰形状有刺，无力，较淡薄透明。若火焰发暗，呈灰色，则温度更低。

B　控温措施

（1）钢水温度偏高。适当加入部分渣料促使降温，或者加入一些氧化铁皮等冷料来降温，也可以提高枪位减缓反应速度，降低升温速度，以确保过程温度正常。

（2）钢水温度偏低。减少渣料加入量或推迟加渣料时间，待温度正常后再补加，或者适当降枪以加速氧化反应速度，提高升温速度。

C　注意事项

（1）火焰判温的结果是否正确要靠操作人员的高度责任心和长期经验的积累。

（2）如果在操作中发现实际温度与正常温度有较大的差值，应该考虑下一炉次调整初期加入的渣料量和废钢量，保证过程温度正常。

（3）火焰判温应该在吹炼的全过程中进行，才能理顺各种因素的影响和进行相互比较，不至于造成过大的判断误差，正确控制过程温度，确保终点温度符合要求。

D　火焰判温的原理

根据辐射传热的观点：物体在每一个温度下都有一个最大辐射强度的波长，而且随着温度的升高，最大辐射强度的波长变短，物体的颜色由红变白。所以火焰的颜色也在很大程度上反映了火焰的温度高低。

转炉炉口喷射出来的火焰温度是由两部分混合组成的：一部分是从钢水中逸出的 CO 气体所具有的温度，此温度实际上反映了钢水温度；另一部分是 CO 气体在炉口与氧进行完全燃烧后放出的化学热，使火焰温度升高，在一定的碳含量下，其值可以认为是恒定的，因此可以从火焰颜色来估计温度。估计 CO 气体所具有的温度，最后来反映（判断）钢水的温度。

E　影响判温的其他因素

（1）冶炼时期的影响。吹炼到终点收火时，火焰一般较淡薄透明，甚至还可以隐约看到被烟气包围之中的氧枪，呈现出低温的火焰特征，但事实上收火时钢水温度已经很高了，如果在此时单凭火焰特征的一般规律来判温，就会造成很大的误差。

（2）铁水中硅含量的影响。当铁水中硅含量高时，吹炼时间较长，其火焰特征即使正常，它的终点温度也比一般要高，没有长期积累的丰富经验是很难从火焰特征上区别开来的。在判温时不考虑此因素的影响容易将钢水温度判低。

（3）返干的影响。冶炼中期有可能产生返干，返干时由于炉渣结块成团致使火焰相对比较白亮，显示钢水温度较高的特征。如为此而加入较多冷却剂，则随着温度的逐渐升高，当结块成团的渣料一旦熔化，往往会造成熔池较大的降温，最终造成终点温度偏低的失误。

（4）废钢铁水比的影响。金属料中若铁水配比过大，会延长吹炼时间，中后期的火焰仍为正常配比的中期火焰特征，若不注意这一因素的影响，终点温度容易偏高。金属料中若重废钢配比过大或废钢块过大，而中期火焰正常时，要防止后期炉温偏低。

（5）补炉后炉次的影响。补炉后第一炉吹炼中，火焰较平时炉次吹炼时产生的火焰要浓厚得多，容易使操作人员误判为温度较高，最后造成低温的后果。其实是由于补炉料的作用，吹炼中产生的火焰与平常炉次的火焰显然不一样。

2.5.1.2　观察钢样来判断钢水温度

通过观察钢样来判断钢水温度，以便调整熔池温度，确保终点温度符合要求。

A　判断过程

（1）以正确的姿势和动作取出有代表性的钢样，将样瓢放到平台上。

（2）由炉长刮开样瓢表面的炉渣，使钢水裸露出来，进行观察和判温：

1）若钢水温度高。样瓢表面的炉渣很容易扒开；钢水白亮活跃，钢样四周冒青烟；扒开炉渣后到钢水突然冒涨的一段时间长，冒涨时飞溅出来的火星也会突然增多。

2）若钢水温度低。样瓢表面的炉渣不太容易扒开；钢水颜色比较红甚至暗红，看上去钢水混浊发黏；扒开炉渣后到钢水突然冒涨的一段时间短。

（3）在炉长刮开样瓢表面的炉渣，使钢水裸露时立即刺铝，同时按下秒表，根据结膜的时间长短来判断钢水温度的高低。

1）若钢水温度高。当扒开样瓢表面的炉渣使钢水裸露和刺铝后，钢水表面从边缘到中心整个表面结膜时间长。

2）若钢水温度低。钢水表面结膜的时间短。

B　注意事项

（1）提取钢样要做到快、满、深、准、盖、稳，否则所取钢样缺乏代表性会影响判断温度的准确性。

（2）钢样判温相对于火焰判温来讲要准确得多，但根据判断者经验、水平的高低，其判断结果仍会有误差。

C　判断原理

（1）样瓢内钢水经过一段时间冷却后突然冒涨意味着样瓢钢水中发生了激烈的碳氧反应，一定成分的钢水产生激烈碳氧反应的温度是一定的，所以从钢样扒开炉渣到钢水冒涨的时间长，反映了从样瓢内钢水（也即体现了转炉熔池内的钢水温度）下降至激烈 C—O 反应温度的历时长，说明温度高。

（2）钢水表面结膜表示钢样的表面钢水温度开始凝固。结膜时间是指样瓢中钢水扒渣、脱氧后，到钢水表面凝固（结膜）为止的这段时间。因为一定成分的钢水凝固的温度是一定的，所以若钢水温度高，从这个温度逐渐冷却到钢水表面凝固的历时（结膜时间）就长，所以可以用结膜时间的长短来判断熔池钢水温度的高低。经验丰富的操作人员知道与结膜时间对应的钢水温度。

2.5.1.3　其他判温方法

（1）渣样判断。用样瓢从熔池中取出渣样，倒入样模后进行观察。如渣样四周白亮，从边缘到中央由红变黑的时间长，说明取出的炉渣温度高，也说明熔池中钢水温度较高，这是炉前判温常用的方法之一。

（2）通过氧枪冷却水进出的温度差判断。喷枪冷却水进水温度与出水温度的温差 ΔT

与熔池内钢水温度有着一定的对应关系（在相邻的炉次枪位相仿，冷却水流量相仿的情况下）。若水温差大，则说明炉温较高；若水温差小，则炉温较低。

例如，某厂 120t 转炉的生产条件下，冷却水进、出温差为 8~10℃时，对应钢水温度约在 1641~1680℃ 之间。但如果氧枪有粘钢或枪位不同，采用此法来判温的误差就较大。

（3）根据炉膛情况判断。倒炉时可以观察炉膛情况帮助判断炉温。炉膛白亮、渣面上有气泡和火焰冒出，炉渣呈泡沫渣涌出，表明炉温高；若炉膛不那么白亮，不刺眼，渣面暗红，没有火焰冒出，则炉温较低。

（4）出钢时观察钢流。若钢流白亮，流动性较好，则表示钢水温度高；若钢流不那么白亮，流动性较差，则说明钢水温度较低。

2.5.1.4 热电偶测量钢水温度

判断温度的最好办法是连续测温并自动记录熔池温度变化情况，以便准确地控制炉温，但实现比较困难。目前我国各厂转炉均使用高温测温精度高的钨-铼（如 Wre3-Wre25 型钨铼热电偶，400~2300℃，误差可达 ±1%）插入式热电偶，吹炼终点直接插入熔池钢水中，从电子电位差计上得到温度的读数，此法迅速可靠。炉外精炼和连铸工序是用铂铑-铂热电偶测温的。

2.5.2 钢水成分的判断

目前我国的钢厂还没有全部使用电子计算机控制终点，部分小型转炉厂家仍然是凭经验操作，人工判断终点。

2.5.2.1 碳的判断

通过观察火焰、钢样形貌来判断钢中元素含量，以帮助准确判断终点。

A 看火焰

转炉开吹后，熔池中碳不断地被氧化，金属液中的碳含量不断降低。碳氧化时，生成大量的 CO 气体，高温的 CO 气体从炉口排出时，与周围的空气相遇，立即氧化燃烧，形成了火焰。

炉口火焰的颜色、亮度、形状、长度是熔池温度及单位时间内 CO 排出量的标志，也是熔池中脱碳速度的量度。

在一炉钢的吹炼过程中，脱碳速度的变化是有规律的，所以能够从火焰的外观来判断炉内的碳含量。

钢中碳含量高：火焰白亮、浓厚，长而坚强有力；火花分叉多，并且弹跳有力。

钢中碳含量低时：火焰暗红、稀薄，短而摇晃无力；火花分叉少，并且弹跳无力。当火焰开始向炉口收缩、发软、发"飘"时，说明此时钢中碳已较低，基本已达终点。

吹炼前期，熔池温度较低，碳氧化得少，所以炉口火焰短，颜色呈暗红色。吹炼中期，熔池中的碳大量氧化，生成 CO 气体数量较多，使炉口火焰白亮、有力，火焰长度也增加，这时对碳含量进行准确的估计是困难的。当熔池中的碳含量进一步氧化到含碳量为 0.20% 左右时，脱碳速度明显变慢，生成 CO 气体数量也显著减少，此时炉口火焰收缩、发软、打晃，看起来火焰也较为稀薄。炼钢工根据自己的具体体会就可以掌握住拉碳时机。

生产中有许多因素影响我们观察火焰和做出正确的判断，主要有如下几方面：

（1）温度。熔池温度高，则碳氧反应激烈，单位时间内排出的 CO 气体量多，火焰明显有力。看起来好像碳还很高，实际上已经不太高了，要防止拉碳偏低；温度低时，碳氧化速度缓慢，火焰收缩较早。另外，由于温度低，钢水流动性不够好，熔池成分也不易均匀，看上去碳好像不太高了，但实际上碳还比较高，要防止拉碳偏高。

（2）炉龄。炉役前期炉膛小，氧气流股对熔池的搅拌力强，化学反应速度快，并且炉口小，火焰显得有力，要防止拉碳偏低。炉役后期炉膛大，氧气流股对熔池的搅拌力减弱，同时炉口变大，火焰显得软，要防止拉碳偏高。

（3）枪位和氧压。枪位低或氧压高，碳的氧化速度快，炉口火焰有力，此时要防止拉碳偏低；反之，枪位高或氧压低，火焰相对软些，拉碳容易偏高。

（4）炉渣情况。炉渣化得好，能均匀覆盖在钢水面上，气体排出有阻力，因此火焰发软；若炉渣没化好，或者有结团，不能很好地覆盖钢水液面，气体排出时阻力小，火焰显得有力。渣量大时，气体排出时阻力也大，火焰发软。

（5）炉口粘钢量。炉口粘钢时，炉口变小，火焰显得硬，要防止拉碳偏低；反之，要防止拉碳偏高。

（6）氧枪情况。喷嘴蚀损后，氧流速度降低，脱碳速度减慢，要防止拉碳偏高。

总之，在判断火焰时，要根据各种影响因素综合考虑，才能准确判断终点碳含量。

B　看火花

从炉口被炉气带出的金属液滴，遇到空气发生氧化，使金属液滴中的碳与氧反应生成 CO 气体。由于气体的体积膨胀将金属爆裂成许多碎片。金属碳含量越高，生成气体越多，产生爆裂程度越大，表现为火球状和羽毛状，弹跳有力。随着碳含量的不断降低，依次爆裂成多叉、三叉、两叉的火花，弹跳力逐渐减弱。当 $w_{[C]} < 0.10\%$，碳量很低时，火花几乎消失，跳出来的均是小火星和流线。只有当稍有喷溅带出金属才能观察到火花，否则无法判断。炼钢工判断终点时，在观察火焰的同时，可以结合炉口喷出的火花情况综合判断。

注意在利用火花估碳时，必须充分考虑温度对判断结果的影响，在温度高时要防止低碳高判；而在温度低时要防止高碳低判；最后有可能导致成品碳的出格。提取的钢样必须有代表性。

C　取钢样

从转炉内取出具有代表性的钢样，刮去钢样表面的渣子，在不脱氧的情况下，根据样瓢内钢水表面颜色、沸腾状况及火花情况进行判断。

$w_{[C]} = 0.3\% \sim 0.4\%$：钢水沸腾，火花分叉较多且炭花密集，弹跳有力，射程较远。

$w_{[C]} = 0.18\% \sim 0.25\%$：火花分叉较清晰，一般为 4~5 叉，弹跳有力，弧度较大。

$w_{[C]} = 0.12\% \sim 0.16\%$：炭花较稀，分叉明显可辨，分 3~4 叉，落地呈"鸡爪"状，跳出的炭花弧度较小，多呈直线状。

$w_{[C]} < 0.10\%$：炭花弹跳无力，基本不分叉，呈球状颗粒。

$w_{[C]}$ 再低，火花呈麦芒状，短而无力，随风飘摇。

同样，由于钢水的凝固和在这过程中的碳氧反应，造成凝固后钢样表面出现毛刺，根据毛刺的多少可以凭经验判断碳含量。

D　结晶定碳

终点钢水中的主要元素是 Fe 和 C，碳含量高低影响着钢水的凝固温度，反之根据凝固温度不同可以判断碳含量。如果在钢水凝固过程中连续地测定钢水温度，当到达凝固点时，由于凝固潜热补充了钢水降温散发的热量，所以温度随时间变化的曲线出现了一个水平段。这个水平段所处的温度就是钢水的凝固温度，根据凝固温度可以反推出钢水的碳含量。因此，吹炼中、高碳钢时，终点控制采用高拉补吹，就可以用结晶定碳来确定碳含量。

E　其他判断方法

当氧枪喷头结构尺寸一定时，采用恒压变枪操作，单位时间内的供氧量是一定的。在装入量、冷却剂用量和冶炼钢种都没有变化时，每吨金属的需氧量也几乎不变，因此吹炼一炉钢的供氧时间和氧耗量变化不大，这样就可以根据上几炉的供氧时间和氧耗量，作为本炉拉碳的参考。当然，每炉钢的情况不可能完全相同，如果生产条件有变化，其参考价值就要降低。即使是生产条件完全相同的相邻炉次，也要看火焰、火花等办法结合起来综合判断。

随着科学技术的进步，应用红外、光谱等成分快速测定手段，可以验证经验判断碳的准确性。

2.5.2.2　硫的判断

从化渣情况（样瓢表面覆盖的渣子状况以及样瓢上凝固的炉渣情况）和熔池温度高低来间接判断硫含量的高低。根据渣况判断：如果化渣不良，渣料未化好（或结块、结坨），或未化透，渣层发死，流动性差，说明炉渣碱度较低，反应物和反应产物的传递速度慢，脱硫反应不能迅速进行，可以判断硫可能较高；反之，如果炉渣化好化透，泡沫化适度，流动性良好，脱硫效果必然很好，硫应该较低。

2.5.2.3　磷的判断

根据钢水颜色判断：一般来讲，钢水中磷含量高钢水颜色发白、发亮，有时呈银白色似一层油膜或者发青；如果颜色暗淡发红，则说明钢水中磷含量可能较低。

根据钢水特点判断：钢水中有时出现似米粒状的小点，在碳含量较低时钢样表面有水泡眼呈白亮的小圈出现，此种小圈俗称磷圈。一般来说，小点和磷圈多，说明钢水中磷含量高；反之，磷含量较低。

根据钢水温度判断：脱磷反应是在钢-渣界面上进行的放热反应。如果钢水温度高，不利于放热的脱磷反应进行，钢中 ［P］含量容易偏高。如果钢水温度偏低，脱磷效果好，磷可能较低。

2.5.2.4　锰的判断

根据钢水颜色判断：如果钢水颜色较红，跳出的火花中有小红颗粒随出，则说明钢水中锰含量较高。

2.5.2.5　成分判断的注意事项

（1）取出的钢样要具有代表性。判碳时，如果钢水量太少太浅，可能会判碳低；如果炉渣盖不满钢样，也会判碳低。

（2）用以判成分的钢样不能先脱氧。

（3）用以判成分的钢样要迅速刮去表面炉渣，并立即进行观察，同时对几种成分进行判断。

（4）利用钢样进行成分判断全凭肉眼和经验进行观察和判断，所以要专心、仔细，判断的经验要靠平时的长期积累。如果是判断终点成分，应该与化学成分分析结合起来，防止全凭经验就贸然出钢，这容易造成渣层因判断失误而出格。

【思考与练习】

2.5-1　填空题

（1）根据火焰特征判碳的一般规律是火焰白亮、浓厚，长而坚强有力；火花分叉多，并且弹跳有力，表明钢中碳含量（　　　）。

（2）根据火焰特征判碳的一般规律是火焰暗红、稀薄，短而摇晃无力；火花分叉少，并且弹跳无力，钢中碳含量（　　　）。

2.5-2　判断题

（1）根据钢水颜色判锰：如果钢水颜色较红，跳出的火花中有小红颗粒随出，则说明钢水中锰含量较低。　　　　　　　　　　　　　　　　　　　　　（　　　）

（2）根据钢水颜色判磷：一般来讲，钢水中磷含量高钢水颜色发白、发亮，有时呈银白色似一层油膜或者发青。　　　　　　　　　　　　　　　　　　　　（　　　）

（3）根据钢水颜色判磷：一般来讲，如果钢水颜色暗淡发红，则说明钢水中磷含量可能较低。　　　　　　　　　　　　　　　　　　　　　　　　　　　　（　　　）

2.5-3　多项选择题

（1）终点碳含量的判定有如下方法（　　　）。

　　A. 炉口火焰和火花观察法　　B. 高拉补吹法

　　C. 结晶定碳法　　　　　　　D. 耗氧量与供氧时间方案参考法

（2）氧气转炉冶炼可以通过（　　　）判断终点温度。

　　A. 火焰　　　　　　B. 火花　　　　C. 氧枪冷却水温差　　　D. 钢样颜色

（3）通过观察钢样火花来判断终点钢水碳含量时，在相同碳含量时，钢水温度高时其火花分叉比钢水温度低时（　　　）。

　　A. 偏多　　　　　　B. 偏少　　　　C. 无法比较　　　　　　D. 基本相同

（4）氧气转炉炼钢可以通过（　　　）判断终点碳。

　　A. 火焰　　　　　　B. 火花　　　　C. 供氧时间　　　　　　D. 枪位

教学活动建议

本项目单元抽象，理论联系实际强，难于理解。在教学活动之前或过程中，通过参观现场或观看现场视频增强学生感性认识，利用多媒体教学设施，将讲授法、教学练相结合，以提高教学效果。

项目 3   原材料准备操作

项目单元 3.1   转炉提钒用原料

【学习目标】

知识目标：
(1) 掌握转炉提钒所用的原料种类、作用。
(2) 熟悉转炉提钒生产对所用各种原料的要求及对冶炼的影响。

能力目标：
(1) 能识别转炉提钒原材料且能陈述种类、作用及对冶炼的影响。
(2) 会正确地鉴别、合理地选用、科学地管理原材料。
(3) 能利用网络、图书馆收集相关资料、自主学习。

【任务描述】

(1) 鉴别与判定铁水质量。
(2) 鉴别与判定常用辅助原料。
(3) 鉴别与判定提钒半钢覆盖剂、提钒维护用原材料。

【相关知识点】

3.1.1   含钒铁水

含钒铁水是提钒的主要原料，其化学成分决定着钒渣质量和提钒工艺流程，国内外主要铁水提钒生产厂家的含钒铁水成分见表 3-1。钒钛磁铁矿高炉冶炼的含钒铁水，如果含

表 3-1   国内外主要铁水提钒生产厂家的含钒铁水成分

项目	俄罗斯下塔吉尔	俄罗斯丘索夫	南非海威尔德	新西兰	中国承钢	中国马钢	中国攀钢
$w_{[C]}/\%$	4.0~4.5	4.4~4.6	3.5	3.5	4.0~4.3	4.1~4.3	$\dfrac{4.4}{3.8~4.7}$
$w_{[V]}/\%$	0.45~0.48	0.48~0.55	1.22	0.45	0.52~0.57	0.2~0.29	$\dfrac{0.28}{0.18~0.33}$
温度/℃	1300	1280~1320	1350~1400	1400~1450	1275	1275	$\dfrac{1260}{1180~1350}$
备注	高炉铁水	高炉铁水	电炉熔炼铁水	高炉铁水	高炉铁水	高炉铁水	

注：表中含量"4.4"代表平均成分，"3.8~4.7"为成分波动范围。

硫高，在转炉提钒前需采用炉外脱硫，脱硫前后铁水钒略有下降。经过脱硫工序处理后的含钒铁水称为脱硫含钒铁水，其区别在于铁水中［S］含量大幅度降低，而其他元素基本无变化。无论高炉含钒铁水还是脱硫含钒铁水，在进入提钒转炉前都必须经过扒渣处理，以去除高炉渣和脱硫渣，避免带入的氧化钙等杂质污染钒渣。生产实践证明，入转炉的铁水带渣量要求小于铁水质量的 0.5%，含钒铁水中硅和锰含量的总和不超过 0.6%，硫、磷含量低，这对于转炉提钒获得优质钒渣是有利的。某厂铁水提钒工艺流程如图 3-1 所示。

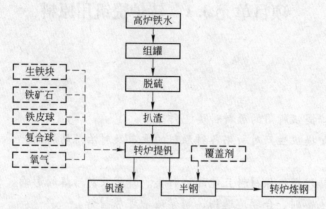

图 3-1　某厂铁水提钒工艺流程图

3.1.2　辅助原料（冷却剂）

为了达到"去钒保碳"的目的，整个提钒过程中需将熔池温度控制在一定的范围。在吹钒过程中，含钒铁水中的其他元素也随之氧化并放出热量，使得熔池温度升高而超出提钒所需控制的温度范围，因此，在提钒过程中必须进行有效的冷却。由此可见，选择合适的冷却材料及合理的配比对提钒是很重要的。

雾化提钒过程中起冷却作用的是大量进入雾化室的冷空气。转炉提钒由于具有散状料设备系统，故其在冷却剂的种类选用上具备可选性。目前，在提钒转炉上采用的冷却剂有：生铁块、铁矿石、冷固球团、铁皮球、绝废渣等。

3.1.2.1　生铁块

生铁块化学成分见表 3-2。

表 3-2　生铁块化学成分

种类	成分（质量分数）/%						
	C	Si	Mn	V	Ti	S	P
含钒生铁	4.31	0.10	0.26	0.324	0.097	0.05	0.059

3.1.2.2　铁矿石

（1）化学成分见表 3-3。

表 3-3　铁矿石的化学成分　　　　　　　　　　　　　　（%）

TFe	SiO$_2$	CaO	S	P	水分
≥40.0	≤10.0	≤0.60	≤0.060	≤0.050	≤2.0

（2）粒度≤40mm，其中小于 10mm 的含量应不大于 5%。

3.1.2.3　冷固球团

冷固球团如图 3-2 所示。

图 3-2　冷固球团示意图

（1）化学成分见表 3-4。

表 3-4　冷固球团的化学成分　　　　　　　　　　　　（%）

TFe	SiO$_2$	CaO	S	P	V$_2$O$_5$	水分
≥65.0	2.0~6.0	≤0.50	≤0.04	≤0.04	≥0.40	≤1.0

（2）粒度 5~50mm，小于 5mm 的粉末量应不大于 5%。在 2m 高处落下到钢板上不粉碎。

冷固球团中配置一定量的 SiO$_2$，其主要作用是调渣。冷固球团加入炉内后，伴随着吹钒反应的进行，其中的 SiO$_2$ 与 FeO、MnO 等作用，生成铁橄榄石等硅酸盐相。由于其熔点低，从而有利于钒的氧化。采用 SiO$_2$ 调渣的炉次与未采用 SiO$_2$ 调渣的炉次对比，调渣的炉次可起到降低 MFe 和 TFe 的作用。

3.1.2.4　铁皮球

（1）铁皮球主原料要求。氧化铁皮球（以下简称铁皮球）主原料只能采用热轧氧化铁皮，其成分应符合表 3-5 要求，其余原料由加工厂根据需要添加。

表 3-5　氧化铁皮球的主原料成分　　　　　　　　　　（%）

项　目	TFe	SiO$_2$	CaO	P
氧化铁皮	>70	≤4	≤0.5	≤0.04

（2）铁皮球理化指标见表 3-6。

表 3-6　铁皮球理化指标　　　　　　　　　　　　　　（%）

项　目	TFe	SiO$_2$	CaO	P, S	H$_2$O
要求值	>68	≤6	≤0.5	≤0.05	≤1.0

（3）氧化铁皮球粒度及强度要求。铁皮球的规格粒度为5~50mm，交货产品中，粒度小于5mm的不大于5%；任取十个球在距离钢板两米高的距离自由落下不破碎成粉。

3.1.2.5　绝废渣

转炉提钒生产的粗钒渣在下一道工序中，经三次破碎和三次筛选后含铁、钒渣及其他杂质的筛上物称为绝废渣，如图3-3所示，绝废渣理化指标见表3-7。

图3-3　绝废渣外形图

表3-7　绝废渣理化指标

种类	成分（质量分数）/%							
	CaO	SiO_2	TiO_2	MFe	P_2O_5	V_2O_5	Fe_2O_3	TFe
绝废渣	1.4~2.2	16~18	0	52	0.096	16~18	<0.58	31~34

3.1.3　半钢覆盖剂

半钢是介于铁水与钢水之间的半成品，虽然吹钒后的半钢氧化性不如钢液强，但其中仍有部分氧，加上目前转炉提钒出钢时间偏长（7~9min），在出钢过程中造成半钢碳的烧损。据统计，在该过程中［C］损失约0.06%，温度降达36℃。另外，出半钢过程及出半钢后钢水裸露，易产生大量的烟尘污染环境，所以，通过试验验证，在出半钢前向罐内加入一定量的碳化硅、增碳剂或半钢脱氧覆盖剂，可有效减少［C］的烧损及温降。

3.1.3.1　碳化硅

碳化硅主要成分见表3-8。

表3-8　碳化硅的主要成分　　　　　　　　　　　　（%）

SiC	$C_{游离}$	SiO_2	H_2O	S
50+5	≤26	≤10	≤1.5	≤0.2

3.1.3.2　半钢复合增碳剂

（1）半钢复合增碳剂的化学成分见表3-9。

表 3-9　半钢复合增碳剂的化学成分　　　　　　　（质量分数/%）

C$_{固}$	SiC	S	P	挥发分	水分量
≥65.0	≥8.0	≤0.15	≤0.09	≤4.0	不大于1.0

（2）粒度 3~15mm，小于 3mm 的含量应不大于 5%。

3.1.3.3　半钢脱氧覆盖剂

半钢脱氧覆盖剂主要成分见表 3-10。

表 3-10　半钢脱氧覆盖剂的主要成分　　　　　　（质量分数/%）

C$_{固}$	SiC	S	P	SiO$_2$	H$_2$O	CaO
6~12	15~21	≤0.15	≤0.15	26~32	<1.0	<5.0

3.1.4　提钒炉维护用原材料

提钒炉维护用原材料主要是用于提钒炉炉衬的扣补和喷补用耐火材料。

3.1.4.1　提钒转炉喷补料

（1）提钒转炉喷补料的化学成分见表 3-11。

表 3-11　提钒转炉喷补料的化学成分　　　　　　（质量分数/%）

MgO	CaO	SiO$_2$	Al$_2$O$_3$	S	P	水分
≥75	≤1.5	≤5	≤5	≤0.02	≤1.5	≤1.0

（2）性能指标。耐火度≥1690℃，体积密度≥2.1g/cm^3，常温抗折强度≥1.0MPa。

（3）粒度组成：2~5mm 的占 5%~15%，0.5~2mm 的占 20%~30%，0.088~0.5mm 的占 25%~35%，≤0.088mm 的占 25%~45%。

（4）附着率不小于 80%，耐用性不小于 5 炉。

3.1.4.2　转炉用沥青结合补炉料

（1）转炉用沥青结合补炉料的化学成分见表 3-12。

表 3-12　转炉用沥青结合补炉料的化学成分　　　（质量分数/%）

MgO	CaO	SiO$_2$	Al$_2$O$_3$	沥青
≥80	≤1.5	≤1	≤1	7~8

（2）耐火度≥1770℃，灼烧减量≤10%。

【技能训练】

项目 3.1　各种辅助原料的识别

根据外形、颜色、用途、成分等识别各种辅助原材料。

【思考与练习】

3.1-1　填空题

(1) 转炉提钒铁水中原始钒含量（　　）有利于钒渣 V_2O_5 浓度的提高。

(2) 铁水 Si 偏高时容易造成熔池升温加快，（　　）钒的氧化。

3.1-2　判断题

(1) 入炉铁水温度偏高，不利于钒的选择氧化。　　　　　　　　　　　（　　）

(2) 含钒铁水是提钒的主要原料，其化学成分决定着钒渣质量。　　　　（　　）

(3) 钒渣质量与含钒铁水的化学成分无关。　　　　　　　　　　　　　（　　）

(4) 转炉提钒 Ti 的氧化是吸热反应。　　　　　　　　　　　　　　　（　　）

3.1-3　简述题

(1) 提钒的主要原料是什么？

(2) 半钢覆盖剂有哪些，为什么要加入半钢覆盖剂？

(3) 提钒的辅助原料是什么？

(4) 转炉提钒用冷固球团中配 SiO_2 的作用是什么？

教学活动建议

本项目单元理论性较强，文字表述多，抽象，难于理解，在教学活动过程中，利用多媒体教学设施，将图片、文字表述有机结合，讲授和训练相结合，实施教学练一体。

查一查

学生利用课余时间，自主查询阅读国内提钒企业提钒车间原料工（上料）工作标准。

项目单元 3.2　转炉炼钢用原材料

【学习目标】

知识目标：

(1) 掌握转炉炼钢用原材料的种类、作用。

(2) 熟悉转炉炼钢生产对所用各种主原料、辅原料、铁合金的要求。

能力目标：

(1) 能陈述转炉炼钢所用的原材料种类、作用、要求及对冶炼的影响。

(2) 会正确地鉴别、合理地选用、科学地管理原材料。

(3) 能利用网络、图书馆收集相关资料、自主学习。

【任务描述】

(1) 鉴别与判定铁水质量。

(2) 鉴别与判定常用辅助原料。

(3) 鉴别与判定铁合金。

【相关知识点】

原材料是转炉炼钢的基础，原材料的质量对炼钢工艺和钢的质量有直接影响。倘若原材料质量不符合技术要求，势必导致消耗增加，产品质量变差，有时还会出现废品，造成产品成本的增加。国内外实践证明，采用精料以及原料标准化，是实现冶炼过程自动化的先决条件，也是改善各项技术经济指标和提高经济效益的基础。

转炉炼钢原材料可分为，主原料、辅原料和各种铁合金。炼钢原材料也可分为：金属料（铁水、废钢、铁合金）、非金属料（造渣料、熔剂、部分冷却剂等）、气体（氧气、氮气、氩气、CO_2 等）。

3.2.1 主原料

氧气转炉炼钢用主原料为铁水和废钢，废钢不足的企业也可使用生铁块代替。

3.2.1.1 铁水

铁水一般占转炉装入量的 70%~100%。铁水的物理热与化学热是氧气转炉炼钢的基本热源，因此，对入炉铁水温度和化学成分必须有一定要求。

A 铁水的温度

铁水温度的高低是带入转炉物理热多少的标志，铁水物理热约占转炉热收入的 50%。因此，铁水的温度不能过低，否则热量不足，影响熔池的温升速度和元素氧化过程，也影响化渣和去除杂质，还容易导致喷溅。我国规定，入炉铁水温度应大于 1250℃，以利于转炉的热行，成渣迅速，减少喷溅。小型转炉和化学热量不富裕的铁水，保证铁水的高温入炉极为重要。

氧气转炉炼钢时要求入炉铁水的温度还要相对稳定，如果相邻几炉的铁水入炉温度有大幅的变化，就需要在炉与炉之间对废钢比做较大的调整，这都会给生产管理和冶炼操作带来不利影响。

B 铁水的化学成分

氧气转炉能够将各种成分的铁水冶炼成钢，但铁水中各元素的含量适当和稳定，才能保证转炉的正常冶炼和获得良好的技术经济指标，因此力求提供成分适当并稳定的铁水。表 3-13 是国家标准规定的炼钢用生铁化学成分，表 3-14 是我国一些钢厂用铁水成分。

表 3-13　炼钢用生铁化学成分标准（GB 717—1998）

铁　　种		炼　钢　用　生　铁		
铁　号	牌号	炼 04	炼 08	炼 10
	代号	L04	L08	L10
化学成分/%	C	≥3.50		
	Si	≤0.45	>0.45~0.85	>0.85~1.25
	Mn 一组	≤0.40		
	Mn 二组	>0.40~1.00		
	Mn 三组	>1.00~2.00		

铁　　种		炼 钢 用 生 铁	
化学成分/%	P	特级	≤0.10
		一级	>0.10~0.15
		二级	>0.15~0.25
		三级	>0.25~0.40
	S	特类	≤0.02
		一类	>0.02~0.03
		二类	>0.03~0.05
		三类	>0.05~0.07

表 3-14　我国一些钢厂用铁水成分及入炉温度

厂　　家	化学成分/%					入炉温度/℃
	Si	Mn	P	S	V	
首　钢	0.20~0.40	0.40~0.50	≤0.10	<0.050		1310
鞍钢三炼	0.52	0.45	(≤0.10)[①]	0.013		(>1250)[①]
武钢二炼	0.67	≤0.30	≤0.015	0.024		1220~1310
包　钢	0.72	1.73	0.580	0.047		>1200
攀　钢	0.064		0.052	0.050	0.323	
宝　钢	0.40~0.80	≥0.40	≤0.120		≤0.040	

①厂家规定值。

（1）碳（C）。碳是转炉炼钢过程中的重要发热元素，铁水中的碳质量分数一般为 4.2%~4.5%，半钢中的碳的质量分数通常为 3.2%~3.8%，由于硅锰的大量氧化，所以半钢在转炉冶炼中存在热量不足的问题。高压操作后铁水中碳含量升高约 0.4%~0.5%，由于 $2CO = CO_2 + C$ 反应，渗碳增多。炼钢生铁碳含量计算表达式如下：

$$w_{[C]} = -8.62 + 28.8 \frac{\varphi(CO)}{\varphi(CO) + \varphi(H_2)} - 18.2 \left(\frac{\varphi(CO)}{\varphi(CO) + \varphi(H_2)} \right)^2 - \tag{3-1}$$
$$0.244 w_{[Si]} + 0.00143 t_{铁水} + 0.00278 p_{CO}$$

式中　$\varphi(CO)$，$\varphi(H_2)$——炉顶煤气中相应组分的含量，%；

　　　　$t_{铁水}$——出铁时的铁水温度，℃；

　　　　p_{CO}——炉顶煤气中 CO 分压，kPa。

（2）硅（Si）。硅是炼钢过程的重要发热元素之一，硅含量高，热来源增多，能够提高废钢比。有关资料认为，铁水中 $w_{[Si]}$ 每增加 0.1%，废钢比可提高 1.3%。铁水硅含量视具体情况而定。例如美国，由于废钢资源多，所以大多数厂家使用的铁水 $w_{[Si]} = 0.80\%~1.05\%$。

硅氧化生成的 SiO_2 是炉渣的主要酸性成分，因此铁水硅含量是石灰消耗量的决定因素。

目前我国的废钢资源有限，铁水中 $w_{[Si]} = 0.50\%~0.80\%$ 为宜。通常大、中型转炉用铁水硅含量可以偏下限；而对于热量不富余的小型转炉用铁水硅含量可偏上限。过高的硅含量，会给冶炼带来不良后果，主要有以下几个方面：

1）增加渣料消耗，渣量大。铁水中 $w_{[Si]}$ 每增加 0.1%，每吨铁水就需多加 6kg 左右的石灰。有人做过统计，若铁水 $w_{[Si]}$ = 0.55% ~ 0.65% 时，渣量约占装入量的 12%；如果铁水中 $w_{[Si]}$ = 0.95% ~ 1.05% 时，渣量则为 15%。过大的渣量容易引起喷溅，随喷溅带走热量，并加大金属损失，对去除 S、P 也不利。

2）加剧对炉衬的冲蚀。据有的厂家统计，当铁水 $w_{[Si]}$ > 0.8% 时，炉龄有下降的趋势。

3）降低成渣速度，并使吹损增加。初期渣中 $w_{(SiO_2)}$ 超过一定数值时，影响石灰的渣化，从而影响着成渣速度，也就影响着 P、S 的脱除，延长了冶炼时间，使铁水吹损加大，也使氧气消耗增加。

此外，对含 V、Ti 铁水提取钒时，为了得到高品位的钒渣，一般认为，铁水硅含量以 0.8% 左右为宜。在采用少渣冶炼工艺时，为了有效地进行炉外脱磷，希望铁水含硅少一些为好（0.3% ~ 0.5%）。攀钢铁水硅的质量分数只有 0.10% ~ 0.15%，经提钒后，半钢中硅含量为痕迹。转炉造渣中不得不配加石英砂或复合造渣剂，来保证合适的炉渣碱度。

（3）锰（Mn）。锰是弱发热元素，铁水中锰氧化后形成的 MnO 能有效地促进石灰熔解，加快成渣，减少助熔剂的用量和炉衬侵蚀；减少氧枪粘钢，终点钢中余锰高，能够减少合金用量，利于提高金属收得率；锰在降低钢水硫含量和硫的危害方面起到有利作用。但是高炉冶炼含锰高的铁水时将使焦炭用量增加，生产率降低。因而目前对转炉用铁水锰含量的要求仍存在着争议，对铁水增锰的合理性还要做详细的技术经济对比，同时我国锰矿资源不多，因此对转炉用铁水的锰含量未做强行规定。实践证明，铁水中 $w_{[Mn]}/w_{[Si]}$ 的比值为 0.8 ~ 1.00 时对转炉的冶炼操作控制最为有利。当前使用较多的为低锰铁水，一般铁水中 $w_{[Mn]}$ = 0.20% ~ 0.40%。

（4）磷（P）。磷是强发热元素，磷会使钢产生"冷脆"现象，通常是冶炼过程要去除的有害元素。磷在高炉中是不可去除的，因而要求进入转炉的铁水磷量尽可能稳定。铁水中磷来源于铁矿石，根据磷含量的多少铁水可以分为如下三类：

低磷铁水： $w_{[P]}$ < 0.30%

中磷铁水： $w_{[P]}$ = 0.30% ~ 1.00%

高磷铁水： $w_{[P]}$ > 1.50%

氧气转炉的脱磷效率在 85% ~ 95%，铁水中磷含量越低，转炉工艺操作越简化，并有利于提高各项技术经济指标。吹炼低磷铁水，转炉可采用单渣操作，中磷铁水则需采用双渣或双渣留渣操作；而高磷铁水就要多次造渣，或采用喷吹石灰粉工艺。如使用 $w_{[P]}$ > 1.50% 的铁水炼钢时，炉渣可以用作磷肥。

为了均衡转炉操作，便于自动控制，应采取炉外铁水预处理脱磷，达到精料要求。国外对铁水预处理脱磷的研究非常活跃，尤其日本比较突出，其五大钢铁公司的铁水在入转炉前都进行了脱 Si、脱 P、脱 S 的三脱处理。

另外，对少数钢种，如高磷薄板钢、易切钢、炮弹钢等，还必须配加合金元素磷，以达到钢种规格的要求。

（5）硫（S）。除了含硫易切钢（要求 $w_{[S]}$ = 0.08% ~ 0.30%）以外，在绝大多数钢中硫是有害元素。转炉中硫主要来自金属料和熔剂材料等，而其中铁水的硫是主要来源。在转炉内氧化性气氛中脱硫是有限的，脱硫率只有 30%~50%。

近些年来，由于低硫 $w_{[S]}<0.01\%$ 的优质钢需求量急剧增长，因此用于转炉炼钢的铁水要求 $w_{[S]}<0.020\%$，有的要求甚至还更低些。这种铁水很少，为此必须进行预处理，降低入炉铁水硫含量。

C　铁水除渣

高炉渣中含 S、SiO_2 和 Al_2O_3 量较高，过多的高炉渣进入转炉内会导致转炉钢渣量大，石灰消耗增加，喷溅加剧，损坏炉衬，降低金属收得率，损失热量等。因此，兑入转炉的铁水要求带渣量不得超过 0.5%。

国外一些厂家使用铁水的成分见表 3-15。

表 3-15　国外一些厂家用铁水平均成分

国家或厂名	化学成分/%			
	Si	Mn	P	S
美　国	0.80~1.20	0.60~1.00	≤0.15	≤0.030
日本大分厂	0.55~0.60		0.097~0.105	0.020~0.023
英国托尔伯特厂	0.65	0.75	<0.15	0.030
联邦德国布鲁豪克森厂	0.58	0.71	0.2~0.3	0.023

3.2.1.2　废钢

废钢是氧气转炉炼钢的主原料之一，是冷却效果稳定的冷却剂，通常占装入量的 30% 以下。适当地增加废钢比，可以降低转炉炼钢的消耗和成本。

废钢按来源可分类如下：

$$
废钢
\begin{cases}
本厂废钢
\begin{cases}
返回料（废钢锭、轧钢切头等）\\
回收料（加工废料、报废设备等）
\end{cases}\\
外购废钢
\begin{cases}
加工工业的废料（机械、造船、汽车等行业的废钢、车削屑等）\\
钢铁制品报废件（船舶、车辆、机械设备、土建材料等）
\end{cases}
\end{cases}
$$

废钢来源复杂，质量差异大。其中以本厂返回料或者某些专业性工厂的返回料质量最好，成分比较清楚，质量波动小，给冶炼过程带来的不稳定因素小。外购废钢则成分复杂，质量波动大，需要适当加工和严格管理。一般根据成分、可以把废钢按质量分级，把优质废钢和劣质废钢相区分。在转炉配料时，应按成分或冶炼需要把优质废钢集中使用或搭配使用，以提高废钢的使用价值。

废钢质量对转炉冶炼技术经济指标有明显影响，从合理使用和冶炼工艺出发，对废钢的要求是：

（1）不同性质废钢应分类存放，以避免贵重合金元素损失或造成熔炼废品。

（2）废钢入炉前应仔细检查，严防混入封闭器皿、爆炸物和毒品；严防混入易残留于钢水中的某些元素如铅、锌等有色金属（铅密度大，能够沉入砖缝危害炉底）。

（3）废钢应清洁干燥，尽量避免带入泥土沙石、耐火材料和炉渣等杂质。

（4）废钢应具有合适的外形尺寸和单重。轻薄料应打包或压块使用，以保证废钢密度；重废钢应能顺利装炉并且不撞伤炉衬，必须保证废钢在吹炼期全部熔化。如使用大型废钢，则在整个吹炼过程中不会全部熔化，这是造成出钢量波动和炉内温度与成分不均匀的原因。在装入大型废钢时，对炉体衬砖有很大的冲击力，会降低转炉装料侧的使用寿命。大量使用轻型废钢时，会使废钢覆盖住熔池液面，而不易开氧点火（推迟着火时间）。重型废钢需破碎加工合乎要求再入转炉。各厂家可根据自己的生产情况对入炉废钢外形尺寸、单重做出具体规定。如宝钢 300t 转炉规定入炉废钢最大边长不大于 2000mm，最大单重为 2.0t 左右。

在铁水供应严重不足或废钢资源过剩的某些国外钢厂，为了大幅度增加转炉废钢比，广泛采用如下技术措施：

（1）在转炉内用氧 - 天然气或氧 - 油烧嘴预热废钢，这种方法可将废钢比提高到 30% ~ 40%。

（2）使用焦炭和煤粉等固态辅助燃料，用这种方法可将废钢比提高到 40% 左右。

（3）使用从初轧返回的热切头废钢。

（4）在吹氧期的大部分时间里使用双流道氧枪进行废气的二次燃烧，它比兑铁水前预热废钢耗费时间短，冶炼的技术经济指标改善，是比较有前途的增加废钢比的方法。

3.2.1.3　生铁块

生铁块也称冷铁，是铁锭、废铸件、罐底铁和出铁沟铁的总称，其成分与铁水相近，但没有显热。它的冷却效应比废钢低，同时还需要配加适量石灰渣料。有的厂家将废钢与生铁块搭配使用。

3.2.2　辅原料

辅原料是在炼钢过程中为了去除磷、硫等杂质，控制好过程温度而加入的材料，主要有造渣材料（石灰、白云石）、熔剂（萤石、氧化铁皮）、部分冷却剂（铁矿石、石灰石）、增碳剂和燃料（焦炭、煤块、重油）。

3.2.2.1　造渣剂

A　石灰

石灰的主要成分为 CaO，是炼钢主要造渣材料，具有脱 P、脱 S 能力，也是用量最多的造渣材料。其质量好坏对冶炼工艺操作、产品质量和炉衬寿命等有着重要影响。特别是转炉冶炼时间短，要在很短的时间内造渣去除磷、硫，保证各种钢的质量，因而对石灰质量要求更高。

a　对石灰质量的要求

（1）有效 CaO 含量高。石灰有效 CaO 含量取决于石灰中 CaO 和 SiO_2 含量，而 SiO_2 是石灰中的杂质。若石灰中含有一单位的 SiO_2，按炉渣碱度为 3 计算，需要三单位的 CaO 与 SiO_2 中和，这就大大降低了石灰中有效 CaO 的含量。因此，原冶金部标准规定石灰中 SiO_2 含量不大于 4%。

（2）硫含量低。造渣的目的之一是去除铁水中的硫，若石灰本身硫含量较高，显然对于炼钢中硫的去除不利。据有关资料报道，在石灰中增加 0.01% 的硫，相当于钢水中增加硫 0.001%。因此，石灰中硫含量应尽可能低，一般应小于 0.05%。

（3）残余 CO_2 少。石灰中残余 CO_2 量反映了石灰在煅烧中的生过烧情况。残余 CO_2 量在适当范围内时，有提高石灰活性的作用，但对废钢的熔化能力有很大影响。一般要求石灰中残余 CO_2 量为 2% 左右，相当于石灰灼减量 2.5%~3.0%。

（4）活性度高。石灰的活性是指石灰同其他物质发生反应的能力，用石灰的熔解速度来表示。石灰在高温炉渣中的熔解能力称为热活性，目前在实验时还没有条件测定其热活性。大量研究表明，用石灰与水的反应，即石灰的水活性可以近似地反映石灰在炉渣中的熔解速度，但这只是近似方法。例如，石灰中 MgO 含量增加，有利于石灰熔解，但在盐酸滴定法测量水活性时，盐酸耗量却随石灰中 MgO 含量的增加而减少。原冶金部标准规定，石灰的活性度用盐酸滴定法测定，盐酸消耗大于 300mL 才属优质活性石灰。

对于转炉炼钢，国内外的生产实践已证实，必须采用活性石灰才能对生产有利。世界各主要产钢国家都对石灰活性提出了要求，表 3-16 是各种石灰的特性，表 3-17 是我国顶吹转炉用石灰标准，表 3-18 是一些国家转炉用石灰标准。

表 3-16　各种石灰的特性

焙烧特征	体积密度/g·cm^{-3}	比表面积/cm^2·g^{-1}	总气孔率/%	晶粒直径/mm
软烧	1.60	17800	52.25	1~2
正常	1.98	5800	40.95	3~6
过烧	2.54	980	23.30	晶粒连在一起

表 3-17　我国顶吹转炉用石灰标准

项目	化学成分/%			活性度/mL	块度/mm	烧减/%	生（过）烧率/%
	CaO	SiO$_2$	S				
指标	≥90	≤3	≤0.1	>300	5~40	<4	≤14

表 3-18　一些国家转炉用石灰标准

国家 \ 指标	成分/%			烧减/%	块度/mm
	CaO	SiO$_2$	S		
美国	>96	<1	0.035	<20	7~30
日本	>92	<2	<0.020	<30	4~30
英国	>95	<1	<0.050	<25	7~40
联邦德国	>87~95		<0.05	<30	8~40
前苏联	>90~92	<2	<0.04	<20	8~30

b　石灰的性质

石灰的主要成分是 CaO，通常由石灰石（晶格常数为 0.636nm）在竖窑或回转窑内用煤、焦炭、油、煤气煅烧而成。$CaCO_3$ 的分解温度在大气中为 880~910℃，碳酸钙在窑内分解成 CaO 和 CO_2。分解反应式如下：

$$CaCO_3 \xrightarrow{加热} CaO + CO_2(g) \uparrow$$

反应的过程包括三步：一是 $CaCO_3$ 微粒破坏，在 $CaCO_3$ 中生成 CaO 过饱和溶体；二是过饱和溶体分解，生成 CaO 晶体；三是 CO_2 气体解吸，随后向晶体表面扩散。

影响石灰质量的因素很多，其中有石灰的化学成分，晶体结构及物理性质，装入煅烧窑的石灰石块度，煅烧窑的类型，煅烧温度及其作用时间和所用燃料的类型、数量等。

煅烧温度和时间对 $CaCO_3$ 分解速度及石灰质量有重要影响。煅烧温度高于分解温度越多，$CaCO_3$ 分解越快，生产率越高，但石灰质量明显变差。煅烧温度较低时，烧成的 CaO 密度小、晶粒细、孔隙度大，晶体结构中存在大量的缺陷。石灰的煅烧温度以控制在 $1050 \sim 1150℃$ 的范围内为宜。根据石灰的煅烧条件，一般把煅烧温度过高（高于 $1200℃$）或煅烧时间过长而获得的晶粒粗大、气孔率低和体积密度大的石灰，称为硬烧石灰（过烧石灰）。硬烧石灰大多由致密的 CaO 聚集体组成，晶体直径远大于 $10\mu m$，气孔直径有的大于 $20\mu m$。将煅烧温度在 $1050 \sim 1150℃$ 的范围内获得的，具有高反应能力的体积密度小、气孔率高（可达 40% 以上，绝大部分气孔直径为 $0.1 \sim 1\mu m$）、比表面大、晶粒细小（绝大部分由最大为 $1 \sim 2\mu m$ 的小晶体组成）、呈海绵状，"活性"很好的石灰，称软烧石灰或轻烧石灰。软烧石灰熔解速度快，反应能力强，又称活性石灰。介于两者性质之间的称为中烧石灰，其晶体强烈聚集，晶体直径为 $3 \sim 6\mu m$，气孔直径约为 $1 \sim 10\mu m$。若煅烧温度低于 $920℃$，则部分 $CaCO_3$ 未分解，此称为生烧石灰，其未完成的分解反应将在炼钢炉内完成，因而影响化渣速度。

石灰的渣化速度是转炉炼钢过程成渣速度的关键，而石灰的活性与渣化速度有关。活性度大，则石灰熔解快，成渣迅速，反应能力强。石灰活性的检验，世界各国目前均采用石灰的水活性表示。其基本原理是石灰与水化合生成 $Ca(OH)_2$，在化合反应时要放出热量和形成碱性溶液，测量此反应的放热量和中和其溶液所消耗的盐酸量，并以此结果来表示石灰的活性。石灰活性的测量方法主要有温升法和盐酸滴定法两种。

（1）温升法。把石灰放入保温瓶中，然后加入水，并不停地搅拌，同时测定达到最高温度的时间，并以达到最高温度的时间或在规定时间达到的升温数来作为活性度的计量标准。

如美国材料试验协会（ASTM）规定：把 1kg 小块石灰压碎，并通过 3.327mm（6目）筛。取其中 76g 石灰试样加入 24℃ 的 360mL 水的保温瓶中，并用搅拌器不停地搅拌，测定并记录达到最高温度的时间。达到最高温度的时间小于 8min 的才是活性石灰。

（2）盐酸滴定法。利用石灰与水反应后生成的碱性溶液，加入一定浓度的盐酸使其中和，根据一定时间内盐酸溶液的消耗量作为活性度的计量标准。

我国石灰活性度的测定采用盐酸滴定法，其标准规定：取 1kg 石灰块压碎，然后通过 10mm 标准筛。取 50g 石灰试样加入盛有 40℃±1℃ 的 2000mL 水的烧杯中，并滴加 1% 酚酞指示剂 $2 \sim 3mL$，开动搅拌器不停地搅拌。用 4mol/L 浓度的盐酸开始滴定，并记录滴定时间。采用 10min 时间中和碱溶液所消耗的盐酸溶液量作为石灰的活性度。我国标准规定，盐酸溶液消耗量大于 300mL 属活性石灰。

此外，石灰极易水化潮解生成 $Ca(OH)_2$，要尽量使用新焙烧的石灰，同时对石灰的贮存时间应加以限制。

B 萤石

萤石的主要成分是 CaF_2。纯 CaF_2 的熔点在 1418℃，萤石中还含有其他杂质，因此熔点还要低些。造渣加入萤石可以加速石灰的熔解。萤石的助熔作用是在很短的时间内能够改善炉渣的流动性，但过多的萤石用量，会产生严重的泡沫渣，导致喷溅，同时加剧炉衬的损坏，并污染环境。

转炉炼钢用萤石的 w_{CaF_2} 应大于 85%，$w_{SiO_2} \leqslant 5.0\%$，$w_S \leqslant 0.10\%$，块度在 5~40mm，并要干燥清洁。

吹炼高磷铁水而回收炉渣制造磷肥，在吹炼过程中不允许加入萤石，可改用铁钒土代替萤石作助熔剂来加速石灰的熔化。随着萤石资源的短缺，许多工厂都在寻求萤石的代用品。

C　生白云石

生白云石即天然白云石，主要成分是 $CaMg(CO_3)_2$（或 $CaCO_3 \cdot MgCO_3$）。焙烧后为熟白云石，其主要成分为 CaO 与 MgO。自 20 世纪 60 年代初开始应用白云石代替部分石灰造渣技术，其目的是保持渣中有一定的 MgO 含量，以减轻初期酸性渣对炉衬的侵蚀，提高炉衬寿命，实践证明效果很好。生白云石也是溅渣护炉的调渣剂。

由于生白云石在炉内分解吸热，所以用轻烧白云石效果最为理想。目前有的厂家在焙烧石灰时配加一定数量的生白云石，石灰中就带有一定的 MgO 成分，用这种石灰造渣也取得了良好的冶金和护炉效果。

D　菱镁矿

菱镁矿也是天然矿物，主要成分是 $MgCO_3$，焙烧后用作耐火材料，也是目前溅渣护炉的调渣剂。

E　合成造渣剂

合成造渣剂是将石灰和熔剂预先在炉外制成的低熔点造渣材料，然后用于炉内造渣，即把炉内的石灰块造渣过程部分地，甚至全部移到炉外进行。显然，这是一种提高成渣速度，改善冶炼效果的有效措施。

作为合成造渣剂中熔剂的物质有：氧化铁、氧化锰或其他氧化物、萤石等。可用一种或几种同石灰粉一起在低温下预制成型，这种预制料一般熔点较低、碱度高、颗粒小、成分均匀而且在高温下容易碎裂，是效果较好的成渣料。高碱度烧结矿或球团矿也可做合成造渣剂使用，它的化学成分和物理性能稳定，造渣效果良好。

煅烧石灰时采用加氧化铁皮渗 FeO 的方法制取含氧化铁皮外壳的黑皮石灰，也是一种成渣快、脱 P、S 效果良好的熔剂。此外，也可以预烧渗 FeO 的白云石。

由于合成造渣剂的良好成渣效果，减轻了顶吹氧枪的化渣作用，从而有助于简化转炉吹炼操作。

F　锰矿石

加入锰矿石有助于化渣，也有利于保护炉衬，若是半钢冶炼，则更是必不可少的造渣材料。要求 $w_{Mn} \geqslant 18\%$，$w_P < 0.20\%$，$w_S < 0.20\%$，粒度在 20~80mm。

G　石英砂

石英砂也是造渣材料，其主要成分是 SiO_2，用于调整碱性炉渣流动性。对于半钢冶炼，加入石英砂利于成渣，调整炉渣碱度以去除 P、S。要求使用前应烘烤干燥，水分应小于 3%。

3.2.2.2　部分冷却剂

通常，氧气转炉炼钢过程热量有富余，因而根据热平衡计算加入一定数量的冷却剂，以准确地达到终点温度。氧气转炉用冷却剂有废钢、生铁块、铁矿石、氧化铁皮、球团矿、烧结矿、石灰石和生白云石等，其中主要为废钢、铁矿石。辅原料中的冷却剂主要是指铁矿石和氧化铁皮。

A　铁矿石和氧化铁皮

铁矿石作为冷却剂常用天然富矿和球团矿两种，主要成分为 Fe_2O_3 和 Fe_3O_4。铁矿石在熔化后铁被还原，过程吸收热量，因而能起到调节熔池温度的作用。但铁矿带入脉石，增加石灰消耗和渣量，同时一次加入量不能过多，否则会产生喷溅。铁矿石还能起到氧化作用。氧气顶吹转炉用铁矿石要求 TFe 含量要高，SiO_2 和 S 含量要低，块度适中，并要干燥清洁。铁矿石化学成分最好为：$w_{TFe} \geqslant 56\%$，$w_{SiO_2} \leqslant 10\%$，$w_S \leqslant 0.20\%$；块度在 10 ~ 50mm 为宜。

球团矿中 $w_{TFe} > 60\%$，但氧含量也高，加入后易浮于液面，操作不当会产生喷溅。

铁矿石与球团矿的冷却效应高，加入时不占用冶炼时间，调节方便，还可以降低钢铁料消耗。

氧化铁皮来自轧钢车间副产品，其铁含量高，$w_{TFe} > 90\%$，其他杂质量比不大于 3.0%，使用前烘烤干燥，去除油污。氧化铁皮细小体轻，因而容易浮在渣中，增加渣中氧化铁的含量，有利于化渣，因此氧化铁皮不仅能起到冷却剂的作用，而且能起到助熔剂的作用。

B　其他冷却剂

石灰石、生白云石也可作冷却剂使用，其分解熔化均能吸收热量，同时还具有脱 P、S 的能力。当废钢与铁矿石供应不足时，可用少量的石灰石和生白云石作为补充冷却剂。

3.2.2.3　增碳剂

在吹炼中、高碳钢种时，吹炼终点用增碳剂调整钢中碳含量达到要求。转炉炼钢用增碳剂的要求是固定碳要高，灰分、挥发分和硫含量要低，并要干燥、干净，粒度要适中。通常是使用石油焦为增碳剂，其固定碳含量不小于 95%；粒度在 3 ~ 5mm，粒度太细容易烧损，太粗加入后浮在钢液表面，不容易被钢液吸收。最好是称量后装入纸袋投入钢液中。

此外，也可以使用低硫生铁块作增碳剂。

3.2.2.4　焦炭

当前氧气转炉开新炉时需用焦炭烘烤炉衬。焦炭固定碳不小于 80%，水分应小于 7%，$w_S \leqslant 0.7\%$，块度应在 10 ~ 40mm。

3.2.2.5　氧气

氧气是氧气转炉炼钢的主要氧化剂，要求氧含量达到 99.5% 以上，并脱除水分与皂液。工业用氧是通过制氧机把空气中的氧气分离、提纯来实现的。炼钢用氧一般由厂内附设的制氧车间供给，用管道输送到炉前。要求氧压稳定，满足吹炼所要求的最低压力，并且安全可靠。

3.2.2.6　底吹搅拌用气

A　氮气和氩气

氮气和氩气是制氧机制取氧气过程中的副产品，广泛作为复合吹炼转炉的低吹搅拌用气，炼钢生产中要求氮气纯度达 99%，氩气纯度在 95% 以上。

B　二氧化碳

二氧化碳也是复合吹炼转炉底吹搅拌气体之一，使用 CO_2 作为底吹搅拌用气的纯度要求达 80% 以上。石灰窑中和转炉煤气中制取二氧化碳，年产钢近 1 亿吨，是一种具有前景的底吹搅拌气体。

C　一氧化碳

一氧化碳是可燃性气体，它在燃气中得到广泛应用。一氧化碳作为复合吹炼转炉的搅拌用气，要求其纯度很高，如日本 98% 以上。在使用 CO 气体作转炉底吹用气时，应防止中毒和爆炸。

D　天然气

天然气是蕴藏在地下的烃和非烃气体混合物，通常所称天然气多指油、气田气。绝大多数的天然气的主要成分为甲烷 CH_4，其含量达 80%~90%，是一种可燃性气体。在转炉炼钢中，天然气可用作底吹用气，既可搅拌熔池，又能助燃。

3.2.3　铁合金

吹炼终点脱除钢中多余的氧，并调整成分达到钢种规格，需加入铁合金以脱氧合金化。

铁合金品种多，原料来源广，生产方法多样，但都是用碳或其他金属作还原剂，从矿石中还原金属。其主要生产方法有高炉法、电热法、电硅热法和金属热法等。

多数铁合金是用电能在矿热炉中生产，有的还要用金属作还原剂，所以生产成本较高。氧气转炉使用铁合金时有如下要求：

（1）使用块状铁合金时，块度应合适，以控制在 10~50mm 为宜，这有利于减少烧损和保证钢的成分均匀。

（2）在保证钢质量的前提下，选用适当牌号铁合金，以降低钢的成本。

（3）铁合金使用前要经过烘烤（特别是对氢含量要求严格的钢），以减少带入钢中的气体。对熔点较低和易氧化的合金，如钒铁、钛铁、硼铁和稀土金属等可在低温（473K）下烘烤。熔点高和不易氧化的合金，如硅铁、铬铁、锰铁等应在高温（1073K）下烘烤。

（4）铁合金成分应符合技术标准规定，以避免炼钢操作失误。如硅铁中的含铝、钙量，沸腾钢脱氧用锰铁的硅含量，都直接影响钢水的脱氧程度。

转炉常用的合金有 Fe-Mn、Fe-Si、Mn-Si、Ca-Si、铝、Fe-Al、钙系复合脱氧剂等，其化学成分及质量均应符合国家标准规定。现将常用铁合金成分列于表 3-19。

表 3-19　常用铁合金的主要成分（质量分数）

铁合金	成分/%	C	Mn	Si	S	P	Cr	Ca	V	Al
硅锰	FeMn65Si17	≤1.8	65~70	17~20	≤0.04	Ⅰ级≤0.10 Ⅱ级≤0.15 Ⅲ级≤0.20				
	FeMn60Si17	≤1.8	60~70	17~20						
中碳锰铁	FeMn80C1.0	≤1.0	80~85	Ⅰ级≤0.70 Ⅱ级≤1.5	Ⅰ级≤0.20 Ⅱ级≤0.30	≤0.02				
	FeMn80C1.5	≤1.5	80~85	Ⅰ级≤1.0 Ⅱ级≤1.5	Ⅰ级≤0.20 Ⅱ级≤0.33					
高碳锰铁	G FeMn76	≤7.0	≥76	Ⅰ级≤1.0 Ⅱ级≤2.0	≤0.70	Ⅰ级≤0.33 Ⅱ级≤0.05				
	G FeMn68	≤0.1	≥68							
	G FeMn64	≤0.2	≥64			Ⅰ级≤0.40 Ⅱ级≤0.60				
硅铁	Si75Al1.0A	≤0.1	≤0.4	74~80	≤0.02	≤0.035	≤0.3	≤0.10		≤1.0
	FeSi75Al1.0B	≤0.2	≤0.5	72~80		≤0.040	≤0.5	≤0.10		≤1.0
	FeSi45	<0.8	≤0.7	40~47		≤0.040	≤0.5			
钒铁	FeV-50A	不大于 0.4	不大于 0.5	不大于 2.0	不大于 0.04	不大于 0.07			不小于 50	Al 不大于 0.5
	FeV-50B	不大于 0.75	不大于 0.5	不大于 2.5	不大于 0.05	不大于 0.10				Al 不大于 0.8
铝	一级 Al			≤1.0						≥98
铝硅铁	FeAlSi	≤0.6		≥18	≤0.6		≤0.6			≥48(Cu ≤0.60)
硅钙	Ca31Si60	≤0.8		55~65	≤0.06	≤0.04		≥31		≤2.4
	Ca28Si60							≥28		≤2.4
	Ca24Si60				≤0.04			≥24		≤2.5
铝铁	FeAl50			≤5	≤0.05	≤0.05	Cu≤0.4			50~55
	FeAl45				≤0.05	≤0.05				45~50
	FeAl20			≤5	≤0.05	≤0.06	Cu≤0.4			18~26

【技能训练】

项目 3.2-1　转炉炼钢各种原料的识别

根据转炉炼钢所需原材料的外形、颜色、用途、成分等识别各种原材料。

项目 3.2-2　转炉炼钢各种原料的鉴别与判定

运用所学的知识，鉴别与判定各种原材料的质量。

【思考与练习】

3.2-1　判断题

（1）铁水中硅含量过高，会使石灰加入过多，渣量大，对去磷无影响。　　　（　　）

（2）冶金石灰的主要化学成分是碳酸钙（$CaCO_3$）。　　　　　　　　（　　）

（3）萤石化渣作用快，且不降低渣碱度，不影响炉龄。　　　　　　　（　　）

（4）生白云石的主要化学成分是碳酸钙和碳酸镁。　　　　　　　　　（　　）

（5）石灰石的化学成分是氢氧化钙，石灰的化学成分是碳酸钙。　　　（　　）

（6）活性石灰特点是氧化钙（CaO）含量高、气孔率高、活性度小于 300mL。

　　　　　　　　　　　　　　　　　　　　　　　　　　　　　　（　　）

（7）对入炉废钢的主要要求是一定的块度和质量。　　　　　　　　　（　　）

（8）氧气转炉炼钢主原料是指铁水、废钢、石灰。　　　　　　　　　（　　）

3.2-2　单项选择题

（1）转炉炼钢铁水带渣量要求小于铁水质量的（　　）。

　　A. 1%　　　　　B. 1.5%　　　　　C. 0.5%　　　　　D. 2%

（2）石灰石生产成石灰化学反应式为（　　）。

　　A. $Ca(OH)_2 \xrightarrow{\text{加热}} CaO + H_2O(\text{蒸汽})\uparrow$　　B. $CaCO_3 \xrightarrow{\text{加热}} CaO + CO_2(\text{气})\uparrow$

　　C. $CaCO_3 + C \xrightarrow{\text{加热}} CaO + 2CO(\text{蒸汽})\uparrow$

（3）在转炉中加入萤石的作用是降低 CaO、$2CaO \cdot SiO_2$ 的熔点，加速（　　）渣化，改善炉渣的（　　），但使用萤石不当也会导致喷溅及加速炉衬侵蚀。

　　A. $2CaO \cdot SiO_2$、流动性　　　　　　B. 石灰、碱度

　　C. 渣料、碱度　　　　　　　　　　　D. 石灰、流动性

（4）转炉炼钢造渣材料主要是石灰，活性度为其重要的质量指标，其单位是（　　）。

　　A. m　　　　　B. mm　　　　　C. mL

（5）氧气是氧气转炉炼钢的主要氧化剂，通常要求（　　）。

　　A. 氧气纯度不小于 99%，使用压力在 0.8~1.5MPa

　　B. 氧气纯度不小于 99.5%，使用压力在 0.6~1.2MPa

　　C. 氧气纯度不小于 99.5%，使用压力在 0.8~1.5MPa

（6）转炉炼钢入炉铁水温度通常要求为（　　）

　　A. <1200℃　　　　　B. 1100~1200℃　　　　　C. >1250℃

（7）转炉冶炼过程中加入白云石造渣主要目的是（　　）。

　　A. 利于去除钢中有害元素 S、P　　　　B. 提高渣中 MgO 含量，提高炉衬寿命

　　C. 调节熔池温度

3.2-3　多项选择题

（1）转炉炼钢主原料包括（　　）。

　　A. 铁水　　　　　B. 废钢　　　　　C. 生铁块　　　　　D. 铁合金

（2）转炉炼钢所用的造渣材料包括（　　）。

　　A. 石灰　　　　　B. 白云石　　　　　C. 铁矿石　　　　　D. 废钢

（3）转炉炼钢中的氧化剂包括（　　）。

　　A. 石灰　　　　　B. 矿石　　　　　C. 氧气　　　　　D. 萤石

（4）转炉炼钢少加或不加萤石的原因是（　　）。

　　A. 易于喷溅　　　　　B. 价格昂贵　　　　　C. 环境污染　　　　　D. 侵蚀炉衬

（5）加快石灰熔化的途径有（　　　）。

A. 增大石灰比表面积和加强熔池搅拌　　B. 使用活性石灰

C. 适当增加 MnO 和 CaF_2　　　　　　D. 提高开吹温度和合适的氧枪枪位

3.2-4　填空题

（1）活性石灰具有气孔率（　　）、比表面大、晶粒细小等特性，因而易于熔化，成渣速度快。

（2）轻烧白云石中 CaO 含量比活性石灰中的 CaO 含量（　　　）。

（3）目前，广泛采用（　　　）来衡量石灰在炉渣中的熔化速度指标。

（4）生白云石主要成分是 $CaCO_3$ 和 $MgCO_3$，其中 $MgCO_3$ 分解产生（　　　），减轻镁碳砖的侵蚀。

（5）氧气转炉炼钢所用的原材料有（　　　）、（　　　）和各种铁合金。

3.2-5　简述题

（1）名词解释：石灰的活性，活性石灰。

（2）氧气转炉炼钢原材料质量符合要求包括的含义有哪些？

（3）铁水脱硅的目的有哪些？

（4）转炉炼钢对石灰的质量要求有哪些？

（5）氧气转炉炼钢铁皮（氧化铁皮）或铁矿石加入的作用是什么？

（6）转炉炼钢生产对石灰质量有何要求？

教学活动建议

本项目单元理论联系实际强，难于理解。在教学活动之前或过程中，通过参观现场或观看现场视频增强学生感性认识，教师收集相关原材料图片，利用多媒体教学设施，将讲授法、教学练相结合，以提高教学效果。

查一查

学生利用课余时间，自主查询提钒和转炉炼钢相关企业的作业标准，领会所学的知识在实际生产中的应用。

项目单元 3.3　铁水预处理

【学习目标】

知识目标：

（1）掌握铁水预处理的方法及三脱技术常用的脱硫剂、脱磷剂及脱硅剂的种类及特点。

（2）熟悉铁水预处理三脱技术的基本原理。

能力目标：

（1）能陈述铁水预处理常用的方法。

（2）会合理地选用常用的脱硫剂、脱磷剂及脱硅剂。

　　（3）能按工艺要求使用计算机操作铁水预处理设备，完成铁水预处理任务。

　　（4）能利用网络、图书馆收集相关资料、自主学习。

【任务描述】

　　（1）选定铁水预处理方式及脱除剂。

　　（2）编制铁水预处理方案并进行操作。

　　按照冶炼工艺要求，使用脱硫或"三脱"设备，采用适用的脱除剂。按规定的工艺参数，如脱硫剂、脱硅剂、脱磷剂的加入量、加入时间以及载气流量、喷吹和搅拌时间进行铁水预处理，然后扒除铁水包上的渣子，再将处理后的铁水送到转炉车间。

【相关知识点】

　　铁水预处理是指铁水在兑入炼钢炉之前，为去除或提取某种成分而进行的处理过程。例如对铁水的炉外脱 S、脱 P 和脱 Si，即三脱技术就属于铁水预处理的一种。铁水进行三脱可以改善炼钢主原料的状况，实现少渣或无渣操作，简化炼钢操作工艺，可经济有效地生产低 P、S 优质钢。

3.3.1　铁水炉外脱硫

　　对于除易切削钢外的大多数钢种，硫是钢中的有害夹杂元素。在钢液凝固结晶过程中，随着硫在钢种的溶解度的降低，硫不断地在晶界上以低熔点 FeS 的形态析出，形成一种包围铁素体晶粒的网状组织。由此，在热加工过程中，因为晶界上低熔点的硫化物的过早熔化而形成钢的"热脆"。硫作为有害元素必须在精炼过程中加以去除。在炼铁过程中去除硫要比在炼钢过程中容易得多。因此，早期较为一致的看法是把去硫的任务尽量交给炼铁。但在高炉中去硫要花较大的代价，意味着必须提高渣碱度，增加渣量，从而导致渣量增加。而炼钢过程是个氧化过程，即便是脱除并不算多的硫，也要花费大力气，使指标受到影响。

3.3.1.1　铁水炉外脱硫基本原理

　　铁水炉外脱硫原理与转炉内脱硫原理基本相同，即使用与硫的亲和力比铁与硫的亲和力大的元素或化合物，将硫化铁中的硫转变为更稳定的，极少熔解或完全不熔于铁液的化合物。同时，脱硫反应在满足热力学条件的基础上，还需要有良好的动力学条件，加速铁水中的硫向反应界面扩散和扩大脱硫剂与铁水之间的反应面积。

　　A　脱硫剂及脱硫特点

　　炉外脱硫的脱硫剂主要有电石粉（CaC_2）、石灰粉（CaO）、石灰石粉（$CaCO_3$）、金属镁（Mg）和镁基粉剂（Mg/CaO、Mg/CaC_2）、苏打粉（Na_2CO_3）等几种，它们可以单独使用，也可以搭配使用。

　　（1）电石粉。电石粉主要成分为电石，化学成分为 CaC_2，是一种重要的脱硫剂，其粒度为 0.1~1mm。生产实际用的电石是含 CaC_2 为 50%~80% 的工业电石，还含有 16%~40%CaO，其余是碳。电石粉加入铁水后与硫发生如下反应：

$$CaC_2(s) + [FeS] \Longrightarrow CaS(s) + [Fe] + 2[C]$$

电石粉脱硫具有如下特点：

1）CaC_2 有很强的脱硫能力，脱硫反应又是放热反应，可减少脱硫过程中铁水的温降。

2）脱硫产物 CaS 的熔点很高，为 2400℃，在铁水液面形成疏松固体渣，易于扒渣，同时对混铁车或铁水包内衬侵蚀较轻。

3）脱硫过程有石墨炭析出，同时还有少量的 CO、C_2H_2 气体，并带出电石粉，因而污染环境，必须安装除尘装置。

4）电石粉是工业产品，价格较贵。电耗为 $40kW \cdot h/t$，约为石灰的 10 多倍。

5）CaC_2 吸收水分后生成的 C_2H_2 是可燃气体，易产生爆炸。C_2H_2 气体在空气中的浓度达到 2.7% 时就会发生爆炸，所以应相应地增加检测、防爆、防燃设施，给工艺设备增加了复杂性和不安全性，要特别注意电石粉在运输和储存过程的密封防潮。

$$CaC_2(s) + 2H_2O \Longrightarrow Ca(OH)_2 + C_2H_2(g)$$
$$CaC_2(s) + H_2O \Longrightarrow CaO + C_2H_2(g)$$

（2）石灰粉。石灰粉主要成分是 CaO。石灰加入铁水后发生如下反应：

$$4CaO(s) + 2[FeS] + [C] \longrightarrow (CaS)(s) + [Fe] + \{CO\}$$

当铁水中 Si 高时，

$$4CaO(s) + 2[FeS] + [Si] \longrightarrow 2(CaS)(s) + 2[Fe] + (2CaO \cdot SiO_2)$$
$$2CaO(s) + 2[FeS] + [Si] \longrightarrow 2(CaS)(s) + 2[Fe] + (SiO_2)$$

石灰粉脱硫具有如下特点：

1）石灰粉资源丰富，价格低，易加工，使用安全。

2）脱硫产物为固态，便于扒渣，对铁水包耐火材料内衬的侵蚀较轻，但渣量较大。

3）石灰粉在喷粉罐体内的流动性较差，容易堵料，同时石灰极易吸水潮解。

4）在石灰脱硫过程中，铁水中的 Si 被氧化生成 SiO_2，SiO_2 将与 CaO 作用生成 $2CaO \cdot SiO_2$（熔点 2130℃，组织致密），相应地消耗了有效 CaO 量，而且在石灰粉粒表面形成致密的 $2CaO \cdot SiO_2$，阻碍了 [S] 向 CaO 粉粒的扩散，影响了脱硫速度和脱硫效率，所以石灰粉的脱硫效率只是电石粉的 1/4～1/3。为此，可在石灰粉中配加适量的 CaF_2、Al 或 Na_2CO_3 等成分，破坏石灰粉粒表面的 $2CaO \cdot SiO_2$，改善石灰粉的脱硫状况。如配加 Al 后使石灰粉粒表面形成了低熔点钙的铝酸盐（$12CaO \cdot 7Al_2O_3$），提高脱硫效率约 20%；加入 Na_2CO_3 可以使 CaO 反应速度常数由 0.3 增长为 1.2；若加入 CaF_2 反应速度常数可提高 2.5。

5）石灰脱硫反应为吸热反应，脱硫过程铁水温降大。

（3）石灰石粉。石灰石粉主要成分是 $CaCO_3$，属于石灰脱硫范畴（钙基脱硫剂）。石灰石受热分解反应如下：

$$2CaCO_3(s) \longrightarrow CaO(s) + CO_2(g)$$

分解产生的 CaO 起着脱硫作用：

$$CaO(s) + [FeS] + [C] \Longrightarrow CaS(s) + [Fe] + CO(g)$$
$$2CaO(s) + [FeS] + 1/2[Si] \longrightarrow CaS(s) + [Fe] + 1/2(2CaO \cdot SiO_2)$$

石灰石粉具有如下特点：

1）石灰石在铁水深处分解时会发生炸裂，生成极细的（细小的、多孔的）石灰粉，具有很高的活度，使 CaO 的反应面积增大，脱硫作用增强，提高了 CaO 的利用率。实践证明，用（电石粉+石灰石粉）作脱硫剂比用（电石粉+石灰粉）作脱硫剂的脱硫效果可提高 5%。

2）石灰石受热分解放出 CO_2 气体，CO_2 气体从铁水中上浮，加强了铁水的搅拌，有利于脱硫反应；增加了脱硫剂与铁水的接触机会，提高了脱硫反应率和脱硫剂效率。

3）石灰石受热分解出的 CO_2 与铁水中的 Si 反应会放出热量，其热量与 $CaCO_3$ 分解吸收热量大体相抵。因此，使用石灰石脱硫时铁水不会过分降温，与使用石灰粉脱硫大致相当。石灰石粉脱硫分解的 CO_2 气体过多易喷溅，这是不利于脱硫反应进行的。

4）石灰石资源丰富，价格低廉，不吸潮，易于保存，流动性好，不易堵塞喷吹管。

（4）金属镁和镁基材料。镁为碱土金属，其熔点与沸点都较低，熔点为 651℃，沸点是 1107℃，在铁水存在的温度下呈气态。镁与硫的结合力很强。镁在铁水中的溶解度取决于铁水温度和镁的蒸气压，因此，镁的溶解度随压力的增加而增大，随铁水温度的升高而大幅度下降。在 $1×10^5Pa$ 气压的条件下，当温度为 1200℃、1300℃和1400℃时，镁的溶解度分别为 0.45%、0.22%和0.12%；在 $2×10^5Pa$ 气压的条件下，镁的溶解度增大了 1 倍，分别为 0.90%、0.44%和0.24%。铁水只要熔入 0.05%~0.06%的镁（相当于 0.5~0.6kg/t）脱硫就足够了。镁的脱硫反应如下：

$$Mg(s) \longrightarrow Mg(l) \longrightarrow Mg(g) \longrightarrow [Mg]$$
$$[Mg] + [FeS] == (MgS)(s) + [Fe]$$
$$\{Mg\} + [FeS] == (MgS)(s) + [Fe]$$

研究表明，镁的蒸气泡只能脱去铁水中 3%~8%的硫，因此脱硫反应还是以熔解在铁水中镁脱硫为主。

由于金属镁的沸点很低，在铁水温度下呈气态。为了减缓镁的气化速度，采取的方式有：一种是将镁渗入到焦炭中，并将其放入用黏土石墨制作的钟罩形容器内，再使其浸入铁水中，通过金属镁气化蒸发沸腾离开焦炭表面而与铁水接触生成 MgS，并上浮到铁水液面形成熔渣；另一种是将钝化后的金属镁（见图 3-4）通过载流气体喷入铁水；第三种就是复合喷吹（如喷吹 Mg/ CaO、Mg/CaC_2）。

镁脱硫的特点如下：

1）镁的脱硫能力很强，喷吹数量少，处理时间短。用镁脱硫的反应速度快，脱硫效率高，可使铁水中硫含量≤0.005%，适用于大量处理铁水。

图 3-4　钝化镁外形示意图

2）镁脱硫反应是放热反应，低温脱硫效率高，热损少。采用钝化镁解决了其贮运的安全问题。

3）产物为固态硫化镁，易于扒除，对耐火材料侵蚀较轻。

4）镁的挥发损失大，控制不当可引起严重喷溅或爆炸等事故。

5）镁价格高，处理成本高。

（5）苏打粉。苏打粉主要成分是 Na_2CO_3，其受热分解，然后与铁水中的硫发生如下反应：

$$Na_2CO_3 \Longrightarrow Na_2O + CO_2 \uparrow$$

$$Na_2CO_3 + [S] + [Si] \Longrightarrow Na_2S + SiO_2 + CO \uparrow$$

$$Na_2CO_3 + [S] + 2[C] \Longrightarrow Na_2S + 3CO \uparrow$$

$$5FeO + 2[V] + Na_2CO_3 \Longrightarrow 2NaVO_3 + 5Fe + CO_2 \uparrow$$

苏打粉脱硫特点如下：

1）Na_2CO_3 有很强的脱硫能力。在 1350℃ 时，其脱硫能力与电石相当，而大大高于石灰粉的脱硫能力。

2）苏打粉不仅可以脱硫，而且可以同时脱磷。

3）用苏打粉处理铁水，处理后渣中的苏打呈水溶性，可以用湿法回收苏打，重复使用。

4）苏打在 1250℃ 易挥发产生白色浓雾；另外，苏打粉脱硫生产的 Na_2S 有部分被氧化成 SO_2 和 Na_2O，其反应如式为：

$$2Na_2S(l) + 3O_2(g) \Longrightarrow 2SO_2(g) + 2Na_2O$$

Na_2O 可能被还原成气体钠，钠蒸气连同一氧化碳在空气中燃烧，也生成大量烟雾，这些烟雾污染空气，堵塞管道，加剧侵蚀。

5）苏打粉的沸点低，在铁水中易挥发，且碳酸钠分解要吸收大量热量，从而引起铁水的降温，不适应低温钒钛铁水预处理。

6）苏打粉在高温下分解生成的氧化钠呈液体，它在渣中的含量高时，渣就变得很稀，不易扒渣，且对罐内耐火材料侵蚀严重。

7）苏打粉的来源短缺，成本高；而从渣中回收苏打重复使用时，要增加额外的设备投资和生产费用。

很早以前，曾经用过苏打粉作脱硫剂，脱硫能力与电石相当。苏打粉脱硫过程中产生的渣会腐蚀处理罐的内衬，并有烟尘污染环境，对人有害，价格贵，很少单独使用，未能沿用下来。

为了估算各脱硫剂的脱硫能力，在 1350℃ 下，对铁水进行平衡 $w_{[S]}$ 计算。假设铁水成分：$w_{[C]} = 4.0\%$，$w_{[Si]} = 0.6\%$，$w_{[Mn]} = 0.5\%$，$w_{[P]} = 0.20\%$，$w_{[S]} = 0.04\%$，计算结果见表 3-20。

表 3-20 各种脱硫剂脱硫能力估算值

脱硫剂	CaO（$w_{[Si]} < 0.05\%$）	CaO+Al	CaC$_2$	Mg(g)
平衡 $w_{[S]}$/%	3.7×10^{-3}	2.84×10^{-4}	4.9×10^{-7}	1.6×10^{-5}

依据各脱硫剂脱硫能力，它们都能满足工业应用中的脱硫要求。其脱硫能力由强变弱的顺序为：$Mg/CaO(Mg/CaC_2)$、CaC_2、Mg、CaO。目前，Mg/CaO 或 Mg/CaC_2、CaC_2、Mg 被广泛地应用于铁水脱硫，尤其是近几年来，金属镁脱硫在铁水预处理中所占的比例越来越大，已经成为铁水预处理脱硫的主流方法。

B 脱硫剂的选择

选择脱硫剂主要从脱硫能力、成本、资源、环境保护、对耐火材料的侵蚀程度、形成硫化物的性状、对操作影响以及安全等因素综合考虑而确定。上述脱硫剂中，镁脱硫剂的优点突出。镁与硫的亲和力极高，对于低温铁水，镁脱硫的效果最好，用量少，对高炉渣不敏感；铁损少，无环境问题；而且脱硫处理用的设备投资也较低。其缺点是镁的价格高，但我国有大量的镁资源，故应加强研发。脱硫剂可以单独使用，也可以几种配合使用，但其脱硫效率有较大的差别。如电石粉+石灰粉（如攀钢）、或电石粉+石灰粉+石灰石粉、或金属镁+石灰粉（如武钢三炼钢、宝钢、本钢）、金属镁+电石粉（宝钢）的复合脱硫剂。再如，CaD 脱硫剂，是电石粉和氨基石灰的混合料，氨基石灰是 $w_{CaCO_3} = 85\%$，$w_C = 15\%$的混合材料。

3.3.1.2　脱硫方法

迄今为止，脱硫的方法有 20 余种，但主要操作环节相似，即包括加脱硫剂、搅拌、扒渣、取样测温。正确选择铁水脱硫预处理的工艺方法、脱硫剂种类和预处理容器是铁水预处理的技术核心。目前广泛使用的有机械搅拌法和喷吹法。

（1）机械搅拌法。机械搅拌法是将搅拌器（也称搅拌桨）沉入铁水内部旋转，在铁水中央部位形成锥形旋涡，使脱硫剂与铁水充分混合作用。KR 法、DORA 法、RS 法和 NP 法等都是搅拌法。KR 法脱硫装置的示意图如图 3-5 所示。它是由搅拌器和脱硫剂输送装置等部分组成。搅拌器头部是一个"十"字形叶轮，内骨架为钢结构，外包砌耐火泥料。搅拌器以 70~120r/min 速度旋转搅动铁水，1~1.5min 以后，使铁水形成旋涡，加入脱硫剂，通过搅动，铁水与脱硫剂密切接触、充分混合。

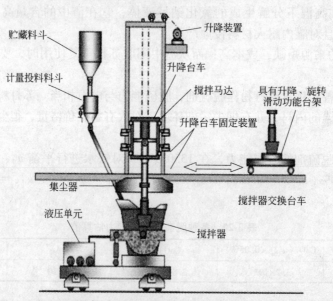

图 3-5　KR 法脱硫装置示意图

若使用电石粉为脱硫剂时，每吨铁水用量为 2~3kg；苏打粉则是 6~8kg。每次处理时间约 10~15min，脱硫效率为 80%~90%，最大处理量为 350t，处理周期约为 30~35min。

若用电石粉为脱硫剂，当铁水中 $w_{[S]} = 0.030\%$时，耗量为每吨铁水 2kg，处理后铁水中 $w_{[S]}$可降至 0.001%的水平，其脱硫效率为 96%~97%。铁水处理前后必须扒渣。我国武钢二炼钢厂从日本引进了 KR 设备，于 1979 年投入使用，经消化改造，现以石灰粉为主要脱硫剂，效果不错。

（2）喷吹法。以干燥的空气或惰性气体为载流，将脱硫剂与气体混合吹入铁水中，同时也搅动了铁水，可以在混铁车或铁水包内处理。图 3-6 所示为喷吹法设备结构示意图。脱硫喷枪的类型很多，以喷枪出口的个数可分为单孔、二孔和多孔喷枪；以出口的角度可分为直孔、斜孔（"Y"形）和"T"形孔喷枪；从枪体的结构形式可分为整体式和组合式喷枪。倒"T"形和倒"Y"形喷枪构造示意图如图 3-7 所示，图 3-8 为单孔直孔喷枪结构示意图。

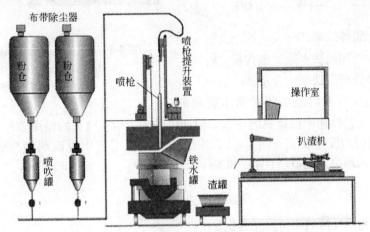

图 3-6 喷吹法脱硫装置示意图

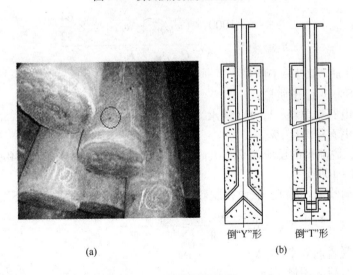

(a)　　　　　　　　　　(b)

图 3-7 三孔喷枪示意图

（a）三孔倒"Y"形喷枪外形图；（b）倒"Y"形和倒"T"形喷枪结构示意图

喷枪垂直插入铁水中，由于铁水的搅动，脱硫效果好。喷枪插入深度和喷吹强度直接关系到脱硫效率。宝钢在 20 世纪 80 年代从日本引进的脱硫技术就是喷吹法，也称 DTS法，脱硫剂是电石粉。联邦德国蒂森冶金公司开发的 ATH 法也属喷吹法。乌克兰则采用带混合室的喷枪喷吹脱硫剂。

　　用金属镁为脱硫剂，每吨铁水耗量 0.3kg，铁水中 $w_{[S]}$ 由 0.035% 降至 0.01%；当镁的耗量为 0.4kg/t，终点 $w_{[S]}$ 可降到 0.005%，一般处理周期为 30~40min。

3.3.1.3　铁水炉外脱硫的评价指标

　　（1）脱硫率或称脱硫效率（η_S）：

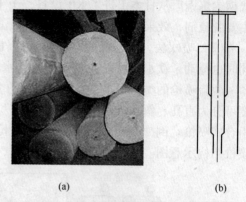

$$\eta_S = \frac{w_{[S]前} - w_{[S]后}}{w_{[S]前}} \times 100\% \qquad (3-2)$$

式中　η_S——脱硫效率，%；

　　$w_{[S]前}$——处理前铁水原始硫含量，%；

　　$w_{[S]后}$——处理后铁水硫含量，%。

　　（a）　　　　　　　　　（b）

图 3-8　单孔直孔组合式喷枪示意图
（a）单孔直孔组合式喷枪外形图；
（b）单孔直孔组合式喷枪结构图

　　η_S 明显地反映出脱硫工艺对铁水脱硫的直接影响，是工艺操作中很重要的参数，但此值并未表示脱硫剂的使用效果。

　　（2）脱硫剂的反应效率（$\eta_{脱硫剂}$）。为了比较脱硫工艺中脱硫剂参与脱硫反应的程度，用脱硫剂的理论消耗量（$Q_理$）和实际消耗量（$Q_实$）的比值来表示。

$$\eta_{脱硫剂} = \frac{Q_理}{Q_实} \times 100\%$$

　　现以电石粉的反应效率 $\eta_{脱硫剂}$ 为例。

$$CaC_2 + S == CaS + 2C$$

$$\eta_{脱硫剂} = \frac{1000 \times (w_{[s]前} - w_{[s]后}) \times \dfrac{64}{32}}{Q_{电石粉} \times K_{CaC_2}} \qquad (3-3)$$

式中　64——CaC_2 相对分子质量；

　　32——S 相对原子质量；

　　$Q_{电石粉}$——电石粉单耗，kg/t（铁水）；

　　K——电石粉纯度，%。

　　一般来说，脱硫剂的反应效率不太高，电石粉的反应效率为 20%~40%，而石灰粉的反应效率仅 5%~10%。

　　（3）脱硫剂效率（K_S）。假设在脱硫过程中，脱硫剂效率 K_S 保持不变，则

$$K_S = \frac{\Delta w_{[S]}}{W} = \frac{w_{[S]前} - w_{[S]后}}{W} \qquad (3-4)$$

式中　K_S——脱硫剂效率，%/kg；

　　W——脱硫剂用量，kg。

　　脱硫剂效率 K_S 就是单位脱硫剂的脱硫量，此值虽然比较粗略，但在实际操作中却很有用。在掌握了一定操作条件下的经验数据后，就可以根据所要求的脱硫量，控制脱硫剂的用量。

3.3.2　铁水炉外脱硅

　　铁水预脱硅技术是基于铁水预脱磷技术发展起来的。铁水中硅与氧的亲和力大于磷与

氧的亲和力，当加入氧化剂脱磷时，硅先于磷氧化，形成的 SiO_2 大大降低渣的碱度。为此脱磷前必须将硅含量将至 0.15% 以下，这个值远远低于高炉铁水的硅含量，也就是说，只有当铁水中的硅大部分氧化后磷才能迅速被氧化去除，所以脱磷前必须先脱硅。降低铁水硅含量可以减少转炉石灰用量，减少渣量和铁损，实现少渣或无渣工艺；为炉外脱磷创造条件，减少脱磷剂用量，提高脱磷率。降低铁水硅含量可以通过发展高炉冶炼低硅铁水，或采用炉外铁水脱硅技术。

3.3.2.1　脱硅剂

铁水炉外脱硅的脱硅剂均为氧化剂。选择脱硅剂时，首先要考虑材料的氧化活性；其次是运输方便，价格经济。目前使用的材料是以氧化铁皮和烧结矿粉为主的脱硅剂。其成分和粒度如表 3-21 所示。

表 3-21　脱硅剂成分及粒度要求

项　目	化学成分 $w/\%$						粒度/mm			
	TFe	CaO	SiO_2	Al_2O_3	MgO	O_2	<0.25	0.25~0.50	0.50~1.0	>1.0
氧化铁皮	75.86	0.40	0.53	0.22	0.14	24.00	38%	52%	9%	1%
烧结矿	47.50	13.35	6.83	3.20	1.34	20.00	68%	17%	14%	1%

单纯使用氧化剂脱硅会发生如下现象：

（1）生成的熔渣黏，流动性不好。

（2）铁水中硅降低的同时产生脱碳反应，从而形成泡沫渣。泡沫渣严重时势必增加铁损，并影响铁水罐和混铁车装入量。为了改善熔渣流动性，在脱硅剂中配加适量的石灰和萤石，使碱度在 0.9~1.2，还能防止回硫，同时可以减少锰的损失。碱度与熔渣起泡的关系见图 3-9。有的厂家还向铁水罐中投加焦油无水炮泥，以抑制熔渣起泡。

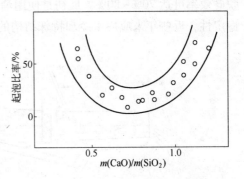

图 3-9　碱度与熔渣起泡的关系图

各厂家使用的脱硅剂的配比也不完全一样，例如：

日本福山厂	氧化铁皮	70%~100%
	石灰	0~20%
	萤石	0~10%
日本水岛厂	烧结矿粉	75%
	石灰	25%

日本一些厂家脱硅剂的成分如表 3-22 所列。

3.3.2.2　脱硅剂加入方法

铁水炉外脱硅方法有投入法和顶喷法。

（1）投入法。投入法是将脱硅剂料斗设置在撇渣器后的主沟附近，利用电磁振动给料器向铁水沟内流动铁水表面给料，利用铁水从主沟和摆动流槽落入铁水罐时的冲击搅拌作用, 使脱硅剂与铁水充分混合进行脱硅反应。这是最早的一种脱硅方法, 脱硅效率较低, 一般在 50% 左右。

表 3-22　日本一些厂家脱硅剂的化学成分

厂　家	化学成分 w/%							
	TFe	FeO	SiO$_2$	Al$_2$O$_3$	CaO	MgO	Mn	P
住友和歌山	56.6	20.37	5.37	1.93	8.82	0.96	0.69	0.042
住友小仓	57.4	6.94	5.42	1.88	8.89	1.18	0.44	0.052
神户加古川	Fe$_2$O$_3$ = 71		6.7		7.3			

注: 脱硅剂的成分应小于 1%。

(2) 顶喷法。顶喷法是用工作气压为 0.2~0.3MPa 的空气或氮气作载流, 在铁水液面以上一定高度通过喷枪喷送脱硅剂。目前工业上采用的方法有三种形式, 如图 3-10 所示。图 3-10a: 喷枪倾斜角为 10°~20°, 脱硅剂喷入一个设有挡墙的特殊出铁沟内, 喷入铁水内部和浮在表面的粉剂, 随铁水流动落入混铁车或铁水罐内, 靠落差冲击达到铁水与脱硅剂的混合。图 3-10b: 将脱硅剂喷到流入混铁车或铁水罐的铁水流股内, 靠铁水流的落差达到混合。图 3-10c: 将脱硅剂喷至摆动槽的铁水落差区, 然后经摆动槽落入混铁车或铁水罐中, 这种方式铁水与脱硅剂经过两次混合, 所以脱硅效果好, 脱硅剂利用率高, 脱硅效率可达 70%~80%。最初是使用消耗性喷枪, 烧损严重, 约 300mm/h, 影响脱硅的稳定性, 近些年来应用水冷却特殊结构的喷枪。

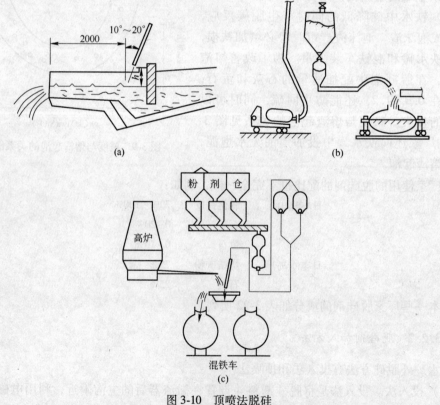

图 3-10　顶喷法脱硅
(a) 形式之一; (b) 形式之二; (c) 形式之三

炉外脱硅技术是将氧化剂加到流动的铁水中，硅的氧化产物形成熔渣。处理后铁水中的 $w_{[Si]}$ 可达 0.10%~0.15% 以下。

3.3.3 铁水炉外脱磷

炼铁原料中的磷在高炉的还原气氛下将全部进入铁水中，在一般情况下，磷是钢中的有害元素。目前，铁水炉外预脱磷已经发展到成为改善和稳定转炉冶炼工艺操作，降低转炉炼钢生产成本和实现少渣炼钢的重要技术手段。尤其当前热补偿技术的开发成功，能够解决脱磷过程铁水的降温问题，所以采用铁水预脱磷的厂家越来越多，铁水预脱磷的比例也越来越大。

铁水预脱磷与炉内脱磷的原理相同，即在低温、高氧化性、高碱度熔渣条件下脱磷。与钢水相比，铁水预脱磷具有低温、经济合理的优势。今后有可能达到100%铁水经过预处理，而转炉100%使用预处理的铁水炼钢。这样可以明显地减轻转炉精炼的负担，提高冶炼速度，100%达到成分控制的命中率，扩大钢的品种，大幅度提高钢质量。

3.3.3.1 脱磷剂

目前广泛使用的脱磷材料有苏打系和石灰系脱磷剂。

（1）苏打系脱磷剂。苏打粉的主要成分为 Na_2CO_3，是最早用于脱磷的材料，其脱磷反应式为：

$$Na_2CO_3(s) + \frac{4}{5}[P] = \frac{2}{5}(P_2O_5) + [C] + (Na_2O)(s)$$

用苏打粉脱磷的碱度 $w(Na_2CO_3)/w(SiO_2)>3$ 时，$w_{(P_2O_5)}/w_{[P]}$ 指数能达到 1000 以上，效率较高。但是在脱磷过程中苏打粉大量挥发，钠的损失严重，其反应式为：

$$Na_2CO_3(s) + 2[C] = 2Na(g) + 3CO(g)$$

或

$$Na_2O(s) + [C] = 2Na(g) + CO(g)$$

苏打粉脱磷的特点如下：

1）苏打粉脱磷的同时还可以脱硫。
2）铁水中锰几乎没有损失。
3）金属损失少。
4）可以回收铁水中 V、Ti 等贵重金属元素。
5）处理过程中苏打粉挥发，钠的损失严重，污染环境，产物对耐火材料有侵蚀。
6）处理过程铁水温度损失较大。
7）苏打粉价格较贵。

（2）石灰系脱磷剂。石灰系脱磷材料主要成分是 CaO，配入一定比例的氧化铁皮或烧结矿粉和适量的萤石。研究表明，这些材料的粒度较细，吹入铁水后，由于铁水内各部氧位的差别，能够同时脱磷和脱硫。

使用石灰系脱磷剂既能达到脱磷效果，价格又便宜，成本低。

无论是用苏打系或是石灰系材料脱磷，铁水中硅含量低对脱磷有利。为此在使用苏打系处理铁水脱磷时，要求铁水中 $w_{[Si]}<0.10\%$；而使用石灰系脱磷剂时，铁水中 $w_{[Si]}<0.15\%$ 为宜。

3.3.3.2　脱磷方法

铁水预脱磷处理方法按处理设备分为炉外法和炉内法。炉外法设备有铁水包和鱼雷罐；炉内法设备有专用转炉和底吹转炉。按加料方式和搅拌方式可分为喷吹法、顶加熔剂机械搅拌法（KR）法以及顶加熔剂吹氮搅拌法等，目前采用喷吹法的比较多。根据工业生产实践，主要炉外脱磷方法有机械搅拌法与喷吹法。

（1）喷吹法。喷吹法是目前最主要的脱磷方法，它是通过载气将脱磷剂喷吹到铁水包中，使之与铁水混合、反应，达到高效脱磷。喷吹法铁水预脱磷工艺分为铁水包喷吹法（如日本新日铁用氩气作为载气吹入脱磷剂）和鱼雷罐喷吹法（如日本的大钢铁厂，鱼雷罐普遍作为铁水的运输工具，但以鱼雷罐作为铁水预脱磷设备存在一些问题，使用这种脱磷容器的厂逐渐减少）。

（2）机械搅拌法。机械搅拌法是把配制好的脱磷剂加入到铁水包中，然后利用装有叶片的机械搅拌器使铁水搅拌混匀，也可在铁水中同时吹入氧气。日本某厂曾用机械搅拌法在 50t 铁水包中进行炉外脱磷，其叶轮转速为 50~70r/min，吹氧量 8~18m³/t，处理时间 30~60min，脱磷率 60%~85%。

3.3.3.3　铁水同时脱硫与脱磷

工业技术的发展促使人们寻求更加经济的铁水炉外处理方法，若能在铁水预处理中同时实现脱磷与脱硫，则对降低生产成本，提高生产率都有利。众所周知，铁水脱硫和脱磷所要求的热力学条件是相互矛盾的，要同时实现脱硫与脱磷，必须创造一定的条件才能进行。根据对铁水脱磷和脱硫的程度要求，当渣系一定时，可以通过控制炉渣-金属界面的氧位 p_{O_2} 来调节 L_p 和 L_s 的大小，即增大 p_{O_2} 能提高 L_p，减小 L_s；减小 p_{O_2} 能降低 L_p，增大 L_s。因此，就可以根据脱磷和脱硫的程度要求，控制合适的氧位，有效地实现铁水的同时脱磷和脱硫。在采用喷吹冶金技术时，经试验测定，在喷枪出口处氧位高，有利于脱磷；当粉液流股上升时，其氧位逐渐降低，到包壁回流处氧位低，有利于实现脱硫。110t 铁水包中喷粉处理时各部位氧位的变化实测值见图 3-11。因此，再同一反应器内，脱磷反应发生在高氧位区，脱硫反应发生在低氧位区，使铁水与硫得以同时去除。

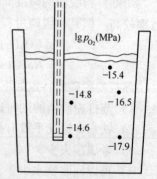

图 3-11　在喷吹冶金时铁水中 p_{O_2} 的变化

理论上的突破，促进了工艺技术的发展，目前铁水同时脱磷脱硫工艺已在工业上应用。如日本的 SARP 法（Sumitomo Alkali Refining Process——住友碱性精炼工艺），它是将高炉铁水首先脱 Si，当 $w_{[Si]}<0.1\%$ 以后，扒出高炉渣，然后喷吹苏打粉 19kg/t，其结果使铁水脱硫 96%，脱磷 95%。喷吹苏打粉工艺的特点是：苏打粉熔点低，流动性好；界面张力小，易于渣铁分离，使渣中铁损小；实现同时去除硫磷；但对耐火材料侵蚀严重；有气体污染。

另一类是以喷吹石灰粉为主的粉料也可实现同时脱磷与脱硫，如日本新日铁公司的 ORP 法（Optimising the Refining Process——最佳精炼工艺），它是把铁水脱硅，当 $w_{[Si]}<0.15\%$ 后，扒出炉渣，然后喷吹石灰基粉料 52kg/t，其结果铁水脱硫率为 80%，脱磷率为

88%。喷吹石灰基粉料的工艺特点是：渣量大，渣中铁损多（TFe 达 20%～30%）；石灰熔点高，需加助熔剂；铁水中氧位低，需供氧；成本低。

【知识拓展】

项目 3.3-1　铁水预处理的发展动态

（1）通过对不同"三脱"剂、不同顺序的热力学计算比较，得出最佳铁水预处理的顺序为：预处理脱硫→预处理脱硅→脱磷。特别是对洁净钢的生产，应该采用以下流程：高炉铁水→深度脱硫（$w_{[S]} \le 0.005\%$）→复吹转炉（脱磷、脱碳、升温）→钢水精炼（脱硫、去气体、去夹杂）→低硫钢水（$w_{[S]} \le 0.005\%$）。如果要生产超低硫钢（$w_{[S]} \le 0.002\%$），则铁水要深脱硫至 0.002%～0.003%。

（2）通过对不同处理容器、处理方法的动力学比较，得出最佳铁水预处理的方法应为铁水包 KR 法脱硫，专用转炉脱硅、脱磷。

（3）目前，国内脱硫工艺方法以喷吹法为主。喷吹法就是将脱硫剂喷入铁水包中来脱硫。它比投掷法（将脱硫剂投入铁水中脱硫）效率高得多，而且比搅拌法（向铁水内加入脱硫剂通过机械搅拌器来搅拌脱硫）成本低、损耗小。但是，目前国际上的先进钢铁厂（如日本）在喷吹法脱硫设备大修时却将其改造为机械搅拌法，主要是因为机械搅拌法的脱硫效率最高（可达 95%），这个动向值得重视。

（4）用铁水包 KR 法脱硫时，可以采用廉价的石灰作脱硫剂，易实现深脱硫和超深脱硫，脱硫效果稳定，适用于大批量生产超低硫钢。目前比较先进的方法是复合喷吹工艺。这种工艺用两套喷粉系统通过计算机控制，按一定比例分别喷吹钙质粉剂（CaO 粉或 CaC_2 粉）和镁粉，以达到最佳的脱硫效果。复合喷吹的特点是：在喷粉过程中可以随时调整金属镁和钙质粉剂的配比，根据铁水的原始硫含量和最终的脱硫要求，在铁水硫含量较低或脱硫要求较低时喷入成本低的石灰，只配入少量的金属镁粉；当铁水硫含量较高或脱硫要求较高时，在喷粉过程中逐步增加金属镁粉，从而达到对铁水进行深度脱硫的效果。

项目 3.3-2　铁水脱硫发展概况

对于除易切削钢外的大多数钢种，硫是钢中的有害夹杂元素，主要危害是使钢产生"热脆"。基于矿石至钢材的加工过程中，高炉中去硫要花较大的代价，炼钢过程是个氧化过程，即便是脱除并不算多的硫，也要花费大力气，使指标受到影响的原因，早在 18 世纪末转炉底吹空气时代，就有人提出进行铁水炉外脱硫的设想，不久便出现了转鼓脱硫法（Kalling）。转鼓脱硫是通过绕水平轴线旋转的直筒炉体，使熔剂与铁水良好混合接触，可以在 15min 内脱除大约 90% 的硫。然而，这种方法由于容积比太大（0.5m³/t），温降过大以及由于衬壁寿命等问题没有得到广泛采用。

20 世纪 60 年代中期又出现了以水平偏心摇动包体，实现铁水与脱硫剂混合来达到脱硫目的的摇包法脱硫（Shaking）。此方法是靠水平偏心摇动，借助达到某一临界速度时所产生的海岸击浪现象，使脱硫剂与铁水达到良好接触而起到脱硫作用。摇包法脱硫较之转鼓法有了一定的进展，其特点是变容器转动为容器摇动，且容积比也明显减小，降为 0.25m³/t，因而温度损失变小，罐壁寿命也有所提高，70 年代曾经在工业中得到应用。处理包容一般在 30t 以下，最大的一个是日本洞岗的 50t 摇包。

　　转鼓和摇包都是属于容器运动法，这种方法动力消耗大，并且容量也受到一定的限制。

　　继摇包法脱硫出现不久，在联邦德国莱茵钢厂和日本广畑厂相继开发成功搅拌法脱硫装置。这种方法的特点是无需容器运动，靠插入铁水内部的搅拌器，使铁水转动与脱硫剂混合接触，来实现脱硫的目的。由容器运动法演变发展成搅拌法是铁水脱硫技术的一个很大进步。搅拌法分为两种形式，即莱茵法和 KR 法。两种方法的最大区别点是搅拌器的插入深度不同。莱茵法搅拌器只是部分地插入铁水内部，通过搅拌使罐上部的铁水和脱硫剂形成涡流搅动，互相混合接触同时通过循环流动使整个包内铁水都能达到最佳脱硫区段以实现脱硫。KR 法是将搅拌器沉浸入到铁水内部而不是在铁水和脱硫剂之间的界面上，通过搅拌形成铁水运动旋涡使脱硫剂散开并混入铁水内部，加速脱硫过程。

　　由于搅拌法是利用机械搅拌作用使铁水与脱硫剂均匀混合达到脱硫的目的。因此，脱硫剂利用率高，消耗较低。据日本广畑厂经验，达到 90% 脱硫率的碳化钙消耗为 3kg/t。搅拌器的寿命可达到 80~100 炉，吨铁水耐火材料消耗约 0.3kg。其缺点是设备复杂，处理前必须扒除铁水浮渣，所以存在脱硫后的二次扒渣，铁水温度损失大，一般要降低 50℃ 左右，铁水罐寿命低。基于这些缺点，搅拌法的推广在国内外都受到限制，我国除武钢引进了日本技术外，其余厂家都没有采用此法。

　　进入 70 年代，由于喷射冶金的发展，喷吹法预处理铁水技术随之出现。喷吹法主要有联邦德国的 THYSSEN 的 ATH 法（斜插枪法）、日本新日铁的 TDS（顶吹法）和炉前铁水沟连续脱硫法。由于喷吹法具有设备简单、投资少、操作灵活方便、冶金效果好、处理铁水量大和费用低等特点，很快得到钢铁生产厂家的认同和推广，成为目前铁水预处理的主要方法，不仅用于铁水预处理脱硫，而且还用于铁水脱硅和同时脱除硫、磷。

　　喷吹法最早是由联邦德国奥古斯蒂森冶金公司（AUGUST THYSSEN—HUETTE AG）于 1969 年试验成功的，称为 ATH 法。它是在 265t 混铁车内斜插一根内径为 2.54cm 的喷枪，表面涂上耐火材料，每分钟吹入 108kg 碳化钙复合脱硫剂，处理时间为 8min；输送气体压力为 0.6MPa，喷枪倾角为 60°，粉剂浓度约为 40~60kg/m³（标态）。不久，日本新日铁公司于 1971 年试验成功混铁车顶喷粉脱硫法，简称 TDS 法。它是在 250t 或 300t 的混铁车垂直插入一支内径为 2.5cm 的双孔喷枪，插入深度为 1.0~1.5m，喷枪外面裹着耐火材料，处理时间为 10min，供粉速度为 40~70kg/min，用 N_2 输送，气体流量为 5~10m³/min（标态），粉剂浓度约为 8~10kg/m³（标态）。

　　喷吹法又可分为混合喷吹和复合喷吹两大类。混合喷吹法是将两种或几种脱硫粉剂事先按一定比例混合好，然后用同一个喷粉罐经喷枪喷入铁水罐中进行脱硫，这种方法简单、控制方便、投资少。缺点是脱硫剂用量配比不易准确控制，不灵活，脱硫效果不理想，命中率低，粉剂消耗大，粉剂利用率低，约是复合喷吹粉剂消耗的 1.5~2.1 倍，从而带来了渣量大、喷溅大、铁损高、温降大等一系列问题，使得成本增加，因此，近年来该方法正在逐步被淘汰。复合喷吹是将两种或几种脱硫粉剂用各自专用的喷粉罐，经称量后再输送到同一根喷枪中进行喷吹的脱硫工艺。其特点是脱硫粉剂的配比可根据现场的需求灵活调整，粉剂消耗低、控制稳定、调节灵活、设备高效、喷溅少、渣量少、铁损少、脱硫效果好。同时喷粉罐向喷枪供料均采用粉料流态化沸腾床和可调喉口技术，以保证粉剂流量波动小，喷吹管道畅通，保证了稳定的粉料定量供应。

我国从 20 世纪 50 年代末开始采用苏打粉铁水沟脱硫技术。但由于我国从平炉改造到转炉比较晚，因此铁水炉外脱硫至 20 世纪 70 年代才逐渐发展起来。1976 年武钢从新日铁引进 KR 法脱硫技术，1985 年宝钢采用 TDS 法（混铁车直插顶喷也称为 "T" 形双孔直插枪）脱硫技术，1988 年太钢引进三脱（脱硫、脱磷、脱硅）技术，1998 年本钢引进加拿大（CaO+Mg 粉）复合喷吹脱硫技术，同年宝钢引进美国（CaO+Mg 粉）复合喷吹脱硫技术，1999 年鞍钢引进美国（CaO+Mg 粉）复合喷吹脱硫技术。至今，武钢、鞍钢、攀钢、宝钢、太钢、包钢、齐钢、天钢、上钢一厂、冷水江铁焦总厂、承钢、酒钢、宜钢、重钢、涟钢、鄂钢等厂均建立了高炉铁水炉外喷吹脱硫站，还有不少厂进行了工业实验研究。它们多以石灰系脱硫剂脱硫为主，电石系和金属镁脱硫剂则相对较少。随着连铸技术的飞速发展和市场对钢质量要求的日益严格，铁水脱硫技术也在不断发展和日趋完善，提高钢材质量、生产高附加值产品的需求成为全世界范围内铁水脱硫技术的发展动力。现在要求炼钢铁水的硫含量一般不能超过 0.010%，甚至达到 0.005%~0.001%。如石油管线用钢，硫限量在 0.002%~0.005% 之间。当今，采用铁水脱硫技术已成为钢铁企业质量水平的一个标志。

【技能训练】

项目 3.3-1　根据铁水成分、温度或钢种要求确定是否进行铁水预处理操作

已知某转炉冶炼铁水的条件：$w_{[P]} = 1.0\%$，$w_{[S]} = 0.010\%$，$w_{[S]} = 0.12\%$，温度 1330℃，冶炼优质钢，分析该铁水条件是否需进行铁水预处理。

项目 3.3-2　机械搅拌（KR）法脱硫

A　操作流程

KR 法脱硫的操作规程是：向铁水罐中兑铁水→铁水罐运到扒渣位并倾翻→第一次测温、取样→第一次扒渣→铁水罐回位→加入脱硫剂→搅拌脱硫→搅拌头上升→第二次测温、取样→铁水罐倾翻→第二次扒渣→铁水罐回位→铁水罐开至吊罐位→兑入转炉。

（1）铁水脱硫前扒渣。高炉出铁后带入铁水中的高炉渣是低碱度氧化渣，并且硫含量很高，这与利于脱硫条件相违背，因此必须在脱硫操作前扒掉高炉渣。

（2）第一次测温、取样。在加入脱硫前，对铁水进行测温、取样。

（3）加入脱硫剂。铁水进入脱硫工位后，将搅拌头降至工作位置，启动搅拌头。当搅拌速度达到 7~10r/min 时，加入脱硫剂。

（4）搅拌脱硫。脱硫剂加入后，将搅拌头转速逐步加大，当达到 90~120r/min 时，转速恒定。此时脱硫反应速率达到最大，铁水进行深脱硫，历时 8~11min。

（5）第二次测温、取样。脱硫操作结束后，将搅拌头升起，进行测温取样。

（6）铁水脱硫后扒渣。脱硫操作结束后，渣中富含硫，为了避免铁水回硫，必须进行脱硫后扒渣。

B　注意事项

（1）搅拌头使用寿命。搅拌头为十字叉结构，内部由铸钢制作，外部捣打耐火浇注料。耐火浇注料由钢丝纤维、高温耐火泥、莫来石组成。制作时，将一定的耐火浇注料和水配比搅拌，通过振动捣打成型，然后经过 30h 烘烤。在使用前，必须再烘烤 7~8h。正常搅拌头的使用寿命约为 500 次。

（2）脱硫剂粒度要求。KR 法脱硫剂的加入在铁水罐上方的烟罩内进行，如果白灰粒度太小，则容易被除尘烟道吸走，起不到脱硫作用。因此要求脱硫剂粒度在 0.4~0.8mm 之间的粒级占 80% 以上。

（3）搅拌头插入深度要求。KR 法脱硫搅拌头插入太浅，会造成铁水搅拌不充分，影响脱硫效果；太深，则增大搅拌阻力，降低搅拌头寿命，增加电动机负荷。因此，插入深度一般以铁水液面以下 1500mm 为宜。

（4）铁水原始温度要求。KR 法脱硫要求铁水原始温度高于 1300℃。一是因为脱硫操作时铁水搅拌较强烈，温降较大；二是因为脱硫反应是吸热反应，温度越高，越有利于反应进行。

　　C　利用山东星科虚拟仿真实训系统进行机械搅拌（KR）法脱硫训练

登录->点击【实训练习项目】->【炼钢项目】->【铁水预处理控制】->点击【确定】按钮->点击【主操作画面】->点击【系统检查】按钮->点击【鱼雷罐车进站】按钮->点击【倒铁水】按钮->点击【进预处理站】按钮->点击【主 CRT 手动】按钮->点击烟罩升降控制【下降】按钮->点击电动溜槽操作【下降】按钮->点击铁水罐车操作【前进】按钮->点击【搅拌器操作】按钮（高度设定、速度设定等）->点击【脱硫剂设定】操作按钮->点击【铁水脱硫工艺流程】按钮（投料操作、退出操作）->扒渣操作->点击【送至转炉】按钮。

项目 3.3-3　喷吹法（KR）法脱硫

　　A　操作流程

喷吹法脱硫的操作流程是：高炉铁水罐→兑入专用铁水罐（包）→第一次扒渣→第一次测温、取样→喷入脱硫剂→第二次扒渣→第二次测温、取样→兑入转炉。

　　B　注意事项

（1）单喷镁时，喷速以 5~7kg/min 比较理想，完全能满足生产需要。如一味地提高速率，则易产生堵枪和喷溅较大的弊端。

（2）铁水返流现象。喷枪在喷吹过程中，由于喷吹角度的限制及脱硫剂不能下沉等原因，使得脱硫剂始终到不了一部分区域，如铁水罐底部及与两孔呈 90°夹角的区域，称为死区。由于铁水动力学条件差，使得该区域内的铁水得不到流动，因此该区域内铁水的脱硫效果基本上等于零。当此罐铁水脱硫操作完成后，死区内铁水的硫就会逐渐扩散到整罐铁水中，使得铁水硫量回升，造成返硫现象。

（3）对脱硫剂流量、密度和速度的控制。

（4）对脱硫剂喷吹速率和喷吹比的控制。

【思考与练习】

3.3-1　填空题

（1）镁脱硫反应时，（　　　）与铁水中的 [S] 反应生成不熔于铁水的硫化镁，起主要脱硫作用。

（2）钝化镁是一种强脱 [S] 剂，Mg 的熔点温度为（　　　）℃、气化点温度为（　　　）℃。

3.3-2　判断题

（1）铁水预处理脱硫效率比氧气转炉炼钢脱硫效率高。　　　　　　　（　　）

（2）CaC_2 的脱硫能力比 CaO 的脱硫能力强。　　　　　　　　　　（　　）

（3）铁水炉外脱硫的原理是使用与硫的亲和力比铁与硫的亲和力大的元素并生成稳定的和不熔于铁液的硫化物；同时创造良好的动力学条件，加速铁水中硫向反应区的扩散和扩大脱硫剂与铁水间的反应面积。　　　　　　　　　　　　　　　（　　）

（4）铁水预处理脱磷之前需先脱硅。　　　　　　　　　　　　　　　（　　）

（5）铁水预脱硫的脱硫效率公式：

$$\eta_S = \frac{w_{[S]前} - w_{[S]后}}{w_{[S]后}} \times 100\%$$
　　　　　　　　　　　　　　　　　　　　　　　　　　　　　　　（　　）

3.3-3　单项选择题

（1）铁水预处理"三脱"是指（　　）。

　　A. 脱硫、脱锰、脱磷　　　　B. 脱硫、脱碳、脱磷　　　C. 脱硫、脱硅、脱磷

（2）铁水预处理过程加入脱硫剂（　　）造成温度升高。

　　A. 石灰　　　　　　B. 苏打　　　　　　C. 电石　　　　　　D. 金属镁

（3）铁水预处理脱硫剂电石的主要成分是（　　）。

　　A. CaO　　　　　　B. CaC_2　　　　　C. Na_2CO_3　　　　D. Mg

（4）KR 缩写在冶金中代表（　　）。

　　A. 炼铁直接还原　　　　　　　　　B. 炉外精炼方法

　　C. 连铸一种新设备　　　　　　　　D. 铁水预处理方法

（5）铁水预处理脱磷前必须先（　　）。

　　A. 脱硅　　　　　　B. 脱碳　　　　　　C. 脱硫　　　　　　D. 脱氧

（6）现代化转炉炼钢厂设置铁水预处理方法的原则是（　　）。

　　A. 根据铁水工艺条件确定的

　　B. 根据铁水工艺条件和最佳效果因素确定的

　　C. 根据铁水条件、产品大纲和最佳效果确定的

（7）从经济效益来看，（　　）脱硫最经济合理。

　　A. 高炉　　　　　　B. 转炉　　　　　C. 铁水预处理　　　D. 炉外精炼

3.3-4　多项选择题

（1）氧气转炉炼钢以下措施（　　）属于精料措施。

　　A. 铁水预处理　　　　　　　　　B. 炉外精炼

　　C. 采用活性石灰　　　　　　　　D. 控制入炉废钢质量

（2）转炉炼钢主原料包括（　　）。

　　A. 铁水　　　　　　B. 废钢　　　　　C. 生铁块　　　　　D. 铁合金

（3）铁水预处理"三脱"是指（　　）。

　　A. 脱硫　　　　　　B. 脱碳　　　　　C. 脱磷　　　　　　D. 脱硅

（4）铁水预脱硫的发展方向是（　　）。

　　A. 全量铁水预脱硫　　B. 铁水包中脱硫　　C. 喷吹法为主　　D. 镁为脱硫剂

（5）铁水预处理脱硫剂（　　）扒渣容易。

　　A. 石灰　　　　　　B. 苏打　　　　　C. 电石　　　　　　D. 金属镁

（6）铁水预处理脱硫剂（　　）有爆炸、易燃危险。

　　A. 石灰　　　　　　B. 苏打　　　　　　C. 电石　　　　　　D. 金属镁

（7）铁水预处理（　　）脱硫剂在液面深处脱硫效果好。

　　A. CaO　　　　　　B. CaC_2　　　　　　C. Na_2CO_3　　　　　　D. Mg

（8）铁水预处理包括（　　）。

　　A. 脱硅　　　　　　B. 脱磷　　　　　　C. 脱硫　　　　　　D. 提取铌、钒

3.3-5　简述题

（1）名词解释：铁水预处理，铁水预脱硫。

（2）铁水为何要进行炉外脱硫?

（3）铁水脱硫基本原理是什么?

3.3-6　计算题

已知铁水脱硫前硫含量为 0.03%，脱硫后硫含量为 0.005%，吨铁脱硫用的镁单耗为 0.5kg，脱硫用的颗粒镁中的镁含量为 92%，求颗粒镁的利用率?

教学活动建议

本项目单元与实际生产紧密联系，为了掌握"必须、够用"的理论知识和工艺操作技能，在教学活动之前，通过参观现场或观看现场视频增加学生的感性认识，在教学活动过程中，充分利用虚拟仿真实训室进行铁水预处理工艺操作训练，使学生初步具备一定的实践技能。

查一查

学生利用课余时间，自主查询国内某些企业铁水预处理的安全技术操作规程、企业的作业标准，领会所学的知识在实际生产中的应用。

项目4 转炉提钒工艺操作与控制

项目单元4.1 氧气转炉提钒装料操作

【学习目标】

知识目标：

(1) 掌握氧气转炉提钒兑铁水、加生铁块（废钢）的操作。

(2) 掌握转炉提钒装料操作研究的内容及确定依据。

(3) 熟悉各种装入制度的特点。

能力目标：

(1) 能操作设备进行转炉兑铁水和加入生铁块的操作。

(2) 能利用网络、图书馆收集相关资料、自主学习。

【任务描述】

(1) 提钒炉长根据所用的铁水条件、温度及冷却剂情况，编制原料配比方案和工艺操作方案。

(2) 提钒炉长指挥中控工、炉前工、摇炉工协作将铁水、废钢（生铁块）装入炉内。

(3) 与原料工段协调完成铁水、生铁块及其他辅料的供应。

【相关知识点】

氧气转炉提钒是间歇周期性作业，一炉钒渣生产的主要环节包括装料、供氧、温度控制、终点控制及出半钢和出钒渣，其相应的工艺操作制度有装入制度、供氧制度、温度控制制度、终点控制制度、出半钢和出钒渣制度。

4.1.1 装入制度内容及依据

装入制度就是确定转炉合理装入量，合适的铁水和生铁块（或废钢）配比，以保证转炉提钒过程的正常进行。转炉的装入量指转炉冶炼中每炉装入的金属总质量，主要包括铁水和生铁块（或废钢）的质量。

实践证明，不同容量的转炉以及同一转炉在不同的炉役时期，都有其不同的合理的金属装入量，控制合理的装入量对提钒转炉生产非常重要。装入量过大或过小都不能得到好的技术经济指标。若装入量过大，会导致喷溅增加，不但增大金属损失，而且熔池搅拌不好，钒渣质量不稳定，另外还使炉衬特别是炉帽寿命缩短；同时，供氧强度也因喷溅大而被迫降低，使提钒吹炼时间增长，半钢碳烧损严重。装入量过小，不仅降低生产率，而且更为严重的是因熔池过浅，炉底容易受来自氧气射流区的高温和高氧化铁的环流冲击而过早损坏，严重时甚至有可能使炉底烧穿而造成漏钢事故。在确定合理的装入量时，必须综合考虑以下因素：

（1）炉容比。炉容比含义目前冶金著作中有两种观点。第一种，炉容比是指转炉新砌砖后转炉内部自由空间的容积（V）与金属装入量（T）之比，以 V/T 表示，单位为 m^3/t。第二种，炉容比是指转炉新砌砖后转炉内部自由空间容积（V）与公称吨位（T）之间的比值。转炉公称吨位（或转炉公称容量）是指该转炉炉役期设计的平均每炉出钢量。转炉的喷溅和生产率均与其炉容比密切相关，公称吨位一定的炉子，都要有一个合适的炉容比。合适的炉容比是从生产实践中总结出来的，它主要与铁水成分、氧枪喷头结构、供氧强度有关。目前，大多数顶吹转炉的炉容比选择在 0.7~1.10 之间，复吹转炉可小些。

（2）熔池深度。确定装入量时，除了考虑转炉要有一个合适的炉容比外，还必须要考虑合适的熔池深度，以保证提钒各项技术经济指标达到最佳组合。熔池深度 H 应大于氧气射流对熔池的最大穿透深度 h，实践证明 $h/H \leq 0.7$ 较为合理。攀钢转炉的熔池深度为 1.5~1.7m。

（3）转炉炼钢炉的装入量。为了保证每炉半钢尽可能的——对应转炉炼钢，减少半钢组罐，因此提钒转炉的装入量应尽可能地接近转炉炼钢炉的装入量。

4.1.2　装入制度类型

4.1.2.1　定量装入

在整个炉役期间，保持每炉的金属装入量不变，称为定量装入。这种装入制度的优点是：便于生产组织，操作稳定，有利于实现过程自动控制，但炉役前期熔池深、后期熔池变浅，只适合大吨位转炉。国内外大型转炉已广泛采用定量装入制度。

4.1.2.2　定深装入

在整个炉役期间，随着炉膛的不断扩大，装入量逐渐增加，以保持每炉的金属熔池深度不变，这种装入制度称为定深装入。这种装入制度的优点是氧枪操作稳定，有利于提高供氧强度和减少喷溅，不必担心氧枪射流冲击炉底，可以充分发挥转炉的生产能力。这种装入制度对于实现全连铸的转炉具有优越性，但当采用模铸生产时锭型难以配合，给生产组织带来困难。

4.1.2.3　分阶段定量装入

在一个炉役期间，按炉膛扩大的程度划分为几个阶段，每个阶段定量装入。这样既大体上保持了整个炉役中具有比较合适的熔池深度，又保持了各个阶段中装入量的相对稳定，既能增加装入量，又便于组织生产，但在实际生产过程中很难严格执行。我国各中、小转炉炼钢厂普遍采用这种装入制度。

氧气转炉提钒有定量装入制度、定深装入制度、分阶段定量装入制度三种。通常大炉子多采用定量装入，小炉子多采用分阶段定量装入，定深装入制度由于生产组织困难，现已很少使用。

我国攀钢提钒转炉目前采用的是撇渣铁水定量装入，装入量控制在 110~140t/炉。经过撇渣后的高炉或脱硫铁水均可用于提钒，且要求撇渣后铁水带渣量不大于 300kg/罐。

我国攀钢转炉提钒自投产以来，各年平均装入量情况如图 4-1 所示。

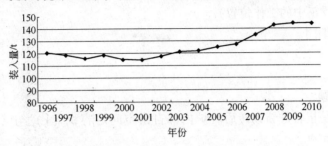

图 4-1 转炉提钒以来年平均装入量

【技能训练】

项目 4.1 120t 提钒转炉铁水、生铁块的配比及装入量确定分析

已知铁水条件和吹炼终点成分要求具体见表 4-1。炼钢转炉公称吨位为 120t，生铁块与含钒铁水成分相同。

表 4-1 铁水条件和吹炼终点成分表

种 类	成分（质量分数）/%						T/℃
	C	Si	Mn	P	S	V	
铁水	4.2	0.35	0.30	0.10	0.05	0.35	1290
半钢	3.60	≤0.02	0.05	0.05	0.05	0.05	1340

（1）依据炼钢转炉公称吨位确定提钒转炉的装入量，应尽可能地接近转炉炼钢炉的装入量。

（2）根据铁水条件、吹炼终点成分要求和辅料（冷却剂）的冷却能力等确定转炉铁水、生铁块的配比。

【知识拓展】

项目 4.1 国内某企业提钒兑铁水-加废钢的操作规程

（1）兑铁水前中控工、炉前工确认铁水条件。

（2）摇炉工选择"炉倾地点选择开关"，并将开关选择到"炉前"位置，满足作业条件。

（3）摇炉工、中控工检查主令控制器，一次风机高速、二次除尘阀门正常打开。摇炉工将摇炉开关的手柄推向前倾位置，待炉口倾动至兑铁位角度时，将摇炉手柄推回零位，炉子则在该倾角上等待兑铁水。

（4）兑铁水时，炉前指挥人员、吊车工、摇炉工相互协作，随着铁水不断兑入转炉，摇炉手柄多次置于前倾、零位处，将炉子不断前倾，直至兑完铁水。

（5）兑铁完毕后大罐在炉口停止 5~10s 后，指挥吊车将大罐移走。

（6）兑完铁水后，将摇炉开关手柄推向后倾，向后摇炉至加废钢位。

（7）废钢加完后，确认废钢槽离开炉口，移走吊车。

（8）摇炉开关手柄推向后倾，转炉摇炉回零位（炉子零位是指转炉处于垂直位置，也是炉口进入烟罩正中的工作位置）。

（9）关闭挡烟门。

【思考与练习】

4.1-1　填空题

（1）炉容比是指转炉新砌砖后转炉内部自由空间的容积（V）与（　　　）之比，以 V/T 表示，单位 m^3/t。

（2）转炉提钒装入制度就是确定转炉合理的（　　　）和合适的生铁块量，以保证转炉提钒过程的正常进行。

4.1-2　单项选择题

（1）转炉炉容比是（　　　）。

　　　A. T/V　　　　　　B. V/T　　　　　　C. VT　　　　　　　　　D. V/t

（2）国内转炉控制装入量的方法有三种，整个炉役期间保持每炉金属熔池深度不变的装入方法是（　　　）。

　　　A. 定深装入　　　B. 定量装入　　　C. 分阶段定量装入　　　D. 都不是

（3）关于炉容比的叙述，错误的有（　　　）。

　　　A. 对于大容量的转炉，炉容比可以适当减小

　　　B. 炉容比过小，供氧强度的提高受到限制

　　　C. 炉容比一般取 0.3~0.7 之间

4.1-3　多项选择题

（1）装入制度研究的内容包括（　　　）。

　　　A. 确定转炉合理的装入量　　　　　B. 确定氧气消耗量

　　　C. 确定造渣料使用质量（或废钢）比

（2）转炉合理金属装入量确定需要考虑的因素有（　　　）。

　　　A. 容炉比　　　　B. 炉容比　　　　C. 液面深度　　　　D. 转炉炼钢炉的装入量

4.1-4　判断题

（1）转炉新砌砖后内部自由空间的容积与金属装入量之比称为炉容比。　　　　（　　　）

（2）定量装入制度，在整个炉役期，每炉的装入量不变。其优点是生产组织简便，操作稳定，易于实现过程自动控制，因此适用于各种类型的转炉。　　　　（　　　）

（3）熔池的深度等于氧气流股对熔池的最大穿透深度。　　　　（　　　）

（4）分阶段定量装入就是转炉在整个炉役期间，根据炉膛扩大程度划分几个阶段，每个阶段定量装入。　　　　（　　　）

教学活动建议

本项目单元理论联系实际强，文字表述多，抽象，难于理解，在教学活动之前学生应

到企业现场参观实习，具有感性认识；教学活动过程中，应利用现场视频及图片，将讲授法、教学练相结合，实施"做中教"、"做中学"，以提高教学效果。

查一查

学生利用课余时间，自主查询提钒企业生产兑铁水操作、其他辅料准备的作业标准。

项目单元4.2 氧气转炉提钒供氧操作

【学习目标】

知识目标：

(1) 掌握氧气转炉提钒供氧操作的内容及其含义。

(2) 掌握转炉提钒一炉钒渣生产供氧工艺制度的工艺参数调节和控制方法，确保吹炼正常进行。

能力目标：

(1) 能运用所学的设备知识，正确操作设备完成供氧任务。

(2) 能利用网络、图书馆收集相关资料、自主学习。

【任务描述】

(1) 中控工启动下枪条件前确认转炉在"零位"；氧枪在等候点及以上；氧枪钢绳张力正常；设备各连锁正常；挡烟门关闭；一次除尘风机运转正常；氧枪冷却水流量、温度正常；汽包水位正常等。

(2) 根据铁水条件、炉口火焰、加料量、吹氧时间，判断过程变化情况，通过点击氧枪"点动上升/点动下降"键控制枪位。

(3) 中控工根据炉长信号进行吹炼，吹炼过程中准确加料及变动枪位，终点听从炉长指挥，及时发出停吹信号。

【相关知识点】

转炉提钒的供氧操作就是使氧气流股最合理地供给熔池，创造炉内良好的物理化学条件，完成吹炼任务。供氧制度（供氧操作）的主要参数有耗氧量、氧气流量、氧气压力、供氧枪位、吹氧时间以及喷头结构等，是控制吹钒过程的中心环节。

A 耗氧量

耗氧量是指将1t含钒铁水吹炼成半钢时所需的氧量，单位为 m^3/t。

耗氧量因铁水成分和吹炼方式不同有很大的差异，同时耗氧量的多少也影响着半钢中的碳和余钒量的多少，耗氧量还与供应强度和搅拌情况有关，它们交互作用影响着提钒。要保证 $[V]_{余}$ 尽可能低，转炉提钒生产每吨铁耗氧量应大于一定的数值。

B 氧气流量

氧气流量指单位时间内向熔池供氧的数量，单位为 m^3/mim。氧气流量根据每吨金属所需要的氧气量、金属装入量和供氧时间等因素来确定的。氧气流量大，反应和升温加快，钒得不到充分氧化，过小的流量使供氧强度不够，搅拌不力，反应不能进行完全。

C　供氧强度

供氧强度是指单位时间内每吨金属的耗氧量，单位为 $m^3/(t \cdot min)$（标态）。

供氧强度的大小影响吹钒过程的氧化反应程度，过大时喷溅严重，过小时反应速度慢，吹炼时间长，会造成熔池温度升高，超过转化温度，导致脱碳反应急剧加速，半钢余钒量重新升高。一般在吹氧初期可提高供氧强度，后期减小。

D　氧气工作压力

氧气工作压力是指氧气测定点的压力，也就是氧气进入喷枪前管道的压力，它不是喷头前的压力，更不是氧气出口压力，如图 4-2 所示。氧压高对熔池搅拌大，化学反应和升温速度较快。氧压小则形成了软吹，渣中（FeO）高，温度和成分不均匀，易烧伤氧枪喷头。

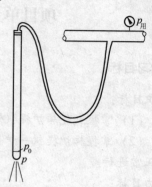

在同样的供氧量的条件下，供氧压力大可加强熔池搅拌，强化动力学条件，有利于提高钒等元素的氧化速度。

喷嘴前的氧压用 p_0 表示，出口氧压用 p 表示。p_0 和 p 都是喷嘴设计的重要参数。

图 4-2　氧枪氧压测定点示意图

出口氧压 p 应稍高于或等于周围炉气的气压。如果出口氧压小于或高出周围气压很多时，出口后的氧气流股就会收缩或膨胀，使得氧流很不稳定，并且能量损失较大，不利于吹炼，所以通常选用 $p=0.118 \sim 0.123 MPa$。

喷嘴前氧压 p_0 值的选用应根据以下因素考虑：

（1）氧气流股出口速度要达到超声速（$450 \sim 530 m/s$），即 $Ma=1.8 \sim 2.1$。

（2）出口的氧压应稍高于炉膛内气压。

从图 4-3 可以看出，当 $p_0 > 0.784 MPa$ 时，随氧压的增加，氧流速度显著增加；当 $p_0 > 1.176 MPa$ 以后，氧压增加，氧流出口速度增加不多，所以通常喷嘴前氧压选择为 $0.784 \sim 1.176 MPa$。

E　吹氧时间

转炉提钒纯吹氧时间是指从开氧至该炉关氧的时间。转炉提钒冶炼时间是指从开始兑铁至该炉出半钢结束的时间为提钒冶炼时间。氧气转炉提钒纯吹氧时间与转炉吨位大小、原料条件、供氧强度及吹钒终点温度等有关，一般提钒纯吹氧时间在 $2.5 \sim 6 min$。

F　氧枪枪位

氧枪枪位是指氧枪喷头出口端部到静止熔池金属液面间的距离，它是吹炼过程调节最灵活的参数。

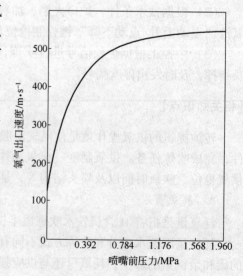

图 4-3　氧压与出口速度的关系

氧气转炉提钒生产在确定合适的枪位时，主要考虑两个因素：一是要有一定的冲击面积；二是在保证炉底不被损坏的条件下，有一定的冲击深度。氧枪枪位可按经验确定一个控制范围，然后根据生产中的实际吹炼效果加以调整。

目前氧枪操作有两种类型，一种是恒压变枪操作，即在一炉钢的吹炼过程中，其供氧压力基本保持不变，通过氧枪枪位高低变化来改变氧气流股与熔池的相互作用，以控制吹炼过程。另一种是恒枪变压，即在一炉钢的吹炼过程中，氧枪枪位基本不动，通过调节供氧压力来控制吹炼过程。现一般采用恒压变枪位操作，低-高-低枪位操作模式。

在选择氧枪时，以上几个方面要统筹考虑，这几个方面是彼此交互作用来共同影响吹钒过程的。

攀钢提钒炼钢厂采用 435 和 339 氧枪喷头，供氧压力 0.7~0.8MPa，供氧量 16000~18000m³/h（标态）。提钒过程氧枪控制按表 4-2 进行。

表 4-2　不同枪位的吹氧时间

枪位/m	1.4	1.5~1.9	1.4	1.2~1.4
吹氧时间/min	≤1	1.0~4.0	吹炼结束前 1~2.0	吹炼结束前 0~1.0

【技能训练】

项目 4.2-1　氧枪枪位调节

（1）启动降枪前确认：转炉在"零位"，转炉主操作画面"零位"指示灯为红色；氧枪钢绳张力正常；氧枪操作地点为"本地"；确认氧气调节阀开度大小；氧枪无漏水；氧枪在等候点及以上；设备各连锁正常；挡烟门关闭；一次除尘风机运转正常；氧枪冷却水流量、温度正常；汽包水位正常等。

（2）点击转炉基础设备自动化操作系统（L1 级操作机）主操作画面键。

（3）点击主操作画面氧枪"自动方式"键。

（4）点击主操作画面"下枪启动"键。

（5）根据铁水条件、炉口火焰、加料量、吹氧时间，判断过程变化情况，通过点击氧枪"点动上升/点动下降"键控制枪位。

（6）点击主操作画面"提枪启动"按钮，供氧结束。

项目 4.2-2　氧气压力的调节

按操作规程要求调整氧气压力至要求的范围内。由于目前大多数转炉吹炼采用分阶段恒压变枪操作，所以首先按炉龄范围调整氧气压力。

根据要求按下在操作台上的氧压调节按钮（氧压上升按钮和氧压下降按钮），同时密切注视氧压显示仪的读数，当氧压达到要求时立即松手，氧压就被调整在显示仪所显示的数值上。

项目 4.2-3　氧气流量的调节

氧压高则氧气流量大，相当于提高供氧强度；反之氧压低则氧气流量小，相当于降低了供氧强度，所以生产上一般通过氧气压力来调节氧气流量。

【知识拓展】

项目 4.2　氧枪枪位分类

转炉提钒生产氧枪枪位可以分为实际枪位、显示枪位、标准枪位，如图 4-4 所示。

（1）实际枪位。实际枪位是指某时刻的氧枪喷头出口端部距平静熔池液面的高度，它与氧枪的位置和装入量及熔池直径有关。

（2）显示枪位。显示枪位是操作计算机的显示值也是工控机的记录枪位，等于标准枪位与液面设定值的差值。

（3）标准枪位。标准枪位是指氧枪喷头出口端部距零米标高的距离，是计算机以激光检测点作为初值计算得来的。液面高度是人工设定的某一时期铁水液面（一般以平均装入量为准，如某企业 120t 转炉，以装入量 120t 为准）相对于零米的标高。液面高度值只有在测枪确定误差较大时才改变，一般为定值。

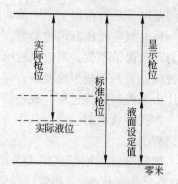

图 4-4　实际枪位、显示枪位、标准枪位示意图

当实际枪位不变时，装入量减少，标准枪位降低，显示枪位也随之降低；当显示枪位不变时，标准枪位也不变，如果装入量减少，实际枪位增加；当标准枪位不变（即枪不动），调低液面高度值，显示枪位相应增加。

当氧压一定时，采用过低枪位，氧气射流对熔池的冲击深度大但冲击面积小，熔池的搅拌力强，可强化氧化速度，但加速了炉内脱碳反应，熔池碳氧反应剧烈，渣中（FeO）降低，炉渣变干，流动性差，易喷溅和粘枪，而且对炉底损害大；当氧压一定时，采用过高枪位，氧气射流对熔池的冲击深度小但冲击面积大，表面铁的氧化加快，钒渣的（FeO）含量上升，炉渣流动性变好，化渣容易，但对炉壁冲刷加大，熔池的搅拌力减弱，氧化速度慢。因此，只有合理控制氧枪枪位才能获得良好的吹炼效果。

【思考与练习】

4.2-1　填空题

（1）氧气转炉吹炼中一般使用的氧枪形式为（　　　）。

（2）氧气流量是指单位时间内向熔池供氧的（　　　）。

（3）攀钢氧枪喷头是拉瓦尔型的，339 中第一位 3 表示氧枪喷头的喷孔数为 3 个，后两位 39 表示喷头的喷孔（　　　）为 39mm。

（4）实际枪位是指某时刻的喷头出口端部距（　　　）的距离，它与氧枪的位置和装入量及熔池直径有关，是操作工必须明确的枪位。

（5）显示枪位是指操作台的显示值，也是工控机的记录枪位，等于（　　　）与液面设定值的差值。

（6）提钒纯吹氧时间是指从开氧至该炉（　　　）的时间。

（7）提钒冶炼时间是指从开始兑铁至该炉（　　　）的时间为提钒冶炼时间。

4.2-2　单项选择题

（1）转炉提钒耗氧量是指（　　　）。

　　A. 单位时间内冶炼每吨半钢的耗氧量

　　B. 单位时内将每吨（1t）含钒铁水吹炼成半钢时所需的氧量

　　C. 单位时间内冶炼每炉半钢的耗氧量

（2）转炉提钒供氧强度是指（　　　）。

　　A. 单位时间内冶炼每吨半钢的耗氧量　　B. 单位时内每吨金属的耗氧量

　　C. 单位时间内每炉钢的耗氧量

（3）供氧制度中规定的工作氧压是测定点的氧气压力，也就是（　　　）。

　　A. 氧气进入喷枪前管道中的压力　　　　B. 喷嘴出口压力　　　C. 喷嘴前的压力

（4）氧枪枪位是指氧枪喷头顶端（或出口端部）与（　　　）间的距离，它是吹炼过程调节最灵活的参数。

　　A. 静止熔池金属液面　　　B. 炉底　　　C. 熔池渣面　　　　D. 吹炼位置

（5）当实际枪位不变时，装入量减少，标准枪位（　　　），显示枪位也随之降低。

　　A. 降低　　　　　　　B. 上升　　　C. 不变　　　　　　　D. 以上都不对

（6）当显示枪位不变时，标准枪位也不变，如果装入量减少，实际枪位（　　　）。

　　A. 降低　　　　　　　B. 上升　　　C. 不变　　　　　　　D. 以上都不对

（7）当标准枪位不变（即枪不动），调低液面高度值，显示枪位相应（　　　）。

　　A. 降低　　　　　　　B. 上升　　　C. 不变　　　　　　　D. 以上都不对

（8）测枪的目的是校正（　　　）和氧枪显示枪位的准确性。

　　A. 熔池下降情况　　　　B. 熔池上升情况

　　C. 氧枪标准枪位　　　　D. 以上都不对

4.2-3　判断题

（1）氧枪的冷却水是从枪身的中层套管内侧流入从外侧流出的。　　　　　　　　（　　）

（2）339 氧枪喷头的喷孔喉口直径为 33.9mm。　　　　　　　　　　　　　　（　　）

（3）供氧制度的主要参数有氧气流量、氧气压力、供氧枪位、吹氧时间以及喷头形状等。　　　　　　　　　　　　　　　　　　　　　　　　　　　　　　　　（　　）

（4）当氧压一定时，采用低枪位，氧气射流对熔池的冲击深度大但冲击面积小，熔池的搅拌力强，可强化氧化速度。　　　　　　　　　　　　　　　　　　　　（　　）

（5）供氧强度的大小影响吹钒过程的氧化反应程度。　　　　　　　　　　　　（　　）

4.2-4　简述题

（1）名词解释：氧气流量，供氧强度，恒压变枪。

（2）什么叫实际枪位，显示枪位，标准枪位，液面高度，它们之间有什么关系？

教学活动建议

　　本项目单元与实际生产紧密相连，文字表述多，抽象，难于理解，在教学活动之前学生应到企业现场参观实习，具有感性认识；教学活动过程中，应利用现场视频及图片、虚拟仿真实训室，将讲授法、演示法、教学练相结合，实施"做中教"、"做中学"，以提高教学效果。

查一查

　　学生利用课余时间，自主查询提钒企业生产供氧操作的作业标准，并领会学校学习理论知识在实际生产中的重要性。

项目单元 4.3　氧气转炉提钒温度控制操作

【学习目标】

知识目标：

（1）掌握氧气转炉提钒温度控制的目的。

（2）掌握氧气转炉提钒温度控制的方法。

（3）熟悉转炉提钒温度控制冷却剂加入量的计算方法。

能力目标：

（1）能运用所学的设备知识，正确操作设备完成氧气转炉提钒温度控制操作。

（2）能利用网络、图书馆收集相关资料、自主学习。

【任务描述】

在氧气转炉提钒吹炼过程中，为了调节过程温度，防止过程温度上升过快，提高钒的氧化率，达到"去钒保碳"的目的，吹炼过程中中控工根据炉长信号准确加料。

【相关知识点】

转炉提钒温度制度就是提钒过程中进行的温度控制操作，也称为冷却制度，是转炉提钒各项制度中的关键，主要是通过正确加入冷却剂来控制的。其目的是为了控制吹炼温度，使熔池低于吹钒的转化温度，提高钒的氧化率，达到"脱钒保碳"的目的。转炉提钒温度制度就是确定合理的冷却剂加入数量、加入时间以及各种冷却剂加入的配比。

4.3.1　冷却剂加入数量

冷却剂加入的数量，以使熔池的温降速度与温升速度相当为宜，这样可以将温度控制在理想的范围之内。确定冷却剂加料量的主要依据是铁水的入炉温度、含钒铁水发热元素氧化放出的化学热（与铁水量、铁水成分有关）、吹钒终点温度和冷却剂的冷却强度等。可根据加入冷却剂吸收的热量和铁水中发热元素 C、Si、Ti、Mn、V 等氧化放出热量及使半钢从初始温度升高到吹钒转化温度所吸收的热量来计算。

$$M_{冷} = \frac{Q_{冷}}{q_{冷}} = \frac{Q_{化} - Q_{半}}{q_{冷}} = M_{铁} \frac{(x_C q_C + x_{Si} q_{Si} + \cdots) - (c_{铁} + K c_{渣})(T_{半} - T_{铁})}{q_{冷}} \quad (4\text{-}1)$$

式中　　　$M_{冷}$——冷却剂加入量，kg；

　　　　　$Q_{冷}$——冷却剂吸收的热量，J；

　　　　　$q_{冷}$——冷却剂的冷却效应，J/kg；

　　　　　$Q_{化}$——铁水中碳、硅、钛、钒等元素发热氧化放出的热量，J；

　　　　　$Q_{半}$——半钢从初始温度上升到转化温度所吸收的热量，J；

　　　　　$M_{铁}$——铁水质量，kg；

$x_C, x_{Si}, x_{Ti}, \cdots, x_V$——铁水中碳、硅、钛、钒等元素氧化量，kg/t；

$q_C, q_{Si}, q_{Ti}, \cdots, q_V$——铁水中碳、硅、钛、钒等元素发热氧化放出的热量，J/kg；

$c_{铁}$，$c_{渣}$——铁水和钒渣热容，包括炉衬的质量热容（铁水取 1040J/（kg·K），钒渣和炉衬取 1230J/（kg·K）），J/（kg·K）；

K——钒渣（包括炉衬）相当于铁水质量的比例（可近似取 14%）；

$T_{铁}$，$T_{半}$——铁水和半钢的温度，℃。

冷却剂的冷却效应是指固态冷却剂（一般以 1kg 冷却剂为单位）被铁水加热熔化至铁水温度所吸收的热量，单位为 kJ/kg。提钒用冷却剂冷却效应值比为铁块∶废钒渣∶冷固球团∶铁皮球∶铁矿石 = 1∶1.5∶3.5∶5.0∶5.6。

4.3.2 冷却剂种类的优缺点

氧气转炉提钒为了控制吹炼温度，采用的冷却剂有生铁块、废钢、污泥球、氧化铁皮（铁皮球）、铁矿石、废钒渣等。常用提钒冷却剂的特点如下：

（1）生铁块。优点是可增加半钢产量，且不会降低半钢中钒的浓度（当然是钒钛磁铁矿所炼的生铁）；缺点是成本较高，冷却强度低，熔化慢。

（2）废钢。优点是可增加半钢产量，但会降低半钢中钒的浓度，影响钒在渣与铁间的分配，影响钒渣的质量。

（3）铁矿石。既是冷却剂又是氧化剂。优点是冷却强度大，成本低；缺点是含（SiO_2）低，含（TiO_2）较高，调渣性能差，容易带入硫及（CaO）等杂质。

（4）冷固球团。优点是冷却强度适中，调渣作用明显；缺点是质量不稳定，粉尘量较大，利用率比铁矿石低，成本比铁矿石高。

（5）废钒渣。优点是产渣率高；缺点是熔化慢，操作不当容易出质量事故。

（6）氧化铁皮。既是冷却剂又是氧化剂，除具有冷却和氧化作用外，还可以与渣中的（V_2O_3）结合成稳定的铁钒尖晶石（$FeO·V_2O_3$）。优点是可以减少铁的氧化，成渣快，冷却强度大，有利于提高钒渣品位；缺点一是会使钒渣中氧化铁含量显著增高，如加入时间过晚更为严重；二是从炉口加入存在安全隐患，从料仓加入比较困难。因此，目前采用把氧化铁皮压制成铁皮球的形式加入炉内。

4.3.3 冷却剂加入时间

氧气转炉提钒对冷却剂的要求是：冷却剂除了要求具有冷却能力外，还要有氧化能力，带入的杂质少。冷却剂加入时间控制主要考虑的因素有：

（1）能够降低前期升温速度。

（2）保证冷却剂在提钒终点时能够充分熔化。

冷却剂尽量在吹炼前期加入，吹炼后期不再加入任何冷却剂，使熔池温度接近或稍超过转化温度。

冷却剂的加入原则是"生铁块等量加入，用复合球、铁矿石等调节温度"。根据冷却剂熔化难易情况，实际生产中生铁块和废钒渣在开吹前加完，兑铁后，在开吹前用废钢槽由转炉炉口加入；铁矿石、氧化铁皮、铁皮球、冷固球团等冷却剂从炉顶料仓加入炉内，必须在吹氧 2min 内加完。

【技能训练】

（1）中控工加辅料作业前确认：料仓料位；振料电机正常；插板阀处于关闭状态；

辅料加入铁水条件。

（2）中控工在控制机主操作画面上选择振料方式：点击"自动振料方式"或"手动振料方式"。

（3）自动振料方式：中控工选择自动化控制机（L1 级）主操作画面料仓模块，选择料仓；点击料仓设定值方框；点击确认键按钮，确认实际值与设定值一致；点击"自动方式"按钮；点击"自动开始"按钮。

（4）手动振料方式：中控工选择自动化控制机（L1 级）主操作画面料仓模块，选择料仓；点击"手动方式"按钮；点击"手动振料"按钮，按钮变绿色表示开始；再点击为手动停止，按钮变红。

下料操作：选择下料称料斗，点击"手动方式"；单击对应插板阀处的"下料"按钮，按钮变绿，显示"打开"，打开插板阀加料；再点击按钮，显示"关闭"，关闭插板阀。间隔时间大于 15s。

【知识拓展】

项目 4.3-1　冷却料供应系统介绍

冷却料供应系统包括地下料坑、单斗提升机、皮带运输机、卸料小车、高位料仓、振动给料器、称量料斗以及废钢槽、天车等设备，这些设备保证提钒用原料的正常供应。

（1）生铁块、绝废渣：火车运输→钒渣跨→料坑装槽→调至炉前操作平台→平板车运输→吊车加入炉内。

（2）铁皮、冷固球团、铁皮球、铁矿石等：汽车运输→地面料坑→提升机→高位料仓→称量→炉内，如图 4-5 所示。

（3）半钢覆盖剂（增碳剂、蛭石、碳化硅、半钢脱氧覆盖剂等）：汽车运输→地面料坑→提升机→高位料仓→称量→半钢罐。

地下料坑的作用是暂时存放用火车或汽车运输来的提钒冷却剂，保证提钒转炉连续生产的需要。

单斗提升机的作用是把贮存在地下料仓的各种散状料提升运输到高位料仓，供给提钒生产使用。

高位料仓的作用是临时贮料，保证转炉

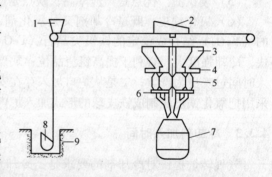

图 4-5　散状料上料、下料设备简图
1—卸料斗；2—卸料小车；3—高位料仓；
4—振动给料器；5—称量斗；
6—插板阀；7—转炉；8—单斗；9—地面料坑

随时用料的需要。料仓的大小决定不同冷却剂的消耗和贮存时间。每座提钒转炉单独使用 4 个高位料仓。

项目 4.3-2　转炉提钒冷却剂加入注意事项

（1）提钒辅料生铁块加料量随铁水 Si 含量、生铁种类（如脱硫铁、普通生铁）不同而不同，一般随铁水 Si 含量增加，生铁块加入量增加。

（2）普通铁水 Si 含量不小于 0.20% 时、脱硫铁水 Si 含量不小于 0.25% 时，全程采用低枪位控制。

（3）根据铁水温度、硅、碳不同，调整冷却剂加入量，单炉散状冷却剂最大加入量不超过一定值，如某厂每炉不超过 5.0t。冷却剂在开吹后 3min 内加完，出渣炉次适当减少冷却剂用量。

（4）特殊铁水条件下，铁水温度不大于 1200℃ 且硅含量小于 0.1% 炉次进行提钒处理时，不得加入冷却剂，铁水温度不大于 1200℃ 但铁水硅含量不小于 0.1% 炉次，每炉冷却剂加入量应小于或等于一定数值，如某厂要求不大于 500kg/炉。

（5）铁水温度低于 1260℃ 且碳低于 4.3% 的炉次，在吹炼 2min 内或结束 2min 前加入一定数量的还原剂（增碳剂）。

【思考与练习】

4.3-1　填空题

（1）在提钒过程中通过加入冷却剂控制熔池温度在碳钒转换温度以下，达到（　　）的目的。

（2）提钒冷却剂除了要求具有冷却能力外，还要有（　　）。

（3）提钒冷却剂加入时间的控制一是降低前期（　　），二是保证冷却剂在提钒终点时能够充分熔化。

（4）提钒冷却剂加入时间的控制一是降低前期升温速度，二是保证冷却剂在提钒终点时能够充分（　　）。

（5）普通铁水硅含量不小于 0.20% 时、脱硫铁水硅含量不小于 0.25% 时，全程采用（　　）枪位控制。

4.3-2　单项选择题

（1）提钒用冷却剂冷却强度最大的是（　　）。
　　A. 生铁块　　　　　　B. 铁矿石　　　　　　C. 铁皮球　　　　　　D. 绝废渣

（2）实际吹钒温度控制在（　　）℃ 范围内。
　　A. 1340～1400　　　B. 1300～1360　　　C. 1300～1400　　　D. >1400

（3）冷却剂的加入量主要取决于含钒铁水发热元素氧化放出的化学热和使吹钒终点温度低于（　　）。
　　A. 转化温度　　　　　B. 初始温度　　　　　C. 终点温度　　　　　D. 以上都不对

（4）冷却剂加入的目的是为了控制（　　）。
　　A. 降低残钒　　　　　B. 熔池温度　　　　　C. 碳烧损　　　　　　D. 增强氧化性

（5）废钒渣的优点是（　　）。
　　A. 产渣率高　　　　　B. 冷却剂强度大　　　C. 冷却值大　　　　　D. 冷却效应大

4.3-3　多项选择题

（1）冷却剂加入的目的是控制（　　）温度，使熔池温度低于碳钒的（　　）温度，达到脱钒保碳的目的。
　　A. 入炉　　　　　　　B. 吹炼过程　　　　　C. 转化　　　　　　　D. 终点
　　E. 以上都不对

（2）提钒确定加料量的主要依据是（　　）。
　　A. 冷却剂的冷却强度　B. 铁水条件　　　　　C. 终点要求　　　　　D. 过程控制
　　E. 氧气压力

4.3-4　判断题

（1）冷却剂的加入量主要取决于含钒铁水发热元素氧化放出的化学热和使吹钒终点温度低于转化温度。　　　　　　　　　　　　　　　　　　　　　　　（　　）

（2）用铁皮、矿石作为冷却剂不仅可以降温，还提供了熔池所必需的氧化剂。（　　）

（3）提钒吹炼加入冷却剂的目的是控制提钒吹炼的过程温度，延长熔池低于碳钒转化温度的低温区域时间，使钒优先氧化，达到脱碳保钒的目的。　　　　　　（　　）

（4）冷却剂尽量在吹炼后期加入，吹炼前期不加入任何冷却剂。　　　　（　　）

（5）提钒后期熔池温度接近或稍超过转化温度，适当发展碳燃，有利于降低钒渣中的氧化铁含量，提高半钢温度和金属收得率。　　　　　　　　　　　　　　（　　）

4.3-5　简述题

（1）冷却剂加入的目的是什么？

（2）提钒过程为什么要控制炉内温度，如何控制？

教学活动建议

本项目单元与实际生产紧密相连，文字表述多，抽象，难于理解，在教学活动之前学生应到企业现场参观实习，具有感性认识；教学活动过程中，应利用现场视频及图片、虚拟仿真实训室，将讲授法、演示法、教学练相结合，实施"做中教"、"做中学"，以提高教学效果。

查一查

学生利用课余时间，自主查询提钒企业生产加料操作的作业标准，并领会理论知识学习在实际生产中的重要性。

项目单元 4.4　氧气转炉提钒终点控制

【学习目标】

知识目标：

（1）掌握氧气转炉提钒终点控制的内容。

（2）掌握氧气转炉提钒终点的含义。

能力目标：

（1）能完成氧气转炉提钒终点出半钢和钒渣的实践操作。

（2）能利用网络、图书馆收集相关资料、自主学习。

【任务描述】

（1）氧气转炉提钒吹炼一定时间后，炉长依据终点控制技术标准要求，及时给出停吹信号，炉长、摇炉工、炉前工、中控工协作完成出半钢操作。

（2）根据要求，炉长（摇炉工）确认半钢出尽，炉长、摇炉工、炉前工协作完成出钒渣操作。

【相关知识点】

转炉兑入铁水后，通过供氧、加辅料操作，经过一系列物理化学反应，半钢温度达到 1340~1400℃，半钢成分为 $w_{[C]} \geqslant 3.2\%$，$w_{[V]} \leqslant 0.05\%$，转炉炉口火焰由暗红色转为明亮色（视为碳焰露头）的时刻，称为提钒终点。

提钒终点控制主要指半钢温度控制、半钢碳控制及钒渣（渣态、质量）控制三个方面。半钢是指含钒铁水经转炉、雾化炉提取钒渣之后，余下的金属称为半钢。目前要求半钢温度控制在 1360~1400℃，半钢碳含量不小于 3.7%。钒渣是指含钒铁水经过转炉等方法吹炼氧化成富含钒氧化物和铁氧化物的一种炉渣，钒渣 V_2O_5 品位要求不小于 17.0%。为了保证钒渣品位和半钢质量合格，要求用于提钒的铁水钒含量高，硅、锰、钛应低，硫、磷元素应尽量低。

4.4.1　出半钢和倒钒渣要求

（1）吹钒结束后，倒炉测温取样，然后出半钢，出半钢前向半钢罐内加入适量增碳剂或脱氧剂。

（2）出半钢时间不大于 4.5min 时必须下出钢口。

（3）若渣态稀，出半钢 1/3~2/3 时必须向炉内加入挡渣镖。

（4）终点温度低于 1360℃或渣态不好、废钒渣未化完，不出钒渣。

（5）出尽半钢后，摇炉至炉前出钒渣。禁止未出完半钢的炉次出钒渣。钒渣可 1~3 炉一出，每出一次钒渣必须取钒渣样。

4.4.2　留渣操作（2~3 炉出一次钒渣）的优点

（1）留渣操作可以使铁钒尖晶石进一步长大，有利于提高钒回收率，见表 4-3。

（2）有利于铁在渣中沉降，降低（TFe）含量。（TFe）含量降低约 4.1%，V_2O_5 品位提高约 3.3%。

（3）加快了生产节奏。

表 4-3　1 炉出一次和 3 炉出一次钒渣的岩相结构比较

项　　目	3 炉出一次钒渣的岩相结构	1 炉出一次钒渣的岩相结构
铁钒尖晶石	35%~45%	25%~35%
硅酸盐相	46%~54%	55%~60%
金属铁	1.1%~1.5%	1%
自由氧化物	6%~9%	10%
铁钒尖晶石大小	大多 0.017~0.033mm 近似圆形连晶， 部分 0.05~0.06 的大晶粒	0.01~0.02mm 近似圆形晶粒

如果连续 4 炉未出，熔池面渣层太厚，渣与半钢分离困难，反而降低了钒回收率，所以要求第 4 炉必须出钒渣。

4.4.3　出钒渣炉次操作的注意事项

一般连续 2 炉后要考虑出钒渣，出钒渣的炉次应注意：

（1）控制入炉铁水量不要太多，防止半钢出不完。

（2）生铁块数量控制在下限，少加或不加废钒渣，防止熔化不完全。

（3）吹炼终点温度靠上限，有利于渣金分离。

（4）控制好终点渣的氧化性，不能终点后吹扫炉口。

（5）出钒渣前和过程中必须确认渣态，避免夹有半钢。终点温度低于 1360℃ 或渣态不好、废钒渣未化完，不出钒渣。

（6）出半钢过程中，为了减少因涡流作用造成钒渣流失，要使用挡渣装置挡渣出钢，如图 4-6 所示。

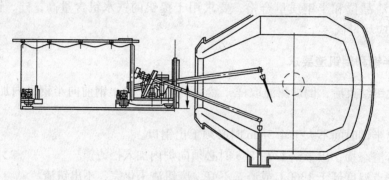

图 4-6　挡渣镖挡渣出钢示意图

挡渣装置由挡渣镖投放车和挡渣镖两部分组成，如图 4-7 所示。

出半钢和钒渣过程中使用的半钢罐和钒渣罐分别如图 4-8 和图 4-9 所示。

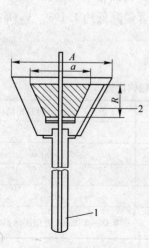

图 4-7　挡渣镖结构示意图
1—镖；2—导向

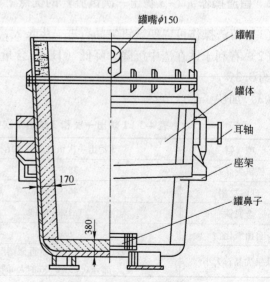

图 4-8　半钢罐

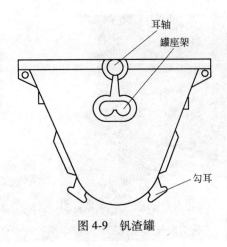

图 4-9 钒渣罐

【技能训练】

项目 4.4-1 出半钢操作

（1）炉长、摇炉工、炉前工出半钢作业前确认：确认吹炼结束；确认倾动运行条件成立；确认主令控制器在"零位"，将倾动电源选至"炉后"操作点；确认半钢罐到位，选择钢包车操作电源到炉后操作点等。

（2）炉长、摇炉工、炉前工、加镖工协作完成出半钢：

1）炉长下达出钢指令。

2）摇炉工操作主令控制器摇炉，见半钢后主令控制器缓慢摇炉，将转炉摇至以炉口不溢红渣为原则停炉。

3）摇炉工、炉前工进行半钢测温、取样作业。

4）出半钢至 1/3 炉长指挥加镖工加挡渣镖作业。

5）摇炉工根据半钢罐内的半钢量、钢包车位置及转炉角度，一挡降炉，直至半钢出尽。

6）摇炉工、炉长监控出钢全过程，确保大罐安全净空。

7）摇炉工当半钢出尽或大罐净空达到工艺要求时，立即用高速挡抬炉。

8）当出钢完毕加料工向钢包内加入盖罐材料。

项目 4.4-2 出钒渣操作

（1）炉长、摇炉工、中控工作业前确认：炉内半钢出尽；渣罐满足倒渣要求；渣车运行正常；一次除尘风机高速，二次除尘阀门满足要求。

（2）炉长、摇炉工、中控工协作完成出钒渣：

1）摇炉工将转炉倾动和渣车操作电源选至"炉前"，"操作指示灯"变亮。

2）摇炉工戴好面罩，打开炉前摇炉房观察门，见图 4-10。

3）摇炉工操作主令控制器或手柄控制器摇炉，根据钒渣的流动性将转炉的倾动挡位和渣车的速度匹配，缓慢将钒渣倒入渣罐。

4）少量钒渣从炉口流出时，摇炉工与炉前工配合迅速抬炉至炉前取样位进行钒渣取样操作。

5）摇炉工倾动转炉至 180°~240°倒渣，然后反向摇炉至装料位置。

图 4-10　炉前摇炉房示意图

6）倒渣完毕中控工点击"出渣完成"，"出渣请求"按钮变暗。

【知识拓展】

项目 4.4　提钒产品质量介绍

氧气转炉提钒主要得到钒渣和半钢两种产品。

A　钒渣的质量

根据物相分析，钒渣主要由铁钒尖晶石、铁橄榄石、磷石英及少量其他物质组成。表 4-4 为攀钢钒渣的主要成分。

表 4-4　攀钢钒渣的主要成分

钒渣成分	CaO	SiO_2	V_2O_5	TFe	MFe	P
含量/%	1.5~2.5	14~17	16~20	26~32	8~12	0.06~0.10

a　钒渣结构

（1）含钒物相（铁钒尖晶石相）。对钒渣结构的许多研究中都证明了钒在钒渣中是以三价离子存在于尖晶石中的。尖晶石相是钒渣中主要含钒物相，其一般式可写成 MO·Me_2O_3，其中 M 代表 Fe^{2+}、Mg^{2+}、Mn^{2+}、Zn^{2+} 等两价元素离子；Me 代表 Fe^{3+}、V^{3+}、Mn^{3+}、Al^{3+}、Cr^{3+} 等三价元素离子。钒渣中所含元素最多的是铁和钒，因此可称为铁钒尖晶石。纯的铁钒尖晶石熔点在 1700℃ 左右。

用铁水提钒时，首先结晶析出的是铁钒尖晶石相，在非常缓慢的冷却过程中，钒不断进入尖晶石可达 91% 以上。结晶长度可达 20~100μm，在氧化钠化焙烧过程中，钒尖晶石最容易分解提取，所以在生产钒渣时，应尽可能使吹炼出的新钒渣缓慢冷却，使钒尽可能转变成尖晶石，并获得较大颗粒结晶相。

（2）黏结相。

1）橄榄石（Me_2SiO_4），主要为铁橄榄石，其熔点为 1220℃，也是钒渣的主要矿相，因为它最后凝固，所以包裹在尖晶石周围，也是钒渣的黏结相。

2）辉石（Me_2SiO_3 或 $MeSiO_3$）。对于含硅、钙、镁高的钒渣中有时还会有另一种硅酸盐（辉石）。其一般式可写成 $Me_2Si_2O_4$（或 $MeSiO_3$），式中 Me 为 Fe^{2+}、Mg^{2+}、Ca^{2+}，有时有 Na^+、Fe^{3+}，Al^{3+}、Ti^{3+} 等离子。其中钙辉石 $CaSiO_3$ 和镁辉石 $MgSiO_3$ 的熔点分别为 1540℃ 和 1577℃，$CaMg(SiO_3)_2$ 熔点为 1390℃。当有大量 CaO（铁水带渣多，冷固球 CaO 超标）时，形成 $Ca_3V_2O_8-m$（$m=1\sim2$），该物质在现有钒渣焙烧温度下难分解提取，会降低钒提取率，所以要求钒渣中（CaO）越低越好，攀钢要求小于 2.5%。

3）磷石英 α-SiO_2。当渣中 SiO_2 低时，磷石英少，因为 SiO_2 会与 FeO 组成 $(FeO)_2\cdot SiO_2$。当含硅量高时，钒渣中还可能存在游离的石英相 α-SiO_2。有磷石英存在时，会伸入铁橄榄石中影响钒的提取。

（3）夹杂相，主要指钒渣中的金属铁，它以两种形式存在于钒渣中。一种是以细小弥散的金属铁微粒夹杂在钒渣的物相之中；而另一种是以球滴状、网状、片状等形式夹杂在钒渣中。用肉眼可观察到夹杂在钒渣中的粒度较大的金属铁。

钒渣的结构对钒渣下一步提取 V_2O_5 的影响主要表现在钒渣中钒的氧化速度，钒渣中钒氧化率的高低取决于钒渣中含铁钒尖晶石颗粒的大小和硅酸盐黏结相的多少。尖晶石结晶颗粒越大，破碎后表面增大越有利于氧化。黏结相硅酸盐相越少，包裹尖晶石程度小，越容易氧化分解破坏其包裹，使尖晶石越容易氧化。但辉石含量高的钒渣，因为其在氧化焙烧时不易分解，会影响钒焙烧钒氧化率的提高。

同时，固溶于尖晶石、硅酸盐中的杂质种类和数量对转化率也有一定的影响。

b　钒渣的化学成分对提取 V_2O_5 生产的影响

钒渣化验的成分有：CaO、SiO_2、V_2O_5、TFe 和 P，罐样还包括 MFe。另外，钒渣还有锰的氧化物、钛的氧化物、镁的氧化物等成分。

钒渣的各化学成分的含量是评价钒渣质量好坏的主要因素，下面分项叙述各组分对钒渣的具体影响。

（1）钒含量的影响。钒渣中钒含量对钒渣的焙烧转化率的影响规律，原则上是含钒量高有利于提高其焙烧转化率。钒渣中钒的含量主要取决于铁水的钒含量及杂质（硅、锰、钛、铬等）含量，其次也与提取钒渣过程的操作制度有关（如冷却剂加入量、温度控制、终点控制条件等）。因为大量的杂质氧化和加入会降低钒渣中的钒含量。

（2）氧化钙的影响。钙钒比指钒渣中 CaO 含量与 V_2O_5 含量的比值，它是评价钒渣质量的重要指标。钒渣中的 CaO 对焙烧转化率影响极大，因为在焙烧过程中易与 V_2O_5 生成不溶于水的钒酸钙 $CaO\cdot V_2O_5$ 或含钙的钒青铜。有些资料研究表明，CaO 的质量分数每增加 1% 就要带来 4.7%~9.0% 的 V_2O_5 损失。具体影响程度与钒渣中的钒含量的多少也有关系，V/Ca 比越高，影响程度就小，当 V_2O_5/CaO 比小于 9 时影响就比较明显。钒渣中的氧化钙的来源主要是吹钒前铁水表面的炉渣（高炉渣、电炉渣或混铁炉渣等），因此吹钒前要尽量将铁水表面的炉渣去除干净。

（3）二氧化硅的影响。提取五氧化二钒时钒渣中 SiO_2 对钒渣氧化焙烧有影响，主要是按反应式 $Na_2CO_3+SiO_2\rightarrow Na_2SiO_3+CO_2$ 反应生成了可溶性玻璃体，它在水中发生水解，析出胶质 SiO_2 沉淀，使 V_2O_5 浸出及浸出液澄清困难，堵塞过滤网孔，降低过滤机生产效率。当然，影响程度也和钒渣中的 V/Si 比有关。当 V_2O_5/SiO_2 比小于 1 时，影响就比较明显了。钒渣中的硅的来源主要来自铁水，其次也与冷却剂种类及加入量有关。

（4）铁的影响。钒渣中铁有两种形态存在：金属铁和氧化铁。

钒渣中 MFe（明铁）和 TFe（全铁）的区别：MFe（明铁）是指粗钒渣制样过程磁选出的铁含量；而 TFe（全铁）是指精钒渣铁及铁氧化物的铁含量。

钒渣在破碎处理时都要将大部分金属铁通过各种方法除去，但含量过高会影响钒渣处理时的难度。同时过细的金属铁在钒渣氧化焙烧过程中，氧化反应时要放出大量热量会使物料黏结。反应式如下：

$$2Fe+3/2O_2 \longrightarrow Fe_2O_3 \qquad \Delta_r H_m^{\ominus} = -825.50kJ/mol$$

钒渣混合料的质量热容估算为 $0.85J/(g \cdot K)$。

假定在绝热情况下，全部金属铁都氧化后，1kg 钒渣中含有金属铁量为 10%，氧化放出热量为 738.82kJ，升温 869.2℃。但实际上金属铁不可能同时全部氧化，颗粒大的金属铁仅是表面氧化而已。以上说明金属铁氧化放热是有影响的，除去钒渣中的 MFe（明铁）是必要的。

氧化铁的影响主要是少量的钒熔解于 Fe_2O_3 中造成钒损失。当 Fe_2O_3 的质量分数超过 70% 时影响明显。

钒渣中的铁含量与铁水提取钒渣的方法、过程的温度操作制度、渣铁分离方法等因素有关。

（5）磷的影响。钒渣中的磷的来源主要是铁水。钒渣中的磷主要影响在于焙烧过程中磷与钠盐反应生成溶于水的磷酸盐。被浸出到溶液中，磷对钒的沉淀影响极大，同时也影响产品的质量。

（6）其他成分的影响。

1）锰的影响。钒渣中的锰主要来自铁水。钒渣中锰对后步工序的影响目前存在着不同的看法。实践表明，锰的化合物是水浸熟料时生成"红褐色"薄膜的原因之一，这将使过滤十分困难。同时，部分锰将转入 V_2O_5 的熔片中，以后进入钒铁，将影响对锰含量要求严格的钢种质量。我国钒渣标准中对锰没有限制，但俄罗斯限制钒渣中 MnO 的质量分数不大于 12%。

2）氧化铝、氧化钛、氧化铬的影响。这些氧化物在钒渣中是与钒置换固溶于尖晶石中的。实践表明，当它们含量高时将影响钒的转化率，但在钒渣标准中没有限制规定。目前关于它们的影响研究尚少。

　c　钒渣质量的评价

目前评价钒渣质量的主要内容是以化学成分为依据。为了满足后步工序提取 V_2O_5 的需要，标准中对 V_2O_5 含量越高，CaO、P、SiO_2、MFe 等其他元素含量越低的钒渣评级越高。因此，判断钒渣质量首先是对 V_2O_5 品位进行判定，并按照其他成分的相应含量对钒渣进行评级（表 4-5）。

表 4-5　我国钒渣标准（YB/T 00—8—1997）

牌　号			FZ9	FZ11	FZ13	FZ15	FZ17	FZ19	FZ21
$w_{(V_2O_5)}$/%			8.0~10.0	10.0~12.0	12.0~14.0	14.0~16.0	16.0~18.0	18.0~20.0	>20.0
化学成分 /%	CaO/ V_2O_5	一级	0.11						
		二级	0.15						
		三级	0.22						

牌号			FZ9	FZ11	FZ13	FZ15	FZ17	FZ19	FZ21
化学成分 /%	SiO_2	一类				≤20.0			
		二类				≤24.0			
		三类				≤32.0			
	P	一组				0.13			
		二组				0.30			
		三组				0.50			

B 半钢的质量

含钒铁水经转炉、雾化炉提取钒渣之后，余下的金属称为半钢。半钢是一种"化学冷"的炼钢中间产品，其特点是硅全部氧化，锰大部分氧化，碳少量氧化，除碳以外，半钢中的 Ti、Si、Mn、V 等元素的含量甚微。转炉提钒的半钢温度一般在 1360~1400℃，半钢碳含量一般在 3.6%~4.0%。攀钢转炉提钒半钢的主要成分见表4-6。

表 4-6 攀钢转炉提钒半钢的主要成分

半钢成分	C	Si	Mn	V	P
含量/%	3.6~4.0	微量（0.01~0.02）	0.1~0.2	0.03~0.05	0.05~0.08

半钢的质量指标主要有：半钢碳含量、半钢温度及余钒（对炼钢来说还包括半钢硫）。为了给后步工序提供较好的条件，保证炼钢品种炼成率，一般要求半钢入炼钢转炉的 [C] 含量不小于3.7%，$T \geqslant 1360$℃，半钢余钒质量分数不大于 0.05%。

半钢碳、硫、温度的高低对后续工序有影响，主要表现在：

（1）半钢碳低使炼钢过程中生产高、中碳钢种困难，化学热源不够，消耗废钢少或容易造成低吹。半钢碳高使炼钢过程吹炼时间长，一般要求半钢碳较高为好。

（2）半钢硫高使炼钢过程脱硫任务加重，石灰等材料消耗高，热源更加不足，甚至不能生产对硫要求严格的钢种。一般要求半钢硫越低越好。

（3）半钢温度是炼钢过程的物理热源，温度低，炼钢过程来渣慢，脱硫磷效果差，或容易造成低吹。要求半钢温度越高越好。

半钢余钒高的原因主要有三点：一是吹炼时间不够；二是终点温度过高；三是过程升温快。半钢余钒越高，钒氧化率、钒回收率就越低，因此要求半钢余钒低好。

【思考与练习】

4.4-1 填空题

（1）终点温度低于1360℃或（   ）、废钒渣未化完，不出钒渣。

（2）钒在铁钒尖晶石中以（   ）形式存在。

4.4-2 单项选择题

（1）钒渣中的夹杂相主要是（   ）。

A. 铁橄榄石　　　　B. 钙辉石　　　　C. 金属铁　　　　D. 铁氧化物

（2）钒渣中最后凝固的组分是（　　　）。

　　A. 铁橄榄石　　　　　　B. 钙辉石　　　　　　C. 金属铁　　　　　　D. 铁氧化物

（3）钒渣中 CaO 含量的影响因素最大的是（　　　）。

　　A. 冷却剂带入 CaO　　B. 铁水带渣量　　C. 产渣率降低引起的成分浓缩

　　D. 补炉料带入 CaO

（4）钒渣 CaO 来源于铁水带渣外，还与辅助料和耐火材料含量（　　　）。

　　A. 有关　　　　　　　　B. 无关　　　　　　　C. 关系不大　　　　D. 以上都不对

（5）钒渣质量与含钒铁水的化学成分（　　　）

　　A. 有关　　　　　　　　B. 无关　　　　　　　C. 升高　　　　　　D. 不确定

（6）提钒留渣操作有利于降低（　　　）含量。

　　A. TFe　　　　　　　　B. CaO　　　　　　　C. V_2O_5　　　　　D. Fe

4.4-3　多项选择题

（1）转炉提钒的两大主产品是（　　　）。

　　A. 半钢　　　　　　　　B. 钒渣　　　　　　　C. 污泥　　　　　　D. 煤气

　　E. 除尘灰

（2）钒渣是指含钒铁水经过转炉等方法吹炼氧化成富含（　　　）和（　　　）的炉渣。

　　A. 硅氧化物　　　　　　B. 钒氧化物　　　　　C. 钛氧化物　　　　D. 锰氧化物

　　E. 铁氧化物

（3）钙钒比指钒渣中（　　　）含量与（　　　）含量的比值，它是评价钒渣质量的重要指标。

　　A. MFe　　　　　　　　B. P　　　　　　　　C. CaO　　　　　　D. V_2O_5

　　E. TFe

（4）钒渣由含钒物相、黏结相、夹杂相组成，其中含钒物相（铁钒尖晶石相）的熔点是（　　　）℃、黏结相（铁橄榄石相）的熔点是（　　　）℃。

　　A. 1700　　　　　　　　B. 1600　　　　　　　C. 1500　　　　　　D. 1400　　　　E. 1220

（5）炉样钒渣化验成分主要有（　　　）、SiO_2、V_2O_5、（　　　）和 P。

　　A. TiO_2　　　　　　　B. CaO　　　　　　　C. MnO　　　　　　D. MFe　　　　E. TFe

4.4-4　判断题

（1）转炉提钒的两大主产品是钒渣和半钢。　　　　　　　　　　　　　　　　　　　（　　　）

（2）钒渣 CaO 来源于铁水带渣外，还与辅助料和耐火材料含量有关。　　　　　　　（　　　）

（3）提钒留渣操作有利于铁钒尖晶石长大。　　　　　　　　　　　　　　　　　　　（　　　）

（4）提钒留渣操作有利于铁在渣中沉降，降低（TFe）含量。　　　　　　　　　　　（　　　）

（5）2~3 炉出一次钒渣有利于提高品位。　　　　　　　　　　　　　　　　　　　　（　　　）

（6）转炉提钒，钒渣可一炉一出，也可几炉一出。　　　　　　　　　　　　　　　　（　　　）

（7）出完半钢后要确认是否炉内生铁块、铁粒熔化完全，未熔化完全或不能确认的也可以出渣。　　　　　　　　　　　　　　　　　　　　　　　　　　　　　　　　（　　　）

4.4-5　简述题

（1）名词解释：钙钒比。

（2）钒渣铁含量对后步工序的影响是什么？

（3）半钢余钒高的原因有哪些？

（4）钒渣成分 MFe（明铁）和 TFe（全铁）有什么区别？

（5）钒渣由哪几部分构成？

（6）金属铁在钒渣中存在的方式是什么？

教学活动建议

本项目单元与实际生产紧密相连，文字表述多，抽象，难于理解，在教学活动之前学生应到企业现场参观实习，使学生对出半钢和钒渣具有感性认识；教学活动过程中，应利用现场视频及图片、虚拟仿真实训室，将讲授法、演示法、教学练相结合，实施"做中教"、"做中学"，以提高教学效果。

查一查

学生利用课余时间，自主查询提钒企业生产终点控制操作的作业标准，并领会理论知识学习在实际生产中的重要性。

项目单元 4.5 氧气转炉提钒的主要技术经济指标

【学习目标】

知识目标：

熟悉氧气转炉提钒的主要技术经济指标的含义及作用。

能力目标：

（1）会计算氧气转炉提钒主要技术经济指标。

（2）能利用网络、图书馆收集相关资料、自主学习。

【任务描述】

氧气转炉提钒吹炼，为了掌控生产情况及生产效果，需应用一些经济指标衡量。

【相关知识点】

（1）钒渣折合量。指粗钒渣扣除明铁（MFe）后按含 10% 的 V_2O_5 的折算量。

$$钒渣折合量 = \frac{（钒渣实物量 - 废钒渣量）\times w_{(V_2O_5)} \times (1 - w_{(MFe)})}{10\%} \tag{4-2}$$

（2）钒回收率。转炉提钒工序的钒回收率是指生产钒渣中钒的绝对量占铁水中钒的绝对量的比例。

$$钒回收率 = \frac{进入成品的钒总量}{铁水铁块含钒总量} \times 100\%$$

$$= \frac{折合量 \times 10\% \times 2 \times 钒的相对原子质量 / V_2O_5 相对分子质量}{铁水量 \times 钒含量 + 铁块 \times 钒含量} \times 100\%$$

$$\tag{4-3}$$

（3）钒氧化率。

$$钒氧化率 = \frac{铁水钒含量 - 半钢钒含量}{铁水钒含量} \times 100\% \tag{4-4}$$

钒回收率总是低于钒氧化率的原因：部分钒渣流失、烟尘喷溅损失、出渣过程喷溅损失及磁选过程中的损失。

（4）实物产渣率。

$$实物产渣率 = \frac{钒渣实物量}{提钒铁水量 + 生铁块量} \times 100\% \tag{4-5}$$

（5）折合产渣率。

$$折合产渣率 = \frac{钒渣折合量}{提钒铁水量 + 生铁块量} \times 100\% \tag{4-6}$$

（6）吨渣铁耗。吨渣铁耗是指生产 1t 折合钒渣所吹炼的含钒金属料的质量，单位是 kg 铁/t$_渣$。

$$吨渣铁耗 = \frac{提钒铁水量 + 生铁块量}{折合渣量} \tag{4-7}$$

（7）铁水提钒率。

$$铁水提钒率 = \frac{提钒铁水量}{进厂铁水总量} \times 100\% \tag{4-8}$$

（8）提钒纯吹氧时间。指从开氧至该炉关氧的时间。

（9）提钒炉龄。提钒炉龄指一个炉役期间提钒（炼钢）的所有炉数。

（10）提钒冶炼时间。提钒冶炼时间指从开始兑铁至该炉出半钢结束的时间。

（11）提钒冶炼周期。提钒冶炼周期指某一段日历时间除以生产炉数（扣除炉役检修时间）。

$$提钒冶炼周期 = \frac{日历时间(不含修炉时间)}{提钒炉数} \times 100\% \tag{4-9}$$

【应用举例】

【例 1】　某炉装入量 140t，生铁块 5t，铁水生铁块平均含钒 0.29%，半钢余钒 0.03%，产钒渣 4.2t，计算本炉次的实物产渣率和钒氧化率。

解：（1）实物产渣率 $= \dfrac{钒渣实物量}{提钒铁水量 + 生铁块量} \times 100\%$

得

$$实物产渣率 = \frac{4.2}{140 + 5} \times 100\% = 2.90\%$$

（2）钒氧化率 $= \dfrac{铁水钒含量 - 半钢钒含量}{铁水钒含量} \times 100\%$

得

$$钒氧化率 = \frac{0.29\% - 0.03\%}{0.29\%} \times 100\% = 89.66\%$$

答：（略）

【例2】　某班处理铁水 45000t，消耗生铁块 500t，铁水含钒 0.30%，生铁块含钒 0.32%，生产实物钒渣 1452t，破碎后绝废渣 152t，钒渣综合罐样 V_2O_5 为 17.5%，MFe12.1%，写出计算公式并计算：（1）钒渣折合量；（2）折合产渣率；（3）钒回收率。

解：（1）计算钒渣折合量

$$钒渣折合量 = \frac{(钒渣实物量 - 废钒渣量) \times w_{(V_2O_5)} \times (1 - w_{(MFe)})}{10\%}$$

得

$$钒渣折合量 = \frac{(1452 - 152) \times 17.5\% \times (1 - 12.1\%)}{10\%} = 1999.726(t)$$

（2）计算折合产渣率

$$折合产渣率 = \frac{钒渣折合量}{提钒铁水量 + 生铁块量} \times 100\%$$

得

$$折合产渣率 = \frac{1999.726}{45000 + 500} \times 100\% = 4.395\%$$

（3）计算钒回收率

$$钒回收率 = \frac{折合量 \times 10\% \times 2 \times 钒的相对原子质量 / V_2O_5 相对分子质量}{铁水量 \times 钒含量 + 铁块 \times 钒含量} \times 100\%$$

得

$$钒回收率 = \frac{1999.726 \times 10\% \times 2 \times 51/182}{45000 \times 0.30\% + 500 \times 0.32\%} \times 100\% = 82.0\%$$

【技能训练】

项目 4.5-1　实物量和折合量计算

已知某日铁水平均含钒 0.3%，某渣罐共装 7 炉，每炉铁水量 140t，半钢余钒为 0.035%，该罐的平均 $w_{V_2O_5} = 18.2\%$、$w_{MFe} = 12.0\%$，绝废渣比例 12.0%，计算该罐的实物量和折合量。（不计吹损和出渣损失，钒、氧的相对原子质量为 51 和 16）

解：（1）计算罐的实物量

$$V_2O_5 的质量 = \frac{(铁水中的钒 - 半钢余钒) \times 铁水质量 \times V_2O_5 相对分子质量}{2 \times 钒的相对原子质量}$$

$$V_2O_5 的质量 = \frac{(0.3\% - 0.035\%) \times 140 \times 7 \times 180}{2 \times 51} = 4.63(t)$$

由

$$钒渣实物质量 = \frac{V_2O_5 质量}{罐中 V_2O_5 含量}$$

得

$$钒渣实物质量 = \frac{4.63}{18.2\%} = 25.46(t)$$

（2）由钒渣折合量 $= \dfrac{(钒渣实物量 - 废钒渣量) \times w_{(V_2O_5)} \times (1 - w_{(MFe)})}{10\%}$

得

$$钒渣折合量 = \dfrac{(25.46 - 25.46 \times 12\%) \times 18.2\% \times (1 - 12\%)}{10\%} = 35.88(t)$$

项目 4.5-2　钒渣折合量和吨渣铁耗计算

某天处理铁水 17000t，消耗生铁块 100t，铁水含钒 0.30%，生铁块含钒 0.32%，生产实物钒渣 520t，破碎后绝废渣 60t，钒渣综合罐样 V_2O_5 为 17.5%，MTe11.5%，计算：（1）钒渣折合量；（2）吨渣铁耗。（写出计算公式）

解：（1）计算钒渣折合量。

$$钒渣折合量 = \dfrac{(钒渣实物量 - 废钒渣量) \times w_{(V_2O_5)} \times (1 - w_{(MFe)})}{10\%}$$

得

$$钒渣折合量 = \dfrac{(520 - 60) \times 17.5\% \times (1 - 11.5\%)}{10\%} = 712.4(t)$$

（2）计算吨渣铁耗

$$吨渣铁耗 = \dfrac{提钒铁水量 + 生铁块量}{折合渣量}$$

得

$$吨渣铁耗 = \dfrac{17000 + 100}{712.4} = 24.0 t_{铁}/t_{渣}$$

答：（略）

【思考与练习】

4.5-1　填空题

（1）吨渣铁耗是指生产（　　　）所吹炼的含钒金属料的质量，单位是：$t_{铁}/t_{渣}$。

（2）铁水提钒率 =（　　　）与进厂铁水总量的百分比值。

（3）吨渣冷固球团消耗 = 冷固球团用量/（　　　）×100%

（4）提钒纯吹氧时间是指从开氧至该炉（　　　）的时间。

（5）提钒冶炼时间是指从开始兑铁至该炉（　　　）的时间。

4.5-2　选择题

（1）钒氧化率相同，随着耗氧量的增加，碳氧化率随之（　　　）。

　　A. 减少　　　　　　　B. 增高　　　　　　C. 不变　　　　　　D. 不确定

（2）转炉提钒的钒氧化率与回收率的关系是：（　　　）

　　A. 氧化率<回收率　　B. 氧化率>回收率　　C. 氧化率=回收率　　D. 不确定

（3）以下不是砣子渣产生的原因有（　　　）。

　　A. 冷却剂加入时间太晚，未熔化完全　　　　B. 半钢未出完倒渣

　　C. 渣稀，渣与半钢分离困难　　　　　　　　D. 终点温度>1365℃

　　E. 生铁块熔化完全

4.5-3　简述题

（1）产渣率对钒渣品位有何影响？

（2）什么叫钒回收率？请写出钒回收率的计算公式。

（3）什么叫钒渣折合量？请写出钒渣折合量的计算公式。

（4）钒回收率低于氧化率的原因有哪些？

教学活动建议

本项目单元与提钒生产技术经济效果紧密相连，教学中要求理论联系实际，教学练相结合，加深学生对指标含义的理解。

查一查

学生利用课余时间，自主查询国内提钒企业生产主要技术经济指标。

项目单元 4.6　氧气转炉提钒常见事故及处理

【学习目标】

知识目标：

（1）掌握氧气转炉提钒常见事故的类型。

（2）掌握氧气转炉提钒常见事故的处理方法。

能力目标：

（1）会进行氧气转炉提钒常见事故的处理。

（2）能利用网络、图书馆收集相关资料、自主学习。

【任务描述】

氧气转炉提钒吹炼过程中，由于种种原因，出现一些异常事故，为了保证生产的顺利进行，会对所出现的事故进行处理。

【相关知识点】

4.6.1　炉口粘渣

4.6.1.1　炉口粘渣的危害

炉口粘渣使炉口变小、变形，兑铁、出钒渣及炉后加挡渣镖困难，严重时甚至发生氧枪碰撞炉口，给安全生产带来极大的隐患。

4.6.1.2　炉口粘渣产生的原因

由于提钒温度较低，金属喷溅黏结在炉帽上段，出半钢时钒渣粘在炉口出半钢侧，出钒渣时钒渣黏结在炉口出渣侧积累而产生的。

4.6.1.3　炉口粘渣处理办法

兑铁后或吹炼后，枪位 6.5~7.5m，氧压 0.60~0.70MPa，分期多次进行"打炉口"操作，每炉次处理时间不大于 30s。

4.6.2　炉内渣态异常

4.6.2.1　产生原因

（1）料仓设备故障或操作失误，冷却剂未在规定时间内加完，转炉内终点温度骤然降低，导致钒渣与半钢混合，渣铁难以分离，且在出半钢过程中出现钢流发红、发稠现象。

（2）半钢未出尽，若出钒渣，易造成砣子渣，不仅给钒渣的破碎、磁选带来困难，还会减少钒渣产量，增加废钒渣量。

此情况下可继续兑铁吹炼，重新调整渣态后出钒渣。

4.6.2.2　措施

（1）按规定时间加完冷却剂。

（2）在未出钒渣的情况下，必须在兑铁后加铁块。

4.6.3　粘枪

4.6.3.1　粘枪产生原因

粘枪是炉内的金属和渣在氧气射流的冲击作用下，飞溅在冷却的枪身表面凝结和堆积而成，一般与以下因素有关：

（1）铁水温度过低。

（2）吹炼枪位低，特别是开吹的枪位过低。

（3）氧枪喷孔变形，喷头参数发生变化。

（4）提钒吹炼全过程渣子干。

4.6.3.2　粘枪主要危害

使枪身加重加粗，提升困难，严重时提不出氧枪氮封孔，用火焰切割黏结物时易损坏枪身并且增加了非作业时间。

4.6.3.3　粘枪处理办法

发生局部粘枪时可以适当提高温度或稀渣来熔化黏结物，或用钢钎等工具敲掉黏结物，严重时必须用火焰切割黏结物。

4.6.4　铁水粘罐

4.6.4.1　铁水粘罐主要危害

（1）罐口变小，接铁水、出半钢困难，易洒铁。

（2）罐嘴增高，过跨时刮坏烟罩等设备。

（3）罐口变小，兑铁时不能全部兑完。

（4）铁水粘罐壁后，减少了罐的有效容积，不能保证提钒装入量。

（5）黏结渣铁后，增加了罐的空重，使重心上移，兑铁后不能自行回落，极不安全。

4.6.4.2　铁水粘罐处理办法

（1）用刺钩将渣铁钩断掉在罐内。

（2）粘罐严重时用氧气烧。

（3）大罐要交替用于兑铁和出半钢，利用半钢冲刷、熔化大罐的黏结物。

4.6.5　兑铁洒铁

4.6.5.1　产生原因

转炉兑铁时，由于吊车司机与指吊人员配合不好或吊车故障等原因，会造成洒铁，烧、烫伤炉前工、摇炉工及九米平台通行的人。

4.6.5.2　防止措施

（1）兑铁时，禁止其他人员从炉前平台通过。

（2）加强炉前平台的定置管理，确保炉前平台安全通道的畅通，便于发生洒铁事故时，人员的迅速撤离。

（3）加强对职工培训，提高操作技能，增强岗位间的配合。

4.6.6　大砣子渣

大砣渣子是指夹铁较多的钒渣，主要危害是破碎、磁选困难，降低了钒渣成品率，浪费了物力、人力。

4.6.6.1　产生原因

（1）冷却剂加入时间太晚，未熔化完全。

（2）钒渣氧化性强或渣稀，渣与半钢分离困难。

（3）半钢未出完，出钒渣时未确认。

4.6.6.2　防止措施

（1）冷却剂加入时间不大于 2min，加入量不能过多。

（2）半钢温度不低于 1360℃。

（3）半钢出尽。

4.6.7　摇炉洒铁

针对炉子的倾动出现故障，防止在出半钢过程中，炉子倾动无法正常操作，造成跑半钢事故，特制定以下防范措施：

（1）提钒炉长、摇炉工经常检查确认渣道无积水，发现炉子系统水冷设备漏水，必须及时处理，确保渣道干燥。

（2）摇炉工、中控工、炉长严格执行本岗位作业标准，凡是发现管道、阀门有漏水的部位，都必须及时处理，严禁渣道中有积水，防止发生爆炸事故的发生。

（3）摇炉人员在出半钢过程中，不准离开摇炉房，必须对整个出半钢过程进行监护，炉长也必须对整个过程进行监护。

（4）兑铁、倒炉取样、出半钢过程中，仔细观察转炉的运行情况，若发现有异常现象，立即停止作业，通知维检人员到现场检查确认并处理。

（5）倒炉或出半钢过程中，若发现炉子停不住，立即抬炉，仍不好使，按下"紧停"按钮，并将"主令控制器"回零位，立即通知维检人员处理，并立即报告炉长，作好监护，防止发生意外。

（6）炉子所有的控制系统失灵，将半钢或铁水倒在渣道上，摇炉工应迅速关闭摇炉房的窗户，防止冲上来的火焰或烟气将自己烧伤或烫伤，并立即报告炉长，作好监护，禁止他人从渣道横穿，防止发生意外。半钢罐将出满，半钢要溢出时，立即将渣车、钢包车开出去，防止将车辆烧坏，或焊死在炉下。

4.6.8　提钒炉工控机失灵

提钒炉工控机失灵将导致不能正常操作提钒，为此要求炉前相关人员必须认真履行以下职责：

（1）中控工每班必须对氧枪喷头进行检查，发现喷头熔损较多、焊接处脱焊或漏水现象，立即通知调度室处理，防止发生意外。

（2）中控工每班必须对两台工控机的状态进行确认，若发现有异常需及时联系处理，确保两台工控机均能正常操作。

（3）中控工在炉子吹炼期间，若出现氧枪无法操作，应及时切换到另一台工控机继续操作，在吹炼结束后及时联系处理有故障的工控机，并把此情况汇报炉长和调度室。

（4）若在吹炼过程中出现两台工控机均失控的情况，应立即用气动马达将氧枪提至开、关氧点，并关闭氧枪氧气切断阀（若气动马达也失灵需立即关氧）。然后到氧枪小车平台检查钢绳情况，确认后操作气动马达把氧枪提到上极限，并检查氧枪喷头，发现漏水现象，立即执行"炉内进水应急预案"。

4.6.9　吹炼期间炉内进水

4.6.9.1　产生原因

由于氧枪制作及喷头质量的原因，或者在提钒操作过程枪位过低烧坏氧枪鼻子，容易造成氧枪漏水。从炉口火焰判断，当火焰突然变软往内收、无声音、呈暗青色，表明氧枪漏水严重。烟罩蒸汽量突然增大，可能是烟罩漏水。

4.6.9.2　处理办法

发现漏水后，应立即提枪停止吹炼，通知水站停水，确认水蒸发干净后方可缓慢动炉，动炉时前后平台严禁有人。所有情况都应及时汇报和记录。

【技能训练】

项目 4.6-1 料仓堵料处理
（1）中控工、炉前工确认堵料部位。
（2）高位料仓堵料，中控工、炉前工用钢钎或二锤敲打料仓底部，至疏通为止。
（3）下料堵料，中控工、炉前工用钢钎或二锤敲打堵料部位，至疏通为止。
（4）下料插板阀打不开，中控工通知并配合设备人员处理。
（5）处理完毕后，中控工试振料、下料，恢复生产。

项目 4.6-2 兑铁洒铁处理
（1）兑铁洒铁时炉前工立即指挥停止兑铁，停止动炉。
（2）炉前工指挥吊车落下小钩，迅速打走重罐。
（3）摇炉工打开炉前摇炉房的观察门，将渣车开到炉体正下方。
（4）炉长、倒班作业长查找洒铁原因，并在 5min 内汇报到调度室及作业区相关管理人员。
（5）摇炉工将转炉摇回零位。
（6）小组人员对洒铁进行打水冷却。
（7）倒班作业长处理完毕后，恢复生产。

项目 4.6-3 氧枪粘渣处理
（1）中控工、炉前工确认氧枪粘渣部位。
（2）中控工操作将氧枪提出氮封口。
（3）炉前工、中控工对黏结物进行打水冷却。
（4）炉前工、中控工首先清理氮封孔周围残渣、残铁，再从上到下清理氧枪黏结物。
（5）炉长、中控工检查枪身、喷头有无异常；清理氮封孔周围残渣、残铁。
（6）中控工操作将氧枪下降至氮封孔内。

项目 4.6-4 炉内进水处理
（1）中控工吹炼时发现炉内大量进水立即停止吹炼，将氧枪提出氮封口。
（2）炉长、中控工在计算机主操作画面上立即关闭复吹，通知摇炉工禁止动炉。
（3）倒班作业长通知调度室停倾动电源，通知吊车停止作业，通知另一座炉子停止吹炼。
（4）氧枪漏水，炉长、摇炉工、中控工通知调度室停高压水泵；炉口漏水，立即关闭中压水阀；烟罩锅炉漏水，通知净气化停循环泵。
（5）在炉内进水未蒸发完前，不允许动炉，不得向炉内加料，不允许放余氧换氧枪。

【知识拓展】

项目 4.6 吹炼期间炉内进水相关人员职责
A 中控工
（1）接班后检查氧枪喷头，枪身及焊缝有无熔损、漏水现象。
（2）下枪吹炼前，确认操作条件氧枪水压、水量是否满足规定要求。

（3）吹炼过程中出现连锁或保护装置动（自动提枪）后，通知调度室，要求相关的设备点检人员进行原因分析，并共同确认操作条件后，方可继续生产。

（4）吹炼过程中，出现氧枪不能动作，操作工使用事故提枪装置将枪提至开、关氧点以上等候点之间，手动关氧，期间发现氧枪漏水则通知调度室通知高压水站停泵，同时通知摇炉工严禁动炉。（在未确认氧枪漏水之前，不得停氧枪水）

（5）吹炼过程中，若发现炉口火焰异常，应立即停止吹炼并立即提枪至上极限（或将氧枪提出氮封口），同时通知摇炉工不允许动炉。

B　炉长

（1）炉长确认水冷设备漏水后，安排专人监护炉子，不许动炉或通知调度室停炉子倾动电源。

（2）确认故障设备：

若氧枪漏水，通知调度室停高压水泵。

若是炉口漏水，立即组织人员，关掉中压水阀门。

若是烟罩锅炉漏水，通知净气化停循环泵。

C　调度室

（1）得到炉内进水的信息后，通知另一座炉子停止吹炼，并及时通知相关维检人员积极响应。

（2）炉内进水问题未彻底解决处理之前，不得安排九米以上各平台作业并通知正在作业人员撤离到安全位置。

（3）调度室得到情况汇报后，立即将此情况汇报厂调度室、大班长和车间主管领导。

D　大班长

（1）每班对炉前的工作进行检查督促，发现问题及时纠正。

（2）获得此情况汇报后，立即到现场组织抢救，除关水的人员外，其他人员必须撤离现场，防止事故进一步扩大。

【思考与练习】

4.6-1　多项选择题

（1）粘枪主要危害有（　　　）。

    A. 提升困难，严重时提不出氧枪孔　　B. 增加了非作业时间

    C. 钒渣中 V_2O_5 含量提高　　D. 产生大坨子渣　　E. 余钒高

（2）提钒炉工控机在吹炼过程中失灵，操作正确的是（　　　）。

    A. 及时切换到另一台工控机继续操作

    B. 两台工控机均失控，应立即用气动马达将氧枪提至开、关氧点

    C. 立即通知停电　　D. 等待维护人员来处理

    E. 立即检查工控机故障

（3）炉口粘渣使炉口变小，影响哪些操作（　　　）？

    A. 测温　　B. 兑铁　　C. 出钢　　D. 出钒渣　　E. 喷补

（4）吹炼期间炉内进水，以下做法错误的是（　　　）。

    A. 立即提枪停止吹炼　　　　　　B. 通知水站停水

C. 确认水蒸发干净后方可缓慢动炉   D. 坚持吹炼结束

E. 立即上高位平台检查炉内进水量

4.6-2 判断题

（1）氧枪漏水可以从炉口火焰判断，当火焰突然变软往内收、无声音、呈暗青色，表面氧枪漏水。   （   ）

（2）从炉口火焰无法判断氧枪是否漏水。   （   ）

（3）粘枪主要危害使枪身加重加粗，提升困难，严重时提不出氧枪孔。 （   ）

（4）粘枪时可以用钢钎等工具敲掉黏结物。   （   ）

（5）提枪打炉口对炉身衬砖没有损伤。   （   ）

教学活动建议

本项目单元与提钒实际生产紧密相连，教学中要求理论联系实际，利用多媒体教学设施，将图片、现场视频应用于教学中。

查一查

学生利用课余时间，自主查询国内提钒企业生产相关的一些学术论文。

项目单元 4.7 复吹转炉提钒

【学习目标】

知识目标：

（1）熟悉铁水复吹转炉提钒的特点。

（2）掌握复吹转炉工艺操作制度要点。

能力目标：

（1）会进行复吹转炉提钒工艺操作。

（2）能利用网络、图书馆收集相关资料、自主学习。

【任务描述】

（1）原料工负责将提钒所用的各种原料准备好。

（2）提钒炉长指挥中控工、炉前工、摇炉工协作将铁水、生铁块（废钢）装入炉内。

（3）中控工根据炉长信号进行吹炼，吹炼过程中准确加料、变动枪位和控制底吹气体的供气强度，终点听从炉长指挥，及时发出停吹信号，进行倒炉测温、取样作业。

（4）炉长发出出钢（半钢）指令，炉长、摇炉工、炉前工协作完成出半钢操作。

（5）炉长（摇炉工）确认半钢出尽，炉长、摇炉工、炉前工协作完成出钒渣、取渣样操作。

（6）出钒渣结束，视炉衬侵蚀情况维护炉衬，再将炉子摇到装料位置，准备下一炉装料。

【相关知识点】

目前世界上铁水提钒的方法主要有南非海威尔德钢钒公司用摇包提钒、新西兰用铁水包提钒、俄罗斯丘索夫冶金厂用空气底吹转炉提钒、俄罗斯下塔吉尔公司及中国承德建龙的氧气顶吹转炉提钒、中国攀钢及承钢采用复吹转炉提钒。

在提钒吹炼过程中，氧气同铁水直接接触，由于铁浓度很大，铁元素的氧化受动力学条件及扩散因素的影响较小，而铁水中的钒元素含量较低（0.3%左右），在吹炼过程中钒浓度逐渐降低，钒在铁水侧扩散是钒正向氧化反应的限制性环节，钒氧化速度逐渐减慢。钒从钒渣向半钢的逆向还原位于化学反应限制环节内，钒还原速度与温度呈指数关系。因此，为了有效脱钒，从热力学角度看，应使熔体及元素与氧化剂接触表面保持适宜的温度；从动力学角度看，加速钒在铁侧扩散传质是加快低钒铁水中钒氧化的首要条件。加强搅拌，不仅可以加快低钒铁水传质，而且还可增加反应界面，是加快钒氧化的主要手段。

复吹转炉提钒工艺环节与顶吹转炉提钒和底吹转炉提钒相似，但复吹转炉由于顶底同时进行吹炼，综合了顶吹和底吹的优点，具有更好的冶金效果，能有效降低钒渣 TFe 含量，提高钒渣 V_2O_5 品位。复吹转炉提钒工艺是指从转炉熔池的上方供给氧气，即顶吹氧，从转炉底部供给惰性气体或氧气，顶、底同时进行吹炼的工艺。底部供气可有效地调节金属和钒渣的氧化度，加快反应进行。提钒过程中发生的主要反应如下：

$$2[Fe]+O_2(g) = 2(FeO)$$
$$3(FeO)+2[V] = (V_2O_3)+3Fe$$
$$(FeO)+[C] = Fe+CO(g)$$
$$[C]+[O] = CO(g)$$

因此，采用底吹惰性气体强化搅拌时，渣中 FeO 更有效地参与铁水中元素的氧化反应，钒进入渣中的速度、氧化率、回收率及渣中（V_2O_5）得到提高，同时（FeO）相应降低，效果十分明显。对于低钒铁水，因其本身含钒低，钒在铁水侧扩散阻力大，采用复吹工艺提钒就比高、中钒铁水复吹提钒显得更为重要。由此可见，复吹提钒是含钒铁水（尤其是低钒铁水）转炉提钒的方向。

4.7.1　提钒转炉复吹效果

提钒转炉复吹，供气强度达到 $0.05 \sim 0.07 m^3/(min \cdot t)$（标态），复吹压力 $1.2 \sim 1.3MPa$。复吹提钒效果优于顶吹提钒，表现在：

（1）吹炼过程平稳，不粘枪、不结料。

（2）与顶吹相比，半钢余碳的质量分数提高。

（3）钒渣全铁的质量分数降低，V_2O_5 的质量分数提高。

（4）与顶吹相比，耗氧量降低。

4.7.2　提钒转炉复吹模式

实践表明，合理的复吹供气模式不但能获得良好的冶金效果，而且有利于透气砖的维护，确保复吹长寿化。图 4-11 所示为攀钢复吹供气模式。

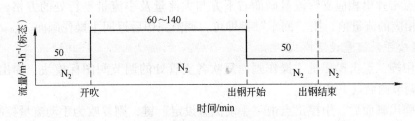

图 4-11　攀钢复吹供气模式

承德钢厂 120t 转炉顶底复吹典型底吹供气模式见表 4-7。

表 4-7　顶底复吹典型底吹供气模式

供气模式	终点碳含量/%	前期供气强度 /m³·(t·min)⁻¹（标态）	后期供气强度 /m³·(t·min)⁻¹（标态）	生产钢种
A	<0.10	0.03	0.09	低碳镇静钢
B	0.10~0.25	0.03	0.06	中碳镇静钢
C	>0.25	0.03	0.03	高、中碳钢

4.7.3　底吹透气砖维护

底吹透气砖长寿化是提高提钒转炉复吹炉龄、实现高复吹率提钒的关键。对于提钒转炉，透气砖使用寿命的高低受多因素的限制，但主要受透气砖结构、供气模式、炉渣渣态以及维护措施等方面的综合影响，因此透气砖的维护是复吹长寿化非常重要的一个环节。如果不科学合理地维护，很难控制透气砖的侵蚀速度，其使用寿命难以长寿化或与转炉炉龄同步。底吹透气砖维护技术有：

（1）底吹采用透气砖维护供气模式。当透气砖需要用补炉料维护时，炉底采用透气砖维护供气模式，用 30m³/h（标态）供气量，以保证补炉料不因流量过大而破坏其完整性以及保证补炉料的充分烧结。

（2）透气补炉料维护技术。首先采用专用透气补炉料补炉（成分为 $w_{MgO} \geq 60\%$，$w_{SiO_2} \leq 35\%$），出尽半钢和钒渣，将一定量透气补炉料倒入转炉，前后摇动转炉使透气补炉料覆盖在透气砖侵蚀凹坑位置，之后将转炉停留在零位，利用氧枪低流量吹扫 10~20s，烧结 40~60min 后将底吹恢复到常用供气模式下再进行提钒生产。这种专用透气补炉料的最大优点是：在炉内烧结后形成许多细小的气体流道，透气性能良好，不会引起透气砖堵塞。

【技能训练】

项目 4.7　复吹中控室操作
复吹操作机主操作画面如图 0-8 所示。

A　复吹自动控制模式

（1）中控工点击操作机主操作画面复吹各支管处的调节阀图标模块，弹出对应复吹支管流量调节画面（共 4 支）。

（2）点击"自动"键，则复吹为 PLC 自动调节模式。

（3）点击弹出相应支管流量画面右下方与大流量及小流量平行处的方格，根据工艺要求输入相应的流量值，按"回车"键即可，调节完毕后返回主操作画面。

B　复吹手动流量设定模式

（1）中控工点击操作机主操作画面复吹各支管处的调节阀图标模块，弹出对应复吹支管流量调节画面（共 4 支）。

（2）弹出画面后，中控工点击"手动流量设定"键，则复吹为手动流量控制模式。

（3）中控工点击画面左面设定值上方处的小方格，根据工艺要求输入相应的流量值，按"回车"键即可。

（4）调节完毕后返回主操作画面。

C　复吹手动阀门操作模式

（1）中控工点击操作机主操作画面复吹各支管处的调节阀图标模块，弹出对应复吹支管流量调节画面（共 4 支）。

（2）弹出画面后，中控工点击"手动阀门操作"键，则复吹为手动阀门调节开度控制模式。

（3）中控工点击"手动阀门操作"下方的阀门开度按钮，根据要求调节复吹气体流量，向上则流量调大，向下则流量调小。

（4）调节完毕后返回主操作画面。

D　复吹气体紧停控制模式

（1）点击操作机主操作画面"复吹紧停"按钮。

（2）弹出画面后，点击画面中央的"确认"按钮。

（3）调节完毕后返回主操作画面。

【思考与练习】

4.7-1　选择题

（1）攀钢提钒炉底吹入气体是（　　　　）。

　　A. 氧气　　　　　B. 空气　　　　　C. 氮气　　　　　D. 煤气

（2）对转炉顶底复合吹炼提钒说法不正确的是（　　　　）。

　　A. 吹炼过程不平稳，易粘枪　　　B. 半钢余碳的质量分数提高

　　C. V_2O_5 的质量分数提高　　　D. 耗氧量升高

　　E. 钒渣全铁的质量分数降低

4.7-2　简述题

复吹提钒与顶吹提钒相比有哪些特点？

教学活动建议

本项目单元是在顶吹转炉提钒学习的基础上进行的，教学中要求理论联系实际，利用多媒体教学设施、图片、现场视频，采用比较法、讲授法、教学练相结合。

查一查

学生利用课余时间，自主查询国内复吹转炉提钒生产情况。

项目5　氧气顶吹转炉炼钢工艺操作与控制

项目单元5.1　一炉钢的操作过程

【学习目标】

知识目标：

（1）认识氧气顶吹转炉冶炼一炉钢的主要环节及相应的工艺制度。

（2）掌握氧气顶吹转炉冶炼一炉钢主要的工艺制度组成。

能力目标：

（1）会陈述氧气顶吹转炉冶炼一炉钢的主要环节及工艺制度组成。

（2）能利用网络、图书馆收集相关资料、自主学习。

【任务描述】

（1）转炉炼钢工（班组长或炉长）根据车间生产值班调度下的生产任务，编制原料配比方案和工艺操作方案。

（2）与原料工段协调完成铁水、废钢及其他辅料的供应。

（3）按照操作标准，组织本班组中控工、炉前工、摇炉工安全地完成铁水及废钢的加入、吹氧冶炼、取样测温、出钢合金化、溅渣护炉、出渣等一套完整的冶炼操作。

（4）在进行冶炼操作过程中，根据转炉炼钢系统设备结构性能特点，运用计算机操作系统控制转炉的散装料系统设备、供氧系统设备、除尘系统设备，及时、准确地调整氧枪高度、炉渣成分、冶炼温度、钢液成分，完成煤气回收任务，按所炼钢种要求进行出钢合金化操作，保证炼出合格的钢水，并填写完整的冶炼记录。

（5）按计划做好炉衬的维护。

【相关知识点】

目前世界上主要炼钢方法为氧气转炉炼钢法（氧气顶吹转炉炼钢法和氧气顶底复吹转炉炼钢法），我国氧气复吹转炉炼钢法主要采用惰性气体搅拌法，是在顶吹的基础上改造而成的，两者的工艺环节及工艺制度基本相似。氧气顶吹转炉一炉钢冶炼根据炉内金属液成分、熔渣成分、熔池温度的变化规律分为三个阶段，即吹炼前期、吹炼中期和吹炼后期（末期）。氧气顶吹转炉一炉钢的操作、工艺过程如图5-1所示。

由图5-1可以清楚地看出，氧气顶吹转炉炼钢的工艺操作过程可分为以下几步进行：

（1）上炉钢出完并倒完炉渣后，迅速检查炉体，必要时进行补炉，然后堵好出钢口，及时加料。炉体检查部位主要为：检查炉衬表面有否颜色较深，甚至发黑的部位；炉衬有

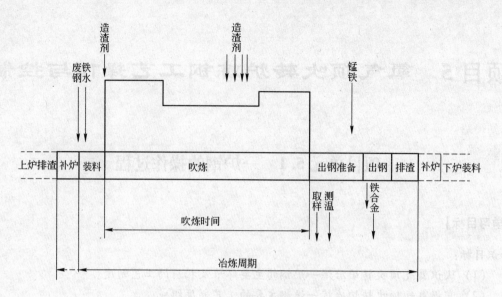

图 5-1 顶吹转炉吹炼操作实例

否凹坑和硬洞，及该部位的损坏程度；炉衬哪些部位已经见到保护砖；熔池前，后肚皮部位炉衬的凹陷深度；炉身和炉底接缝处有否发黑和凹陷；炉口水箱内侧的炉衬砖是否已损坏；左右耳轴处炉衬损坏的情况；出钢口内侧是否圆整；出钢口长度是否符合规格要求。

（2）在装入废钢和兑入铁水后，把炉体摇正。在下降氧枪的同时，由炉口上方的辅助材料溜槽，向炉中加入第一批造渣剂（石灰、萤石、氧化铁皮、铁矿石），其量约为总量的 1/2~2/3。当氧枪降至规定的枪位时，吹炼过程正式开始。

当氧气流与熔池面接触时，碳、硅、锰开始氧化并产生大量的棕红色火焰，称为"氧枪点火"。点火后约几分钟，初渣形成并覆盖于熔池面上。在开吹数分钟内，炉内噪声较大，从炉口冒出赤色烟尘，随后喷出亮度较暗的火焰；当铁水中硅氧化完后，碳的火焰急剧上升，从炉口喷出的火焰变大，亮度也随之提高。同时炉内渣料熔化，炉渣形成，炉内噪声也减弱；炉渣起泡，有可能喷出炉口，此时应加入第二批渣料。

如果降枪吹氧后，由于某种原因炉内没有进行大量氧化反应，也没有大量的棕红色火焰产生，则称之为"氧枪点不着火"。

（3）吹炼中期脱碳反应剧烈，渣中氧化铁降低，致使炉渣的熔点增高和黏度增大，并可能出现稠渣（即"返干"）现象。此时，应适当提高氧枪枪位，并可分批加入铁矿石和第二批造渣剂（其余的 1/3），以提高炉渣中的氧化铁含量及调整炉渣。第三批造渣料为萤石，用以调整炉渣的流动性，但是否加第三批造渣材料以及其加入量多少，要视各厂生产的情况而定。

（4）当吹炼进行到一定时间即进入吹炼末期，由于熔池金属中碳含量大大降低，则使脱碳反应减弱，炉内火焰变得短而透明。最后根据火焰状况、供氧数量和吹炼时间等因素，按所炼钢种的成分和温度要求，确定吹炼终点，并且提高氧枪停止供氧（称之为拉碳）、倒炉、测温、取样。根据分析结果，决定出钢或补吹时间。

（5）当钢水成分和温度均已合格，打开出钢口，即可倒炉出钢。在出钢过程中，向钢包内加入铁合金，进行脱氧和合金化（有时可在打开出钢口前向炉内投入部分铁合金）。出钢完毕，将炉渣倒入渣罐。

综上所述，一炉钢冶炼的主要环节有：装料、供氧、造渣、升温、终点控制、出钢及脱氧合金化。相应的主要工艺制度通常采用装入制度、供氧制度、造渣制度、温度制度、终点控制及脱氧合金化制度。

氧气顶吹转炉炼钢法是间歇周期性作业，通常将相邻两炉之间的间隔时间（即从装料到倒渣完毕），称为冶炼周期或冶炼一炉钢的时间，一般为 20～40min。其中把吹入氧气的时间称为供氧时间或纯吹炼时间，一般为 12～18min，它与炉子吨位大小和工艺的不同有关。

【技能训练】

项目 5.1-1 观看转炉炼钢仿真技术一炉钢的冶炼过程或转炉炼钢现场视频资料。

项目 5.1-2 利用山东星科开发的转炉炼钢虚拟仿真实训系统，进行在已知原材料条件（原材料条件和吹炼钢种见表 0-1～表 0-3）下的虚拟仿真炼钢实训操作。实训操作流程见认识转炉提钒和转炉炼钢生产项目中的【技能训练】项目 0.2-2。

【知识拓展】

项目 5.1 氧枪点不着火

转炉原料进炉后将炉子摇正，降枪至吹炼枪位进行供氧，当氧流与熔池面接触时，炉内碳、硅、锰等开始发生氧化反应并产生大量的棕红色火焰，称为氧枪点火。如果降枪吹氧后由于某种原因没有发生大量氧化反应，也没有大量棕红色火焰产生，则称为氧枪点不着火。氧枪点不着火将不能进行正常吹炼。氧枪点不着火的原因如下：

（1）炉料配比轻、薄料太多，在炉内堆积过高，致使氧流冲不到液面，造成氧枪点不着火。

（2）操作不当。开吹前加入的冷料过多过厚甚至使之结坨，氧气流冲不开结块层，也可能使氧枪点不着火；或吹炼过程中发生返干，造成炉渣结成大团，当大团浮动到熔池中心位置时造成熄火。

（3）发生某种事故后使熔池表层冻结，造成氧枪点不着火。

（4）补炉料在进炉后大片塌落或者溅渣护炉后有黏稠炉渣存在于熔池表面，均可能使氧枪点不着火。

氧枪点不着火应根据不同的原因采取不同的处理方法，可以摇动炉子使液面结壳因晃动而破裂；或加大氧压并使氧枪上下移动；或补加铁水点火。

【思考与练习】

5.1-1 判断题

（1）氧气顶吹转炉冶炼一炉钢的五大工艺制度是指装入制度、供氧制度、造渣制度、温度制度、合金化制度。　　　　　　　　　　　　　　　　　　　　（　　）

（2）氧气顶吹转炉炼钢法通常将相邻两炉之间的间隔时间（即从装料到倒渣完毕），称为冶炼周期或冶炼一炉钢的时间。　　　　　　　　　　　　　　　（　　）

5.1-2　多项选择题

（1）氧气转炉炼钢五大工艺制度包括（　　）。

　　A. 装入制度　　　B. 供氧制度　　　C. 拉速制度　　　D. 温度制度

（2）氧气转炉炼钢五大工艺制度包括（　　）。

　　A. 造渣制度　　　B. 出钢制度　　　C. 终点控制制度及脱氧合金化制度

　　D. 温度制度

教学活动建议

本项目单元理论与实际生产紧密相连，文字表述多，抽象，难于理解，在教学活动之前学生应到企业现场参观实习，具有感性认识；教学活动过程中，应利用现场视频及图片、仿真技术、虚拟仿真实训室或钢铁大学网站，将讲授法、演示法、教学练相结合，实施"做中教"、"做中学"，以提高教学效果。

查一查

学生利用课余时间，自主查询转炉炼钢企业生产情况。

项目单元 5.2　氧气顶吹转炉炼钢装入制度

【学习目标】

知识目标：

（1）掌握氧气顶吹转炉冶炼一炉钢装入制度研究的内容及确定依据。

（2）掌握氧气顶吹转炉炼钢兑铁水、加废钢的操作。

（3）熟悉氧气顶吹转炉炼钢装入制度的特点。

能力目标：

（1）能操作设备进行转炉兑铁水和加入废钢的操作。

（2）能利用网络、图书馆收集相关资料、自主学习。

【任务描述】

（1）转炉炼钢工（班长或炉长）根据车间生产值班调度下的生产任务，编制原料配比方案和工艺操作方案。

（2）与原料工段协调完成铁水、废钢及其他辅料的供应。

（3）按照操作标准，组织本班组中控工、炉前工、摇炉工协作将铁水、废钢（生铁块）装入炉内。

【相关知识点】

5.2.1　装入制度内容及依据

装入制度就是确定转炉合理的装入数量，合适的铁水（特殊钢厂为半钢）废钢比。

转炉的装入量是指转炉冶炼每炉次主原料的装入数量，它包括铁水（半钢）和废钢（废钢资源不足的厂家，也用生铁块代替部分废钢）的数量。

实践证明，每座转炉都必须有个合适的装入量，装入量过大或过小都不能得到好的技术经济指标。若装入量过大，将导致吹炼过程的严重喷溅，造渣困难，延长冶炼时间，吹损增加，炉衬寿命降低。装入量过小时，不仅产量下降，而且由于熔池变浅，控制不当，炉底容易受氧气流股的冲击作用而过早损坏，甚至使炉底烧穿，进而造成漏钢事故，对钢的质量也有不良影响。

在确定合理的装入量时，必须考虑以下因素：

（1）要有合适的炉容比。见 4.1.1 节（1）。例如，铁水中含 Si、P 较高，则吹炼过程中渣量大，炉容比应大一些，否则易使喷溅增加。使用供氧强度大的多孔喷头，应使炉容比大些，否则容易损坏炉衬。目前，大多数顶吹转炉的炉容比选择在 0.7~1.10 之间，复吹转炉可小些，表 5-1 是国内外转炉炉容比的统计情况。

表 5-1　顶吹转炉炉容比

炉容量/t	50	100~150	150~200	200~300	>300
炉容比/m³·t⁻¹	0.95~1.05	0.85~1.05	0.7~1.09	0.7~1.10	0.68~0.94

大转炉的炉容比可以小些，小转炉的炉容比要稍大些。目前我国一些钢厂转炉的炉容比如表 5-2 所示。

表 5-2　各厂顶吹转炉炉容比

厂名	太钢二炼	首钢三炼	攀钢	本钢二炼	鞍钢三炼	首钢二炼	宝钢一炼
吨位/t	50	80	120	120	150	210	300
炉容比/m³·t⁻¹	0.97	0.73	0.90	0.91	0.86	0.92	1.05

（2）合适的熔池深度。为了保证生产安全和延长炉底寿命，要保证熔池具有一定的深度。不同公称吨位转炉的熔池深度如表 5-3 所示。熔池深度 H 必须大于氧气射流对熔池的最大穿透深度 h，一般认为对于单孔喷枪 $h/H \leqslant 0.7$ 是合理的。

表 5-3　不同公称吨位转炉的熔池深度

公称吨位/t	30	50	80	100	210	300
熔池深度/mm	800	1050	1190	1250	1650	1949

（3）钢包净空。过去对于模铸车间，装入量应与锭型配合好。装入量减去吹损及浇注必要损失后的钢水量，应是各种锭型的整数倍，尽量减少注余钢水量。装入量可按下式进行计算。

$$装入量 = \frac{钢锭单重 \times 钢锭支数 + 浇注必要损失}{钢水收得率(\%)} - 合金用量 \times 合金吸收率(\%)$$

(5-1)

上式中有关单位采用吨（t）。

现在由于普遍采用了连铸工艺，确定装入量时不必考虑钢锭单重因素，但对需进行 RH 和 LF 处理的钢种，必须保证钢包有一定的净空高度，因此，确定装入量时要考虑钢包容量和净空高度。

此外，确定装入量时，还要考虑到转炉的倾动机械、铸锭行车的起重能力等因素，所以在制定装入制度时，既要发挥现有设备能力，又要防止片面的不顾实际的盲目多装，以免造成严重后果。

5.2.2　装入制度类型

氧气顶吹转炉的装入制度有：定量装入制度、定深装入制度、分阶段定量装入制度。其中定深装入制度即每炉熔池深度保持不变，由于生产组织困难，现已很少使用。定量装入制度和分阶段定量装入制度在国内外得到广泛应用。

5.2.2.1　定量装入制度

见 4.1.2.1 节。

5.2.2.2　定深装入

见 4.1.2.2 节。

5.2.2.3　分阶段定量装入制度

见 4.1.2.3 节。我国中、小转炉炼钢厂普遍采用这种装入制度。表 5-4 为 100t 转炉分阶段定量装入制度。

表 5-4　100t 转炉分阶段定量装入制度

炉龄区间/炉	1~100	101~500	501~1000	>1000
装入量/t	90	100	104	109
出钢量/t	83	92	96	100

5.2.3　装入操作

装入操作是指转炉兑铁水和装废钢的操作，实际生产如图 5-2 所示。

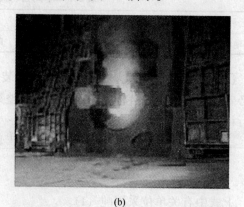

(a)　　　　　　　　　　　　　　　　　(b)

图 5-2　转炉兑铁水、加废钢

（a）兑铁水；（b）加废钢

5.2.3.1 铁水、废钢的装入顺序

A 先兑铁水后装废钢

这种装入顺序可以避免废钢直接撞击炉衬，但炉内留有液态残渣时，兑铁易发生喷溅。

B 先装废钢后兑铁水

这种装入顺序废钢直接撞击炉衬，但目前国内各钢厂普遍采用溅渣护炉。

5.2.3.2 安全、防污染

兑铁水前转炉内应无液态残渣，人员撤离转炉周围，以避免喷溅造成人员伤害和设备事故。如果没有二次除尘设备，兑铁水时转炉倾动角度小些，尽量使烟尘进入烟道。

5.2.3.3 准确控制铁水废钢比

准确控制铁水和废钢装入数量，称量设备要准确可靠，并经常校验。增加废钢比可以减少铁水量、减少渣料和氧气消耗，各厂应根据钢种质量要求、吹炼热平衡条件、废钢资源和成本确定合理的铁水废钢比。

图5-3所示为工艺操作各期对转炉倾动角度的要求。

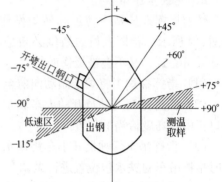

图5-3 工艺操作各期对炉子倾动角度的要求

【技能训练】

项目5.2-1 转炉装入量、铁水及废钢配比、炉内平均金属料确定分析

已知铁水条件和吹炼钢种要求见表5-5。炼钢转炉公称吨位为120t。

表5-5 铁水条件和吹炼终点成分表

种 类	成分/%					T/℃
	C	Si	Mn	P	S	
铁水	4.5	0.40	0.45	0.12	0.045	1280
废钢	0.12	0.12	0.45	0.04	0.045	25
Q235B	0.16	0.20	0.50	0.025	0.03	1670（出钢）

（1）综合考虑转炉所处的炉役期、原材料条件等确定转炉装入量。

（2）根据铁水条件、钢种质量要求、吹炼热平衡条件和成本确定合理的铁水废钢比。

（3）计算炉内平均金属料成分，以金属料中硅的平均成分计算为例，其计算公式为：

$$w_{Si, 金属} = \frac{装入量 \times 铁水配比 \times w_{Si, 铁水} + 装入量 \times 废钢配比 \times w_{Si, 废钢}}{装入量} \times 100\%$$

(5-2)

式（5-2）中，装入量单位为 t；铁水配比、废钢配比、铁水中硅含量（$w_{Si,铁水}$）、废钢中硅含量（$w_{Si,废钢}$）单位均为%。用同样的方法，可以计算出炉内金属料中 C、Mn、S 等成分的平均含量。

项目 5.2-2　利用转炉炼钢虚拟仿真实训系统，进行转炉兑铁水、加废钢操作

【知识拓展】

项目 5.2-1　转炉兑铁水操作

A　准备工作

转炉具备兑铁水条件或等待兑铁水时，将铁水包吊至转炉正前方，吊车放下副钩，炉前指挥人员将两只铁水包底环分别挂好钩。

B　兑铁水操作

炉前指挥人员站于转炉和转炉操作室中间靠近转炉侧，如图 5-4 所示。指挥人员的站位必须是能同时被摇炉工和吊车驾驶员看到，又不会被烫伤的位置。

（1）指挥摇炉工将炉子倾动向前至兑铁水开始位置。

（2）指挥吊车驾驶员开动大车和主、副钩将铁水包运至炉口正中和高度恰当的位置。

（3）指挥吊车驾驶员开小车将铁水包移近炉口位置，必要时指挥吊车对铁水包位置进行微调。

（4）指挥吊车上升副钩，开始兑铁水。

（5）随着铁水不断兑入炉内，要同时指挥炉口不断下降

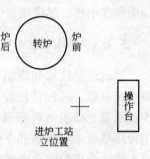

图 5-4　炉前指挥人员（进炉工）站立位置

和吊车副钩的不断上升，使铁水流逐步加大，并使铁水流全部进入炉内，而铁水包和炉口互不相碰，铁水不溅在炉外。

（6）兑完铁水，指挥吊车离开，至此兑铁水完毕。

项目 5.2-2　加废钢

A　准备工作

废钢在废钢跨装入废钢斗，由吊车吊起，送至炉前平台，由炉前进料工将废钢斗尾部钢丝绳从吊车主钩松下，换钩在吊车副钩上待用。

如逢雨天废钢斗中有积水，可在炉前平台起吊废钢斗时，将废钢斗后部稍稍抬高或在兑铁水前进废钢。

B　加废钢操作

炉前指挥人员站立于转炉和转炉操作室中间靠近转炉侧（同兑铁水位置）。待兑铁水吊车开走后即指挥进废钢。

（1）指挥摇炉工将炉子倾动向前（正方向）至进废钢位置。

（2）指挥吊废钢的吊车工开吊车至炉口正中位置。

（3）指挥吊车移动大、小车将废钢斗口伸进转炉炉口。

（4）指挥吊车提升副钩，将废钢倒入炉内。如有废钢搭桥、轧死等，可指挥吊车将副钩稍稍下降，再提起，让废钢松动一下，再倒入炉内。

（5）加完废钢即指挥吊车离开，指挥转炉摇正，至此加废钢毕。

项目 5.2-3　指挥手势简介

（1）进炉时指挥手势要清楚，明确。

（2）进炉时指挥者眼观炉口。

（3）指挥者右手在上指挥吊车工，左手臂弯至右边，在右手下面指挥摇炉工。

（4）右手拇指指挥主钩，手势如图 5-5a 所示。拇指向上，要求主钩上升；拇指向下，要求主钩下降。

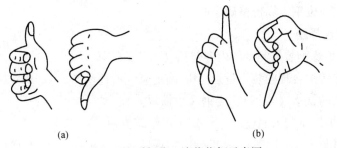

图 5-5　右手拇指、小指指挥示意图

（a）右手拇指指挥示意图；（b）右手小指指挥示意图

（5）右手小指指挥副钩，手势如图 5-5b 所示。小指向上，要求副钩上升；小指向下，要求副钩下降。

（6）右手五指并拢，用手掌指挥整个吊车移动，或指挥吊车的小车向炉口靠近或离开。此时掌心表示要求运动的方向，如图 5-6 所示。

（7）左手五指并拢，用手掌的摆动来指挥炉子摇动，用掌心的方向表示要求炉口转动的方向，如图 5-6 所示。

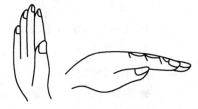

图 5-6　左、右手五指并拢指挥示意图

（8）一般情况先兑铁水，后进废钢以保护炉衬。

（9）兑铁水时铁水流要求稳定，先小注流，后逐渐加大，以防未完全对准炉口，铁水溅出。兑铁水时应防止铁渣进入转炉。

【思考与练习】

5.2-1　单项选择题

（1）目前国内转炉炼钢法炉容比一般为（　　　）。

　　A. 0.6~0.8　　　　　　　B. 0.7~1.10　　　　　　C. 1.4~1.6

（2）转炉炉容比大的炉子，（　　　）。

　　A. 容易发生喷溅　　　　B. 不发生喷溅　　　　　C. 不易发生较大的喷溅

（3）关于炉容比的叙述，错误的有（　　　）。

　　A. 对于大容量的转炉，炉容比可以适当减小

　　B. 炉容比过小，供氧强度的提高受到限制

　　C. 炉容比一般取 0.3~0.7 之间

（4）氧气转炉炼钢炉容比计算表达式是（　　　）。

　　A. T/V　　　　　　　　B. V/T　　　　　　　　C. VT　　　D. V/t

（5）国内转炉控制装入量的方法有三种，整个炉役期间保持每炉金属熔池深度不变的装入方法是（　　）。

　　A. 定深装入　　　　　　　　B. 定量装入　　　　　　　　C. 分阶段定量装入

　　D. 都不是

（6）转炉装入铁水废钢比是根据（　　）

　　A. 废钢资源多少确定的　　　B. 废钢资源和吹炼热平衡条件确定的

　　C. 铁水与废钢市场价格确定的

5.2-2　多项选择题

（1）氧气转炉炼钢装入制度的内容包括（　　）。

　　A. 确定转炉合理的装入量　　B. 确定氧气消耗量　　C. 确定造渣料使用质量

　　D. 合适的铁水（半钢）、废钢（生铁块）比

（2）氧气转炉炼钢装入制度（　　）生产组织方便。

　　A. 定量装入　　　　　　　　B. 定深装入　　　　　　　　C. 分阶段定量装入

　　D. 分阶段定深装入

（3）氧气转炉炼钢装入制度的种类有（　　）。

　　A. 定量装入　　　　　　　　B. 定深装入　　　　　　　　C. 分阶段定量装入

　　D. 分阶段定深装入

（4）氧气转炉炼钢分阶段定量装入制度适用于（　　）。

　　A. 大型转炉　　　　　　　　B. 中型转炉　　　　　　　　C. 小型转炉

　　D. 任何转炉

（5）转炉炼钢金属装入量需要考虑的因素有（　　）。

　　A. 炉容比　　　　　　　　　B. 熔池液面深度　　　　　　C. 倾动机构负荷

　　D. 钢包容量

5.2-3　判断题

（1）转炉新砌砖后内部自由空间的容积（V）与金属装入量之比称为炉容比。

　　　　　　　　　　　　　　　　　　　　　　　　　　　　　　　　（　　）

（2）氧气转炉炼钢法定量装入制度是指在整个炉役期，每炉的装入量不变。其优点是生产组织简便，操作稳定，易于实现过程自动控制，因此适用于各种类型的转炉。

　　　　　　　　　　　　　　　　　　　　　　　　　　　　　　　　（　　）

（3）氧气转炉炼钢法转炉装入量就是指转炉每炉次装入的主原料数量，包括铁水（或半钢）和废钢（生铁块）。　　　　　　　　　　　　　　　　　　　（　　）

（4）氧气转炉炼钢法要求熔池的深度等于氧气流股对熔池的最大穿透深度。（　　）

（5）分阶段定量装入就是转炉在整个炉役期间，根据炉膛扩大程度划分几个阶段，每个阶段定量装入铁水废钢。　　　　　　　　　　　　　　　　　　　（　　）

5.2-4　简述题

（1）名词解释：氧气转炉炼钢法装入制度，转炉装入量，分阶段定量装入，炉容比。

（2）转炉合理装入量控制应考虑哪些因素？

教学活动建议

本项目单元与实际生产紧密相连，文字表述多，抽象，难于理解，在教学活动之前学生应到企业现场参观实习，具有感性认识，同时要求学生提前预习所学的相关设备知识；教学活动过程中，应利用现场视频及图片、虚拟仿真实训室或钢铁大学网站，将讲授法、演示法、教学练相结合，实施"做中教"、"做中学"，以提高教学效果。

查一查

学生利用课余时间，自主到学校开放的虚拟仿真实训室或钢铁大学网站进行实操训练；同时自主查阅其他转炉炼钢文献。

项目单元 5.3　氧气顶吹转炉炼钢供氧制度

【学习目标】

知识目标：

（1）掌握氧气顶吹转炉冶炼一炉钢供氧制度研究的内容。

（2）掌握氧气顶吹转炉炼钢供氧工艺参数的含义、调节及控制方法。

（3）熟悉氧气顶吹转炉炼钢供氧操作。

能力目标：

（1）能操作设备进行转炉炼钢供氧操作。

（2）能正确控制和调节供氧工艺参数，并会进行相应的计算。

（3）能根据炉况熟练地调节枪位。

（4）能利用网络、图书馆收集相关资料、自主学习。

【任务描述】

（1）中控工启动下枪条件前确认转炉在"零位"；氧枪在等候点及以上；氧气压力正常；氧枪钢绳张力正常；设备各连锁正常；挡烟门关闭；一次除尘风机运转正常；氧枪冷却水流量、温度正常；汽包水位正常等。

（2）吹炼过程中，通过炉口火焰、炉膛声音及加料情况，综合判断渣态情况，通过点击氧枪"上升"或"下降"键来控制氧枪位置，保证过程渣态活跃。

（3）中控工根据铁水条件、炉口火焰、加料量、吹氧时间、终点要求等，准确判断炉内情况，及时发出停吹信号。

【相关知识点】

为完成脱碳、脱磷、硅锰氧化等反应，炼钢过程必须供氧。供氧制度就是使氧气流股最合理地供给熔池，创造炉内良好的物理化学条件，完成吹炼任务。它是控制整个吹炼过程的中心环节，直接影响吹炼效果和钢的质量。供氧是保证杂质去除速度、熔池升温速度、造渣速度、控制喷溅和去除钢中气体与夹杂的关键操作。供氧制度研究的主要内容包括确定合理的喷嘴结构、供氧强度及供氧压力和枪位控制等。

5.3.1　供氧制度中的几个工艺参数

5.3.1.1　氧气流量和供氧强度

A　氧气流量（Q）

氧气流量是指单位时间内（t）向熔池供氧的数量（V），常用标准状态下的体积量度，其单位为 m³/min 或 m³/h。计算表达式为：

$$Q = \frac{V}{t} \tag{5-3}$$

式中　Q——氧气流量，m³/min 或 m³/h；

　　　V——一炉钢的耗氧量，m³；

　　　t——一炉钢吹炼时间，min 或 h。

氧气流量是根据冶炼中炉内金属料所需的氧气量、金属装入量和吹氧时间等因素来确定。Q 与喷头面积大小直接有关。当喷孔出口马赫数 Ma 选定后，喉口面积就只与氧流量有关了。一旦喉口面积确定，氧流量也就确定了。喉口面积取大了，氧流量过大，就会使化渣、脱碳失去平衡，造成喷溅；喉口面积取小了，氧气流量减小，会延长冶炼时间，降低生产率。对于不同吨位转炉、原材料条件要确定合理的氧流量控制范围。在实际生产中，由于供氧压力的波动，有的工厂以氧气流量作为供氧制度的控制参数。对于没有准确计量仪表的钢厂，氧枪喷头设计所需的氧流量可以根据转炉炼钢的物料平衡方法来计算，一般每吨金属耗氧量为 50~60m³。据统计，国内大型转炉（公称容量≥150t），耗氧量平均为 56.71m³/t；中型转炉（公称容量 80~150t），耗氧量平均为 56.74m³/t；小型转炉（公称容量<80t），耗氧量平均为 58.9m³/t。

【例1】　转炉装入量 132t，吹炼 15min，吨钢耗氧量为 6068m³（标态），求此时氧气流量为多少？

解：
$$V = 6068m^3 （标态）$$
$$t = 15min$$

$$氧气流量\ Q = \frac{V}{t} = \frac{6068}{15} = 404.53m^3/min = 24272m^3/h$$

答：此时氧气流量为 24272m³/h。

在氧气流量的计算中，一炉钢的耗氧量与每吨金属需氧量有关。每吨金属耗氧量是与炉内化学反应消耗氧有关。吹炼 1t 金属料所需要的氧气量可以通过计算求出来。其步骤是：首先计算出 100kg 金属料中每 1% 各元素氧化理论耗氧量，然后计算出每吨金属料的理论耗氧量，再计算出每吨金属料实际耗氧量（考虑炉气中部分 CO 燃烧生成 CO_2 所需要的氧气量，炉气中含有一部分自由氧，还有烟尘中的氧含量以及喷溅物中的氧含量，铁矿石或氧化铁皮供给熔池的氧量等，一般认为氧气的利用系数在 80%~90%）。

B　供氧强度

供氧强度 I 是指单位时间内每吨金属料的耗氧量，其单位为 m³/(min·t) 或 m³/(h·t)。计算表达式如下：

$$I = \frac{Q}{T} \tag{5-4}$$

式中 I——供氧强度，$m^3/(min \cdot t)$；

T——金属料装入量，t。

【例2】 转炉装入量为132t，吹氧时间15min，氧气消耗量为6068m^3（标态），求供氧强度？若将供氧强度提高到3.6$m^3/(t \cdot min)$，每炉钢吹炼时间可以缩短多少分钟（保留两位小数）？

解：（1）供氧强度 I 计算

已知：$V = 6068m^3$，$T = 132$；$t = 15min$

$$供氧强度 I = \frac{氧气流量 Q}{装入量 T} = \frac{V}{t \times T} = \frac{6068}{15 \times 132} = 3.06 m^3/(min \cdot t)$$

（2）每炉吹炼时间缩短计算

若 $I = 3.6 m^3/(t \cdot min)$ 时：

$$冶炼时间 t = \frac{V}{I \times T} = \frac{6068}{3.6 \times 132} = 12.769 min$$

每炉吹炼时间缩短：

$$\Delta t = 15 - 12.769 = 2.231 min = 2min14s$$

答：供氧强度为3.06$m^3/(t \cdot min)$，提高供氧强度后，每炉吹炼时间可缩短2min14s。

供氧强度的大小，应根据转炉的公称吨位、炉容比来确定，主要受炉内喷溅的影响，通常在不影响喷溅的情况下可使用较大的供氧强度。I 值不可过高，否则不易化渣，且氧枪容易粘钢而损坏，供氧强度过小延长冶炼时间。目前，国内转炉的供氧强度在3.0~4.5$m^3/(min \cdot t)$，随着我国转炉向大型化、精料化发展，供氧强度可继续提高至4.5~5.0$m^3/(min \cdot t)$，但是考虑到转炉与铁水预处理、炉外精炼、连铸时间上的匹配，供氧强度提高至4.5$m^3/(min \cdot t)$ 以上可能性较小。

为了工艺需要调整供氧强度的方法一般有两种：

（1）改变氧枪设计。

（2）改变氧气压力。根据公式

$$Q = 1.2(d_{喉}^2 p_0) / \sqrt{T_0}$$

式中 Q——喷孔氧气流量，m^3/min；

$d_{喉}$——喷嘴临界直径，mm；

p_0——喷嘴前氧压，MPa；

T_0——喷嘴前氧气温度，K。

可知，改变了氧枪压力 p_0，即可改变氧气流量 Q。

由于 $I = \frac{Q}{T}$，所以在不改变氧枪结构的情况下，可从通过改变供氧压力来改变氧气流量，达到调整供氧强度的目的。在生产中理论上改变供氧强度的主要方法是改变供氧压力，但在生产实际中改变氧气压力和改变枪位对熔池冲击力有近似的作用，故在实际操作中一般可以通过调节枪位来达到改变供氧强度的效果。

C　供氧时间

供氧时间是根据经验确定的，参考已投产同吨位转炉的数据，主要考虑转炉吨位大小、原料条件、造渣制度、吹炼钢种等情况来综合确定。

小于 50t　　　　　　　　12~16min；

50~120t　　　　　　　　16~18min；

大于 120t　　　　　　　　18~20min。

5.3.1.2　氧气压力的控制

供氧制度中规定的工作氧压是测定点的氧压，或称为使用压力 $p_{用}$，它不是喷嘴前的氧压，更不是出口氧压，测定点位于软管前的输氧管上，与喷头前有一定的距离，有一定的氧压损失（如图 4-2 所示）。一般允许使用压力 $p_{用}$ 偏离设计氧压 ±20%，目前在转炉上使用的工作压力视各种转炉的容量确定，一般说来，转炉的容量大，使用压力越高。目前国内一些小型转炉的工作氧压约为 $(5~8)×10^5 Pa$，一些大型转炉则为 $(8.5~11)×10^5 Pa$。

喷嘴前的氧压用 p_0 表示，出口氧压用 p 表示。p_0 和 p 都是喷嘴设计的重要参数。出口氧压应稍高于或等于周围炉气的气压。如果出口氧压小于或高出周围气压很多时，出口后的氧气流股就会收缩或膨胀，使得氧流很不稳定，并且能量损失较大，不利于吹炼，所以通常选用 $p=0.118~0.123 MPa$。

喷嘴前氧压 p_0 值的选用应根据以下因素考虑：

（1）氧气流股出口速度要达到超声速（450~530m/s），即 $Ma=1.8~2.1$。

（2）出口的氧压应稍高于炉膛内气压。从图 4-3 可以看出，当 $p_0>0.784 MPa$ 时，随氧压的增加，氧流速度显著增加；当 $p_0>1.176 MPa$ 以后，氧压增加，氧流出口速度增加不多。所以通常喷嘴前氧压选择为 0.784~1.176MPa。

喷嘴前的氧压与流量有一定关系，若已知氧气流量和喷嘴尺寸，p_0 是可以根据经验公式计算出来的。当喷嘴结构及氧气流量确定以后，氧压也就确定了。

5.3.1.3　枪位

枪位是指由氧枪喷头出口端部到静止熔池金属液面之间的距离，不考虑吹炼过程实际熔池面的剧烈波动。

喷嘴的结构和尺寸确定以后，在氧压和流量一定的条件下，枪位也是吹炼工艺的一个重要参数。

在确定合适的枪位时，主要考虑两个因素：一是要有一定的冲击面积，二是在保证炉底不被损坏的条件下，有一定的冲击深度，通常冲击深度（$h_{冲}/H=0.5~0.75$）。枪位可按经验确定一个控制范围，然后根据生产中的实际吹炼效果加以调整。枪位确定的经验式：

$$H=bpD_e \tag{5-5}$$

式中　H ——氧枪喷头端面距熔池液面的高度，mm；

　　　p ——供氧压力，MPa；

　　　D_e ——喷头出口直径，mm；

　　　b ——系数，随喷孔数而变化。三孔喷头 $b=35~46$；四孔喷头 $b=45~60$。

依据式（5-5）确定枪位，结合工厂生产实际而总结的经验公式确定氧枪的变化范围，然后再根据操作效果加以校正。

在转炉实际生产中，转炉常采用的枪位有：

基本枪位：是冶炼操作过程中大部分时间所采用的枪位，其值由操作规程及实际经验来确定，依据是转炉容量、氧枪结构、供氧强度等。

瞬时枪位：由火焰特征决定的，是某一时刻氧枪的实际位置。

最低枪位：是冶炼操作中氧枪的最低位置，是为了保护炉底和氧枪喷头而设置的。一般由工艺技术员提出最低枪位数值。

待吹点枪位：一炉钢吹氧结束至下一炉钢开始吹氧，其间需要将氧枪提出炉外，以便炉子转动进行必要的其他操作，此时氧枪停留的位置称为待吹点枪位。一般设在炉口上方的烟罩内。

停炉枪位：停炉后氧枪提升出氮封口，以便炉役检修，重新砌炉或进行换枪操作，此时的枪位称为停炉枪位。该位置的氧枪升降均要有专人指挥和监护。

机械限位枪位：当氧枪升降系统发生故障，或电气系统故障，发生氧枪坠落时，允许其下降到达的最低位置。该位置由氧枪升降轨道中的机械装置来保证，故称机械限位枪位。

转炉炼钢生产氧枪枪位与转炉提钒氧枪枪位一样，也分为实际枪位、显示枪位、标准枪位，如图 4-4 所示。实际枪位、显示枪位、标准枪位的含义见项目单元 4.2【知识拓展】。

5.3.2　供氧操作

5.3.2.1　供氧操作类型

供氧操作指调节氧压（流量）或枪位。目前供氧操作有两种类型，一种类型是恒压变枪操作，即一炉钢的吹炼过程，其供氧压力基本保持不变，通过氧枪枪位高低变化来改变氧气流股与熔池的相互作用，以控制吹炼过程。另一种类型是恒枪变压，即一炉钢吹炼过程中，氧枪枪位基本不动，通过调节供氧压力来控制吹炼过程。目前我国大多数工厂是采用分阶段恒压变枪操作，即随着炉龄增加，装入量增大，供氧压力相应提高。例如攀钢提钒炼钢厂 120t 转炉，单炉吹炼总管压力大于 1.0MPa，两炉吹炼总管压力大于 1.2MPa，工作压力前 100 炉 0.8 MPa，100~500 炉 0.85MPa，大于 500 炉 0.9MPa。

5.3.2.2　几种典型氧枪枪位操作

A　恒枪位变压操作

在铁水中 P、S 含量较低时，使吹炼过程中枪位基本保持不变动，这种操作主要是依靠多次加入炉内的渣料和助熔剂来控制化渣和预防喷溅，以保证冶炼正常进行。

B　低-高-低枪位操作

铁水入炉温度较低或铁水中 $w_{[Si]} + w_{[P]} > 1.2\%$ 时，使吹炼前期加入渣料较多，可采用前期低枪位提温，然后高枪位化渣，最后降枪脱碳去硫。

C　高-低-高枪位操作

如图 5-7a、b 所示。在铁水温度较高或渣料集中在吹炼前期加入时可采用这种枪位操作。开吹时采用高枪位化渣，使渣中氧化铁量达 25%～30%，促进石灰的熔化，尽快形成一定碱度的炉渣，增大前期脱硫和脱磷效率，同时也避免酸性渣对炉衬的浸蚀。在渣化好后降枪脱碳，为避免在碳氧化剧烈反应期出现返干现象，适时提高枪位，使渣中氧化铁保持在 10%～15%，以利磷硫继续去除。在接近终点时再降枪加强熔池搅拌，继续脱碳和均匀熔池成分和温度，降低（FeO）含量。

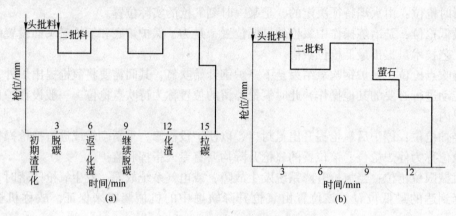

图 5-7　高-低-高多段式枪位操作示意图

（a）六段式操枪示意图；（b）五段式操枪示意图

【技能训练】

项目 5.3-1　已知铁水条件 $w_{[Si]}=0.7\%$，$w_{[P]}=0.5\%$，$w_{[S]}=0.04\%$，温度 1260℃。冶炼低碳镇静钢，其操作枪位如何确定？

分析：根据铁水成分，冶炼中的主要矛盾是考虑去 P，并且铁水温度偏低，应先提温化渣。考虑采用双渣法操作，可用低-高-低氧枪操作模式。若采用单渣法，要防止炉渣返干造成回磷，故采用低-高-低-高-低的多段式氧枪操作。其枪位变化见图 5-8。

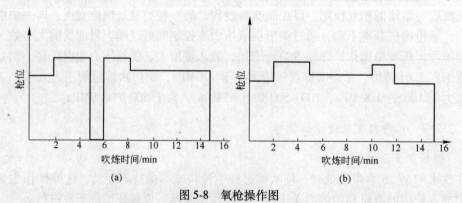

图 5-8　氧枪操作图

（a）双渣法低-高-低；（b）单渣法多段式

项目 5.3-2　调整氧气压力

按操作规程要求调整氧气压力至要求的范围内。由于目前大多数转炉吹炼采用分阶段恒压变枪操作，所以首先按炉龄范围调整氧气压力。

根据要求按下在操作台上的氧压调节按钮（氧压上升按钮和氧压下降按钮），同时密切注视氧压显示仪的读数，当氧压达到要求时立即松手，氧压就被调整在显示仪所显示的数值上。

项目 5.3-3　利用虚拟仿真实训室或者钢铁大学网站进行转炉升降氧枪操作训练

氧枪枪位影响炉内化学反应速度（如脱碳速度）、化渣等，在实际生产中，要根据炉内火焰特征及时调整枪位或氧压，促使全程化渣，控制冶炼过程温度和终点温度，保持正常的过程碳和获得准确的终点碳。

虚拟仿真实训根据冶炼进程，调整枪位时，操作顺序为：

（1）点击【枪操作方法切换】：可以通过点击【SDM 自动】、【CRT 自动】、【CRT 手动】来切换枪操作。

SDM 自动：启动、停止。

CRT 自动：启动、停止。

CRT 手动：低速提枪、高速提枪、低速下枪、高速下枪、停枪。

【启动】：氧枪将根据枪位设定值进行低速升降。

【停止】：氧枪停止升降。

【低提】／【低降】：氧枪将低速进行升/降操作，到限位后，自动停止。

【高提】／【高降】：氧枪将高速进行升/降操作，到限位后，自动停止。

【停枪】：氧枪停止升降。

（2）点击【枪位设定】按钮或是点击【枪位设定】上边的文本框（图 5-9），可弹出

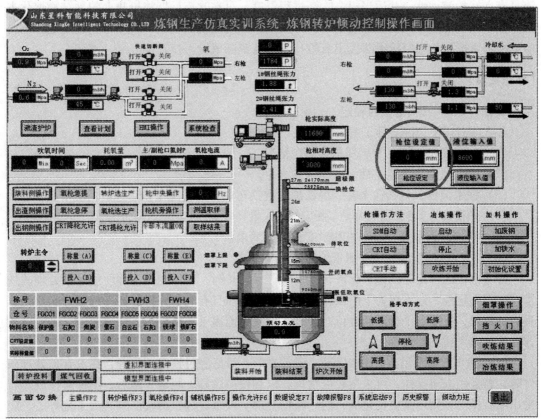

图 5-9　软件主界面枪位设定部位

图 5-10 所示的输入数据窗口，进行枪位值设定，按"确定"键后，点"启动"按钮，开始降枪，当枪超过开、闭氧点后，开始进行吹氧，所设枪位生效。

生产实际中，当需要提枪（或降枪）时，将氧枪开关手柄旋向"升（或降）"的位置，同时观察炉子旁边的枪位指示标尺，当氧枪升（或降）到需要位置时立即将手柄旋向"零位"，氧枪即停留在此位置上。

项目 5.3-4　氧枪粘枪

粘枪主要产生于吹炼中期，由于化渣不好，渣中析出高熔点物质，炉渣黏稠而导致金属喷溅，很容易在枪身黏结一层钢-渣混合物，使枪身逐渐变粗。在钢水未出完的情况下溅渣，也会引起氧枪粘枪。氧枪粘上的钢-渣混合物，很难

图 5-10　输入数据窗口

通过刮渣器去除，氧枪粘枪后导致枪头冷却效果变差，容易引起枪头的熔损，粘枪严重时，甚至造成氧枪无法提出氧枪孔。

防止氧枪粘枪的措施主要有：

（1）在吹炼中控制好枪位，化好过程渣。

（2）出钢时应出净炉内钢水，若果炉内有剩钢，不能进行溅渣操作。

如果发现氧枪开始粘粗，在下炉吹炼时应增大造渣剂用量，适当提高吹炼枪位，使炉渣具有良好的流动性，并适当提高吹炼过程温度，可在吹炼后期将枪身上的黏结物熔化去除。如果在吹炼过程无法去除黏结物，可采用人工烧氧切割粘钢，当粘粗超过规定标准时应更换新氧枪，如果氧枪无法提出氧枪孔，则需割断氧枪再换新枪。

【知识拓展】

项目 5.3-1　开吹枪位的确定

开吹前对以下情况必须了解清楚：

（1）喷嘴的结构特点及氧气总管氧压情况。

（2）铁水成分，主要是硅、磷、硫的含量。

（3）铁水温度，包括铁水罐、混铁炉或混铁车内存铁情况及铁水包的情况等。

（4）炉役期为多少、是否补炉、相应的装入量是多少、上炉钢水是否出净、是否有残渣。

（5）吹炼的钢种及其对造渣和温度控制的要求。

（6）上一班操作情况，并测量熔池液面高度。

开吹枪位的确定原则是早化渣，多去磷，保护炉衬，灵活控制，即使经过预处理的铁水，也应早化渣，这不仅为下阶段吹炼奠定基础，而且有利于保护炉衬。一般开吹要根据具体的情况，确定一个合适的枪位，在软吹模式的前提下调整枪位，快速成渣。确定合适开吹枪位应考虑的因素有：

（1）铁水成分及温度。铁水含硅、磷较高时，最好经过铁水预处理，在没有预处理条件时，若采用双渣操作，可采用较低枪位，以利快速脱硅、脱磷，然后，倒掉酸性渣。若采用单渣操作，则可高枪位化渣，然后降枪去磷。铁水含硅、磷较低时，为了化好渣，应提高枪位。

　　铁水锰含量高有利于化渣，枪位可以低些；铁水 P、S 含量高时，最好经预处理后再入炉吹炼，否则应尽快化渣去 P、S，枪位应适当高些；冷却剂中生铁块导热性差，装入量多，不易熔化，应降低枪位，以防吹炼后期没有完全熔化。

　　铁水温度低时，开吹可先不加第一批渣料，采用低枪操作，即"低枪点火"，吹炼一个很短时间（一般为 2min 左右）后，再加入第一批渣料，枪位提起放在正常化渣位置上吹炼。若铁水温度较高，可直接高枪位化渣，然后降枪脱碳。

　　（2）装入量的变化。炉内超装时，使熔池液面升高，相应的枪位也应提高，否则不易化渣，还可能因枪位过低烧坏氧枪。

　　（3）炉内留渣。炉内留渣时，由于渣中氧化亚铁含量高，有利于石灰的熔化，吹炼前期应适当降枪，防止渣中氧化亚铁过多而产生泡沫渣喷溅。

　　（4）渣料加入。在吹炼过程中，通常加入二批渣料后应提枪化渣。若渣料配比中氧化亚铁、矿石、萤石加入量较多时，或石灰活性较高时，易于化渣，也可采用较低枪位。

　　（5）碳氧化期。通常情况采用低枪位脱碳。若发现炉渣返干现象时，则应提枪化渣或加入助熔剂化渣，以防止金属喷溅。

　　（6）停吹控制。没有实现自动控制的转炉在停吹前，一般都降枪吹炼，其目的是充分搅拌钢液，提高温度；同时也有利于炉前操作工观察火焰，确定合适的停吹时间。

　　（7）炉龄。开新炉，炉温低，应适当降低枪位；炉役前期液面高，可适当提高枪位；炉役后期装入量增加，熔池面积增大，不易化渣，可在短时间内采用高低枪位交替操作以加强熔池搅拌，利于化渣；炉役中、后期装入量不变时，熔池面降低，应适当调整枪位。

项目 5.3-2　过程枪位的控制

　　过程枪位的控制原则是快速脱碳不喷溅、熔池均匀升温化好渣。在碳的激烈氧化期间，尤其要控制好枪位。枪位过低产生炉渣"返干"，造成严重的金属喷溅，有时甚至粘枪而损坏喷溅。枪位过高，渣中 TFe 含量较高，又加上脱碳速度快，同样会造成大喷或连续喷溅。

项目 5.3-3　吹炼后期的枪位操作

　　吹炼后期枪位操作要保证达到出钢温度，拉准碳、磷、硫含量达到控制要求。有的操作分为两段，即提枪段和降枪段。这主要是根据过程化渣情况、所炼钢种、铁水磷含量高低等具体情况而定。

　　若过程熔渣黏稠，需要提枪改善熔渣流动性。但枪位不宜过高，时间不宜过长，否则会产生大喷。在吹炼中、高碳钢种时，可以适当地提高枪位，保持渣中有足够的 TFe 或（FeO）含量，以利于脱磷；如果吹炼过程中熔渣流动性良好，可不必提枪，避免渣中 TFe 或（FeO）过高，不利于吹炼。

　　吹炼末期的降枪段，主要目的是使熔池钢水成分和温度均匀，加强熔池搅拌，稳定火焰，便于判断终点。同时可以降低（TFe）或（FeO）含量，减少吹损，提高钢水收得率，达到溅渣的要求。为了保证钢水质量，应保证终点 2.5min 以上的降枪时间。

【思考与练习】

5.3-1　填空题

　　（1）氧气转炉炼钢氧气流量是指单位时间内向熔池供氧的（　　　）。

（2）氧气转炉炼钢供氧制度中氧枪的基本枪位是根据：（　　　）、氧枪结构、（　　　）决定的。

（3）实际枪位是指某时刻的喷头出口端部距（　　　）的距离，它与氧枪的位置和装入量及熔池直径有关，是操作工必须明确的枪位。

（4）显示枪位是指操作台的显示值，也是工控机的记录枪位，等于（　　　）与液面设定值的差值。

（5）恒压变枪操作是指一炉钢的吹炼过程，其（　　　）基本保持不变，通过氧枪枪位高低变化来改变氧气流股与熔池的相互作用，以控制吹炼过程。

5.3-2　单项选择题

（1）氧气转炉冶炼终点将氧枪适当降低的主要目的是（　　　）。

　　A. 降低钢水温度　　　　B. 均匀钢水成分、温度　　　C. 防止喷溅和钢水过氧化

（2）氧气转炉炼钢供氧强度是指（　　　）。

　　A. 单位时间内每吨钢的耗氧量

　　B. 单位时间内每吨金属料的耗氧量

　　C. 单位时间内每炉钢的耗氧量

（3）我国氧气转炉炼钢生产时供氧操作方式主要是（　　　）。

　　A. 恒压变枪　　　　　　B. 恒枪变压　　　　　　　C. 变压变枪

（4）氧气转炉炼钢氧枪的氧气压力一般为 0.8 ~ 1.5MPa，氧枪喷头前的氧压应（　　　）这个压力。

　　A. 大于　　　　　　　　B. 小于　　　　　　　　C. 等于　　　　D. 大于等于

（5）氧气转炉炼钢供氧强度越大，则冶炼时间越（　　　）。

　　A. 长　　　　　　　　　B. 短　　　　　　　　　C. 不变

（6）氧气转炉炼钢恒压变枪操作，过程枪位的控制原则是（　　　）。

　　A. 早化渣，多去磷，灵活控制

　　B. 快速脱碳不喷溅，均匀升温化好渣

　　C. 保证拉准碳　　　　D. 自由控制

（7）氧气转炉炼钢恒压变枪操作，开吹枪位的控制原则是（　　　）。

　　A. 早化渣，多去磷，保护炉衬，灵活控制

　　B. 快速脱碳不喷溅，均匀升温化好渣

　　C. 保证拉准碳　　　　D. 自由控制

（8）氧气转炉炼钢恒压变枪操作，终点枪位的控制原则是（　　　）。

　　A. 早化渣，多去磷，保护炉衬，灵活控制

　　B. 快速脱碳不喷溅，均匀升温化好渣

　　C. 保证拉准碳　　　　D. 自由控制

5.3-3　多项选择题

（1）冶炼终点将氧枪适当降低的主要目的是（　　　）。

　　A. 降低钢水温度　　　　B. 均匀钢水成分　　　　　C. 均匀钢水温度

　　D. 防止喷溅和钢水过氧化

（2）氧气转炉吹炼过程枪位控制的基本原则是（　　　）。

　　　A. 化好渣　　　　　　　B. 快脱碳　　　　　　　C. 不喷溅　　　D. 快速升温

（3）氧气转炉炼钢供氧制度包括的内容有（　　　）。

　　　A. 确定氧枪喷头结构　　B. 确定氧流量　　　　　　C. 确定供氧时间

　　　D. 确定供氧强度

（4）氧气转炉炼钢供氧制度包括的内容有（　　　）。

　　　A. 确定枪位　　　　　　B. 确定枪位变化　　　　　C. 确定氧流量

　　　D. 确定供氧强度

5.3-4　判断题

（1）氧气转炉吹炼过程枪位控制的基本原则是化好渣、快脱碳，与炉温状况无关。（　　）

（2）氧气转炉炼钢终点前降枪操作的目的主要是提温。　　　　　　　　　（　　）

（3）合理的供氧制度主要根据：炉子（转炉）容量、铁水成分、冶炼的钢种等方面统筹确定。　　　　　　　　　　　　　　　　　　　　　　　　　　　　　　（　　）

（4）氧气转炉炼钢氧气流量指单位时间内向熔池供氧的数量。　　　　　　（　　）

（5）氧气顶吹转炉氧气纯度应大于 99.5%，供氧压力随炉子吨位增大而增加，且随炉龄增加、容积增大而提高。　　　　　　　　　　　　　　　　　　　　　　（　　）

（6）氧气转炉炼钢恒压变枪操作是在整个炉役过程中，氧压保持不变，改变枪位控制冶炼。　　　　　　　　　　　　　　　　　　　　　　　　　　　　　　　　（　　）

（7）氧气转炉炼钢氧枪的操作氧压是指喷嘴出口处的压力。　　　　　　　（　　）

5.3-5　简述题

（1）名词解释：氧气流量，供氧强度，恒压变枪。

（2）说明氧气转炉炼钢操作氧枪枪位"高-低-高-低"的控制原则。

（3）氧气转炉炼钢操作中改变供氧强度的方法有哪些？

教学活动建议

　　本项目单元与实际生产紧密相连，文字表述多，抽象，难于理解，在教学活动之前学生应到企业现场参观实习，具有感性认识，同时要求学生提前预习所学的相关设备知识；教学活动过程中，应利用现场视频及图片、虚拟仿真实训室或钢铁大学网站，将讲授法、演示法、教学练相结合，实施"做中教"、"做中学"，以提高教学效果。

查一查

　　学生利用课余时间，自主到学校开放的虚拟仿真实训室或钢铁大学网站进行实操训练；同时自主查阅企业或国家转炉炼钢供氧技术标准。

项目单元 5.4　氧气顶吹转炉炼钢造渣制度

【学习目标】

知识目标：

（1）掌握氧气顶吹转炉冶炼一炉钢造渣制度研究的内容及其含义。

（2）掌握氧气顶吹转炉炼钢造渣制度调节及控制方法。

（3）熟悉氧气顶吹转炉炼钢造渣操作。

能力目标：

（1）能操作设备熟练地进行转炉炼钢造渣操作。

（2）能按照原材料成分正确计算渣料加入量。

（3）能利用网络、图书馆收集相关资料、自主学习。

【任务描述】

（1）根据冶炼钢种选择所需加入辅料的种类及输入预设值。

（2）吹炼过程中，依据转炉炼钢加料系统设备性能特点，运用计算机操作系统控制转炉的散装料系统设备，通过点击计算机控制系统设定要加入的造渣剂种类、数量，启动给料机，及时、准确地向转炉加料调整炉渣成分，完成吹炼的任务。

【相关知识点】

氧气转炉炼钢过程时间很短，必须做到快速成渣，使炉渣尽快成为具有适当的碱度、良好流动性、合适（FeO）和（MgO）含量、正常泡沫化的熔渣，以保证炼出合格的优质钢水，并减少对炉衬的侵蚀。

造渣制度就是根据原材料和冶炼钢种要求确定造渣方法，渣料加入数量和加入时间，以及如何加速成渣和维护炉衬，提高炉衬寿命等。转炉炼钢造渣的目的：去除磷和硫、减少喷溅、保护炉衬、减少终点氧，其研究的内容就是要确定合适的造渣方法、渣料的加入数量和时间以及如何加速成渣。

5.4.1　造渣方法

在生产实践中，一般根据铁水成分及吹炼钢种的要求来确定造渣方法。常用的造渣方法有单渣操作、双渣操作、留渣操作等。

5.4.1.1　单渣操作

单渣操作就是在冶炼过程中只造一次渣，中途不倒渣、不扒渣，直到终点出钢。

当铁水 Si、P、S 含量较低，或者钢种对 P、S 要求不严格，以及冶炼低碳钢种时，均可以采用单渣操作。

单渣操作工艺比较简单，吹炼时间短，劳动条件好，易于实现自动控制。单渣操作的脱磷效率在 90% 左右，脱硫效率在 35% 左右。

5.4.1.2　双渣操作

在冶炼中途分一次或几次除去约 1/2 ~ 2/3 的熔渣，然后加入渣料重新造渣的操作方法称双渣法。在铁水硅含量较高或磷含量大于 0.5%，或虽然磷含量不高但吹炼优质钢，或吹炼中、高碳钢种时一般采用双渣操作。

最早采用双渣操作，是为了脱磷，现在除了冶炼低锰钢外已很少采用。但当前有的转炉终点不能一次拉碳，多次倒炉并添加渣料后吹，这是一种变相的双渣操作，实际对钢的质量、消耗以及炉衬都十分不利。

双渣法操作的关键是选择倒渣时间。倒渣过早或过晚都会影响去 P 效果。一般来说，应该是在渣中磷含量高，铁含量适当时倒渣（顶吹转炉在吹炼前期铁水碳含量为 3.5% 时，其磷含量最低，复吹转炉在铁水含碳为 3.0% 时磷含量最低，此时倒渣将有效地去除渣中的磷，生产实践证明，顶吹转炉在吹炼时间为 25% 左右，复吹转炉在吹炼时间为 30% 左右时倒渣去磷效果最佳。为了提高脱硫效率，其倒渣时间应选择在吹炼 10min 左右）。

双渣法操作通常是在铁水含硅、磷、硫较高或吹炼优质钢时采用，脱磷率 92% ~ 95%，脱硫率 50% 左右。

5.4.1.3　留渣操作

留渣操作就是将上炉终点熔渣的一部分或全部留给下炉使用。终点熔渣一般有较高的碱度和 $\Sigma(FeO)$ 含量，而且温度高，对铁水具有一定的去磷和去硫能力。留到下一炉，有利于初期渣及早形成，并且能提高前期去除 P、S 的效率，有利于保护炉衬，节省石灰用量。

留渣操作适用于吹炼中、高磷铁水或成渣困难的铁水条件，其脱磷率 85% 左右，脱硫率 40% ~ 50%。操作时要注意防止兑铁水时铁水喷溅（处理方法是兑铁水前要加石灰或小块废钢稠化熔渣）。

溅渣护炉技术在某种程度上可以看作是留渣操作的特例。

根据以上的分析比较，单渣操作是简单稳定的，有利于自动控制。因此对于 Si、S、P 含量较高的铁水，最好经过铁水预处理，使其进入转炉之前就符合炼钢要求，这样生产才能稳定，有利于提高劳动生产率，实现过程自动控制。

5.4.2　渣料加入量确定

加入炉内的渣料，主要指石灰和白云石数量，还有少量助熔剂。

5.4.2.1　石灰加入量确定

石灰加入量主要根据金属料（主要是铁水）中 Si、P 含量、石灰有效 CaO 含量和炉渣碱度来确定。

　　A　炉渣碱度确定

碱度高低主要根据金属料（主要为铁水）成分而定，一般来说，铁水含 P、S 低，炉渣碱度控制在 2.8~3.2；中等 P、S 含量的铁水，炉渣碱度控制在 3.2~3.5；P、S 含量较高的铁水，炉渣碱度控制在 3.5~5.0。

　　B　石灰加入量计算

（1）铁水含磷小于 0.30% 时，(P_2O_5) 很少，可以忽略。$R = w_{CaO}/w_{SiO_2}$。

石灰加入量可按下式计算：

$$W = \frac{2.14 w_{Si平均}}{w_{CaO有效}} \times R \times 1000 \tag{5-6}$$

式中　　R ——碱度；

$w_{CaO有效}$——石灰中的有效 CaO 含量，$w_{CaO有效} = w_{CaO石灰} - w_{SiO_2石灰}$；

2.14——SiO_2/Si 的相对分子质量之比；

$w_{Si平均}$——金属料平均 Si 含量，%。

（2）铁水磷含量大于 0.30%，$R = w_{CaO}/w(SiO_2 + P_2O_5)$

石灰加入量按下式计算：

$$W = \frac{2.2 w_{Si平均} + w_{P平均}}{w_{CaO有效}} \times R \times 1000 \tag{5-7}$$

式中　2.2——1/2 [SiO_2/Si 的相对分子质量之比 + P_2O_5/P 的相对分子质量之比]。

（3）半钢吹炼。某厂铁水经过提钒预处理后，其半钢中 Si 含量很低，因此石灰加入量通常是根据钢水要求，入炉铁水（半钢）中的磷、硫含量来确定的。

5.4.2.2　白云石加入量确定

白云石加入量根据炉渣中所要求的 MgO 含量来确定，一般终点炉渣中 MgO 含量控制在 8%~12%。炉渣中的 MgO 含量由石灰、白云石和炉衬侵蚀的 MgO 带入，故在确定白云石加入量时要考虑它们的相互影响。

（1）白云石应加入量 $W_白$：

$$W_白 = \frac{渣量 \times (w_{MgO})}{w_{MgO白}} \times 1000 \tag{5-8}$$

式中　$w_{MgO白}$——白云石中 MgO 含量，%。

（2）白云石实际加入量 $W'_白$。

白云石实际加入量中，应减去石灰中带入的 MgO 量折算的白云石数量 $W_灰$ 和炉衬侵蚀进入渣中的 MgO 量折算的白云石数量 $W_衬$。下面通过实例计算说明其应用。

$$W'_白 = W_白 - W_灰 - W_衬 \tag{5-9}$$

设渣量为金属装入量的 12%，炉衬侵蚀量为装入量的 1%，炉衬中含 MgO 为 40%。

铁水成分：Si 为 0.7%，P 为 0.2%，S 为 0.05%；

石灰成分：CaO 为 90%，MgO 为 3%，SiO_2 为 2%；；

白云石成分：CaO 为 40%，MgO 为 35%，SiO_2 为 3%；

终渣要求：（MgO）为 8%，碱度为 3.5。

1）白云石应加入量：

$$W_白 = \frac{12\% \times 8\%}{35\%} \times 1000 = 27.4 kg/t$$

2）炉衬侵蚀进入渣中 MgO 折算的白云石数量：

$$W_衬 = \frac{1\% \times 40\%}{35\%} \times 1000 = 11.4 kg/t$$

3）石灰中带入 MgO 折算的白云石数量：

$$W_灰 = W(w_{MgO灰}/w_{MgO白}) = \frac{2.14 \times 0.7\%}{90\% - 3.5 \times 2\%} \times 3.5 \times 1000 \times \frac{3\%}{35\%}$$
$$= 5.4 kg/t$$

4）实际白云石加入量：

$$W'_白 = 27.4 - 11.4 - 5.4 = 10.6 kg/t$$

（3）白云石带入渣中 CaO 折算的石灰数量：
$$10.6 \times 40\%/90\% = 4.7 kg/t$$

（4）实际入炉石灰数量：

石灰加入量 - 白云石折算石灰量 $= \dfrac{2.14 \times 0.7\%}{90\% - 3.5 \times 2\%} \times 3.5 \times 1000 - 4.7 = 58.5 kg/t$

（5）石灰与白云石入炉比例：
$$白云石加入量 / 石灰加入量 = 10.6/58.5 = 0.18$$

在工厂生产实际中，由于石灰质量不同，白云石入炉量与石灰之比可达 0.20~0.30。

5.4.2.3　助熔剂加入量

转炉造渣中常用的助熔剂是氧化铁皮和萤石。萤石化渣快，效果明显。但用量过多对炉衬有侵蚀作用；另外我国萤石资源短缺，价格较高，所以应尽量少用或不用。原冶金部转炉操作规程中规定，萤石用量应小于 4kg/t。

氧化铁皮或铁矿石也能调节渣中 FeO 含量，起到化渣作用，但它对熔池有较大的冷却效应，应视炉内温度高低确定加入量。一般铁矿或氧化铁皮加入量为装入量的 2%~5%。

5.4.3　渣料加入时间

渣料的加入数量和加入时间对化渣速度有直接的影响，因而应根据各厂原料条件来确定。通常情况下，渣料分两批或三批加入。第一批渣料在兑铁水前或开吹时加入，加入量为总渣量的 1/2~2/3，并将白云石全部加入炉内。第二批渣料加入时间是在第一批渣料化好后，铁水中硅、锰氧化基本结束后碳焰初起时分小批加入，其加入量为总渣量的 1/3~1/2。若是双渣操作，则是倒渣后加入第二批渣料。第二批渣料通常是分小批多次加入，多次加入对石灰熔解有利，也可用小批渣料来控制炉内泡沫渣的溢出。第三批渣料视炉内磷、硫去除情况而决定是否加入，其加入数量和时间均应根据吹炼实际情况而定。无论加几批渣，最后一小批渣料必须在拉碳倒炉前 3min 加完，否则来不及化渣。30t 转炉规定终点前 3~4min 加完最后一批渣料。

所以单渣操作时，渣料一般都是分两批加入。具体数量各厂不同，现以首钢一炼钢厂和上钢一厂为例，列于表 5-6。

表 5-6　渣料加入数量和时间

厂　名	批数	渣料加入量占总加入量的比					加　入　时　间
		石灰	矿石	萤石	铁皮	生白云石	
首钢一炼钢钢厂	一	1/2~2/3	1/3	1/3		2/3~3/3	开吹时加入
	二	1/3~1/2	2/3	2/3		1/3~0	开吹 3~6min 加完
	三	根据情况调整					终点前 3min 加完
上钢一厂	一	1/2	全部	1/2	1/2	全部	开吹前一次加入
	二	1/2	0	1/2	1/2	0	开吹后 5~6min 开始加，11~12min 加完
	三	根据需要调整					终点前 3~4min 加完

如果炉渣熔化得好，炉内 CO 气泡排出受到金属液和炉渣的阻碍，发出声音比较闷；而当炉渣熔化不好时，CO 气泡从石灰块的缝隙穿过排出，声音比较尖锐；采用声纳装置接收这种声音信息可以判断炉内炉渣熔化情况，并将信息送入计算机处理，进而指导枪位的控制。

人工判断炉渣化好的特征：炉内声音柔和，喷出物不带铁，无火花，呈片状，落在炉壳上不黏附。否则噪声尖锐，火焰散，喷出石灰和金属粒并带火花。对于氧气顶吹转炉，炉渣好坏主要看两点：首先不发生"返干"，其次不发生喷溅，特别是严重喷溅。

第二批渣料加得过早和过晚对吹炼都不利。加得过早，炉内温度低，第一批渣料还没有化好，又加冷料，熔渣就更不容易形成，有时还会造成石灰结坨，影响炉温的提高。加得过晚，正值碳的激烈氧化期，TFe 含量低。当第二批渣料加入后，炉温骤然降低，不仅渣料不易熔化，还抑制了碳氧反应，会产生金属喷溅，当炉温再度提高后，就会造成大喷溅。

第三批渣料的加入时间要以炉渣化得好坏及炉温的高低而定。炉渣化得不好，可适当加入少量萤石进行调整。炉温较高时，可加入适量的冷却剂调整。

5.4.4　泡沫渣

在吹炼过程中，由于氧气流股对熔池的作用，产生了许多金属液滴。这些金属液滴落入炉渣后，与 FeO 作用生成大量的 CO 气泡，并分散于熔渣之中，形成了气-熔渣-金属密切混合的乳浊液。分散在熔渣中的小气泡的总体积，往往超过熔渣本身的体积。熔渣成为薄膜，将气泡包住并使其隔开，引起熔渣发泡膨胀，形成泡沫渣。在正常情况下，泡沫渣的厚度经常 1~2m 乃至 3m。

由于炉内的乳化现象，大大发展了气-熔渣-金属的界面，加快了炉内化学反应速度，从而达到了良好的吹炼效果。若控制不当，由于严重的泡沫渣，也会导致事故。

5.4.4.1　影响泡沫渣形成的因素

氧气顶吹转炉吹炼过程中，泡沫渣中气体来源于供给炉内的氧气和碳氧化生成的 CO 气体，而且主要是 CO 气体。这些气体能否稳定地存在于熔渣中，还与熔渣的物理性质有关。

SiO_2 或 P_2O_5 都是表面活性物质，能够降低熔渣的表面张力，它们生成的吸附薄膜常常成为稳定泡沫的重要因素。但单独的 SiO_2 或 P_2O_5 对稳定气泡的作用不大，若两者同时存在，效果最好。因为 SiO_2 能增加薄膜的黏性，而 P_2O_5 能增加薄膜的弹性，这都会阻碍小气泡的聚合和破裂，有助于气泡稳定在熔渣中。FeO、Fe_2O_3 和 CaF_2 含量的增加也能降低熔渣的表面张力，有利于泡沫渣的形成。

另外，熔渣中固体悬浮物对稳定气泡也有一定作用。当熔渣中存在着 $2CaO \cdot SiO_2$、$3CaO \cdot P_2O_5$、CaO 和 MgO 等固体微粒时，它们附着在小气泡表面上，能使气泡表面薄膜的韧性增强，黏性增大，也阻碍了小气泡的合并和破裂，从而使泡沫渣的稳定期延长。当熔渣中析出大量的固体颗粒时，气泡膜就变脆而破裂，熔渣就出现了返干现象。所以熔渣的黏度对熔渣的泡沫化有一定的影响，但也不是说熔渣越黏越利于泡沫化。另外，低温有利于熔渣泡沫的稳定。总之，影响熔渣泡沫化的因素是多方面的，不能单独强调某一方面，而应综合各方面因素加以分析。

5.4.4.2 吹炼过程中泡沫渣的形成及控制

吹炼初期熔渣碱度低，并含有一定数量的 FeO、SiO_2、P_2O_5 等，主要是这些物质的吸附作用稳定了气泡。

吹炼中期碳激烈氧化，产生大量的 CO 气体，由于熔渣碱度提高，形成了硅酸盐及磷酸盐等化合物，SiO_2 和 P_2O_5 的活度降低，SiO_2 和 P_2O_5 的吸附作用逐渐消失，稳定气泡主要靠固体悬浮微粒。此时如果能正确操作，避免或减轻熔渣的返干现象，就能控制合适的泡沫渣。

吹炼后期脱碳速度降低，只要熔渣碱度不过高，稳定泡沫的因素就大大减弱了，一般不会产生严重的泡沫渣。吹炼过程泡沫渣的形成情况见表 5-7。

表 5-7 吹炼过程泡沫渣的形成情况

吹炼时期	脱碳速度	熔渣			泡沫渣
		碱 度	$w_{(\Sigma FeO)}$	表面活性物质	
前期	脱碳速度小，气泡小而无力，易停留于渣中	石灰未很好熔解，碱度不高	$w_{(\Sigma FeO)}$ 较高，有利于渣中铁滴生成 CO 气泡	有 SiO_2、P_2O_5 和 Fe_2O_3	易起泡沫
中期	脱碳速度高，CO 气泡能冲破渣层而排出	碱度提高	$w_{(\Sigma FeO)}$ 较低	SiO_2、P_2O_5 的活度降低	易起泡沫的条件不如吹炼初期多
后期	脱碳速度降低，产生的 CO 减少	（CaO）多，碱度进一步提高	$w_{(\Sigma FeO)}$ 较高，但 $w_{[C]}$ 较低，产生 CO 少	SiO_2、P_2O_5 的活度比中期进一步降低	使泡沫稳定的因素大为减弱，泡沫渣趋于消除

吹炼过程中氧压低，枪位过高，渣中 TFe 含量大量增加，使泡沫渣发展，严重的还会产生泡沫性喷溅或溢渣。相反，枪位过低，尤其是在碳氧化激烈的中期，TFe 含量低，又会导致熔渣的返干而造成金属喷溅。所以，只有控制得当，才能够保持正常的泡沫渣。

在冶炼过程中，对炉渣的控制要遵循"初期渣早化，过程渣化透，终渣要做黏，出钢后挂渣"的原则。对于转炉冶炼，要使初期渣能早化，则第一批渣料必须是低碱度、多组元、高氧化性渣。在初渣中，矿物组分越多，初渣熔点相应越低，成渣速度就越快。此外，在吹炼过程中，通常采用高枪位或底吹供气强度较小的操作来保持渣中较高的（FeO）含量，即按铁质成渣途径控制，这样也有利于初期渣的形成。吹炼中期由于碳的激烈氧化，渣中（FeO）被大量消耗，炉渣矿物发生变化，往往出现炉渣"返干"，此时要适当提高枪位，保证渣中有合适的（FeO）含量，保持炉渣具有良好的流动性，使过程渣化透。吹炼后期渣中（FeO）又继续升高，生成大量低熔点矿物，这不利于炉衬维护，因此要适当降低枪位，控制终渣（FeO）含量不能过高，这样，终点倒炉出钢时，随着炉温的降低，有 MgO 微粒的析出，使炉渣黏稠，能挂渣于炉壁上，起到保护炉衬的作用。

【技能训练】

项目 5.4-1　应用举例

某厂铁水成分为 Si 1.1%，P 0.5%，S 0.035%，冶炼低碳镇静钢，试确定其造渣制度（石灰有效 CaO 为 80%）。

分析：根据铁水成分可知，冶炼中的主要问题是铁水中 Si、P 含量较高，使前期炉渣酸性较强，对炉渣侵蚀加重，故应采用双渣法操作，在冶炼前期待硅氧化后即可倒渣，以减少酸性渣对炉衬的侵蚀，然后加入第二批渣料。

造渣参数控制如下：终渣碱度 3.2；白云石加入量为石灰加入量的 25%，并在兑铁水前加入白云石。

$$石灰加入量\ W_{灰} = \frac{2.2 \times (1.1 + 0.5)\%}{80\%} \times 3.2 \times 1000 = 132g/t$$

白云石加入量 $W_{白} = 132 \times 25\% = 33kg/t$。

造料分两批加入，第一批渣料中石灰加入 1/2，白云石全部加入。吹炼进行到 4 ~ 5min 时，倒炉除渣，然后分小批多次加入剩余的石灰。

项目 5.4-2　利用虚拟仿真实训室或者钢铁大学网站进行转炉加渣料操作训练

虚拟仿真进行转炉加渣料操作顺序为数据设定→称量→投料。操作使用方法见项目一中【技能训练】（项目 1.2-2）。

【知识拓展】

项目 5.4　转炉冶炼过程中的成渣路线

在转炉冶炼过程中，由于熔池温度和金属成分不断改变以及加入石灰等多种造渣材料的影响，炉渣成分和性质在不断变化。为了尽快得到具有一定性能的炉渣，需要选择合理的成渣路线。在转炉冶炼的条件下，转炉钢渣中，CaO、SiO_2 和 $\sum FeO$ 三者之和一般为 75% ~ 80%，它们对炉渣的物理化学性质影响最大。其他氧化物如氧化镁与氧化钙相似，五氧化磷与二氧化硅性质相似，氧化锰与氧化铁性质相似。因此可以用 $CaO\text{-}SiO_2\text{-}FeO_n$ 三元相图或把性质相似的氧化物都考虑进去而构成的 $(CaO+MgO)\text{-}(SiO_2+P_2O_5)\text{-}(FeO+MnO)$ 假三元相图 $CaO'\text{-}SiO_2'\text{-}FeO'$ 来近似地研究吹炼过程的成渣途径。如图 5-11 所示（单渣操作时），转炉吹炼初期，炉渣成分大致位于图中的 A 区。A 区为酸性初渣区，其形成的主要原因是：在开吹的头几分钟内熔池温度比较低（约为 1400℃），加入的第一批炉料中只有氧化铁皮已熔化，石灰仅刚刚开始熔解，铁、硅、锰等元素优先氧化，生成 FeO_n、SiO_2 和 MnO，形成了高氧化性的酸性初渣区。吹炼中期主要是脱碳，此时炉渣的氧化性有所下降。而吹炼后期为了脱磷、脱硫和保持炉渣的流动性，要求终渣具有一定的碱度和氧化性（以渣中 FeO 含量为标志）。通常终渣碱度为 3~5，渣中 FeO 含量为 15% ~ 25%，其位置大致在 C 区。

由初渣到终渣可以有 3 条路线，即 ABC，$AB'C$ 和 $AB''C$。按成渣时渣中 FeO 含量区分，可将 $AB'C$ 称为铁质成渣途径（也称高氧化铁成渣途径），ABC 称为钙质成渣途径（也称低氧化铁成渣途径）。介于两者间的 $AB''C$ 成渣途径最短，要求冶炼过程迅速升温，容易导致剧烈的化学反应和化渣不协调，一般很少采用。

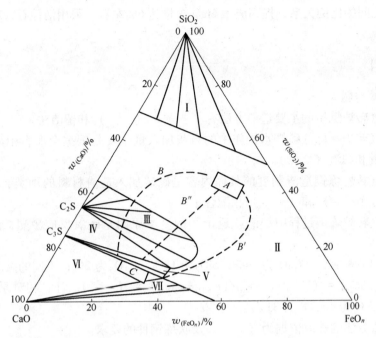

图 5-11　转炉冶炼过程中炉渣成分的变化

Ⅰ—L+SiO₂；Ⅱ—L；Ⅲ—L+C₁S₂；Ⅳ—L+C₂S+C₃S；

Ⅴ—L+C₃S；Ⅵ—L+C₂S+CaO；Ⅶ—L+CaO

（1）钙质成渣途径（ABC）。通常采用低枪位操作，由于脱碳速度大，炉渣中的氧化铁含量降低很快，炉渣成分进入多相区较早，石灰块表层附近渣相中钙镁橄榄石中的氧化铁和氧化锰被氧化钙置换形成致密的 2CaO·SiO₂，炉渣处于返干阶段较久，严重阻碍着石灰块的熔化。直到吹炼后期碳氧化缓慢时，渣中 FeO 含量才开始回升，炉渣成分走出多相区，最后达到终点成分 C。这种操作的优点是炉渣对炉衬侵蚀较小，但前期去磷、硫效果较差，适用于低磷（$w_{[P]}$ < 0.07%）、硫原料吹炼低碳钢。太钢、本钢以及几个用低磷铁水炼钢的转炉厂，均采用钙质成渣路线。

钙质成渣路线吹炼过程中，化学反应较为平稳，喷溅较少，但炉渣易返干。炉渣对炉衬侵蚀较轻，但容易产生炉底上涨。

（2）铁质成渣途径。通常采用高枪位操作。炉渣中 FeO 含量在较长时间内一直比较高，所以石灰熔解比较快，炉渣成分一般不进入多相区，直至吹炼后期渣中 FeO 量才下降，最后达到终点成分 C。石灰块表面附近的渣相，充其量只会由氧化钙含量低的橄榄石变为含氧化钙较高的橄榄石，不会形成纯的 2CaO·SiO₂。质地疏松，无碍于石灰的继续熔解。高 FeO 炉渣泡沫化严重，容易产生喷溅，同时炉渣对炉衬侵蚀严重。但在吹炼初期、中期去磷、硫效果较好，因为这种操作适用于较高磷、硫原料吹炼中碳钢或高碳钢。

宝钢转炉属于铁质成渣路线，其特点是：炉渣活性度高，未熔石灰少，石灰消耗低，有较高的脱磷能力。在铁水中 $w_{[P]}$ = 0.07% ~ 0.10% 时，终点钢中 $w_{[P]}$ 可降低到 0.012% 以下。日本、欧洲的大型转炉大多数采用铁质成渣路线，在转炉内生产优质深冲钢。采用"半钢"炼钢、低硅铁水炼钢的转炉，通常也采用铁质成渣路线。

改善造渣过程的措施很多，如合适的铁水成分，合理地控制炉渣中氧化铁的含量和碳的氧化速度之间的比例关系，提高渣中 MgO 含量达 6%左右，采用活性石灰和石灰粉及合成渣材料等。

【思考与练习】

5.4-1　填空题

（1）氧气转炉炼钢的主要造渣方法有（　　）、（　　）和留渣法。

（2）氧气转炉吹炼低磷铁水操作中的石灰加入量主要是根据金属料中硅含量、石灰有效 CaO 含量和炉渣（　　）。

（3）氧气转炉炼钢造渣制度的具体内容是确定加入造渣材料的种类、数量和时间，并与之相应的（　　）和（　　）相配合。

（4）氧气转炉炼钢过程中炉渣"返干"的基本原因是碳氧反应激烈，渣中（　　）大量减少。

（5）炼钢炉渣成分：CaO 为 54%，SiO_2 为 18%，P_2O_5 为 2%；不同的碱度表示法的碱度值，如 w_{CaO}/w_{SiO_2} =（　　），$w_{CaO}/(w_{SiO_2}+w_{P_2O_5})$ =（　　）。注：相对原子质量 Ca 为 40，Si 为 28，O 为 16，P 为 31。

（6）造渣方法的选取依据为（　　）及吹炼钢种的要求。

（7）氧气转炉炼钢过程中使用生白石主要成分是 $CaCO_3$ 和 $MgCO_3$，其中 $MgCO_3$ 分解产生（　　），减轻镁碳砖的侵蚀。

5.4-2　单项选择题

（1）氧气转炉炼钢吹炼中期炉渣"返干"时，要适当提高枪位操作，这是为了（　　）。

　　A. 增加渣中氧化亚铁（FeO）　　　B. 增加炉内温度　　C. 提高熔池搅拌强度

（2）氧气转炉炼钢操作中二批料正确加入的时间为（　　）。

　　A. 开吹加入

　　B. 第一批渣料基本化好，Si、Mn 氧化基本结束　　　C. 吹炼后期

（3）氧气转炉吹炼过程中，向转炉中加入（　　）可以暂时提高炉渣氧化性。

　　A. 萤石　　　　　　　　　　　B. 活性石灰　　　　C. 铁矿石或氧化铁皮

（4）转炉炼钢具有最高的去磷、硫效率的是（　　）。

　　A. 单渣法　　　　　　　　　　B. 双渣法　　　　　C. 三渣法

　　D. 双渣留渣法

（5）转炉炼钢化渣速度最快的是（　　）。

　　A. 单渣法　　　　　　　　　　B. 双渣法　　　　　C. 三渣法

　　D. 双渣留渣法

（6）转炉炼钢渣料消耗最少的是（　　）。

　　A. 单渣法　　　　　　　　　　B. 双渣法　　　　　C. 三渣法

　　D. 双渣留渣法

（7）氧气转炉炼钢使用低磷铁水，每吨金属料石灰加入量（kg/t）的计算公式是（　　）。

　　A. $2.14w_{SiO_2}R\times1000/w_{CaO有效}$　　　　B. $2.14w_{Si}R\times1000/w_{CaO}$

　　C. $2.14w_{Si平均}/w_{CaO有效}\times R\times1000$　　D. $2.14w_{Si}R\times1000/w_{CaO}$

（8）氧气转炉吹炼过程中，每吨金属料形成炉渣量小于（　　）kg 称为少渣操作。

A. 30　　　　　　　　　　　　B. 40　　　　　　　　C. 50

5.4-3　多项选择题

（1）在氧气转炉吹炼中，造成炉渣"返干"现象的原因有（　　　）。

A. 渣料量大

B. 供氧量大于碳氧反应所耗氧量

C. 供氧量小于碳氧反应所耗氧量　　　D. 操作不当，渣中（$\sum FeO$）过低

（2）氧气转炉炼钢，在采用（　　　）吹炼下，易使炉渣氧化性升高。

A. 高枪位　　　　　　　　　B. 低枪位　　　　　　　C. 高氧压

D. 低氧压

（3）造渣制度内容主要有（　　　）。

A. 冷却剂加入量　　　　　　B. 渣料加入量　　　　　C. 渣料加入时间

D. 造渣方法

（4）留渣法的优点有（　　　）。

A. 石灰消耗少　　　　　　　B. 化渣快　　　　　　　C. 减少喷溅

D. 冶炼周期短

（5）单渣法的优点有（　　　）。

A. 石灰消耗少　　　　　　　B. 劳动条件好　　　　　C. 操作简单

D. 冶炼周期短

（6）双渣法的优点有（　　　）。

A. 减少回磷　　　　　　　　B. 化渣快　　　　　　　C. 减少喷溅

D. 减少炉衬侵蚀

（7）转炉炼钢造渣方法包括（　　　）。

A. 单渣法　　　　　　　　　B. 双渣法　　　　　　　C. 三渣法

D. 双渣留渣法

5.4-4　判断题

（1）氧气转炉炼钢单渣法是开吹时一次将造渣剂加入炉内的方法。（　　　）

（2）氧气转炉炼钢双渣法是指吹炼过程中倒出或扒出部分炉渣（约 1/2～2/3），再重新加入渣料造渣的操作方法。（　　　）

（3）生白云石的主要化学成分是 $CaCO_3$ 和 $MgCO_3$，加入白云石后能增加渣中 MgO 含量，降低转炉渣熔点，同时可以减轻炉渣对炉衬的侵蚀。（　　　）

（4）炼钢用萤石主要作用是改善炉渣的流动性，但用量过多时易引起喷溅且损坏炉衬，对人体和环境无害。（　　　）

（5）氧气转炉炼钢渣料一般是分两批或三批加入的，其中第二批料在吹炼中期碳氧反应剧烈时加入为宜。（　　　）

（6）转炉吹炼过程中，炉渣化好化透的特征是炉内声音柔和，喷出物不带铁，无火花，呈片状，落在炉壳上不黏附。（　　　）

（7）转炉冶炼过程中加入白云石造渣主要是调节熔池温度。（　　　）

5.4-5　简述题

（1）名词解释：炉渣"返干"，造渣制度，单渣法，双渣法，泡沫渣，炉渣碱度，留

渣操作。

（2）阐述氧气转炉炼钢炉渣"返干"产生的原因及防止措施。

（3）氧气转炉炼钢如何判断炉内渣较好？

（4）氧气转炉炼钢炉渣要发生喷溅的征兆有哪些？

（5）LD 冶炼过程正常情况第二批渣料的加入方法是怎样的？

（6）什么是少渣操作，少渣操作的优点是什么？

（7）氧气转炉吹炼过程中熔渣返干如何处理？

（8）石灰的加入量如何确定，吹炼过程中加速石灰渣化的途径有哪些？

5.4-6　计算题

（1）已知氧气转炉炼钢炉渣碱度 $R=3.0$，铁水中含 Si 为 0.6%，磷忽略不计，石灰有效 CaO 为 80%，试计算吨钢石灰加入量是多少？

（2）已知铁水成分 [Si]：0.48%、[Mn]：0.19%、[P]：0.07%、[S]：0.02%、活性石灰中 SiO_2 为 0.8%、CaO 为 85%，要求终渣碱度为 3.0，开吹加入轻烧白云石 2000kg，其 CaO 为 45%，铁水为 77t，计算石灰加入量。（小数点后保留两位有效数字）

（3）某钢厂的铁水成分为：$w_{[C]}=4.5\%$，$w_{[Si]}=0.40\%$，$w_{[Mn]}=0.30\%$，$w_{[P]}=0.085\%$，$w_{[S]}=0.020\%$，采用活性石灰造渣，其中有效 CaO 为 90%，装入量为 150t，选取炉渣碱度为 3.5，请计算该炉石灰加入量。（Si 相对原子质量为 28，O 相对原子质量为 16，保留三位小数）

教学活动建议

本项目单元与实际生产紧密相连，文字表述多，抽象，难于理解，在教学活动之前学生应到企业现场参观实习，具有感性认识，同时要求学生提前预习所学的相关设备知识；教学活动过程中，应利用现场视频及图片、虚拟仿真实训室或钢铁大学网站，进行转炉加渣料操作训练，将讲授法、演示法、教学练相结合，实施"做中教"、"做中学"，以提高教学效果。

查一查

学生利用课余时间，自主到学校开放的虚拟仿真实训室或钢铁大学网站进行转炉加渣料实操训练；同时自主查阅国家或企业转炉炼钢造渣作业标准。

项目单元 5.5　氧气顶吹转炉炼钢温度制度

【学习目标】

知识目标：

（1）掌握氧气顶吹转炉冶炼一炉钢温度制度研究的内容及其含义。

（2）熟悉常用冷却剂的种类及其特点。

（3）掌握氧气顶吹转炉炼钢温度调节及控制方法。

能力目标：

（1）能根据冶炼过程炉况熟练地选用加入冷却剂的种类、计算出加入数量及确定最佳加入时机。

（2）能根据冶炼过程炉况熟练地正确加入辅原料、调整枪位控制和调节温度。

（3）能利用网络、图书馆收集相关资料、自主学习。

【任务描述】

（1）根据冶炼过程炉况选择所需加入冷却剂的种类及计算加入量。

（2）吹炼过程中，依据转炉炼钢加料系统设备性能特点，运用计算机操作系统控制转炉的散装料系统设备，通过点击计算机控制系统设定要加入的冷却剂数量并称量，启动给料机，及时、准确地向转炉加料，调整熔池温度，完成吹炼的任务。

【相关知识点】

温度制度实际上是指温度控制，而温度控制是指吹炼的过程温度和终点温度的控制。

过程温度控制的意义在于温度对于转炉吹炼过程既是重要的热力学参数，又是重要的动力学参数。它既对各个化学反应的反应方向、反应程度和各元素之间的相对反应速度有重大影响，又对熔池的传质和传热速度有重大影响。因此，为了快而多地去除钢中的有害杂质，保护或提取某些有益元素，加快吹炼过程成渣速度，加快废钢熔化，减少喷溅，提高炉龄等，都必须控制好吹炼过程温度。

控制过程温度目的主要有两点，一在于保证冶炼过程的正常进行，使吹炼过程升温均衡，保证操作顺利进行；二过程温度是终点温度准确的基础和保证，如果过程温度不正常，到冶炼终点时再大幅度提温或降温将容易造成钢水过氧化或损坏炉衬，降低钢质等不良后果。

此外，吹炼任何钢种都有其要求的出钢温度。出钢温度过低会造成回炉、包底凝钢、水口冻结及铸坯（或钢锭）的各种低温缺陷和废品；出钢温度过高，则会增加钢中气体、非金属夹杂物的含量，还会增加铁的烧损，影响钢的质量，造成铸坯的各种高温缺陷和废品，甚至导致漏钢事故的发生，同时也会影响炉衬和氧枪的寿命。因此终点温度控制是炼钢操作的关键性环节，而过程温度控制则是终点温度控制的基础。

由于氧气转炉采用纯氧吹炼，大大减少了废气量及其所带走的显热，因而具有很高的热效率。铁水所带入的物理热和化学热，除把金属加热到出钢温度外，还有大量的富余热量。因此，在吹炼过程中需要加入一定数量的冷却剂，以便把终点温度控制在出钢温度的范围内；同时还要求在吹炼过程中，熔池温度均衡地升高，并在到达终点时，使钢液温度和化学成分同时进入钢种所规定的范围内。

5.5.1　出钢温度的确定

出钢温度的高低受钢种、铸坯断面大小、钢水精炼方法及时间和浇注方式等因素的影响，其依据原则是：

（1）保证浇注温度高于所炼钢种凝固温度，即钢水过热度（℃）。

（2）出钢开始到开浇之前的温降，包括出钢过程、钢水运输、镇静时间、钢液炉外精炼和精炼完毕至开浇之前的温降（℃）。

（3）浇注过程的降温，主要指钢水从钢包到中间包的温降（℃）。

出钢温度可用下式计算：

$$T_{出} = T_{凝} + \Delta T_1 + \Delta T_2 + \Delta T_3 \tag{5-10}$$

式中　　$T_{凝}$——钢水凝固温度，可用式（5-11）计算，℃；

ΔT_1——钢水过热度，℃；

ΔT_2——出钢、运输、吹氩、镇静过程等的温降，℃；

ΔT_3——浇注过程温降，℃。

$$T_{凝} = 1539 - \sum w_{[i]} \Delta T_i \tag{5-11}$$

式中　　1539——纯铁的熔点，也可以认为是 1538，℃；

$w_{[i]}$——钢水中 i 元素含量，%；

ΔT_i——1% 的 i 元素使纯铁凝固温度的降低值，其数据见表 5-8，℃。

运用公式（5-10）计算的出钢温度没有考虑熔于钢水中气体对出钢温度的影响，实际生产中如果熔于钢水中的气体对出钢温度有影响，还应考虑。

表 5-8　1% 的 i 元素使纯铁凝固温度的降低值

元素	适用范围/%	ΔT_i/℃	元素	适用范围/%	ΔT_i/℃
C	<1.0	65	V	<1.0	2
Si	<3.0	8	Ti		18
Mn	<1.5	5	Cu	<0.3	5
P	<0.7	30	H_2	<0.003	1300
S	<0.08	25	N_2	<0.03	80
Al	<1.0	3	O_2	<0.03	90

【例】　某厂 210t 转炉冶炼 Q345A 钢种，凝固温度为 1512℃，浇注板坯，过热度取 20℃，出钢时间为 6min，加入 Mn-Si 合金 22kg/t，温降为 51℃；出钢完毕到精炼站时间 10min，温降速度 0.8℃/min；吹氩精炼温降为 37℃，吹氩完毕到钢包回转台间隔 10min，温降速度 0.4℃/min；连浇时钢水包到中间包钢水温度降为 25℃。计算 Q345A 的出钢温度。

解：已知：$T_{凝}$=1512℃，ΔT_1=20℃，

$$\Delta T_2 = 51+10\times0.8+37+10\times0.4 = 100℃，\quad \Delta T_3 = 25℃$$

根据公式（5-10），可得

$$T_{出} = 1512+20+100+25 = 1657℃$$

答：在所述条件下，Q345A 钢种的出钢温度应控制在 1657℃ 左右。

5.5.2　热量来源与热量支出

铁水带入炉内的物理热和化学热，除能满足出钢温度的要求（包括吹炼过程中金属升温 300~400℃；将造渣材料和炉衬加热到出钢温度；高温炉气和喷溅物带走的热量以及其他热损失）外，还有富余，因此需要加入一定数量的冷却剂才能将终点温度控制在规定的范围内。为了确定冷却剂的加入数量，应先知道富余热量，为此先计算热量的收入与

支出。

5.5.2.1 热量来源

氧气转炉炼钢的热量来源主要是铁水的物理热和化学热。物理热是指铁水带入的热量，它与铁水温度有直接关系；化学热是指铁水中各种元素氧化后放出的热量，它与铁水化学成分直接相关。

在炼钢温度下，各元素氧化放出的热量各异，它可以通过各元素氧化放出的热效应来计算确定。例如铁水温度 1200℃，吹入的氧气 25℃，碳氧反应生成 CO 时：

$$[C]_{1473} + \frac{1}{2}\{O_2\}_{298} = \{CO\}_{1473}, \quad \Delta H_{1473K} = -135600 J/mol$$

则 1kg [C] 氧化生成 CO 时放出的热量为 135600/12 ≈ 11300kJ/kg。

元素氧化放出的热量，不仅用于加热熔池的金属液和炉渣，同时也用于炉衬的吸热升温。现以 100kg 金属料为例，计算各元素的氧化放热能使熔池升温多少。

设炉渣量为装入金属料的 15%，受熔池加热的炉衬为装入金属料的 10%，计算热平衡公式如下：

$$Q = \Sigma Mct \tag{5-12}$$

式中　Q ——1kg 元素氧化放出的热量，kJ/kg；

　　　M ——受热金属液、炉衬和炉渣质量，kg；

　　　c ——各物质热容，已知钢液 c_L 为 0.84 ~ 1.0kJ/(kg·℃)，炉渣和炉衬的 c_S 为 1.23kJ/(kg·℃)；

　　　t ——熔池温度，℃。

根据式（5-12）来计算在 1200℃时 C-O 反应生成 CO 时，氧化 1kg 碳可使熔池温度升高的数值为：

$$t = \frac{11300}{100 \times 1.0 + 15 \times 1.23 + 10 \times 1.23} = 84℃$$

1kg [C] 是 100kg 金属料的 1%，因此，根据同样道理和假设条件，可以计算出其他元素氧化 1% 时熔池的升温数值，计算结果见表 5-9。

表 5-9　氧化 1kg [C] 熔池吸收的热量（kJ）及氧化 1% [C] 使熔池升温度数（℃）

反　应	氧气吹炼时的温度		
	1200℃	1400℃	1600℃
[C]+O_2=CO_2	244/33022	240/32480	236/31935
[C]+1/2O_2=CO	84/11300	83/11161	82/11035
[Fe]+1/2O_2=(FeO)	31/4067	30/4013	29/3963
[Mn]+1/2O_2=(MnO)	47/6333	47/6320	47/6312
[Si]+O_2+2(CaO)=(2CaO·SiO_2)	152/20649	142/19270	132/17807
2[P]+5/2O_2+4(CaO)=(4CaO·P_2O_5)	190/25707	187/24495	173/23324

注：分母表示氧化 1kg [C] 熔池吸收的热量；分子表示氧化 1% [C] 使熔池升温度数。

由表 5-9 可见，碳的发热能力随其燃烧的完全程度而异，完全燃烧的发热能力比硅、磷高,但在氧气转炉中,一般只有 15% 左右的碳完全燃烧生成 CO_2,而大部分的碳没有完全燃烧。但由于铁水中的碳含量高,故碳仍然是重要热源。

发热能力大的是硅和磷,由于磷是入炉铁水中的控制元素,所以硅是转炉炼钢的主要发热元素。而锰和铁的发热能力不大,不是主要热源。

从高炉生产来看,铁水中的碳、锰和磷的含量波动不大,铁水成分中最容易波动的是硅,而硅又是转炉炼钢的主要发热元素,因此要正确地控制温度就必须注意铁水含硅量的变化。

5.5.2.2　热量消耗

转炉的热量消耗习惯上可分为两部分。一部分直接用于炼钢的热量,即用于加热钢水和熔渣的热量;另一部分未直接用于炼钢的热量,包括废气、烟尘带走的热星、冷却水带走的热量、炉口炉壳的散热损失和冷却剂的吸热等。

一般来说,转炉有富余热量。转炉富余热量是全部用铁水吹炼时,热量总收入与用于将系统加热到规定温度和抵偿不加冷却剂的情况下转炉的热损失所必需的热量之差。即:富余热量=收入热量-支出热量。可根据铁水条件和吹炼终点钢水条件进行计算。如何利用富余热量,这涉及所谓的废钢配比临界点;如何衡量转炉有效利用热量的情况,即涉及炉子热效率。

转炉的富余热量,无疑应该很好地加以利用,一般采用配加废钢的方法来建立热平衡,以利用转炉的富余热量。如还有富余热量,则加冷却剂(氧化铁皮、矿石等)进行调节。当废钢配比增加到一定数量后,将出现富余热量为零的情况,这时的废钢配比称为配比临界点。废钢配比的临界点一般为 25%~30%。我国多使用废钢作冷却剂,尤其是使用轻废钢,可大幅度降低炼钢成本。

转炉的热效率是指加热钢水的物理热、炉渣的物理热和矿石分解吸热占总热量的百分比。LD 转炉热效率比较高,一般在 75% 以上。这是因为 LD 转护的热量利用集中,吹炼时间短,冷却水、炉气热损失低。电炉提高热效率的直接目的是降低每吨钢的能耗。LD 转炉提高热效率有它特殊的意义:

(1)使用冷却剂的范围可扩大,冷却效果大的或小的,都能使用。

(2)可增加作为 FeO 来源的铁矿石的使用量,从而扩大了在造渣过程中起重要作用的 FeO 的来源。另外,铁矿石被还原,出钢量增加。

5.5.3　冷却剂的种类及其冷却效应

5.5.3.1　冷却剂的种类及特点

常用的冷却剂有废钢、铁矿石、氧化铁皮等。这些冷却剂可以单独使用,也可以搭配使用。当然,加入的石灰、生白云石、菱镁矿等也能起到冷却剂的作用。

(1)废钢。废钢杂质少,用废钢作冷却剂,渣量少,喷溅小,冷却效应稳定,因而便于控制熔池温度,但加废钢必须用专门设备,占用装料时间,不便于过程温度的调整。用废钢作冷却剂,可以减少渣料消耗量、降低成本。

(2)铁矿石。与废钢相比,使用铁矿石作冷却剂不需要占用装料时间,能够增加渣中 TFe，有利于化渣，同时还能降低氧气和钢铁料的消耗，吹炼过程调整方便，但是以铁矿石为冷却剂使渣量增大，操作不当时易喷溅，同时由于铁矿石的成分波动会引起冷却效应的波动。如果采用全铁矿石冷却时，加入时间不能过晚。

（3）氧化铁皮。氧化铁皮是轧钢时产生的钢屑，与矿石相比，氧化铁皮成分稳定，杂质少，因而冷却效果也比较稳定。但应在烘烤后使用，否则会因带入炉内很多水分，影响钢质；另外，氧化铁皮的密度小，在吹炼过程中容易被气流带走。

由此可见，要准确控制熔池温度，用废钢作为冷却剂效果最好，但为了促进化渣，提高脱磷效率，可以搭配一部分铁矿石或氧化铁皮。目前我国各厂采用定矿石调废钢或定废钢调矿石两种冷却制度。常用各种冷却剂的比较见表 5-10。

表 5-10　常用冷却剂比较

冷却剂	废　钢	铁　矿　石	氧化铁皮
优点	杂质少，渣量少，喷溅小，冷却效应稳定，因而便于控制熔池温度	不需占用装料时间，能够增加渣中 $w_{(TFe)}$，有利于化渣，同时还能降低氧气和钢铁料的消耗，吹炼过程调整方便	成分稳定，杂质少，因而冷却效果也比较稳定
缺点	必须用专门设备，占用装料时间，不便于过程温度的调整	使渣量增大，操作不当时易喷溅，同时由于铁矿石的成分波动会引起冷却效应的波动	密度小，在吹炼过程中容易被气流带走
结论	要准确控制熔池温度，用废钢作为冷却剂效果最好，但为了促进化渣，提高脱磷效率，可以搭配一部分铁矿石或氧化铁皮		

5.5.3.2　冷却剂的冷却效应

在一定条件下，加入 1kg 冷却剂所消耗的热量就是冷却剂的冷却效应。

冷却剂吸收的热量包括将冷却剂提高温度所消耗的物理热和冷却剂参加化学反应消耗的化学热两个部分。

$$Q_{冷} = Q_{物} + Q_{化} \tag{5-13}$$

而 $Q_{物}$ 取决于冷却剂的性质以及熔池的温度：

$$Q_{物} = c_{固}(t_{熔} - t_0) + \lambda_{熔} + c_{液}(t_{出} - t_{熔}) \tag{5-14}$$

式中　$c_{固}$，$c_{液}$——分别为冷却剂在固态和液态时的质量热容，kJ/(kg·℃)；

t_0——室温，℃；

$t_{出}$——给定的出钢温度，℃；

$t_{熔}$——冷却剂的熔化温度，℃；

$\lambda_{熔}$——冷却剂的熔化潜热，kJ/kg。

$Q_{化}$ 不仅与冷却剂本身的成分和性质有关，而且与冷却剂在熔池内参加的化学反应有关。不同条件下，同一冷却剂可以有不同的冷却效应。

A　铁矿石的冷却效应

铁矿石的物理冷却吸热是从常温加热至熔化后直至出钢温度吸收的热量，化学冷却吸热是矿石分解吸收的热量。

铁矿石的冷却效应可以通过下式计算：

$$Q_{矿} = m\left(c_{矿} \cdot \Delta t + \lambda_{矿} + w_{(Fe_2O_3)} \times \frac{112}{160} \times 6459 + w_{(FeO)} \times \frac{56}{72} \times 4249\right) \quad (5\text{-}15)$$

式中　　m ——铁矿石质量，kg；

$c_{矿}$ ——铁矿石的质量热容，kJ/(kg·℃)，$c_{矿}=1.016$kJ/(kg·℃)；

Δt ——铁矿石加入熔池后需升温数，℃；

$\lambda_{矿}$ ——铁矿石的熔化潜热，kJ/kg，$\lambda_{矿}=209$kJ/kg；

160 ——Fe_2O_3 的相对分子质量；

112 ——两个铁原子的相对原子质量之和；

6459，4249 ——分别为在炼钢温度下，由液态 Fe_2O_3 和 FeO 还原出 1kg 铁时吸收的热量。

设铁矿石成分：$w_{(Fe_2O_3)} = 81.4\%$，$w_{(FeO)} = 0$

矿石一般是在吹炼前期加入，所以温升取 1325℃，则 1kg 铁矿石的冷却效应是：

$$Q_{矿} = 1 \times \left[1.016 \times (1350 - 25) + 209 + 81.4\% \times \frac{112}{160} \times 6459\right] = 5236 \text{kJ/kg}$$

Fe_2O_3 的分解热所占比重很大，铁矿石冷却效应随 Fe_2O_3 含量而变化。

B　废钢的冷却效应

废钢的冷却作用主要靠吸收物理热，即从常温加热到全部熔化，并提高到出钢温度所需要的热量；可用下式计算。

$$Q_{废} = m\left[c_{熔} \cdot t_{熔} + \lambda + c_{液}(t_{出} - t_{熔})\right] \quad (5\text{-}16)$$

1kg 废钢在出钢温度为 1680℃时的冷却效应是：

$$Q_{废} = 1 \times [0.699 \times (1500 - 25) + 272 + 0.837 \times (1680 - 1500)] = 1454 \text{kJ/kg}$$

式中　　0.699，0.837 ——分别为固态钢和液态钢的质量热容，kJ/(kg·℃)；

1500 ——废钢的熔化温度，℃；

25 ——室温 25℃的数值，℃；

λ ——熔化潜热，kJ/kg，$\lambda=272$kJ/kg；

1680 ——出钢时钢水温度，℃。

C　氧化铁皮的冷却效应

氧化铁皮的冷却效应与铁矿石的计算方法基本上一样。如果氧化铁皮的成分是 $w_{(FeO)} = 50\%$，$w_{(Fe_2O_3)} = 40\%$，$w_{其他氧化物} = 10\%$，则 1kg 氧化铁皮的冷却效应是：

$$Q_{皮} = 1 \times \left[1.016 \times (1350 - 25) + 209 + 40\% \times \frac{112}{160} \times 6459 + 50\% \times \frac{56}{72} \times 4249\right] = 5016 \text{kJ/kg}$$

氧化铁皮的冷却效应与铁矿石相近。

用同样的方法可以计算出生白云石、石灰等材料的冷却效应。如果规定废钢的冷却效应为 1.0 时，铁矿石的冷却效应则是 5236/1454＝3.60；氧化铁皮为 5016/1454＝3.45。由于冷却剂的成分有变化，所以冷却效应也在一定的范围内波动。从以上计算可以知道，1kg 铁矿石的冷却效应约相当于 3kg 废钢的冷却效应。为了使用方便，将各种常用冷却剂冷却效应换算值列于表 5-11 中。

表 5-11　常用冷却剂冷却效应换算值

冷却剂	重废钢	轻薄废钢	压块	铸铁件	生铁块	金属球团
冷却效应	1.0	1.1	1.6	0.6	0.7	1.5
冷却剂	无烟煤	焦炭	Fe-Si	菱镁矿	萤石	烧结矿
冷却效应	-2.9	-3.2	-5.0	1.5	1.0	3.0
冷却剂	铁矿石	铁皮	石灰石	石灰	白云石	
冷却效应	3.0~4.0	3.0~4.0	3.0	1.0	1.5	

5.5.3.3　冷却剂的加入时间

冷却剂的加入时间因吹炼条件不同而略有差别。由于废钢在吹炼过程中加入不方便，影响吹炼时间，通常是在开吹前加入。利用铁矿石或者氧化铁皮作冷却剂时，由于它们同时又是化渣剂，加入时间往往与造渣同时考虑，多采用分批加入的方式。其中，关键是选好二批料加入时间，即必须在初期渣已化好、温度适当时加入。

5.5.4　生产实际中的温度控制

温度对吹炼过程影响很大，它直接影响到磷、硫的去除，金属吹损以及终点温度控制。在生产实际中，温度的控制主要是根据所炼钢种、出钢后间隔时间的长短、补炉材料消耗等因素来考虑废钢的加入量。过程温度控制的方法主要是正确确定各种冷却剂（渣料、废钢等）加入的数量、时间及枪位的变化，使炼钢吹炼过程均匀升温，满足工艺要求。吹炼过程的温度控制应考虑以下因素：

（1）满足快速成渣的要求。保证尽快形成各组元和物理特性符合要求的炉渣。

（2）满足去除磷、硫和其他杂质的要求。

（3）满足吹炼过程平稳和顺行的要求。吹炼的前、中期，特别是强烈脱碳期，温度过高或过低都容易产生喷溅。

（4）合理控制熔池的升温和脱碳，满足准确控制终点命中的要求。

5.5.4.1　影响终点温度的因素

在生产条件下影响终点温度的因素很多，必须经综合考虑，再确定冷却剂加入的数量。

（1）铁水成分。铁水中 Si、P 是强发热元素，若其含量过高时，可以增加热量，但也会给冶炼带来诸多问题，因此有条件应进行铁水预处理脱 Si、P。据 30t 转炉测定，当增加 $w_{[Si]}$ =0.1%时，可升高炉温 15℃。

（2）铁水温度。铁水温度的高低关系到带入物理热的多少，所以在其他条件不变的情况下，入炉铁水温度的高低影响终点温度的高低。当铁水温度每升高 10℃，钢水终点温度可提高 6℃。

（3）铁水装入量。由于铁水装入量的增加或减少，均使其物理热和化学热有所变化，若其他条件一定的情况下，铁水比越高，终点温度也越高。30t 转炉铁水量每增加 1t，终点温度可提高 8℃。

（4）炉龄。转炉新炉衬温度低、出钢口又小，因此炉役前期终点温度要比正常吹炼炉次高 20~30℃，才能获得相同的浇注温度，所以冷却剂用量要相应减少。炉役后期炉衬薄，炉口大，热损失多，所以除应适当减少冷却剂用量外，还应尽量缩短辅助时间。

（5）终点碳含量。碳是转炉炼钢重要发热元素。根据某厂的经验，终点碳在 0.24% 以下时，每增减碳 0.01%，则出钢温度也要相应减增 2~3℃，因此，吹炼低碳钢时应考虑这方面的影响。

（6）炉与炉的间隔时间。间隔时间越长，炉衬散热越多。在一般情况下，炉与炉的间隔时间在 4~10min。间隔时间在 10min 以内，可以不调整冷却剂用量，超过 10min 时，要相应减少冷却剂的用量。

另外，由于补炉而空炉时，根据补炉料的用量及空炉时间，来考虑减少冷却剂用量。据 30t 转炉测定，空炉 1h 可降低终点温度 30℃。

（7）枪位。如果采用低枪位操作，会使炉内化学反应速度加快，尤其是使脱碳速度加快，供氧时间缩短，单位时间内放出的热量增加，热损失相应减少。

（8）喷溅。喷溅会增加热损失，因此对喷溅严重的炉次，要特别注意调整冷却剂的用量。

（9）石灰用量。石灰的冷却效应与废钢相近，石灰用量大则渣量大，造成吹炼时间长，影响终点温度。所以当石灰用量过大时，要相应减少其他冷却剂用量。据 30t 转炉测算，每多加 100kg 石灰降低终点温度 5.7℃。

（10）出钢温度。可根据上一炉钢出钢温度的高低来调节本炉的冷却剂用量。

5.5.4.2　温度的调节

吹炼过程温度的调节可以用铁矿石、氧化铁皮和石灰等散装料来控制，它们与渣料一起加入。终点温度的调节比较灵活，它可以根据炉温、炉渣和炉内成分而决定使用的冷却剂。若炉温高，炉渣化得好，钢水成分合格，则可以加入洁净的废钢降温，以提高炉子生产率和热效率。若炉温高，炉内钢水中磷或硫不合格，则可加入石灰和助熔剂等渣料，并适当补吹。若炉温低，化渣也不好，则可加入助熔剂，然后低枪提温。

5.5.4.3　确定冷却剂用量的经验数据

通过物料平衡和热平衡计算来确定冷却剂加入数量，比较准确，但很复杂，很难快速计算。若采用电子计算机就可以依据吹炼参数的变化快速进行物料平衡和热平衡计算，准确地控制温度。目前多数厂家都是根据经验数据简单的计算来确定冷却剂调整数量。

知道了各种冷却剂的冷却效应和影响冷却剂用量的主要因素以后，就可以根据上炉情况和对本炉温度有影响的各个因素的变动情况综合考虑，进行调整，确定本炉冷却剂的加入数量。表 5-12 和表 5-13 列出 30t 和 120t 转炉的温度控制的经验数据。

表 5-12　30t 氧气顶吹转炉温度控制的经验数据

因　素	变动量	终点温度变化量/℃	调整矿石量/kg
铁水 $w_{[C]}$/%	±0.10	±9.74	±65
铁水 $w_{[Si]}$/%	±0.10	±15	±100

续表 5-12

因　素	变动量	终点温度变化量/℃	调整矿石量/kg
铁水 $w_{[Mn]}$ /%	±0.10	±6.14	±41
铁水温度/℃	±10	±6	±40
废钢加入量/t	±1	∓47	∓310
铁水加入量/t	±1	±8	±53
停吹温度/℃	±10	±10	±66
终点 $w_{[C]}$ <0.2%	±0.01	∓3	∓20
石灰加入量/kg	±100	∓5.7	∓38
硅铁加入量/kg·炉$^{-1}$	±100	±20	±133
铝铁加入量/kg·t^{-1}	±7	±50	±333
加合金量（硅铁除外）/kg·t^{-1}	±7	∓10	∓67

表 5-13　120t 氧气顶吹转炉温度控制的经验数据

名　称	冷 却 剂		名　称	提 温 剂	
	1t 钢加入量/kg	降温数/℃		1t 钢加入量/kg	降温数/℃
废钢	1	1.27	硅铁	1	6
矿石	1	4.50	焦炭	1	4.8
氧化铁皮	1	4.0	铝块	1	15
生铁块	1	0.9~1.0			
萤石	1	10			
石灰	1	1.9			
石灰石	1	2.8			

除表 5-12 和表 5-13 所列数据以外，还有其他情况下温度控制的修正值，如：铁水入炉后等待吹炼、终点停吹等待出钢、钢包粘钢等，这里就不再一一列举了。但在出钢前若发现温度过高或过低时，应及时在炉内处理，决不能轻易出钢。

各转炉炼钢厂都总结有一些根据炉况控制温度的经验数据，一般冷却剂的降温效果见表 5-14。

表 5-14　冷却剂降温经验数据

加入 1%冷却剂	废钢	矿石	铁皮	石灰	白云石	石灰石
熔池降温/℃	8~12	30~40	35~45	15~20	20~25	28~38

【技能训练】

项目 5.5-1　分析归纳 LD 冶炼一炉钢供氧制度、造渣制度、温度制度的相互关联

LD 一炉钢吹炼过程中供氧制度、造渣制度、温度制度必须紧密配合、相互协调才能保证一炉钢冶炼的顺利进行。

过程温度的控制主要是通过正确确定石灰、白云石、铁矿石、氧化铁皮等散装材料加

入的数量、时间以及枪位的变化。例如：在入炉铁水温度偏低时，应先低枪位提温、加入提温剂或降低第一批渣料加入量，使之与炉温相适应，然后高枪位化渣；铁水温度正常时，直接高枪位化渣。正常情况下，第二批渣料应在第一批渣料化好、碳焰初期加入。如第二批渣料加入过早，第一批渣料未化好，熔池温度偏低，使第二批加入的渣料来不及熔化，则容易发生低温喷溅；如第二批渣料加入过晚，碳氧反应正在进行，加入后使熔池温度降低，碳氧反应受到抑制，当渣中 FeO 聚集到一定程度或熔池温度升高时易发生爆发性的碳氧反应而造成熔池喷溅。第二批渣料正常情况下应分小批量多次加入。在吹炼中期，正常情况下应采用较低枪位操作。如果炉渣出现"返干"时，应提高枪位或加入助熔剂。终点温度的调节比较灵活，它可以根据炉温、炉渣和炉内成分而决定使用的冷却剂。若炉温高，炉渣化得好，钢水成分合格，则可以加入洁净的废钢降温，以提高炉子生产率和热效率。若炉温高，炉内钢水中磷或硫不合格，则可加入石灰和助熔剂等渣料，并适当补吹。若炉温低，化渣也不好，则可加入助熔剂，然后低枪提温。

项目 5.5-2　利用虚拟仿真实训室或钢铁大学网站进行氧气转炉吹炼过程中温度控制的操作技能训练

已知铁水条件和吹炼钢种要求见表 0-1；主要辅原料的成分见表 0-2；合金成分及收得率见表 0-3。炼钢转炉公称吨位为 120t。

【思考与练习】

5.5-1　填空题

（1）氧气转炉炼钢所谓温度制度，主要是指（　　　）温度的控制和（　　　）温度控制。

（2）控制过程温度的目的保证（　　　）的正常进行；（　　　）是终点温度准确的基础和保证。

（3）当转炉终点钢水碳低、温度低，应该向炉内加入适量（　　　）补吹提温，以避免钢水温度过低。

（4）铁矿石的冷却效应包括（　　　）和化学热两部分。

（5）转炉炼钢的热量来源包括铁水的物理热和（　　　）两个方面。

（6）在一定条件下，加入 1kg 冷却剂能消耗的热量称为该冷却剂的（　　　）。

5.5-2　单项选择题

（1）当转炉终点钢水碳低、温度低应该（　　　）补吹提温，以避免钢水过氧化。
　　　A. 加造渣剂　　　　　　　B. 降低枪位　　　　　C. 向炉内加入适量提温剂或发热剂

（2）转炉冶炼过程温度控制的目标是希望（　　　）。
　　　A. 吹炼过程温度均衡升温，吹炼终点时，钢水温度、成分同时达到出钢要求
　　　B. 吹炼过程快速升温，吹炼终点时钢水温度、成分同时达到出钢要求
　　　C. 吹炼过程升温速度可快可慢，只要终点时，钢水温度、成分同时命中即可

（3）氧气顶吹转炉炼钢操作，温度升高钢中溶解氧（　　　）。
　　　A. 增加　　　　　　　　　B. 减少　　　　　　　C. 不变

（4）吹炼低磷铁水时，铁水中（　　　）元素的供热量最多。
　　　A. 碳　　　　　　　　　　B. 磷　　　　　　　　C. 硫

（5）当转炉炼钢终点碳高、温度高时，可加（　　　）调温并补吹。

A. 铁矿石或氧化铁皮　　B. 白云石　　　　C. 废钢　　D. 石灰石

（6）氧气转炉炼钢，在出钢后发现低温钢应采用（　　）措施。

A. 出钢后多加保温剂　　　　　　　　B. 不经过精炼直接送连铸

C. 加提温剂，后吹　　　　　　　　　D. 炉外精炼采用加热手段

（7）氧气转炉炼钢使用高磷铁水时，铁水中（　　）是主要发热元素。

A. 碳　　　　　　　　B. 磷　　　　　　　C. 碳和磷

（8）氧气转炉吹炼过程中熔池温度过高会造成难化渣，炉衬侵蚀严重，末期去磷困难，在实际生产中为防止温度过高，最有效的办法是（　　）。

A. 向炉内追加氧化铁皮，且分批加入　　B. 分批加石灰

C. 停止吹氧　　　　　　　　　　　　D. 加入白云石

5.5-3　多项选择题

（1）过程温度的控制主要是通过（　　）来确定。

A. 正确确定各种冷却剂（如渣料、废钢等）加入的数量

B. 正确确定各种冷却剂（如渣料、废钢等）加入的时间

C. 枪位的正确变化　　　　　　　　　D. 吹氧数量的多少

（2）氧气转炉吹炼过程中出现高温钢的原因（　　）。

A. 过程温度控制过高　　　　　　　　B. 冷却剂配比不合适

C. 吹炼过程喷枪粘钢　　　　　　　　D. 铁合金计量出现差错

（3）废钢作为冷却剂的主要特点是：（　　）

A. 冷却效应与铁矿石相当　　　　　　B. 冷却效果稳定

C. 产生的渣量小，不易喷溅　　　　　D. 过程调温不方便

（4）转炉炼钢发热剂包括（　　）。

A. 铝　　　　　　　　B. 硅铁　　　　　　C. 煤　　D. 焦炭

（5）氧气转炉炼钢温度制度研究的内容包括（　　）。

A. 出钢温度确定　　　B. 冷却剂加入量　　C. 冷却水流量　　D. 冷却水压力

（6）转炉炼钢采取（　　）措施可以提高废钢比。

A. 减少石灰加入量　　B. 减少喷溅　　　　C. 缩短冶炼周期　　D. 终点碳低

（7）氧气转炉炼钢矿石冷却比废钢冷却（　　）。

A. 冷却效应稳定　　　B. 减少氧耗　　　　C. 帮助化渣　　　D. 喷溅少

E. 不占用加料时间

5.5-4　判断题

（1）氧气转炉炼钢终点钢水温度过高，气体在钢中的溶解度就过大，对钢的质量影响也很大。　　　　　　　　　　　　　　　　　　　　　　　　　　　（　　）

（2）钢的熔化温度（或凝固温度）是随钢中化学成分变化的，熔于钢中的化学元素含量越高，钢的熔点就越低。　　　　　　　　　　　　　　　　　　　　（　　）

（3）当入炉铁水温度偏低时，前期枪位控制应适当低些。　　　　　　　　（　　）

（4）温度控制主要是指吹炼过程温度和吹炼终点温度的控制。　　　　　　（　　）

（5）转炉内热量的来源主要依靠铁水中各元素氧化所放出的大量化学热。　（　　）

（6）在其他条件一定的情况下，停炉的时间越长，冷却剂用量越少。　　　（　　）

5.5-5　简述题

（1）确定出钢温度应考虑的因素有哪些？

（2）氧气转炉吹炼过程中控制过程温度应考虑哪些因素？

（3）吹炼过程熔池温度过高、过低有什么不好？

5.5-6　计算题

已知：45 号钢的化学成分为 $w_{[C]} = 0.45\%$，$w_{[Si]} = 0.27\%$，$w_{[Mn]} = 0.65\%$，$w_{[P]} = 0.02\%$，$w_{[S]} = 0.02\%$，每增加 1% 下列元素对纯铁的凝固点影响值如下（单位℃）：C：65，Si：8，Mn：5，P：30，S：25，其他元素使纯铁的凝固点下降值为7℃，纯铁的凝固点温度为1538℃，连铸中间包过热度取30℃，钢水镇定时间为15min，每分钟的温度降值为1℃/min，钢水吹氩时间为2min，吹氩温降为10℃/min，出钢温降为90℃，计算 45 号钢的终点出钢温度为多少？

教学活动建议

本项目单元与实际生产紧密相连，文字表述多，抽象，难于理解，在教学活动之前学生应到企业现场参观实习，具有感性认识，同时要求学生提前预习所学的相关设备知识；教学活动过程中，应利用现场视频及图片、虚拟仿真实训室或钢铁大学网站，进行转炉冶炼温度控制操作训练，将讲授法、演示法、教学练相结合，实施"做中教"、"做中学"，以提高教学效果。

查一查

学生利用课余时间，自主到学校开放的虚拟仿真实训室或钢铁大学网站进行转炉温度控制实操训练；同时自主查阅国家或企业转炉炼钢相关文献资料。

项目单元5.6　氧气顶吹转炉炼钢终点控制

【学习目标】

知识目标：

（1）掌握氧气顶吹转炉冶炼一炉钢终点控制的内容及其含义。

（2）掌握转炉炼钢终点控制的方法种类及其特点。

（3）熟悉氧气顶吹转炉炼钢终点碳及温度的判断方法。

能力目标：

（1）能根据冶炼过程炉况准确地判断吹炼终点。

（2）能进行转炉终点控制操作。

（3）能利用网络、图书馆收集相关资料、自主学习。

【任务描述】

（1）转炉兑入铁水、加入废钢后，通过供氧、造渣操作，经过一系列物理化学反应，炉长依据终点控制技术标准要求，准确判断终点，进行终点控制。

（2）通过点击计算机控制系统设备准确停吹，氧枪到达等候点或以上位置。

（3）当炉内金属液成分、温度达到所炼钢种要求的终点控制范围，炉长、摇炉工等协作完成拉碳倒炉。

【相关知识点】

终点控制主要是指终点温度和成分控制。

5.6.1　终点的标志

所谓终点，是指转炉加入铁水后，通过供氧、造渣操作，经过一系列物理化学反应，钢水达到了所炼钢种成分和温度要求的时刻。到达终点的具体标志为：

（1）钢水中碳含量达到所炼钢种的控制范围。

（2）钢水中磷和硫含量低于规格下限以下的一定范围。

（3）出钢温度能保证顺利进行精炼、浇注。

（4）氧含量达到钢种的控制要求。

终点控制是转炉吹炼后期的重要操作。由于磷和硫尽可能提早去除到终点所要求的范围，这样就使终点控制简化为熔池碳和温度的控制，所以终点控制也称拉碳。拉碳是炼钢工厂通俗的术语，是指吹炼过程进行到熔池钢液中碳含量达到某种要求时，停止吹氧，并进行摇炉的这个过程。每一次停吹、摇炉、取样的操作，称一次拉碳。

通常把钢水的碳含量和温度达到吹炼目标的时刻，终止供氧操作称作一次拉碳。一次拉碳钢水中碳和温度达到目标要求称为"命中"，碳含量和温度同时达到目标要求范围称为"双命中"。

一次拉碳未达到控制的目标值需要进行补吹，补吹也称为后吹。终点碳高，硫、磷高于目标值，或者温度低于目标值均需要补吹。因此，后吹是对未命中目标进行处理的手段。后吹会产生以下危害：

（1）增加钢中氧含量和夹杂物含量。钢水中氧含量大幅度提高，同时增加钢中夹杂物含量，影响钢的质量。

（2）增大金属损失，降低合金收得率。增加钢中氧含量和夹杂物含量，提高了铁损，使金属收得率降低。

（3）延长了吹炼时间，降低了转炉生产率。

（4）加剧了炉衬的侵蚀，使炉龄降低。

终点控制不准，会造成一系列的危害。例如拉碳偏高时，需要补吹，也称后吹，渣中 TFe 高，金属消耗增加，降低炉衬寿命。首钢曾对 47 炉补吹操作进行统计，发现补吹后的熔渣中 $w_{(TFe)}$ 和 $w_{(MgO)}$ 含量都有所增加，见表 5-15。

表 5-15　二次拉碳前后 $w_{(FeO)}$、$w_{(Fe_2O_3)}$、$w_{(MgO)}$ 含量的变化

炉渣成分 增加量	$w_{(FeO)}$ 补吹后 $-w_{(FeO)}$ 补吹前	$w_{(Fe_2O_3)}$ 补吹后 $-w_{(Fe_2O_3)}$ 补吹前	$w_{(MgO)}$ 补吹后 $-w_{(MgO)}$ 补吹前
平均增量/%	1.2	0.81	1.07
最大增量/%	6.24	2.79	4.48
平均增加百分数/%	14.80	28.78	18.28

若拉碳偏低，不得不改变钢种牌号，或增碳，这样既延长了冶炼时间，也打乱了车间的正常生产秩序，并影响钢的质量。

若终点温度偏低，也需要补吹，这样会造成碳偏低，必须增碳，渣中 TFe 高，对炉衬不利；终点温度偏高时，会使钢水气体含量增高，浪费能源、侵蚀耐火材料、增加夹杂物含量和回磷量，造成钢质量降低。所以准确拉碳是终点控制的一项基本操作。

转炉的终点控制，包括经验控制和自动控制两种方式。自动控制是借助于计算机通过建立数学模型对吹炼过程各种复杂参数进行快速、高效地计算和处理，并给出综合动作指令来达到控制终点的目的。目前我国钢厂还没有全部使用电子计算机控制终点，部分转炉厂家仍然凭借经验操作（取样分析 [C]、[P]、[S] 等元素和测温，符合要求后方可出钢），人工判断终点。

5.6.2　转炉终点控制方法

终点碳控制的方法有一次拉碳法（生产中力求采用）、高拉补吹法（必要时采用）、增碳法。拉碳是指吹炼过程进行到熔池钢液碳含量达到某种要求时，停止吹氧，并进行摇炉的这个过程。每一次停吹、摇炉、取样的操作，称一次拉碳。

转炉终点控制前，需要对炉内金属液成分和温度进行判断（详见项目二中项目单元2.5），以便于转炉终点控制。

5.6.2.1　一次拉碳法

按出钢要求的终点碳和终点温度进行吹炼，当达到要求时提枪。

这种方法要求终点碳和温度同时达到目标值，否则需补吹或增碳。一次拉碳法优点颇多，归纳如下：

（1）终点渣 TFe 含量低，钢水收得率高，对炉衬侵蚀量小。

（2）钢水中有害气体少，不加增碳剂，钢水洁净。

（3）余锰高，合金消耗少。

（4）氧耗量小，节约增碳剂。

但是一次拉碳法对操作技术水平要求高，操作人员技术水平不同会使钢种质量稳定性受影响。一般只适合终点碳在 $w_{[C]} = 0.08\% \sim 0.20\%$ 的控制范围。

5.6.2.2　高拉补吹操作

当冶炼中、高碳钢钢种时，终点按钢种规格稍高一些（0.2%~0.4%）进行拉碳，待测温、取样后按分析结果与规格的差值决定补吹时间。由于在中、高碳（$w_{[C]} > 0.40\%$）钢种的碳含量范围内，脱碳速度较快，火焰没有明显变化，火花也不好观察，终点人工拉碳一次准确判断是不容易的，所以采用高拉补吹的办法。根据火焰和火花的特征，参考供氧时间及耗氧量，按所炼钢种碳规格要求稍高一些来拉碳，通过结晶定碳和钢样化学分析，再按这一碳含量范围内的脱碳速度补吹一段时间，以达到要求的终点。高拉补吹方法只适用于中、高碳钢的吹炼。转炉炼钢动态控制也可看作一种变相的高拉补吹。

优缺点：终渣氧化铁低，金属收得率高，有利于提高炉衬的寿命；终点钢水余锰量高，可减少锰铁合金消耗；终点钢水气体含量较低，有利于减少非金属夹杂；吹氧时氧气消耗量减少，节约了增碳剂。高拉补吹法只适用于中、高碳钢的吹炼。

5.6.2.3　增碳法

增碳法有低碳低磷操作和高拉碳低氧操作两种，一般增碳法是指低碳低磷操作法，即除超低碳钢种外的所有钢种，均吹炼到 $w_{[C]}=0.05\%\sim0.08\%$ 时提枪，按钢种规范要求加入增碳剂。增碳法所用炭粉要求纯度高，硫和灰分要很低，否则会沾污钢水。当钢包中增碳量大于 0.05% 时，应经过吹氩处理钢水，以均匀成分。

采用这种方法的优点如下：

（1）操作简单，减少了倒炉取样的时间，生产率高。

（2）吹炼结束时炉渣 $\Sigma w_{(FeO)}$ 高，化渣好，脱磷率高。

（3）热量收入较多，废钢比高。

5.6.3　自动控制

氧气转炉炼钢的冶炼周期短，通常只有 $30\sim45min$，其中纯吹炼时间仅有十几分钟。高温冶炼过程主要影响因素和操作因素复杂，需要控制的参数很多，现在冶炼钢种日益增多，对质量要求很高；炉子的容量也不断扩大，单凭操作人员的眼睛和经验来控制转炉炼钢已不适应需要。同时，冶炼终点测温、取样作业劳动强度大；此外大型转炉测量熔池液面高度也是一个困难的工作，采用机械化、自动化设备势在必行。电子计算机可以在很短时间内，对吹炼过程的各种参数进行快速、高效率地计算和处理，并给出综合动作指令，准确地控制过程和终点，获得合格的钢水。

利用电子计算机控制氧气转炉的炼钢过程，首先是在美国琼斯·劳夫林钢铁公司于 1959 实现的，随后很多国家都进行研究并相继投入应用。转炉炼钢自动控制系统控制的工艺范围主要包括：废钢从废钢称量开始，直到装入转炉为止；辅原料和铁合金从称量开始，直到装入转炉为止；转炉冶炼过程控制包括氧枪系统、副枪系统、转炉倾动系统、烟气除尘和回收系统、烟气余热利用系统等。其流程如图 5-12 所示。

炼钢计算机控制系统一般分为三级：管理级（三级机）、过程级（二级机）、基础自动化级（一级机）。图 5-13a 是某厂炼钢计算机控制系统图。

计算机炼钢过程控制是以过程计算机控制为核心，实行对冶炼全过程的参数计算和优化、数据和质量跟踪、生产顺序控制和管理。图 5-13b 是某厂炼钢过程计算机（二级机）系统控制框图。

生产管理计算机主要功能：

（1）作业计划编制。把用户合同转换成生产合同（年、季、月或周生产计划），厂级生产管理计算机接收到生产计划后，完成作业计划即日计划和班生产计划的编制。

（2）质量设计即冶炼规程设计，在炼品种钢和按小批量多品种组织生产时尤为重要。

（3）物流跟踪记录从铁水到铸坯的全线跟踪，协调铁水预处理、转炉、精炼和连铸等工序间的衔接。

（4）质量跟踪记录存储与质量有关的全部生产数据，用以完成统计分析和质量异议。

（5）生产管理包括设备、动力、工业用气、附属原料、材料、环保等。

（6）人事管理。

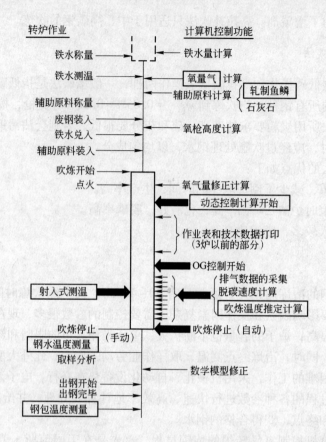

图 5-12　转炉作业和计算机控制系统工作顺序

←表示静态控制；◀表示动态控制；□表示与温度控制有关的部分

（7）财务管理。

（8）查询。在以上七项管理基础上按权限向全厂提供查询系统和服务。

计算机炼钢过程控制的功能包括以下内容：

（1）从管理计算机接受生产和制订计划。

（2）接受一级机的实时过程数据。

（3）向一级机系统下达设定值，主要包括熔炼钢号，散装材料质量，吹氧量，吹炼模式（吹炼枪位、供氧曲线、散料加入批量和时间、底吹曲线、副枪下枪时间和高度），动态过程的吹氧量和冷却剂加入量。

（4）从快速分析室接受铁水、过程钢水、成品钢坯及炉渣的成分分析数据。

（5）建立钢种字典（冶金规范）。

（6）完成转炉装料计算。

（7）完成转炉动态吹炼的控制计算。

（8）生成炉次冶炼记录。

（9）将生成数据传送到管理计算机。

基础自动化控制系统：一般选用可编程逻辑控制 PLC 或分布式控制系统 DCS。一级系统包括废钢供应、铁水供应和转炉操作三部分，完成的功能有：废钢供应、倒罐站、取

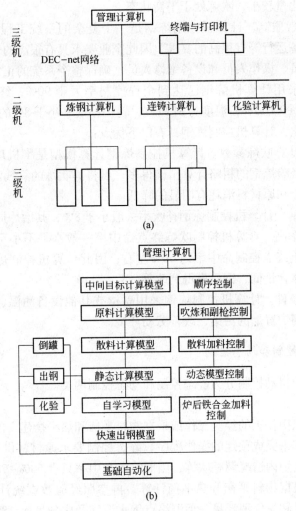

(a)

(b)

图 5-13　炼钢计算机控制系统

（a）炼钢计算机系统；（b）炼钢过程计算机系统控制框图

样跟踪、去渣、炉体倾动机构、吹炼模式、氧枪控制、散装料、氧气量、底吹气量控制、副枪控制、添加铁合金等。

用计算机控制转炉炼钢，不仅需要计算机硬件和软件，而且还必须具备以下条件：

（1）设备无故障或故障率低。计算机控制炼钢要求生产连续稳定，设备准确地执行基础自动化发出的工作指令，基础自动化准确控制设备运行，保证生产能连续正常地按顺序进行。因此要求转炉系统设备无故障或故障率很低。

（2）过程数据检测准确可靠。无论是静态控制，还是动态控制，都是建立在对各种原材料数量和成分，以及温度、压强、流量、钢液成分和温度的准确测量基础上，所以要求各种传感器必须稳定可靠，以保证吹炼过程参数的测量准确可信。

（3）原材料达到精料标准，质量稳定。计算机控制炼钢要进行操作条件（如吹炼所需的装入量、氧气消耗量和渣料用量等）计算，这些计算以吹炼参考炉次和正常吹炼控制反应为基准，因此要求吹炼前的初始条件如铁水、废钢、渣料成分和铁水温度等参数稳定，计算值修正变化量较小，吹炼处于平衡状态。

（4）要求人员素质高。计算机控制炼钢是一个复杂的系统工程，它对原材料管理、工艺过程控制、设备运行等有很高的要求，因此企业要求具有很高的管理水平，高素质的管理人员、技术人员、操作人员和设备维修人员，确保整个系统的正常运转。

我国有的钢厂采用计算机炼钢已达到全程控制率大于90%，终点命中率大于80%（控制精度：$w_{[C]}$ 为±0.015%，温度为±12℃），转炉补吹率小于8%的水平。

与经验炼钢相比，计算机控制炼钢具有以下优点：

（1）较准确地计算吹炼参数。计算机控制炼钢计算模型是半机理半经验的模型，且可不断优化，比凭经验炼钢的粗略计算精确得多，可将其吹炼的氧气消耗量和渣料数量控制在最佳范围，合金和原材料消耗有明显的降低。

（2）无倒炉出钢。计算机控制炼钢补吹率一般小于8%，其冶炼周期可缩短5~10min。

（3）终点命中率高。计算机控制吹炼终点命中率一般水平不小于80%，先进水平不小于90%；经验炼钢终点控制命中率约60%左右；因此计算机控制炼钢大幅度提高了终点命中率，钢水气体含量低，钢质量得到改善。

（4）改善劳动条件。计算机控制炼钢采用副枪或其他设备测温、取样，能减轻工人劳动强度，也减少倒炉冒烟的污染，改善劳动环境。

5.6.3.1　静态控制和动态控制

通常，氧气转炉自动控制分为静态控制和动态控制两类。

A　静态控制

静态控制是模拟操作工的经验操作或根据物料平衡和热平衡建立的数学模型，按照吹炼时间或供氧量分配来完成预定的操作程序。静态控制要求原材料供应和工艺操作稳定，吹炼过程中不能根据炉内情况调整吹炼，因而终点命中率只有60%~70%。

静态模型就是根据物料平衡和热平衡计算，再参照经验数据统计分析得出的修正系数，确定吹炼加料量和氧气消耗量，预测终点钢水温度及成分目标。静态模型是假定在同一原料条件下，采用同样的吹炼工艺，则应获得相同的冶炼效果。曾经使用过的静态数学模型有理论模型、统计分析模型和增量模型。

（1）理论模型。理论模型是根据炼钢反应理论，以物料平衡和热平衡为基础建立的，具有一定的通用性。但实用效果不好，其原因在于理论模型还不十分完善，生产中的有些实际情况在模型中没有完全反映。

（2）统计分析模型。统计分析模型是应用数理统计方法，对大量生产数据进行统计分析，确定各种原材料加入量与各种影响因素之间的数量关系而建立的数学模型。

（3）增量模型。增量模型是把整个炉役期间工艺因素变化的影响因素看作是一个连续过程，因而可忽略相邻炉次间的炉容变化及原、辅材料理化性质变化等对吹炼的影响。仅以上炉实际冶炼情况作为参考，对本炉次与上炉次相比发生改变的工艺因素相对变化所造成的影响进行计算，以此作为本炉次操作的数学模型。

B　动态控制

动态控制就是在静态控制的基础上，将吹炼过程中测定的成分和温度作为反馈信息，按照一定的数学模型计算和修正炼钢过程工艺参数，使吹炼终点的命中率提高，这种在吹炼过程能调整工艺参数的自动方法就是动态控制，吹炼终点的命中率一般为 85%～95%。当前，动态控制主要用于准确控制终点钢水温度和碳含量。使用过的动态控制方法主要有：吹炼条件控制法、轨道跟踪法、动态停吹法、称量控制法，使用较多的是吹炼条件控制法和动态停吹法。

动态控制模型是指当转炉接近终点时，将测到的温度及碳含量数值输送到过程计算机；过程计算机根据所测到的实际数值，计算出达到目标温度和目标碳含量补吹所需的氧气量及冷却剂加入量，并以测到的实际数值作为初值，以后每吹氧 3s，启动一次动态计算机，预测熔池内温度和目标碳含量。动态模型的计算包括：计算动态过程吹氧量、推算终点碳含量、推算终点钢水温度、计算动态过程冷却剂加入量、修正计算。动态控制的方法主要有轨道跟踪法、动态停吹法，使用较多的是动态停吹法。

（1）轨道跟踪法。轨道跟踪法用于终点控制。生产实践表明，转炉后期的脱碳速度和升温速度是有规律的，由此建立脱碳速度和升温速度与氧量消耗的模型。如我国宝钢应用的数学模型为：

$$-W_{钢水}\frac{\mathrm{d}C}{\mathrm{d}O_2}=10\alpha\left[1-\exp\left(-\frac{C-C_B}{\beta}\right)\right] \tag{5-17}$$

$$\frac{\mathrm{d}T}{\mathrm{d}O_2}=\gamma-\delta\left(-W_{钢水}\frac{\mathrm{d}C}{\mathrm{d}O_2}\right) \tag{5-18}$$

参照转炉冶炼过程中的典型脱碳、升温曲线，利用数学模型将检测到的碳含量和温度信息输入到计算机，得出预测曲线。若预测曲线与实际曲线相差较大，则计算机发出指令进行动态控制，调整吹炼工艺。再用检测设备测取信息，输入到计算机重新计算出新的预测曲线与实际曲线相比较。这样反复多次，越接近终点，预测的曲线越接近实际曲线。轨道跟踪法的示例见图 5-14。

一旦计算得到预测的脱碳和升温曲线后，积分式（5-17）和式（5-18）就可以算出达到目标碳含量和温度所需的氧气量 Q_C 和 Q_T。过程控制计算机对 Q_C 和 Q_T 进行比较，若 $Q_C=$

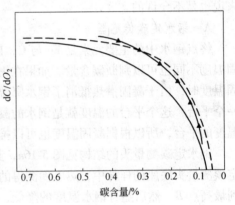

图 5-14　轨道跟踪法示例
----实际曲线；——终点前 5min 预测曲线；
▲终点前 3min 预测曲线

Q_T，即达到目标碳含量与目标温度值所需的氧气量相等，则不需调整操作；若 $Q_C>Q_T$，即脱碳用氧多于升温用氧，达到目标碳含量时熔池温度超过目标温度，应加入冷却剂调温；若 $Q_C<Q_T$，即脱碳用氧小于升温用氧，此时应提高氧枪，降低脱碳速度，使钢水碳含量和温度同时达到终点。

（2）动态停吹法。动态停吹法是在吹炼前先用静态模型进行装料计算，吹炼前期用静态模型进行控制。接近终点时，由检测到的信息，根据对接近炉次或类似炉次回归分析所获得脱碳速度与碳含量、脱碳速度与氧气消耗之间的关系，以及升温速度与熔池温度、升温速度与氧气消耗之间的关系，判断最佳停吹点。停吹时根据需要做相应的修正动作。作为最佳停吹点应满足下面两个条件之一，即钢水碳含量和温度同时命中，或两者中必有一项命中，另一项不需后吹，只需某些修正动作（降温和增碳）即可达到目标要求。

图 5-15 为动态停吹法示意图，轨迹 1 是停吹时碳含量和温度同时命中；轨迹 2 或 3 是停吹时碳含量和温度不能同时命中，但有一项命中，故不必补吹，只需做轨迹 6 或 7 的修正（即降温或增碳）就可以达到目标值，而不必在冶炼中做轨迹 4 或 5 的修正。

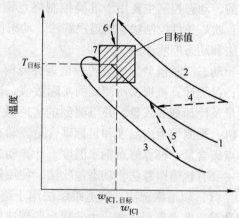

图 5-15　动态停吹法示意图

1—碳含量与温度同时命中；
2—碳含量命中，温度不命中；
3—碳含量不命中，温度命中；
4，5—不必要在吹炼过程调整；
6—终点降温；7—终点增碳

5.6.3.2　过程检测仪表

氧气顶吹转炉炼钢冶炼时间短，实现计算机动态控制的关键是迅速、准确地获得冶炼过程的信息，因此熔池反应信息的检测是实现动态控制的基础，必须具有迅速可靠的检测手段。由于转炉吹炼过程处于半封闭状态，且炉内温度高，熔池运动激烈，因此，由炉内直接测温和取样是困难的。而停吹倒炉取样，对高速生产的转炉和自动控制技术来说也是不允许的。

A　钢水定碳传感器

终点钢水中的主要元素是 Fe 与 C，碳含量高低影响着钢水的凝固温度；反之根据凝固温度不同也可以判断碳含量。如果在钢水凝固的过程中连续地测定钢水温度，当到达凝固温度时，由于凝固潜热抵消了钢水降温散发的热量，这时温度随时间变化的曲线出现了一个平台，这个平台的温度就是钢水的凝固温度；不同碳含量的钢液凝固时就会出现不同温度的平台，所以根据凝固温度也可以推出钢水的碳含量。

钢水定碳测量头的结构见图 5-16a，其原理是凝固定碳法，即从炉中取出钢水，倒入定碳测量头底座的样杯中，热电偶测得的 E_C 电势-时间曲线如图 5-16b 所示，从 A 点上升到最高点 B，然后随着钢水温度的降低，就开始下降。当开始凝固时，由于放出结晶热，热电偶电势 E_C 即从 C 点开始的一段时间内保持不变，即出现"平台"，过"平台"后，温度即迅速下降，这"平台"位置（即温度）与钢水中碳含量成函数关系，准确找出这段"平台"即可求得钢水中碳含量。与钢水定碳测量头配套的还有专门的钢水定碳测量仪，它和钢（铁）水温度测量仪类似，也是数字的和内含微型计算机的以及配置挂在炉台的大型显示器。钢水定碳传感器与检测仪表已被广泛应用。

B　钢水定氧传感器

利用高温固体电解质制成的氧浓差电池传感器（或称测量头）进行钢水定氧，与现有各种定氧法相比具有下列优点：

（1）设备简单，不需要取样、制氧设备。

（2）把氧测量头插入钢水中，约 5~10s 就可以产生稳定的氧电势供检测仪表指示和记录，分析过程简单。

（3）能直接测出钢水中的氧活度，更适合炼钢情况，因为钢水和钢渣间的化学反应

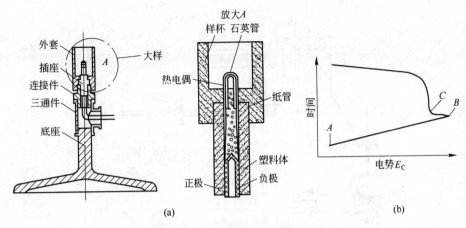

图 5-16　钢水定碳装置及测量曲线

（a）定碳测量头；（b）样杯内钢水凝固定碳曲线

关系是氧活度的平衡而不是浓度的平衡。

（4）能测出钢水中的溶解氧量。由于溶解氧量与脱氧平衡有直接关系，更有利于确定脱氧剂的加入量而改变脱氧操作。

熔池钢水氧含量的测定原理是：用电解质 ZrO_2+MgO（或 ZrO_2+CaO）以耐火材料的形式包裹 $Mo+MoO_2$（或 $Cr+Cr_2O_3$）组成一个标准电极板，而以钢水中［O］+Mo 为另一个电极板，钢水中氧浓度与标准电极板 $Mo+MoO_2$ 氧浓度不同，在 ZrO_2+MgO（或 ZrO_2+CaO）电解质中形成氧浓度差电池。测定电池的电动势，可以得出钢液中氧含量。管内装有已知氧分压的金属及其氧化物的混合粉料作为参比极。用氧化铬（$Cr+Cr_2O_3$）作参比极时，适用于低氧测量；用氧化钼（$Mo+MoO_2$）作参比电极时，适用于高氧测量。

C　炉气连续分析动态控制转炉终点

转炉吹炼过程中，需要对炉气成分进行分析，一是显示炉气中 CO 和 CO_2 含量，以便决定其回收和放散以及调节吹氧操作，监视炉气中氧含量，以确保煤气回收时的安全；二是为计算炉气中 CO 和 CO_2 带走的碳，以便了解炼钢过程中的脱碳速度和熔池中的钢水碳含量，以控制炼钢进程。此时还要分析 N_2，以修正吸入炉气中的空气量。

动态控制要求连续获得各种参数以满足控制冶炼需要，但副枪不能连续测量温度和钢水成分，为此依靠连续分析转炉炉气成分来进行动态控制的系统得到了发展。它由两部分组成：一部分是炉气分析系统，如图 5-17 所示；另一部分是转炉的炉气成分进行动态工艺控制的模型。

炉气分析系统包括炉气取样和分析系统，可在高温和有灰尘的条件下进行工作，并在极短的时间内分析出炉气的化学成分（如 CO、CO_2、N_2、H_2、O_2 等）。该系统由具有自我清洁功能的测试头、气体处理系统和气体分析装置组成。分析炉气定碳是根据碳平衡原理，通过分析炉气中 CO 和 CO_2 的含量和测量炉气流量，即可算出转炉脱碳速度，然后将脱碳速度在吹炼期间积分，求出脱碳量。最后由初始入炉碳含量减去脱碳量，即可求出终点碳含量。

动态工艺控制模型可以计算出转炉的脱碳速度、钢水和炉渣的成分、钢水温度并决定停吹点。其计算原理是根据渣钢间反应的动力学、物料平衡和热平衡来预测炉气成分的变

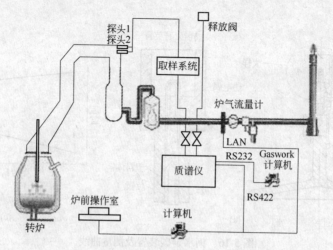

图 5-17　转炉炉气分析系统示意图

化趋势。

在停吹前 2min，动态模型根据脱碳速度和炉气的行为，计算出达到目标碳含量所需氧气量及所需时间。

动态模型还包括了从开吹到停吹所必需的一些功能，如工艺的监测和跟踪、工艺信息的获取和储存、报告系统等。

这些功能和动态模型均安装在一台普通的个人计算机上，并通过接口和转炉原有的一级和二级自动化系统相连。

与应用副枪测量相比该系统具有以下优点：

（1）提高了终点命中率。在普通生产条件下，使用炉气连续分析动态控制系统，可连续测量推算钢中碳含量，碳的命中率达到 80% 以上，如果氧枪、吹炼方式、底部搅拌等方面能进一步标准化，命中率可提高到 95%。

（2）提高了产品质量。由于碳的命中率高，避免了补吹，钢中氧含量低，提高了钢的清洁度。

（3）降低生产成本。这种方法取消了一次性副枪探头的消耗；由于钢中氧含量低，可减少用于脱氧的合金消耗量，减少转炉渣中带铁量，降低了炼钢成本。

（4）设备适用性广。这套设备体积小，投资省，有广泛的应用前景。

D　副枪测温、定碳法

1967 年，美国伯利恒钢铁公司发明了第一个副枪，后来由日本几大钢铁公司经过多年改进和完善，副枪已成为判断吹炼终点最成熟的方法。副枪是设置在吹氧主枪旁的间隙式水冷检测装置，由电动机经传动机构带动，在检测时插入熔池中。副枪有测试副枪和操作副枪之分。检测信息主要是测试副枪，它的功能是在吹炼过程和终点不倒炉情况下测量熔池钢水温度、碳含量、氧含量、液位以及取样（钢样、渣样）等。转炉设置副枪后，可提高生产率，改善质量等。副枪头部装有检测用的探头（见图 1-55），副枪下降插入熔池一定深度后，钢水熔化挡板 5，从进钢水样嘴进入样杯 6，同时保护罩 15 也被熔化并由 U 形石英管 14 内的热电偶测取钢水温度。温度达到稳定并测量后由电气控制线路把副枪从钢水提出，并达到规定位置。在提升过程中，样杯中的钢水逐渐降温和凝固，如前所述，根据测量的温度就可得出钢水碳含量。由于副枪探头只能一次性使用，而人工更换探头是很困难的，故设有机械手式探头装卸机构来自动或远距离装卸探头。采用副枪实现转炉吹炼动态控制，可获取冶炼过程中的数据，提高过程、终点控制精度，避免了钢渣过氧化，具有明显的经济效益，因而成为现代大型转炉必备的检测手段。它是由枪体与探头组成的水冷枪。

探头有单功能探头和复合功能探头，目前应用广泛的是测温、定碳与取样的复合功能探头和定氧探头。

动态控制的场合，在排气量逐渐减少、预定吹炼终点的几分钟之前，降下副枪（见图 1-53）测定钢水中的碳浓度和温度，预测达到目标碳浓度和目标温度的时间，然后吹炼到终点出钢。

依靠安装在副枪头部的热电偶插入钢水来测定熔池温度。

应用副枪还可测量熔池液面高度，其工作原理是在探头前装有两个电极，当探头与金属液面接触时导通电路，测出副枪此时的枪位，也就测出了熔池液面值。

E　投弹式热电偶检测温度

副枪检测技术缺点是要求炉口尺寸不小于 2m，因此只适用于 100t 以上的转炉。为解决 100t 以下转炉动态控制的困难，美钢联 Granite City 钢厂于 1991 年发明了投弹式热电偶检测终点检测技术，如图 5-18 所示。投弹式热电偶检测原理与副枪类似。它用机械投掷方法将 ϕ87.5mm、长 900mm 的热电偶探头在终点前 2~3min 内投入到转炉熔池以测量温度。由于投弹式热电偶是软线连接，体积小，装置简单，不受炉口尺寸限制，可用于大小转炉。这种装置测成率可达 90%。但这种方法只能测温度，还需配备定碳装置或开发投弹式测温定碳装置。

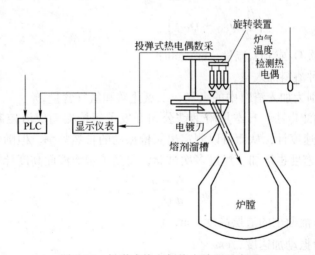

图 5-18　投弹式热电偶终点检测示意图

F　成渣过程检测

转炉吹炼过程时间很短，炉渣形成的快慢对冶炼过程的杂质去除有很大影响。因此，炉渣的形成与过程控制密切相关。近年来，成渣过程控制有以下几种方法。

（1）炉渣残氧测定法。日本新日铁公司界厂首先在顶吹转炉上研制成功了利用炉气分析控制渣中残氧量成渣控制系统。根据炉气成分、流量、氧气量的检测分析，将获得的信息输入计算机，利用氧平衡模型计算出炉内瞬时残氧量，从而控制炉渣形成。

$$dQ_{残} = (Q_{O_2} + \alpha W_{熔剂}/\tau) - (\frac{1}{2} Q_{CO} + Q_{CO_2}) \tag{5-19}$$

从氧气量 Q_{O_2} 中减去铁水中［Si］氧化成 SiO_2 所消耗的氧，就得到炉内残氧量

$$Q_{残} = \int_t dQ_{残} \, dt - \beta W_{铁水} w_{[Si]} \tag{5-20}$$

式中　Q_{O_2}, Q_{CO}, Q_{CO_2}——分别为 O_2、CO、CO_2 的气体流量，m^3/min；

$\qquad W_{熔剂}$, $W_{铁水}$——分别为熔剂、铁水的加入量，t；

$\qquad\qquad \alpha$, β——系数；

$\qquad\qquad\quad \tau$——时间，min。

这样处理，所计算的残氧量可作为炉渣的氧化性。图 5-19 是吹炼过程中所测定的一个实例，由图 5-19 可见，$Q_{残}$ 的变化与炉渣氧含量变化是一致的。而 $dQ_{残}$ 的变化与氧枪高度和供氧量有关，对于 170t 转炉的实际吹炼分析表明，枪位变化 100mm 或供氧量改变 $1000m^3/h$，$dQ_{残}$ 仅改变 5 ~ $6m^3/min$。

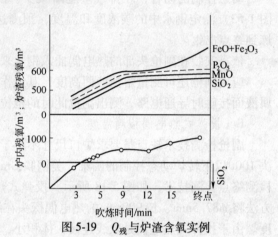

图 5-19　$Q_{残}$ 与炉渣含氧实例

对于复吹转炉，可以采用以下模型计算：

$$dQ_{残} = [Q_{O_2} + Q_B + \sum (\alpha_i + \beta_i + \gamma_{i/2}) W_i/\tau] - (\frac{1}{2} Q_{CO} + Q_{CO_2}) \tag{5-21}$$

式中　Q_B——底吹 O_2 或 CO_2 流量，m^3/min；

$\qquad W_i$——各种渣料加入量，t；

α_i, β_i, γ_i——分别为加入渣料中的氧气、二氧化碳和氢气含量，%。

（2）氧枪振动测定法。日本川崎钢铁公司开发了氧枪振动成渣控制技术，通过在氧枪上安装振荡式加速度计，从而可以测定出氧枪振动的自然频率。但随着炉渣液面高度增加，氧枪振动频率密度也增加。经过多次试验，得到了炉渣液面高度计算模型：

$$S_{渣} = \frac{G - b}{a \, Q_{O_2}} + L + c \tag{5-22}$$

式中　$S_{渣}$——钢水液面上的渣层高度，m；

$\qquad G$——氧枪振动加速度，cm/s^2；

$\qquad Q_{O_2}$——氧气流量，m^3/min；

$\qquad L$——氧枪高度 m；

a, b, c——修正系数。

根据计算的炉渣液面高度可以判断化渣状况，从而可以采取相应的工艺进行调整，氧枪振动控制成渣原理如图 5-20 所示。

在复吹转炉炼钢中，由于底吹气体增大了熔池搅拌能量，引起炉体振动，特别是在底

吹石灰粉和煤粉时，振动尤为突出。
所以类似于氧枪振动控制成渣一样，
也有研究者开发了炉体振动控制成渣
技术。目前炉体振动控制成渣技术已
用于日本水岛厂 250tK-BOP 炉。

G　喷溅预测

吹炼过程中，喷溅时有发生。炉
内喷溅会造成金属损失，氧枪结瘤，
严重时还危及人身安全。虽然复吹转

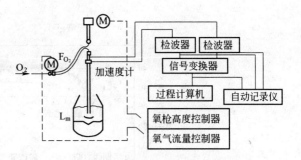

图 5-20　氧枪振动控渣原理

炉的应用使喷溅次数大为减少，但在吹炼前期仍有发生喷溅的可能。因此许多厂家采用控
渣技术，以预报喷溅的发生。

（1）吹炼噪声测定法。喷溅预报使用最广泛的是声纳控制仪，它犹如 X 光将炉内的
化渣情况在屏幕上显示出来，是造好渣、炼好钢的好帮手。其原理是利用声纳仪测定炉内
噪声强度，经过频谱分析找出预报的特征频率，根据所测炉内冶炼过程噪声强度大小来判
定炉渣泡沫化程度，从而预报喷溅的可能性。

前苏联学者根据炉渣液面高度与炉内噪声强度的关系提出了如下的回归方程：

$$I = 134\exp(-0.81 S_渣) \tag{5-23}$$

式中　　I——噪声强度分数，%；

　　　　$S_渣$——炉渣液面高度，m。

为了减少其他噪声干扰和喷溅的影响，选取靠近炉口的烟道作为噪声检测点，噪声检
测系统如图 5-21 所示。在转炉开吹后，噪声检测仪进入监控状态，并在显示器上显示出
在线跟踪的音强曲线。吹炼 2min 后在显示器上自动画出炉渣返干和喷溅预警线，有助于
提醒操作人员在吹炼过程中进行调整。我国的声纳控制实例如图 5-22 所示。

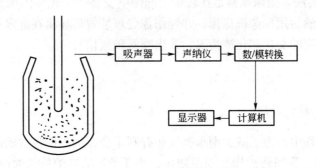

图 5-21　吹炼噪声测定示意图

（2）炉内压力测定法。喷溅的产生，其动能是炉内气体大量排出时产生的上浮力。
因此，通过测定炉内压力变化，可以直接预测喷溅的发生。图 5-23 所示为炉内压力测定
装置，用一套气缸将取压管插入出钢口内，直接测定炉内压力。测定结果表明，在喷溅发
生前 30~60s，炉内压力慢慢增加，当炉内压力大于 1000Pa 时，喷溅就发生。

炉内压力与喷溅等级有明显的对应关系，其影响见图 5-24。

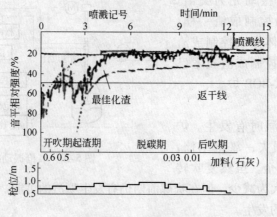

图 5-22　声纳控制实例

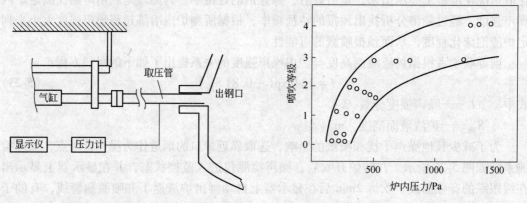

图 5-23　炉内压力测定装置　　　　图 5-24　炉内压力与喷溅等级的关系

（3）摄像观察法。摄像观察是在转炉上部侧壁安装一个光导图像观察头，将炉内渣面图像引出炉外，然后用摄像机摄像，并经图像处理装置后显示在屏幕上。用这种方法可以连续监视渣面高度的变化和化渣情况，发出喷溅预报信号。

5.6.4　出钢

5.6.4.1　出钢持续时间

在转炉出钢过程中，为了减少钢水吸气和有利于合金加入钢包后的搅拌均匀，需要适当的出钢持续时间。我国转炉操作规范规定，小于 50t 的转炉持续时间为 1~4min，50~100t 为 3~6min；大于 100t 转炉为 4~8min。出钢持续时间的长短受出钢口内径尺寸影响很大，同时出钢口内径尺寸变化也影响挡渣出钢效果。为了保证出钢口尺寸的稳定，减少更换和修补出钢口的时间，近年来广泛采用了镁碳质的出钢口套砖或整体出钢口。镁碳质出钢口砖的应用，减少了出钢口的冲刷侵蚀，使出钢口内径变化减小，稳定了出钢持续时间，也减少了出钢时的钢流发散和吸气，同时也提高了出钢口的使用寿命，减轻了工人修补和更换出钢口时的劳动强度。

5.6.4.2　红包出钢

出钢过程中，钢流受到冷空气的强烈冷却、钢流向空气中的散热、钢包耐火材料吸热、加入铁合金熔化时耗热使得钢水在出钢过程中的温度总是降低的。

红包出钢就是在出钢前对钢包进行有效的烘烤，使钢包内衬温度达到 300~1000℃，以减少钢包内衬的吸热，从而达到降低出钢温度的目的。我国某厂使用的 70t 钢包，经过煤气烘烤使包衬温度达 800℃ 左右，取得了显著的效果：

（1）采用红包出钢，可降低出钢温度 15~20℃，因而可增加废钢 15kg/t。

（2）出钢温度的降低，有利于提高炉龄。实践表明，出钢温度降低 10℃，可提高炉龄 100 炉次左右。

（3）红包出钢可使钢包中钢水温度波动小，从而稳定浇注操作，提高锭、坯质量。

5.6.4.3　挡渣出钢

转炉炼钢中，钢水的合金化大都在钢包中进行，而转炉内的高氧化性炉渣流入钢包会导致钢液与炉渣发生氧化反应，造成合金元素收得率降低，并使钢水产生回磷和夹杂物增多，同时，炉渣也对钢包内衬产生侵蚀。特别在钢水进行吹氩等精炼处理时，要求钢包中炉渣（FeO）含量低于 2% 时才有利提高精炼效果。

挡渣出钢的目的是为了准确地控制钢水成分，有效地减少回磷，提高合金元素的吸收率，减少合金消耗；对于采用钢包作为炉外精炼容器来说，它利于降低钢包耐火材料的侵蚀，明显地提高钢包寿命；也可提高转炉出钢口耐火材料的寿命。

挡渣的方法有挡渣球法、挡渣棒法、挡渣塞法、挡渣帽法、挡渣料法、气动挡渣器法等多种方法，图 5-25 是其中几种方法的示意图。

A　挡渣球

挡渣球法是日本新日铁公司研制成功的挡渣方法。挡渣球的构造如图 5-26 所示，球的密度介于钢水与熔渣的密度之间，临近出钢结束时投到炉内出钢口附近，随钢水液面的降低，挡渣球下沉而堵住出钢口，避免了随之而出的熔渣进入钢包。

挡渣球合理的密度一般为 4.2~4.5g/cm³。挡渣球的形状为球形，其中心一般用铸铁块、生铁屑压合块、小废钢坯等材料作骨架，外部包砌耐火泥料，可采用高铝质耐火混凝土、耐火砖粉为掺和料的高铝矾土耐火混凝土或镁质耐火泥料。只要满足挡渣的工艺要求，应力求结构简单，成本低廉。

考虑到出钢口受侵蚀变大的问题，挡渣球直径应较出钢口直径稍大，以起到挡渣作用。

挡渣球一般在出钢量达 1/2~2/3 时投入，挡渣命中率高。熔渣过黏，可能影响挡渣球挡渣效果。熔渣黏度大，适当提前投入挡渣球，可提高挡渣命中率。

挡渣塞、挡渣棒的结构和作用与挡渣球一致，只不过外形不同而已。

B　挡渣帽

转炉出钢倾炉时，浮在钢液面上的熔渣首先流经出钢口，为了防止熔渣流入钢包，在出钢口外堵以薄钢板制成的锥形挡渣帽，挡住出钢开始时的一次渣。武钢、邯钢均使用这种方法。或者在出钢口内使用挡渣帽，挡住液面浮渣，随后钢水流出时又能将挡渣帽冲掉

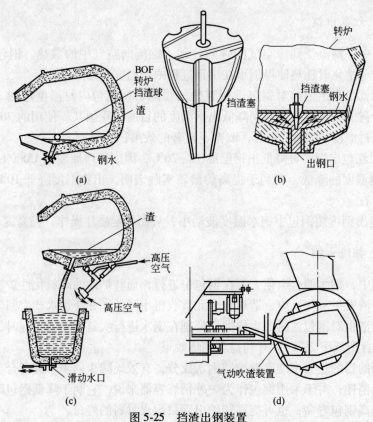

图 5-25　挡渣出钢装置

(a) 挡渣球法；(b) 挡渣塞法；(c) 气动挡渣器法；(d) 气动吹渣法

或熔化，使钢水流入钢包中。挡渣帽在出钢前放置于出钢口内。

挡渣帽呈圆锥体，其尺寸根据转炉出钢口尺寸而确定。目前国内使用的挡渣帽多为铁皮或轻质耐火材料制成。铁皮挡渣帽加工容易，但表面硬而光滑，放在出钢口内不易固定，且熔点低，有时还没等到出钢就熔化了。轻质耐火材料挡渣帽具有一定韧性，放在出钢口内容易固定，且耐火度较高，挡渣可靠，但加工工序多，成本比铁皮挡渣帽高。

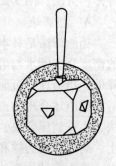

图 5-26　挡渣球
构造示意图

C　挡渣塞

挡渣塞也称挡渣锥或挡渣棒（见图 5-25b），能有效地阻止熔渣进入钢流。挡渣塞的结构由塞杆和塞头组成，其材质与挡渣球相同，其密度可与挡渣球相同或稍低。塞杆上部是用来夹持定位的钢棒，下部包裹耐火材料。出钢即将结束时，按照转炉出钢角度，严格对位，用机械装置将塞杆插入出钢口。出钢结束时，塞头就封住出钢口。塞头上有沟槽，炉内剩余钢水可通过沟槽流出，钢渣被挡在炉内。由于挡渣塞比挡渣球挡渣效果好，目前得到普遍应用。挡渣塞挡渣出钢示意图见图 4-6。

D　气动挡渣器

气动挡渣器的原理是在出钢将近结束时，用机械装置从转炉外部用挡渣塞堵住出钢口，并向炉内吹气，防止熔渣流出；或者当出钢流中一出现渣子时，空气喷嘴就绕轴转动，对准出钢口，同时向出钢口喷射空气流，从而截断出钢流。见图5-25（c）。此法西欧奥钢联等厂使用，上钢五厂和首钢也已采用。

E　气动吹渣法

挡住出钢后期的涡流下渣最难，涡流一旦产生，容易出现渣钢混出，因此，为防止出钢后期产生涡流，或者即便有涡流产生，在涡流钢液表面能够挡住熔渣的方法，也是最为有效的方法，这就是气动吹渣法。采用高压气体将出钢口上部钢液面上的钢渣吹开挡住，以达到除渣的目的。该法能使钢包渣层厚度控制在15~55mm。

F　使用覆盖渣

挡渣出钢后，为了钢水保温和有效处理钢水，应根据需要配制钢包覆盖渣，在出完钢后加入钢包中。钢包覆盖渣应具有保温性能良好，含磷、硫量低的特点。如某厂使用的覆盖渣由铝渣粉30%~35%，处理木屑15%~20%，膨胀石墨、珍珠岩、萤石粉10%~20%组成，使用量为1kg/t左右。这种渣在浇完钢后仍呈液体状态，易于倒入渣罐。目前，在生产中广泛使用炭化稻壳作为覆盖渣，炭化稻壳保温性能好，密度小，质量轻，浇完钢后不粘挂在钢包上，因而在使用中受到欢迎。

G　挡渣出钢及使用覆盖渣的效果

转炉采用挡渣出钢工艺及覆盖渣后，取得了良好的效果：

（1）减少了钢包中的炉渣量和钢水回磷量。国内外生产厂家的使用结果表明，挡渣出钢后，进入钢包的炉渣量减少，钢水回磷量降低。不挡渣出钢时，炉渣进入钢包的渣层厚度一般为100~150mm，钢水回磷量为0.004%~0.006%；采用挡渣出钢后，进入钢包的渣层厚度减少为40~80mm，钢水回磷量为0.002%~0.0035%。

（2）提高了合金收得率。挡渣出钢，使高氧化性炉渣进入钢包的数量减少，从而使加入的合金在钢包中的氧化损失降低。特别是对于中、低碳钢种，合金收得率将大大提高。不挡渣出钢时，锰的收得率为80%~85%，硅的收得率为70%~80%；采用挡渣出钢后，锰的收得率提高到85%~90%，硅的收得率提高到80%~90%。

（3）降低了钢水中的夹杂物含量。钢水中的夹杂物，大多来自脱氧产物，特别是对于转炉炼钢在钢包中进行合金化操作时更是如此。攀钢对钢包渣中（TFe）量与夹杂废品情况进行了调查，其结果是：不挡渣出钢时，钢包渣中（TFe）为14.50%，经吹氩处理后渣中（TFe）为2.60%，这说明渣中11.90%（TFe）的氧将合金元素氧化生成了大量氧化物夹杂，使废品率达2.3%。采用挡渣出钢后，钢包中加入覆盖渣的（TFe）为3.61%，吹氩处理后渣中（TFe）为4.01%，基本无多大变化，其废品率仅为0.059%。由此可见，防止高氧化性炉渣进入包内，可有效地减少钢水中的合金元素氧化，降低钢水中的夹杂物含量。

（4）提高钢包使用寿命。目前我国的钢包内衬多采用黏土砖和铝镁材料，由于转炉终渣的高碱度和高氧化性，将侵蚀钢包内衬，钢包使用寿命降低。采用挡渣出钢后，减少了炉渣进入钢包的数量，同时还加入了低氧化性、低碱度的覆盖渣，这样便减轻了炉渣对钢包的侵蚀，提高了钢包的使用寿命。

【技能训练】

项目 5.6-1　钢水未出净

转炉出钢时，由于装入量过大、钢包过小、操作工对下渣和钢包净空判断失误等原因，有时会出现钢水未能出净的情况。钢水未出净除直接影响到该炉不能进行溅渣护炉，还会对下一炉的冶炼造成影响，如果连续几炉钢水未出净，会对炉衬造成较大的侵蚀。此外，留在炉内的高氧化性钢水和钢渣，如果控制不好，在下一炉兑铁时还可能发生炉口大喷的安全事故。

防止钢水出不净的措施主要有：

（1）控制好装入量。在兑铁前提前了解半钢装入量、钢包容量、冶炼钢种合金量等信息，及早判断该炉是否能出净。如果半钢装入量过大，可不加废钢，以确保出钢量不超过钢包容量。

（2）做好出钢过程操作。一般情况下，出钢后期发现下渣或钢包内净空高度低于下限，就停止出钢。因此出钢过程对下渣和净空的判断必须准确才能保证钢水能出净。

如果发现钢水未出净，应及时通知中控工停止溅渣，将转炉摇至炉前，将炉内的炉渣倒掉一部分，同时判断炉内剩余钢水量。倒掉炉渣后，向炉内加入一定量的活性石灰、轻烧白云石等渣料，将炉内的液态钢渣裹干，在确认后才可进行兑铁，兑铁过程应缓慢操作，并注意站位，防止炉内出现大喷。

项目 5.6-2　利用虚拟仿真实训室或钢铁大学网站进行氧气转炉吹炼过程中出钢、出渣操作技能训练

已知铁水条件和吹炼钢种要求见表 0-1；主要辅原料的成分见表 0-2；合金成分及收得率见表 0-3。炼钢转炉公称吨位为 120t。

【知识拓展】

项目 5.6　增碳法有低碳低磷操作和高拉碳低氧操作：

A　低碳低磷操作法

终点碳的控制目标是根据终点钢中硫、磷含量而定，只有在低碳状况下炉渣才更利于充分脱磷；由于碳含量低，在出钢过程必须进行增碳，到精炼工序再微调成分以达到最终目标成分要求。

除超低碳钢种外的所有钢种，终点碳均控制在 $w_{[C]} = 0.05\% \sim 0.08\%$，然后根据钢种规格要求加入增碳剂。其优点是：

（1）终点碳低，炉渣 TFe 含量高，脱磷效率高。

（2）操作简单，生产率高。

（3）操作稳定，易于实现自动控制。

（4）可提高废钢比。

B　高拉碳低氧操作法

高拉碳低氧操作法要根据成品磷的要求，决定高拉碳范围，既能保证终点钢水氧含量低，又能达到成品磷的要求，并减少增碳量。高拉碳的优点是终渣氧化铁含量降低、钢中氧化物夹杂减少、提高了金属收得率、氧耗低、合金吸收率高、钢水气体含量少。在中、高碳范围拉碳终点的命中率也较低，通常需等成分来确定是否补吹。冶炼中、高碳钢采用高拉碳低氧操作法质量更加稳定，一般终点碳控制在范围内。

【思考与练习】

5.6-1　填空题

（1）转炉炼钢冶炼过程控制的方式有：经验控制、静态控制、（　　　）、全自动吹炼控制。

(2) 副枪功能有测量熔池（　　）、（　　）、（　　）、（　　）、测液面高度。

(3) 转炉终点控制是指终点温度和（　　）。

(4) 挡渣球的密度比钢液密度（　　）。

(5) 控制钢水终点碳含量的方法有拉碳法、（　　）和增碳法三种。

5.6-2　单项选择题

(1) 氧气转炉炼钢为了减少钢包回磷，出钢下渣量应该（　　）。

　　A. 增加　　　　　　　　　B. 控制到最少　　　　　　　C. 不做控制

(2) 转炉炼钢终点控制不应考虑（　　）。

　　A. 终点温度　　　　　B. 终点 Als　　　　　　　C. 终点 P　　　　D. 终点 S

(3) 氧气转炉炼钢有关终点控制，下列说法正确的是（　　）。

　　A. 终点控制实际上是指终点成分和温度的控制

　　B. 终点控制实际上是指终点氧含量和温度的控制

　　C. 终点控制实际上是指终点成分和钢水氧含量的控制

(4) 转炉炼钢冶炼（　　）钢宜用高拉补吹法。

　　A. Q235　　　　　　　B. 20MnSi　　　　　　　C. H08A　　　　D. 65 号

(5) 转炉炼钢冶炼（　　）钢宜用直接拉碳法。

　　A. Q235　　　　　　　B. 45 号　　　　　　　C. 65 号　　　　D. 45SiMnV

(6) 转炉炼钢减少回磷的最有效措施是（　　）。

　　A. 不炼高温钢　　　　B. 少加合金　　　　　　C. 出钢加合成渣料

　　D. 挡渣出钢

(7) 下面（　　）与钢水磷高出格无关。

　　A. 出钢下渣　　　　　B. 违规出钢　　　　　　C. 终点温度低

5.6-3　多项选择题

(1) 氧气转炉炼钢终点控制是指（　　）。

　　A. 终点碳控制　　　　B. 终点 S、P 控制　　　　C. 终点硅、锰控制

　　D. 终点温度控制

(2) 计算机控制炼钢与经验炼钢相比的优点（　　）。

　　A. 较准确地计算吹炼参数　　　　　　　B. 无倒炉出钢

　　C. 终点命中率高　　　　　　　　　　　D. 都不是

(3) 氧气转炉炼钢挡渣出钢的作用是（　　）。

　　A. 防止回磷　　　　　B. 提高钢水纯净度　　　　C. 提高合金吸收率

　　D. 提高出钢口寿命

(4) 氧气转炉炼钢减少回磷的措施是（　　）。

　　A. 防止中期炉渣的回磷，保持 $\Sigma(FeO)$ 大于 10%，防止返干

　　B. 控制终点温度不能太高，保持高碱度

　　C. 防止出钢下渣，加挡渣塞、挡渣球等　　　D. 钢包采用碱性包

(5) 终点碳含量的判定有如下方法（　　）。

　　A. 炉口火焰和火花观察法　　　　　　　B. 高拉补吹法

　　　　C. 结晶定碳法　　　　　　D. 耗氧量与供氧时间方案参考法

（6）终点控制基本要素是（　　　）。

　　　　A. 合适的温度　　　　　　B. 碳含量达到所炼钢种的控制范围

　　　　C. 磷和硫含量低于钢种要求限度　　　　　　D. 钢水量合适

（7）氧气转炉炼钢终点控制的方法有（　　　）。

　　　　A. 拉碳法　　　　　　　　B. 增碳法　　　　　　　　C. 高拉补吹法

　　　　D. 双渣法

（8）氧气转炉炼钢一次拉碳法具有（　　　）特点。

　　　　A. 金属收得率高　　　　　B. 余锰少　　　　　　　　C. 技术水平要求高

　　　　D. 质量稳定

5.6-4　判断题

（1）氧气转炉炼钢出钢过程回磷的主要原因是由于温度降低产生的。　　　　　（　　）

（2）氧气转炉炼钢判断终点基本条件是钢水碳、温度、渣的碱度三要素。　　　（　　）

（3）转炉出钢过程中，钢包回磷现象是不可避免的。　　　　　　　　　　　（　　）

（4）判断吹炼终点基本条件是终点碳、终点磷硫和终点温度三要素。　　　　（　　）

（5）终点拉碳中拉碳法指在吹炼平均碳含量不小于 0.08% 的钢种时均采取吹到 0.05%~0.08% 时停吹的方法；该法的优点是终点容易命中，终渣氧化铁含量高、化渣好。

　　　　　　　　　　　　　　　　　　　　　　　　　　　　　　　　　　（　　）

5.6-5　简述题

（1）名词解释：终点，拉碳，双命中，静态控制，动态控制，增碳法，红包出钢。

（2）转炉终点控制达到哪些要求方可出钢？

（3）氧气转炉出钢造成钢包回磷的原因是什么，如何防止？

（4）转炉挡渣出钢的目的是什么？

（5）如何来判断终点温度？

（6）"钢包大翻"的原因，有哪些预防措施？

教学活动建议

　　本项目单元与实际生产紧密相连，文字表述多，抽象，难于理解，在教学活动之前学生应到企业现场参观实习，具有感性认识，同时要求学生课前巩固复习所学的相关知识；教学活动过程中，应利用现场视频及图片、虚拟仿真实训室或钢铁大学网站，进行转炉终点控制操作训练，将讲授法、演示法、教学练相结合，实施"做中教"、"做中学"，以提高教学效果。

查一查

　　学生利用课余时间，自主到学校开放的虚拟仿真实训室或钢铁大学网站进行终点控制实操训练；同时自主查阅国家或企业转炉炼钢-出钢作业标准。

项目单元 5.7　氧气顶吹转炉炼钢脱氧及合金化制度

【学习目标】

知识目标：

（1）掌握氧气顶吹转炉冶炼一炉钢脱氧及合金化研究的内容及其含义。

（2）掌握转炉炼钢脱氧及合金剂加入量的计算方法。

（3）熟悉氧气顶吹转炉炼钢脱氧及合金化操作。

能力目标：

（1）能熟练地选择合金加入数量及进行合金加入量计算。

（2）能熟练地进行脱氧合金化操作。

（3）能利用网络、图书馆收集相关资料、自主学习。

【任务描述】

转炉炼钢工（班长或炉长）组织本班组员按照操作标准，安全地协作完成出钢合金化、溅渣护炉、出渣等完整的冶炼操作。具体如下：

（1）合金工根据转炉总装入量、入炉条件、冶炼钢种等，确定合金加入种类、合金加入量并向炉长汇报。

（2）炉长确认合金及原辅材料准备到位，下达出钢命令。

（3）炉长、摇炉工、合金工等协作完成摇炉出钢并判断下渣情况，适时结束出钢操作。

（4）合金工根据终点情况及出钢情况下达加合金指令，并向钢水加入合金。

【相关知识点】

在转炉炼钢过程中，不断向金属熔池吹氧，到吹炼终点时，金属中残留有一定量的溶解氧，如果不将这些氧脱除到一定程度，就不能顺利地进行浇注，也不能得到结构合理的铸坯。而且，残留在固体钢中的氧还会促使钢老化，增加钢的脆性，提高钢的电阻，影响钢的磁性等。

在出钢前或者在出钢、浇注过程中，加入一种或者几种与氧的亲和力比铁强的元素，使金属中的氧含量降低到钢种所要求的含量，这一操作过程称为脱氧。通常在脱氧的同时，使钢中的硅、锰以及其他合金元素的含量达到成品钢规格的要求，完成合金化。

5.7.1　吹炼终点金属的氧含量

5.7.1.1　金属成分的影响

对于吹炼过程中，特别是接近吹炼终点时金属中氧含量的变化，国内外做了大量的研究工作。研究的结果表明，转炉熔池中的氧含量的控制元素是分解压值 $(p_{O_2})_{MeO}$ 最低而与氧的浓度积 $[\%Me][\%O]$ 最小的元素 Me。在氧气顶吹转炉的吹炼初期这一元素是硅，而在大部分时间里则是碳。

炼钢炉内金属中的实际氧含量 $w_{[O]实}$ 与碳平衡时的氧含量 $w_{[O]c}$ 的差值 $\Delta w_{[O]} = w_{[O]实} - w_{[O]c}$ 称为金属的氧化性，如图 5-27 所示。在氧气顶吹转炉中，低碳范围内 $\Delta w_{[O]}$ 与 $w_{[C]}$ 之间的关系如图 5-28 所示。在 $w_{[C]} = 0.05\% \sim 0.10\%$ 时，$\Delta w_{[O]}$ 一般会出现最大值；进一步降低 $w_{[C]}$，$\Delta w_{[O]}$ 又会有所下降；在 $w_{[C]}$ 极低的情况下，$\Delta w_{[O]}$ 可能会出现负值，即 $w_{[O]实} < w_{[O]c}$。

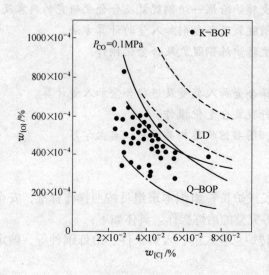

图 5-27　炼钢炉内的 C-O 关系

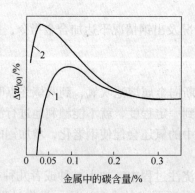

图 5-28　不同锰含量时金属中 $\Delta w_{[O]}$ 与 $w_{[C]}$ 之间的关系

1—0.5%；2—0.4%

造成金属氧化性上述复杂变化的可能原因是：当碳含量降低到 $0.15\% \sim 0.20\%$ 时，$\Delta w_{[O]}$ 最初的增长可能与脱碳速度的急剧下降有关；而当碳含量降低到 0.1% 以下时，由于 $w_{[Mn]} > w_{[C]}$，反应

$$[Mn] + (FeO) \Longrightarrow (MnO) + [Fe]$$

得到发展，脱锰速度 v_{Mn} 可能大于脱碳速度 v_C，所以在熔池的大部分区域里，锰逐步取代

碳成为 $\Delta w_{[O]}$ 的控制者，金属中的残锰量越高，熔池温度越低，锰开始代替碳控制 $\Delta w_{[O]}$ 的时间越早，因而 $\Delta w_{[O]}$ 开始减小时所对应的金属碳含量也就越高。在碳含量极低（通常为 0.05%）的情况下，$w_{[O]_{Mn}}$ 比 $w_{[O]_C}$ 小很多，便可能使 $\Delta w_{[O]}$ 变为负值，此时金属中的碳-氧反应仅限于在一次反应区附近的局部高温区进行，而在熔池的大部分地区，$\Delta w_{[O]}$ 受锰的控制。

5.7.1.2　熔池温度

温度对于金属氧化性的影响，在不同的碳含量时显示出不同的特征。金属的碳含量高于 0.2%时，提高温度可以改善脱碳反应的动力学条件，如降低金属黏度、提高碳向反应地区的传质速度等，从而使反应区的耗氧速度增大，故能降低金属的氧化性；金属的碳含量低于 0.1%时，脱碳速度已经很小，锰开始控制金属的氧化性，提高温度将减弱锰的抑制作用，增强渣中氧化铁向金属中的传输，故将使金属的氧化性增加。

5.7.1.3　工艺因素

A　供氧

提高枪位（或降低氧压）会增大渣中 $\Sigma w_{(FeO)}$ 的含量，但因对熔池的搅拌减弱，熔池中碳和氧的传质减慢，使消耗金属中氧的脱碳反应速度降低，从而导致了金属氧化性的增高。

增加氧枪喷头孔数，即实行分散供氧，可以促使对熔池的搅拌更加均匀，促进氧在熔池中的均匀分布和较少地转入熔渣，因而有助于在到达终点时得到氧化性较低的金属。

供氧强度的影响也随金属碳含量的高低而有所不同。金属的碳含量高时，提高供氧强度可使脱碳速度增大，从而使金属的氧化性降低；碳含量较低（$w_{[C]} < 0.12\%$）时，碳的扩散成为脱碳反应的限制性环节，提高供氧强度并不能加速脱碳过程，反而会使 $\Sigma w_{(FeO)}$ 增高，从而使金属的氧化性增加。

B　冶炼低碳钢时的冷却方式

如果在临近终点时加铁矿，会增大熔渣的氧化性，强化氧向金属熔池的传输，因而提高金属的氧化性；而加入生铁块时，能引起熔池的再沸腾，强化熔池的搅拌，从而降低金属的氧化性。

C　出钢前的镇静

吹氧时熔池中碳和氧的浓度分布极不均匀，在反应区，碳的浓度明显降低，而氧的浓度大大增高。所以，金属的氧化性不仅在不同的吹炼时期，而且在熔池的不同部位都有很大的差异。熔池碳含量越高，这种差异越大。停吹后金属在炉内镇静一定时间，用浓差电池快速测定金属氧含量发现，金属的氧化性有明显降低，而且终点碳含量越高，氧化性的降低也越迅速和显著。这显然是由于熔池内碳和氧浓度的均匀化，便金属中碳的自脱氧过程得以继续进行的结果。这一现象在生产中，特别是在脱氧时应该加以重视。一方面，在取样分析时要考虑其代表性，另一方面，为了倒渣和降低金属的氧化性，可在炉内稍作镇静。

综合上述可以看出，脱氧前金属的氧含量主要取决于碳含量，但一般都高于与碳平衡时的含量 $w_{[O]_C}$，且有较宽的波动范围。为了获得正常结构的铸坯和提高钢的质量，必须进行脱氧，使钢中残余氧含量 $w_{[O]_实}$ 达到各类钢所要求的正常氧含量范围。

5.7.2　脱氧操作

5.7.2.1　脱氧原则

钢水的脱氧，就是选择一些与氧亲和力大的元素在炉内或出钢或钢的精炼或浇注过程中加入到钢水中，使其降低钢水的氧化性。脱氧任务包括两方面，一方面是根据钢种要求，将钢中溶解的氧含量降到一定程度，并形成稳定的氧化物；另一方面是最大限度地排除钢液中悬浮的脱氧产物，改变夹杂物形态和性质，使成品钢中非金属夹杂物含量最少，分布合适，形态适宜，以保证钢的各项性能。因此选择的脱氧剂除应具有一定的脱氧能力外，同时还应使脱氧产物易于上浮从钢水中排出。另外，选择的脱氧剂应来源广、价格低、使用方便。为了既能达到良好的脱氧，又能使脱氧产物顺利上浮及合金收得率相对稳定，脱氧剂的加入应遵循以下原则：

（1）脱氧剂的加入顺序既可先弱后强，也可先强后弱。先弱后强即脱氧能力弱的先加，脱氧能力强的后加，这样既能保证钢水的脱氧程度达到钢种的要求，又能使脱氧产物易于上浮，保证质量合乎钢种的要求；但这种工艺存在两点不足：一是在高氧位下使用了相对较贵的 Fe-Mn、Fe-S 合金；二是由于铝的密度小、氧化性强，加入过程中在钢液表面燃烧，造成钢中的 $w_{[O]}$、$w_{[Al]_s}$ 不稳定以及铝的浪费，影响铸坯质量，且当 $w_{[Al]_s}$ 大于 0.003% 时，可能因生成 Al_2O_3 夹杂物而堵塞水口。先强后弱即脱氧能力强的先加，脱氧能力弱的后加，实践证明，这样可以大大提高并稳定 Si 和 Mn 元素的吸收率，相应减少合金用量，好处很多，可是脱氧产物上浮比较困难，如果同时采用钢水吹氩或其他精炼措施，钢的质量不仅能达到要求，而且还有提高。

（2）以脱氧为目的的元素先加，合金化的元素后加，这样可保证合金收得率相对稳定，防止不必要的合金烧损。

（3）易氧化的贵重合金应在脱氧良好的情况下加入，如钒铁、铌铁、硼铁等合金应在锰铁、硅铁、铝等脱氧剂全部加完后再加，以提高其收得率。

（4）难熔的、不易被氧化的合金，如铬铁、钨铁、钼铁、镍板、铜板等应加在炉内。

根据这些要求，常用的脱氧元素有：Mn、Si、Al、Ca 等，一般是用由这些元素组成的合金作脱氧剂，如 Fe-Mn、Mn -Si 合金、Fe-Si、Si-Ca 合金、Al-Ba-Si 合金、Fe-Al 和金属铝等。另外，V、Ti、Cr、Ni、B、Zr 等元素的合金都是用于钢水合金化的。

5.7.2.2　脱氧操作

氧气顶吹转炉目前绝大多数采用沉淀脱氧，对于一些有特殊要求的钢种还可以配合以包内扩散脱氧（合成渣渣洗）和真空碳脱氧（真空处理和吹氩搅拌等）。脱氧剂的加入方法、加入数量以及加入时间、地点、顺序等都直接影响脱氧效果和钢液成分的命中率。

　A　镇静钢的脱氧

镇静钢为完全脱氧的钢，即 $\Delta w_{[O]} < 0$，合金钢和大部分结构钢（性能要求高的）都属于镇静钢。当前镇静钢的脱氧操作有两种方法：

（1）炉内加 Mn-Si 合金和铝（或 Fe-Al）预脱氧，包内加 Fe-Mn 等补充脱氧。在炉内脱氧，由于脱氧产物容易上浮，残留在钢中的夹杂物较少，故钢的洁净度较高。而且，预脱氧后钢中氧含量显著降低（表 5-16），可以提高和稳定包内所加合金的收得率，特别是对于易氧化的贵重元素如钒、钛等更有重要意义，还可以减少包内合金加入量。缺点是占用炉子作业时间。炉内脱氧元素收得率低，回磷量较大等。

表 5-16　炉内插铝前后钢液氧含量变化　　　　　　　　　　　（%）

炉　　次	536	1989	1992	1994	2016
预脱氧前 $w_{[O]}$	0.0272	0.0285	0.0523	0.0304	0.0241
预脱氧后 $w_{[O]}$	0.0178	0.0223	0.0345	0.0192	0.0126
$\Delta w [O]$	0.0094	0.0062	0.0178	0.0112	0.0115

在吹炼优质合金钢时采用这种脱氧方法，其操作要点是：到达终点后，倒出大部分熔渣，再加少量石灰使渣子稠化，以提高合金收得率并防止回磷；加入脱氧剂后，可摇炉助熔，加入难熔合金时，可配加 Fe-Si 和铝等吹氧助熔。包内所加脱氧剂应在出钢到 1/4~1/3 时开始加，到 2/3~3/4 时加完，以利于钢液成分和温度的均匀化，并稳定合金元素的收得率。

（2）钢包内脱氧。目前大多数镇静钢是把全部脱氧剂在出钢过程中加入钢包内。本法脱氧元素收得率高，回磷量较少，且有利于提高炉子的生产率和延长炉龄。未脱氧的钢液在出钢过程中，因降温引起钢液中碳的脱氧，产生的还原性气体 CO 对钢流起保护作用，可以防止钢液的二次氧化并减少钢液吸收的气体量。采用本法时，对于一般加入量的易熔合金可以直接以固态加入，而对于难熔合金和需要大量加入的合金，则可先在电炉内将其熔化，然后以液态加入包内，这样可以获得更稳定的脱氧效果。

包内脱氧的操作要点是：Fe-Mn 加入量多时，应适当提高出钢温度；而 Fe-Si 加入量大时，则应相应降低出钢温度。脱氧剂力求在出钢中期均匀加入（加入量大时可将 1/2 合金在出钢前加在包底）。加入顺序一般提倡先弱后强，即先加 Fe-Mn，而后加 Mn-Si、Fe-Si 和铝，这样有利于快速形成低熔点脱氧产物而加速其上浮。但如需要加入易氧化元素如钒、钛、硼等时，则应先加入强脱氧剂铝、Fe-Si 等，以减少钒、钛等的烧损，提高和稳定其收得率。出钢时避免过早下渣，特别是对于磷含量有严格限制的钢种，要在包内加少量石灰，防止回磷。

应当指出，生产实践和一些研究结果表明，对脱氧产物上浮速度起决定性作用的，不是产物的自身性质，而是钢液的运动状态。向包内加入脱氧剂时产生的一次脱氧产物，在钢流强烈搅拌的情况下，绝大多数都能在 2~3min 内顺利上浮排除。

（3）真空精炼炉内脱氧合金化。冶炼特殊质量钢种，为了控制气体含量，钢水需经过真空精炼。一般在进行初步脱氧后，于精炼炉内合金化。

对于加入量大的、难熔的 W、Mn、Ni、Cr、Mo 等合金可在真空处理开始加入，对于贵重的合金元素 B、Ti、V、Nb、RE 等在真空处理后期或真空处理完毕再加，一方面能极大地提高合金元素收得率，降低合金的消耗，另一方面也可以减少钢中氢的含量。

各种炉外精炼技术都可看成是包内脱氧的继续和发展，它们可在一定程度上综合地完成脱氧、除气、脱碳（或增碳）和合金化的任务。

B　沸腾钢的脱氧

沸腾钢是脱氧不完全的钢，只能用模铸。钢中含有一定数量的氧 0.03% ~ 0.045%，即 $\Delta w_{[O]} > 0$，因此钢水在凝固过程中有碳氧反应发生，产生相当数量的 CO 气体，CO 排出时产生沸腾现象。沸腾钢钢锭正常凝固结构是：气体有规律的分布，形成上涨不多，具有一定厚度坚壳带，钢锭没有集中的缩孔，所以沸腾钢钢锭较镇静钢切头率低，生产成本低，简化了整模和脱模工序。基于上述原因，在模铸条件下，若性能可以满足工业需要，应以沸腾钢代替镇静钢。一般低碳结构钢可以炼成沸腾钢。沸腾钢的碳含量一般为 0.05% ~ 0.27%，锰含量为 0.25% ~ 0.70%。为了保证钢液在模内正常地沸腾，要求根据锰碳含量把钢中的氧含量控制在适宜的范围。钢中锰高碳高，终点钢液的氧化性应该相应地强些。反之则宜弱些。

沸腾钢主要用 Fe-Mn 脱氧，脱氧剂全部加在包内。出钢时需加适量的铝，以调节氧化性。沸腾钢含碳越低，则加铝量越多。$w_{[C]} < 0.1\%$ 时，一般吨钢加铝约 100g。

应该注意的是，所用 Fe-Mn 的硅含量不应大于 1%。否则，钢中硅含量增加将使模内沸腾微弱，降低钢锭质量。

生产含碳较高的沸腾钢（$w_{[C]} = 0.15\% ~ 0.22\%$ 范围）时，为了保证钢液的氧化性，可采取先吹炼至低碳（$w_{[C]} = 0.08\% ~ 0.10\%$ 范围），出钢时再在包内增碳的生产工艺。

C　半镇静钢的脱氧

半镇静钢的脱氧程度比镇静钢弱，比沸腾钢强，即介于镇静钢和沸腾钢之间。钢水氧含量接近与碳平衡时的含量，为 0.015% ~ 0.020%，即 $\Delta w_{[O]} = 0$，在凝固时析出少量的气体，使其产生的气泡体积与钢水冷凝收缩的体积大致相等，因而对脱氧控制严格。半镇静钢脱氧剂用量比镇静钢少得多。半镇静钢的力学性能与化学成分比较均匀，接近于镇静钢。

半镇静钢目前尚没有比较理想的脱氧方法，一般是用少量的 Fe-Si 或 Mn-Si 合金在钢包内脱去一部分氧，然后根据情况在锭模内再按经验加铝粒补充脱氧。

由于半镇静钢的脱氧程度很难控制，所以质量不够稳定。如脱氧过度，将出现镇静钢的某些缺陷（如缩孔较深）；脱氧不足时，又会产生沸腾钢脱氧过度的缺陷（如蜂窝气泡接近表面），这就给大规模生产带来困难。目前国内外的半镇静钢的产量很少。

5.7.3　合金化

向钢中加入一种或几种合金元素，使其达到成品钢成分规格要求的操作过程称为合金化。实际上，在多数情况下，脱氧和合金化是同时进行的，加入钢中的脱氧剂一部分消耗于钢的脱氧，转化为脱氧产物而排出，另一部分则为钢水所吸收，起合金化作用。而加入钢中的大多数合金元素，因其与氧的亲和力比铁强，也必然起一定的脱氧作用。可见，在实践中往往不大可能把脱氧和合金化、脱氧元素和合金元素截然分开。

冶炼一般合金钢或低合金钢时，合金加入量的计算方法与脱氧剂基本相同。但由于加入的合金种类较多，必须考虑各种合金带入的合金元素量，计算公式如下：

每吨钢合金加入量（kg/t 钢）计算见下式：

$$合金加入量 = \frac{规格中限(\%) - [残余成分(\%) + 其他合金加入带入的增量(\%)]}{合金中合金元素含量(\%) \times 收得率(\%)} \times 1000$$

$$(5-24)$$

每炉钢合金加入量（kg/t 钢）计算见下式：

$$合金加入量 = \frac{规格中限(\%) - [残余成分(\%) + 其他合金加入带入的增量(\%)]}{合金中合金元素含量(\%) \times 收得率(\%)} \times 1000 \times 出钢量(t)$$

$$(5-25)$$

规格中限即为钢种规格中限，其计算见下式：

$$钢种规格中限(\%) = \frac{钢种规格上限(\%) + 钢种规格下限(\%)}{2} \quad (5-26)$$

加入合金后带入 i 元素增量计算见下式：

$$加入合金 i 元素增量(\%) = \frac{合金加入量(kg/t) \times 合金中 i 元素含量(\%) \times i 元素收得率(\%)}{1000} \times 100\%$$

$$(5-27)$$

冶炼高合金钢时，合金加入量较大，加入的合金量对钢水重量和终点成分的影响不能忽略，计算时亦应给以考虑。

生产实践表明，准确地判断和控制合金元素的收得率（指加入合金中进入钢水合金元素的质量占合金元素加入总量比值的百分率）是成品命中率的关键。所炼钢种、合金加入种类、数量和顺序、终点碳以及操作因素等，均影响合金元素吸收率。不同合金元素吸收率不同；同一种合金元素，钢种不同，吸收率也有差异，在生产中，还必须结合具体情况综合分析。影响合金元素吸收率的因素主要有：

（1）钢水的氧化性。钢水氧化性越强，吸收率越低，反之则高。钢水氧化性主要取决于终点钢水碳含量，所以，终点碳的高低是影响元素吸收率的主要因素。

（2）终渣 TFe 含量。终渣的 TFe 含量高，钢中氧含量也高，吸收率低，反之则高。

（3）终点钢水的余锰含量。钢水余锰含量高，钢水氧含量会降低，吸收率有提高。

（4）脱氧元素脱氧能力。脱氧能力强的合金吸收率低，脱氧能力弱的合金吸收率高。

（5）合金加入量。在钢水氧化性相同的条件下，加入某种元素合金的总量越多，则该元素的吸收率也高。

（6）合金加入的顺序。钢水加入多种合金时，加入次序不同，吸收率也不同。对于同样的钢种，先加的合金元素吸收率就低，后加的则高。倘若先加入部分金属铝预脱氧，后继加入其他合金元素，吸收率就高。

（7）出钢情况。出钢钢流细小且发散，增加了钢水的二次氧化，或者是出钢时下渣过多，这些都降低合金元素的吸收率。

（8）合金的状态。合金块度应合适，否则吸收率不稳定。块度过大，虽能沉入钢水中，但不易熔化，会导致成分不均匀。但块度过小，甚至粉末过多，加入钢包后，易被裹入渣中，合金损失较多，降低吸收率。

各种合金元素应根据它们与氧的亲和力大小、熔点高低、密度以及热物理性能等，决定其合理的加入时间、地点和必须采取的助熔或防氧化措施。

对于不氧化的元素，如镍、钼、铜等，它们和氧的亲和力都比铁小，在转炉吹炼过程中不会被氧化，而它们熔化时吸热又较多，因此，可在加料时或在吹炼前期作为冷却剂加入。钼虽不氧化，但易蒸发，最好在初期渣形成以后再加。这些元素的收得率可按 95%~100% 考虑。

对于弱氧化元素如钨、铬等总是以铁合金形式加入。Fe-W 的密度大，熔点高，含钨 80% 的 Fe-W 相对密度为 16.5，熔点高达 2000℃ 以上。Fe-Cr 的熔点也较高（根据碳含量的不同，其熔点为 1520~1640℃）。因此，为了便于熔化又避免氧化，都应在出钢前加入炉内，同时加入一定量的 Fe-Si 或铝，吹氧助熔。钨和铬的收得率一般波动在 80%~90%。

对于易氧化元素，如铝、钛、硼、硅、钒、铌、锰、稀土金属等大多加入包内。

【应用举例】

【例 1】　某钢厂 30t 转炉吹炼 16Mn 钢

已知：装入铁水 31t，废钢 4t，钢水回收率 90%，钢种成分要求（%）

	C	Mn	Si
	0.14~0.20	1.20~1.60	0.20~0.60

终点残余成分：Mn 0.16%，Si 0.03%

采用硅锰合金，硅铁和铝铁脱氧合金化，其成分和收得率如下：

硅锰合金：68.5%Mn($\eta=85\%$)，18.4%Si($\eta=80\%$)，1.6%C($\eta=90\%$)。

硅铁：75%Si($\eta=80\%$)。

铝铁：50%Al。

求：该炉合金加入量及终点碳控制范围。

解：根据题意进行分析，合金加入量计算顺序为 Si-Mn→Fe-Si，按钢种规格锰的要求计算 Si-Mn 合金加入量。由

$$合金加入量 = \frac{规格中限(\%) - [残余成分(\%) + 其他合金加入带入的增量(\%)]}{合金中合金元素含量(\%) \times 收得率(\%)} \times 1000 \times 出钢量(t)$$

$$钢种规格中限(\%) = \frac{钢种规格上限(\%) + 钢种规格下限(\%)}{2}$$

$$加入合金 \, i \, 元素增量(\%) = \frac{合金加入量(kg/t) \times 合金中 \, i \, 元素含量(\%) \times i \, 元素收得率(\%)}{1000} \times 100\%$$

得

（1）计算 Si-Mn 合金加入量

$$Si\text{-}Mn \, 合金加入量 = \frac{\dfrac{1.2\% + 1.6\%}{2} - (0.16\% + 0)}{68.5\% \times 85\%} \times 1000 \times (31 + 4) \times 90\%$$

$$= 21.3kg/t \times 31.5t$$

$$= 670.95kg/炉$$

$$= 671kg/炉$$

（2）根据 Si-Mn 加入量计算的增硅及增碳量

$$Si\text{-}Mn \, 加入后的增 \, Si \, 量 = \frac{21.3(kg/t) \times 18.4\% \times 80\%}{1000} \times 100\%$$

$$= 0.3135\%$$

$$\approx 0.31\%$$

$$Si\text{-}Mn \, 加入后增 \, C \, 量 = \frac{21.3(kg/t) \times 1.6\% \times 90\%}{1000} \times 100\%$$

$$= 0.031\% = 0.03\%$$

（3）根据钢流中硅量和钢种对硅的要求计算需补加的 Fe-Si 量：

$$补加\ Fe\text{-}Si\ 量 = \cfrac{\cfrac{0.20\% + 0.6\%}{2} - (0.31\% + 0.03\%)}{75\% \times 85\%} \times 1000 \times (31 + 4) \times 90\%$$

$$= 1kg/t \times 31.5t$$

$$= 31.5\ kg/炉$$

（4）计算终点碳 $w_{C_{控}}$ 控制范围

$$w_{C_{控}} = (0.14 \sim 0.20)\% - 0.03\%$$

$$= (0.11 \sim 0.17)\%$$

铝铁加入量按经验确定，一般为 1kg/t。

答：（略）

【例 2】　当某炉终点余锰为 0.11% 加入 9.5kg/t 的锰铁（含锰 66%）后使钢水中锰增加到 0.54%。求锰铁中锰的回收率为多少？

解：由

$$合金加入量 = \cfrac{规格中限(\%) - [残余成分(\%) + 其他合金加入带入的增量(\%)]}{合金中合金元素含量(\%) \times 收得率(\%)} \times 1000$$

得

$$收得率(\%) = \cfrac{规格中限(\%) - [残余成分(\%) + 其他合金加入带入的增量(\%)]}{合金中合金元素含量(\%) \times 合金加入量(kg/t)} \times 1000$$

$$= \cfrac{0.54\% - 0.11\%}{66\% \times 9.5} \times 1000$$

$$= 68.58\% \approx 69\%$$

答：（略）

【技能训练】

项目 5.7-1　合金加入量计算

（1）某转炉出钢量 100t，使用锰含量为 0.3%，硅含量为 0.5% 的铁水，终点钢水中残余 Mn 含量为铁水锰含量的 40%，硅为痕迹，采用拉碳法吹炼 20 镇静钢，20 钢的成分为：C0.2%，Mn0.5%，Si0.8%，采用含 Mn68%，C6.28% 的 Fe-Mn 合金和含 Si75% 的 Fe-Si 合金进行脱氧，合金中 Si、Mn、C 的收得率分别为 75%、85% 和 90%。计算该炉需 Fe-Mn 合金多少千克？

（2）某转炉装入量 165t，吹损按 10% 计算，钢中氧含量 $700 \times 10^{-4}\%$，理论计算钢水中氧含量脱至 $100 \times 10^{-4}\%$ 时，需要多少千克铝？（小数点后保留两位数，铝相对原子质量 27，氧相对原子质量 16）

项目 5.7-2　利用虚拟仿真实训室或钢铁大学网站进行氧气转炉吹炼脱氧合金化的操作技能训练

已知铁水条件和吹炼钢种要求见表 0-1；主要辅原料的成分见表 0-2；合金成分及收得率见表 0-3。炼钢转炉公称吨位为 120t。

【知识拓展】

项目 5.7-1　实际生产摇炉出钢操作

（1）将炉倾地点选择开关的手柄置于"炉后"位置，摇炉工进入炉后操作房，如图 5-29 所示。

图 5-29　炉后摇炉房示意图

（2）按动钢包车进退按钮，试动钢包车。若无故障，则等待炉前出钢命令；若有故障，立即通知炉长及炉下操作工暂停出钢，并立即处理钢包车故障，力争准时出钢。

（3）接到炉长出钢的命令后，向后摇炉至开出钢口位置，由操作工用短撬棒捅几下出钢口即可捅开，钢水便能正常流出。如发生捅不开的出钢口堵塞事故，则可以根据堵塞程度不同采取不同的排除方法。

1）如为一般性堵塞，可由数人共握长撬棍合力冲撞出钢口，强行捅开出钢口。

2）如堵塞比较严重，可由一名操作工用一短撬棍对准出钢口，另一人用榔头敲打短撬棍冲击出钢口，一般也能捅开出钢口保证顺利出钢。

3）如堵塞更严重，则应使用氧气烧开出钢口。

4）如出钢过程中有堵塞物（如散落的炉衬砖或结块的渣料等）堵塞出钢口，则必须将转炉从出钢位置摇回到开出钢口位置，使用长撬棍凿开堵塞物使孔道畅通，再将转炉摇至出钢位置继续出钢。这在生产上称为二次出钢，会增加下渣量和回磷量，并使合金元素的回收率很难估计，对钢质造成不良后果。

（4）摇炉工面对钢包和转炉的侧面，一只手操纵摇炉开关，另一只手操纵钢包车开关。

（5）开动钢包车将其定位在估计钢流的落点处，摇动转炉开始出钢。开始时转炉要快速下降，使出钢口很快冲过前期下渣区（钢水表面渣层），尽量减少前期下渣量。

（6）见钢后可停顿一下，以后再根据钢流情况逐步压低炉口，使钢水正常流出，炉口的位置应该尽可能低，以提高液层的高度。但出钢炉口的低位有限制，必须保证大炉口不下渣，钢流不冲坏钢包和溅在包外。

（7）压低炉口的同时不断地移动钢包车，保证钢水流入钢包中。

（8）钢流（亮、白、稳、重）见渣（暗、红、漂、轻）即说明出钢完毕，快速摇起转炉，尽量减少后期下渣进入钢包的量。一般出钢完毕见渣时炉长会发出命令，所以出钢后期要一边自己密切观察钢流变化，一边注意听炉长命令。

（9）出钢完毕，摇起转炉至堵出钢口位置，进行堵出钢口操作。

（10）摇炉工返回炉前操作室，将炉倾地点选择开关置于炉前位置。

（11）摇正转炉，然后可能进行下列几种操作：

1）加少量生白云石护炉后，进行前倒渣操作。此时因炉内无钢水加入，倒渣角度可较大，直至倒净炉渣为止。然后摇炉加料，开始下一炉钢的操作。

2）加炉渣稠化剂，进行一系列溅渣护炉操作。

3）进行前倒渣、后补炉操作。

项目 5.7-2 合金加入操作

（1）合金工作业前确认。确认冶炼钢种及钢种判断钢化学成分；根据转炉总装入量、入炉条件、大罐信息确认出钢量；确认合金斗是否正常，检查合金斗内情况；检查合金溜管、非金属溜管是否通畅等。

（2）合金工根据冶炼钢种技术规程配加脱氧合金数量，向炉长汇报合金种类及数量。

（3）炉长确认合金及原辅材料准备到位，下达出钢命令。

（4）合金工根据终点情况及出钢情况下达加合金指令，向钢水加入合金。

【思考与练习】

5.7-1 填空题

（1）向钢中加入一种或几种合金元素，使其达到成品钢成分要求的操作称为（   ）。

（2）一般情况下，转炉吹炼终了时，脱磷反应基本趋于平衡，如果此时向炉内或出钢过程向钢包加入脱氧剂，就会使钢中（   ）和渣中（   ）降低，脱氧产物 SiO_2、Al_2O_3 进入渣中，降低炉渣碱度。

（3）加入合金的时间不能过早、过晚，一般在钢水流出 1/4 时开始加合金，到钢水流出 3/4 时加完。合金应加在钢流（   ），以利于熔化和搅拌均匀。

（4）沸腾钢和镇静钢的主要区别是（   ）。

（5）对铝镇静钢水钙处理后生成的低熔点物分子式为（   ）。

（6）转炉炼钢出钢前有时向炉内加入生铁是为了（   ）。

5.7-2 单项选择题

（1）脱氧合金化时合金元素加入顺序为（   ）。

    A. 合金化的合金元素先加，脱氧用的合金元素后加

    B. 脱氧用的合金元素先加，合金化的合金元素后加

    C. 合金化和脱氧用的合金同时加

（2）转炉冶炼过程中，易氧化的合金元素应选择：（   ）。

    A. 炉内加入   B. 出钢开始时加入

    C. 出钢结束时加入   D. 脱氧良好的情况下加入

（3）镇静钢和沸腾钢的主要区别在于（   ）。

    A. 脱氧工艺不同   B. 脱氧剂用法不同   C. 脱氧程度不同

（4）合金吸收率（或收得率）表示合金元素被钢水吸收部分与加入量之比，合金吸收率受多种因素影响，主要取决于（　　　）。

  A. 加入时间   B. 脱氧前钢水氧含量   C. 钢水温度

（5）氧气转炉炼钢终点碳越高，钢水氧化性（　　　）。

  A. 越强   B. 越弱   C. 不变

（6）转炉出完钢后喂铝线的脱氧方法是（　　　）。

  A. 沉淀脱氧   B. 扩散脱氧   C. 真空下脱氧

（7）氮能造成钢的时效硬化，为此，在出钢时最好加入（　　　），使部分氮被固定在氮化物中。

  A. 石灰、白云石 B. 铝丝   C. 硅铁   D. 吹氧气

（8）转炉出钢带入钢包的渣量过大时，易造成钢水（　　　）。

  A. 回 P   B. 回 Si   C. 回 C   D. 回锰

5.7-3　多项选择题

（1）氧气转炉炼钢（　　　）条件下，合金元素的吸收率降低。

  A. 平均枪位高   B. 终点碳含量低   C. 合金粉化

  D. 合金元素与氧亲和力大

（2）炼钢脱氧的任务是去除（　　　）。

  A. 溶解氧   B. 气态氧   C. 耐火材料氧 D. 化合氧

（3）转炉炼钢（　　　）情况下余锰量增高。

  A. 后吹多   B. 后吹少   C. 终点碳高 D. 终点碳低

（4）转炉炼钢（　　　）情况下余锰量降低。

  A. 碱度高   B. 碱度低   C. 平均枪位低 D. 平均枪位高

5.7-4　判断题

（1）氧气转炉炼钢出钢脱氧合金化中锰的回收率大于硅的回收率。　　　　　（　　　）

（2）脱氧合金化合金加入顺序为：合金化的合金元素先加，脱氧用的合金元素后加。

                     （　　　）

（3）在合金化过程中，钢中 Mn、Si 元素增加时，钢的黏度会增加。　　　（　　　）

（4）氧气转炉炼钢合金加入时间不要过早或过晚，一般当钢水流出总量 3/4 时开始加合金，到流出 1/4 时加完。　　　　　　　　　　　　　　　　　　　　（　　　）

（5）在转炉吹炼终点，钢中的残锰量取决于终点碳含量。当终点碳高时，锰含量就高；当终点碳低时，锰含量就低。　　　　　　　　　　　　　　　　（　　　）

（6）锰的脱氧能力较弱，但几乎所有的钢种都用它脱氧，是因为它能提高其他元素的脱氧能力。　　　　　　　　　　　　　　　　　　　　　　　　　　（　　　）

（7）钢按脱氧程度分为：镇静钢、沸腾钢、合金钢。　　　　　　　　（　　　）

5.7-5　简述题

（1）名词解释：合金元素收得率，脱氧，合金化，钢水氧化性，钢中残余元素。

（2）影响合金元素吸收率的因素有哪些？

（3）"钢包大翻"的原因是什么，有哪些预防措施？

（4）造成钢包回磷的原因是什么，如何防止？

5.7-6 计算题

（1）某钢种成分目标：硅（$Si_{目标}\%$）0.28%，锰（$Mn_{目标}\%$）0.5%，钢水残锰（$Mn_{残}\%$）0.05%，硅为痕迹，钢水量（M）100t，用硅铁、硅锰两种合金配加，已知硅铁含硅（$Si_{硅铁}\%$）74.1%，吸收率（$\eta_{Si}\%$）80%；硅锰含锰（$Mn_{硅锰}\%$）65.8%，含硅（$Si_{硅锰}$）18.5%，其吸收率（$\eta_{Mn}\%$）90%。计算两种合金加入量分别是多少？（计算到千克，百分数保留小数点后三位）

（2）出钢量按73t，钢中氧为0.07%，理论计算钢水全脱氧需要加多少千克铝？（铝相对原子质量为27，氧相对原子质量为16）

教学活动建议

本项目单元与实际生产紧密相连，文字表述多，抽象，难于理解，在教学活动之前学生应到企业现场参观实习，具有感性认识，同时要求学生课前巩固复习所学的相关知识；教学活动过程中，应利用现场视频及图片、虚拟仿真实训室或钢铁大学网站，进行转炉脱氧合金化操作训练，将讲授法、演示法、教学练相结合，实施"做中教"、"做中学"，以提高教学效果。

查一查

学生利用课余时间，自主到学校开放的虚拟仿真实训室或钢铁大学网站进行脱氧合金化实操训练；同时自主查阅国家或企业转炉炼钢-脱氧合金化作业标准。

项目单元 5.8 吹损及喷溅

【学习目标】

知识目标：

（1）掌握氧气顶吹转炉冶炼一炉钢吹损的组成及其含义。

（2）掌握转炉炼钢减少吹损的途径。

（3）掌握氧气顶吹转炉炼钢喷溅的危害、喷溅的种类，控制喷溅的措施。

能力目标：

（1）能识别喷溅的火焰特征，并能预防喷溅的发生。

（2）能熟练地进行正确加料、供氧、温度控制操作，控制吹损和喷溅。

（3）能利用网络、图书馆收集相关资料、自主学习。

【任务描述】

（1）转炉炼钢吹炼过程中，出钢量总是比装入量少，实际生产中采用精料、合理的补偿技术等途径降低吹损。

（2）转炉吹炼过程中，采用合理供氧制度、合理的装入制度及造渣制度正确进行吹炼，控制喷溅的发生。

【相关知识点】

5.8.1　吹损的组成及分析

顶吹转炉的出钢量比装入量少，这说明在吹炼过程中有一部分金属损耗，这部分损耗的数量就是吹损。一般用其占装入量的百分比来表示。

$$吹损 = \frac{装入量(t) - 出钢量(t)}{钢铁料装入量(t)} \times 100\% = 1 - \frac{出钢量(t)}{装入量(t)} \times 100\% \qquad (5-28)$$

如果装入量为 132t，出钢量为 120t，则吹损为 $\frac{132-120}{132} \times 100\% = 9.2\%$。在物料平衡计算中，吹损值常以每 100kg 铁水（或金属料）的吹炼损失表示。

氧气顶吹转炉主要是以铁水为原料。把铁水吹炼成钢，要去除碳、硅、锰、磷、硫等杂质；另外，还有一部分铁被氧化。铁被氧化生成的氧化铁，一部分随炉气排走，一部分留在炉渣中。吹炼过程中金属和炉渣的喷溅也损失一部分金属。吹损就是由这些部分组成的。

下面用实例来定量分析吹损的几种组成：

（1）化学烧损。以吹炼 BD3F 沸腾钢为依据，化学损失为 5.12%，见表 5-17。

表 5-17　BD3F 号沸腾钢的化学损失

样　品	成分（质量分数）/%					
	C	Si	Mn	P	S	共计
铁水	4.30	0.60	0.45	0.13	0.03	5.51
终点	0.13	0.02	0.20	0.02	0.02	0.39
烧损	4.17	0.58	0.25	0.11	0.01	5.12

（2）烟尘损失。转炉吹炼过程中炉气烟尘损失一般为 0.8%~1.3%。本例取 1.16%。其中 $w_{Fe_2O_3} \approx 70\%$，$w_{FeO} \approx 20\%$。折合金属损失是：

$$100 \times 1.16\% \times \left(70\% \times \frac{112}{160} + 20\% \times \frac{56}{72}\right) = 0.75kg$$

式中　112——铁的相对原子质量为 56，Fe_2O_3 铁中两个铁原子的相对原子质量为 2×56 = 112；

160——Fe_2O_3 的相对分子质量；

72——FeO 的相对分子质量。

（3）渣中 FeO 和 Fe_2O_3 的损失。吹炼过程铁的氧化物除被炉气带走外，另一部分进入炉渣。若渣量为金属量的 13%，渣中 $w_{(Fe_2O_3)} = 2\%$，渣中 $w_{(FeO)} = 11\%$，这部分折合成铁损失是：

$$100 \times 13\% \left(11\% \times \frac{56}{72} + 2\% \times \frac{112}{160}\right) = 1.3kg$$

（4）渣中金属铁损失。吹炼过程渣中悬浮的金属铁珠，随渣倒掉。若渣中金属铁珠占渣量的 10%，则金属铁的损失为：

$$100 \times 13\% \times 10\% = 1.3\text{kg}$$

（5）机械喷溅损失。由于控制不当而产生喷溅造成的金属损失，一般在 0.5%~5% 范围内，本例取 1.5% 考虑，则损失的金属为：

$$100 \times 1.5\% = 1.5\text{kg}$$

$$顶吹转炉吹损率 = 5.12 + 0.75 + 1.3 + 1.3 + 1.5 = 9.97\text{kg}$$

由计算可知，化学损失是吹损组成的主要部分，约占总吹损量的 70%~90%，而 C、Si、Mn、P、S 的氧化烧损又是化学损失的主要部分，约占吹损总量的 40%~80%，而机械损失只占 10%~30%，化学损失往往是不可避免的，而且一般也不易控制，但机械损失只要操作得当，是完全可以尽量减少的。应该强调指出：在顶吹转炉吹炼过程中机械喷溅损失和其他损失（特别是化学烧损）比较，虽仅占次要地位，但机械损失不仅导致吹损增加，还会引起对炉衬的冲刷加剧，对提高炉龄不利，还会引起粘枪事故，且减弱了去磷、硫的作用，影响炉温，限制了顶吹转炉的进一步强化操作的稳定性，所以防止喷溅是十分重要的问题。

5.8.2 喷溅

喷溅是氧气顶吹转炉吹炼过程中经常发生的一种现象，通常人们把随炉气携走、从炉口溢出或喷出炉渣与金属的现象称为喷溅。转炉炼钢过程中，由于种种原因致使大量炉渣和金属液体从炉口以很大的动能喷出的现象称为大喷溅。喷溅的危害如下：

（1）喷溅造成金属损失在 0.5%~5%，避免喷溅就等于增加钢产量。

（2）喷溅冒烟污染环境。

（3）喷溅会加剧炉衬的蚀损，导致氧枪粘钢等事故，严重喷溅还会危及人身及设备安全。

（4）由于喷溅物大量喷出，不仅影响脱除 P、S，热量损失增大，还会引起钢水量变化，影响冶炼控制的稳定性，限制供氧强度的提高。

首钢 6t 转炉的分析数据（表 5-18）表明，大喷溅时金属损失 3.6%，小喷溅时金属损失 1.2%，若是避免喷溅发生，就相当于增加钢产量 1.2%~3.6%。对于一个年产 100 万吨钢的转炉炼钢车间，意味着增产 1.2 万~3.6 万吨钢。因此，转炉操作过程中，预防喷溅是十分重要的。

表 5-18　首钢 6t 转炉调查表　　　　（质量分数/%）

炉龄	化学损失	渣中铁损	烟尘损失	喷溅损失	合计	喷溅情况
26	4.99	2.16	1	3.57	11.72	大喷
79	4.97	1.86	1	1.17	9.00	小喷
208	5.07	2.08	1	0.54	8.69	微喷

通过对喷溅炉次进行分析发现，发生喷溅的炉渣成分最明显的变化是 TFe。表 5-19 的 $w_{(\text{FeO})}$ 也反映了这一点。

表 5-19　喷溅与炉渣成分表

取样时间/min	成　分	有喷溅炉次[①]		无喷溅炉次	
		三炉平均值	两炉平均值	三炉平均值	两炉平均值
6~7.5	R	4.1		4.3	
	$w_{(P_2O_5)}/\%$	24.2		28.2	
	$w_{(FeO)}/\%$	24.4		16.1	
9~12	R		2.4		3.55
	$w_{(P_2O_5)}/\%$		29.72		27.4
	$w_{(FeO)}/\%$		24.37		9.42

①取样时间是在喷溅开始后半分钟左右进行。

5.8.2.1　喷溅的类型

爆发性喷溅、泡沫性喷溅、金属喷溅是氧气转炉常见的喷溅。

（1）爆发性喷溅。吹炼过程中，当炉渣 FeO 积累较多时，由于加入渣料或冷却剂过多，造成熔池温度降低；或是操作不当，使炉渣黏度过大而阻碍 CO 气体排出。一旦温度升高，熔池内碳氧剧烈反应，产生大量 CO 气体急速排出，同时也使大量金属和炉渣喷出炉口，这种突发的现象称为爆发性喷溅。

（2）泡沫性（渣）喷溅。吹炼过程中，由于炉渣中表面活性物质较多，使炉渣泡沫化严重，在炉内 CO 气体大量排出时，从炉口溢出大量泡沫渣的现象，称为泡沫渣喷溅。

（3）金属喷溅。吹炼初期，炉渣尚未形成或吹炼中期炉渣返干时，固态或高黏度炉渣被顶吹氧射流和从反应区排出的 CO 气体推向炉壁。在这种情况下，金属液面裸露，由于氧气射流冲击力的作用，使金属液滴从炉口喷出，这种现象称为金属喷溅。

（4）其他喷溅。在某些特殊情况下，由于处理不当，也会产生喷溅。例如，在采用留渣操作时，渣中氧化性强，当兑铁水时如果兑入速度过快，可能使铁水中碳与炉渣中氧发生反应，引起铁水喷溅。又如在吹炼后期，采用补兑铁水时也可能造成喷溅。

5.8.2.2　产生喷溅的原因、预防和处理

A　爆发性喷溅

（1）爆发性喷溅产生的原因。熔池内碳氧反应不均衡发展，瞬时产生大量的 CO 气体，这是发生爆发性喷溅的根本原因。

碳氧反应：$[C]+(FeO)\!=\!\{CO\}+[Fe]$ 是吸热反应，反应速度受熔池碳含量、渣中 TFe 含量和温度的影响。由于操作原因熔池骤然受到冷却，抑制了正在迅速进行的碳氧反应；供入的氧气生成了大量（FeO），并积聚到 20% 以上时，熔池温度再度升高到 1450℃以上，碳氧反应重新以更猛烈的速度进行，瞬时间产生大量具有能量的 CO 气体从炉口喷出，同时还夹带着大量的钢水和熔渣，形成了较大的喷溅。例如二批渣料加入时间不当，在加入二批料之后不久，随之而来的大喷溅，就是由于上述原因产生的。

熔渣氧化性过高，熔池突然冷却后又升温等情况，均有可能发生爆发性喷溅。

（2）爆发性喷溅的预防和处理。根据爆发性喷溅产生的原因，可以从以下几方面预防：

1) 控制好熔池温度。前期温度不过低，中、后期温度不过高，均匀升温；碳氧反应得以均衡进行，消除爆发性碳氧反应的条件。

2) 控制 TFe 不出现积聚现象，以避免熔渣过分发泡或引起爆发性的碳氧反应。具体应注意以下情况：

①初期渣形成得早，应及时降枪以控制渣中 TFe；同时促进熔池升温，碳得以均衡地氧化，避免碳焰上来后的大喷。

②适时加入二批料，最好分小批多次加入，这样熔池温度不会明显降低，有利于消除因二批渣料的加入过分冷却熔池而造成的大喷。

③在处理炉渣"返干"，或加速终渣熔化，不要加入过量的萤石，或者用过高的枪位吹炼，以免终渣化得过早，或 TFe 积聚。

④终点适时降枪，枪位不宜过低；降枪过早熔池碳含量还较高，碳的氧化速度猛增，也会产生大喷。

⑤炉役前期炉腔小且温度低，要注意适时降枪，避免 TFe 含量过高，引起喷溅。

⑥补炉后炉衬温度偏低，前期温度随之降低，要注意及时降枪，控制渣中 TFe 含量，以免喷溅。

⑦若是留渣操作兑铁前必须采取冷凝熔渣的措施，防止产生爆发性喷溅。溅渣护炉后渣未倒净也会引发喷溅。

3) 吹炼过程一旦发生喷溅就不要轻易降枪，因为降枪以后，碳氧反应更加激烈，反而会加剧喷溅。此时可适当提枪，这样一方面可以缓和碳的反应和降低熔池升温速度，另一方面也可以借助于氧气流股的冲击作用吹开熔渣，利于气体的排出。

4) 当炉温过高时，可以在提枪的同时适当加一些石灰，稠化熔渣，有利于抑制喷溅，但加入量不宜过多。也可以用如废绝热板、小木块等密度较小的防喷剂，降低渣中 TFe 含量，以达到减少喷溅的目的。此外，适当降低顶吹氧流量，增大底吹流量，也可以减轻喷溅强度。

B 泡沫性喷溅

(1) 泡沫性喷溅产生的原因。有时各炉吹炼情况差不多，碳的氧化速度也不相上下。但有的炉次有大喷，有的就没有，这说明除了碳的氧化不均衡外，还有其他原因引起喷溅，如炉容比的大小、渣量多少、炉渣泡沫化程度等。

在铁水 Si、P 含量高，渣中 SiO_2、P_2O_5 含量也较高，渣量大时，再加上熔渣内 TFe 较高，熔渣表面张力降低，熔渣大泡阻碍着 CO 气体通畅排出。当炉渣起泡严重时，渣面上涨到接近于炉口，此时，只要有一个不大的推力，熔渣就会从炉口喷出，熔渣所夹带的金属液也随之而出，形成了喷溅。泡沫渣对熔池液面覆盖良好，对气体的排出有阻碍作用，因此严重的泡沫渣就是造成泡沫性喷溅的原因。

显然，渣量大比较容易产生喷溅；炉容比大的转炉，气体排出通畅，发生较大喷溅的可能性小些。

泡沫性喷溅渣中 TFe 较高，往往伴随着爆发性喷溅。

(2) 泡沫性喷溅的预防和处理。根据泡沫性喷溅产生的原因，预防的措施有：

1) 控制好铁水中的 Si、P 含量，最好是采用铁水预处理三脱技术。如果没有铁水预处理设施，可在吹炼过程中倒出部分酸性泡沫渣，再次造新渣可避免中期泡沫性喷溅。

2）控制好 TFe 含量不出现积聚，以免熔渣过分发泡。

C　金属喷溅

（1）金属喷溅产生的原因。当渣中 TFe 含量过低，析出高熔点化合物，熔渣变得黏稠，熔池被氧流吹开后熔渣不能及时返回覆盖液面，由于碳氧反应生成 CO 气体的排出，带动金属液滴飞出炉口，形成金属喷溅。飞溅的金属液滴黏附在氧枪喷头上，严重恶化了喷头的冷却条件，同时铁与铜形成低熔点共晶，降低了喷头熔点，导致喷头损坏。熔渣返干就会产生金属喷溅。可见，形成金属喷溅的原因与爆发性喷溅正好相反。

当长时间低枪位操作、二批料加入过早、炉渣未化透就急于降枪脱碳以及炉液面上涨而没有调整枪位，都有可能产生金属喷溅。

（2）金属喷溅的预防和处理。

1）分阶段定量装入应合理增加装入量，避免超装，防止熔池过深，炉容比过小。

2）炉底上涨应及时处理；经常测量炉液面，以防枪位控制不当。

3）控制好枪位，化好渣，避免枪位过低，TFe 过低。

4）控制合适的 TFe 含量，保持正常熔渣性能。

【技能训练】

项目 5.8-1　吹炼过程喷溅严重

喷溅是转炉炼钢过程中经常出现的一种异常情况，严重喷溅会造成金属料损失、危及人身和设备安全、影响脱磷脱硫效果、增加炉前清渣强度等问题。

转炉冶炼过程常会出现爆发性喷溅、泡沫性喷溅和金属喷溅。引起爆发性喷溅的根本原因是熔池内碳氧反应不均衡，瞬时产生大量 CO 气体，从炉口排出时将炉渣和金属带出炉口。泡沫性喷溅是在渣量较大、炉渣泡沫化严重、渣中 TFe 含量较高的情况下，造成炉渣从炉口的溢出。金属喷溅则是因为渣中 TFe 含量过低，炉渣黏稠，熔池被氧流吹开后熔渣不能及时返回覆盖液面，CO 气体的排出带着金属液滴飞出炉口而形成的。

对吹炼过程的喷溅，重点在于预防，其核心是防止炉渣中 TFe 的聚集。要点是合理控制氧枪枪位，选择适当的加料时机，控制合适的炉容比和渣量。如果控制不当出现喷溅，应及时加入部分活性石灰或高镁石灰，稠化炉渣来抑制喷溅。

项目 5.8-2　利用虚拟仿真实训室或钢铁大学网站进行氧气转炉吹炼喷溅的处理操作技能训练

已知铁水条件和吹炼钢种要求见表 0-1；主要辅原料的成分见表 0-2；合金成分及收得率见表 0-3。炼钢转炉公称吨位为 120t。

【知识拓展】

项目 5.8　喷溅预兆

A　观察火焰，从火焰特征中发现喷溅预兆

当发现火焰相对于正常火焰较暗，同时熔池温度较长时间升不上去，并有少量渣子随着喷出的火焰被带出炉外，此时如果摇炉不当往往会发生"低温喷溅"。

当发现火焰相对于正常火焰较亮，火焰较硬、直冲，有少量渣子随着火焰带出炉外，且炉内发出刺耳的声音，说明炉渣化得不好，大量气体不能均匀逸出，一旦有局部渣子化好，声音由刺耳转为柔和，就有可能发生"高温喷溅"。

B　应用音平化渣图上的音平曲线预报喷溅

音平曲线是指吹炼过程中炉内噪声强度的变化规律曲线。以开始吹炼时的噪声强度为100%，以后随着吹炼的进行，曲线上各点表示该时刻的噪声强度的百分值。该值越小（该点在曲线上的位置越高），表示炉渣泡沫化程度越强，即炉渣液面越接近炉口。

音平化渣图见图5-22。图中喷溅预警线位置相当于炉内炉渣面接近炉口的位置，当音平曲线向上超越此线时，微机就发出喷溅预报（发出蜂鸣声），即提醒操作者炉内炉渣液面已经接近炉口了，必须立即采取措施，否则马上就要发生喷溅了。

返干预警线相当于炉内炉渣液面低于氧枪喷头的位置。当音平曲线向下超过此线时，微机就发出返干预报，即告诉操作者炉内炉渣液面已低于氧枪喷头位置，必须立即采取措施，否则就要发生返干了。

两根预警线之间有一镰刀形状的区域，即为正常化渣区。要求控制冶炼中音平曲线在正常化渣区内波动。不同的原料条件和造渣工艺"二线一区"的位置和形状亦不同。

在转炉开吹后，噪声检测仪进入监控状态，并在显示器上显示出在线跟踪的音平曲线。吹炼2min后在显示器上自动画出炉渣返干和喷溅预警线，有助于提醒操作人员在吹炼过程中进行调整。

【思考与练习】

5.8-1　填空题

(1) 氧气转炉炼钢吹损由（　　）、（　　）渣中铁珠和氧化铁损失、喷溅损失组成。

(2) 转炉吹损的主要部分是（　　）。

(3) 炼钢熔池内发生爆发性碳氧反应，瞬时产生大量（　　）是造成爆发性喷溅的根本原因。

(4) 喷溅产生的根本原因是产生（　　）和（　　）。

(5) 氧气顶吹转炉吹炼喷溅主要有（　　）、（　　）和（　　）。

5.8-2　单项选择题

(1) 转炉吹损的主要部分是（　　）。

　　A. 机械吹损　　　B. 化学吹损或氧化损失　　　C. 烟尘及炉渣中铁损失

(2) 产生喷溅的根本原因是：（　　）

　　A. 熔池温度升高　　　　　　　　　B. 脱碳不均匀性

　　C. 形成泡沫渣　　　　　　　　　　D. 大量供氧

(3) 吹炼中、后期发生大的喷溅时，应采取（　　）控制方法。

　　A. 适当降低枪位，使渣中$\sum FeO$降低

　　B. 适当提高枪位，待反应平衡后，再降低枪位

　　C. 保持枪位不变

　　D. 以上答案均不正确

(4) 减少转炉炼钢吹损的主要措施，是设法减少（　　）。

　　A. 元素氧化损失　　　　B. 渣中氧化铁损失　　　　C. 喷溅

5.8-3　多项选择题

（1）转炉吹损的组成有（　　　）。

    A. 化学吹损 　　　　　　　　　　　　B. 机械吹损

    C. 烟尘及渣中铁损失 　　　　　　　　D. 装料损失

（2）转炉炉内要发生喷溅的征兆有（　　　）。

    A. 炉口火焰发飘发软 　　　　　　　　B. 从炉口向外甩渣片

    C. 炉内声音变小或无声音 　　　　　　D. 火焰白亮

（3）转炉冶炼过程出现喷溅是转炉生产非正常现象，（　　　）有可能导致喷溅。

    A. 铁水 Si、P 高 　　　　　　　　　　B. 装入量超装

    C. 冶炼过程供氧强度过高 　　　　　　D. 渣量过大

（4）氧气顶吹转炉操作中吹损的主要部分不正确的说法是（　　　）。

    A. 机械损失 　　　　　　　　　　　　B. 烟尘损失

    C. 化学损失或氧化损失 　　　　　　　D. 渣中铁珠损失

5.8-4　判断题

（1）爆发性喷溅产生的根本原因是产生爆发性的碳氧反应和一氧化碳气体排出受阻。

                                 （　　　）

（2）转炉喷溅大，吹损也大。喷溅小，吹损也小。当转炉内反应平稳不发生喷溅时则无吹损。
                                      （　　　）

（3）氧气转炉炼钢装入量过大会造成喷溅增加、化渣困难、炉帽寿命缩短。（　　　）

（4）氧气转炉炼钢炉容比大的炉子，不容易发生较大的喷溅。　　　（　　　）

（5）氧气顶吹转炉吹损计算公式为：[（装入量 − 出钢量）/ 出钢量] × 100% 。

                                     （　　　）

（6）氧气转炉炼钢炉内残存有高氧化亚铁（FeO）液态渣时，进行兑铁可能会产生喷溅事故。
                                      （　　　）

（7）氧气转炉炼钢若长时间采用过高枪位吹炼，容易产生爆发性喷溅。　（　　　）

（8）氧气转炉炼钢当发生炉渣喷溅时可以通过降低供氧强度，投加防溅剂、石灰或白云石等渣料压制炉渣继续泡沫化，减缓喷溅的发生。　　　　（　　　）

5.8-5　简述题及综述题

（1）名词解释：喷溅，转炉大喷溅，转炉吹损率。

（2）减少吹损的主要途径有哪些？

（3）爆发性喷溅产生的主要原因是什么？

（4）吹炼过程中引起爆发性喷溅的原因有哪些？

（5）论述氧气转炉吹炼喷溅的种类、喷溅产生的根本原因及处理措施。

教学活动建议

    本项目单元与实际生产紧密相连，文字表述多，抽象，难于理解，教学过程中，应利用现场视频及图片、虚拟仿真实训室或钢铁大学网站，进行转炉喷溅预防和处理操作训练，将讲授法、演示法、教学练相结合，实施"做中教"、"做中学"，以提高教学效果。

项目单元 5.9　半 钢 炼 钢

【学习目标】

知识目标：

（1）熟悉半钢炼钢与常规炼钢之间的异同点。

（2）掌握半钢炼钢工艺操作制度，特别是温度制度、造渣制度、供氧制度操作与常规炼钢相比所具有的特点。

能力目标：

（1）能陈述半钢炼钢与常规铁水炼钢之间的异同点。

（2）能熟练地进行半钢炼钢的工艺操作参数的调节和控制。

（3）能利用网络、图书馆收集相关资料、自主学习。

【任务描述】

（1）转炉炼钢工（班组长或炉长）根据车间生产值班调度下达的生产任务，编制原料配比方案和工艺操作方案。

（2）与原料工段协调完成半钢、废钢及其他辅料的供应。

（3）按照操作标准，组织本班组中控工、炉前工、摇炉工安全地完成半钢（铁水）及废钢的加入、吹氧冶炼、取样测温、出钢合金化、溅渣护炉、出渣等一套完整的冶炼操作。

（4）在进行冶炼操作过程中，根据转炉炼钢系统设备结构性能特点，运用计算机操作系统控制转炉的散装料系统设备、供氧系统设备、除尘系统设备，及时、准确地调整氧枪高度、炉渣成分、冶炼温度、钢液成分，完成煤气回收任务，按所炼钢种要求进行出钢合金化操作，保证炼出合格的钢水，并填写完整的冶炼记录。

（5）按计划做好炉衬的维护。

【相关知识点】

半钢是指含钒铁水经转炉、雾化炉提取钒渣之后，余下的金属。半钢是一种"化学冷"的炼钢中间产品，其特点是硅全部氧化，锰大部分氧化，碳少量氧化，除碳以外，半钢中的 Ti、Si、Mn、V 等元素的含量甚微。转炉提钒的半钢温度一般在 1360~1400℃，半钢碳含量一般在 3.6%~4.0%。

经过提取钒以后，半钢的物理热虽然有所增加，但由于硅、锰、碳等发热元素烧损较多（硅已为痕迹，锰的质量分数仅为 0.03%~0.20%，碳的质量分数一般也只有 3.6%~3.80%），造成热源严重不足，加之铁水硫含量高，炼钢脱硫任务重，使渣量不能太少，致使炼钢条件恶化。半钢碳、硫、温度的高低对后工序的主要影响有：

（1）半钢碳低使炼钢过程生产高、中碳钢种困难，化学热源不够，消耗废钢少或容易造成低吹。半钢碳高使炼钢过程吹炼时间长，一般要求半钢碳较高为好。

（2）半钢硫高使炼钢过程脱硫任务加重，石灰等材料消耗高，热源更加不足，甚至不能生产对硫要求严格的钢种。一般要求半钢硫越低越好。

（3）半钢温度是炼钢过程的物理热源，温度低，炼钢过程来渣慢，脱硫磷效果差，或容易造成低吹。要求半钢温度越高越好。

综上所述，为了保证炼钢品种炼成率，一般要求半钢入炼钢转炉的 $w_{[C]} \geqslant 3.7\%$，$T \geqslant 1360℃$，半钢余钒质量分数不大于 0.05%。

半钢在冶炼上的特点是：硅、锰等元素生成氧化物少，成渣困难；且元素氧化量少，使吹炼过程热量紧张。若半钢中磷、硫等杂质元素多，应采用双渣操作，但加入渣料增多和由于倒渣损失热量增大，更加感到成渣困难和热量不足。因此，要求半钢入炉温度不低于 1400℃，同时碳含量也应高些，最好使 $w_{[C]} > 3.5\%$。

半钢吹炼成钢工艺操作制度与常规炼钢基本相似，只不过必须考虑吹炼的热源和造渣的问题。

5.9.1　温度制度

倘若余碳高些，半钢温度在 1400℃ 左右，一般不需外加提温剂，也可以将半钢直接吹炼成低碳钢，也可吹炼中、高碳钢种（例如重轨钢）。若半钢温度与碳含量都较低时，或炉与炉间隔时间过长，热量不足时，需加提温剂。提温剂可用 Fe-Si、或 Fe-Al、或焦炭均可。碳含量低时，半钢出钢时可以加碳化硅增碳。

在生产实际中，过程温度的控制主要是根据铁水条件、冶炼钢种、炉子状况等因素来综合考虑。如铁水硫高，前、中期的温度要控制高一些；如为了脱磷，吹炼初期和中期温度应控制得适当低一些，同时要保持适当的氧枪枪位。近几年来，随着铁水炉外脱硫技术的不断进步，使炼钢渣量减少，转炉热效率得到提高，温度紧张的局面得到了一定的缓解。

5.9.2　造渣制度

半钢中 Si、Mn 含量低，转炉在开吹的同时即进入碳的氧化期，而缺少了硅、锰氧化期，渣中 TFe 与 SiO_2 含量都低，石灰的渣化困难，成渣速度慢，在造渣操作上目前采用的是留渣法，这样不但加速了初期渣的形成，而且较好地缓解了冶炼过程温度不足的矛盾。

半钢中由于硅含量低，石灰加入量通常是根据钢水要求，入炉铁水（半钢）中的磷、硫含量来确定的。某厂转炉半钢冶炼石灰加入量见表 5-20。

表 5-20　活性石灰加入量　　　　　　　　（kg）

入炉含量/% 钢种含量/%	≤0.070	0.071~0.080	0.081~0.090	>0.090
≤0.035	2.5~3.0	3.0~3.5	3.5~4.0	4.0~4.5
≤0.025	2.8~3.2	3.4~4.0	4.0~4.5	4.5~5.0
≤0.020	3.0~4.0	3.5~4.5	4.5~5.0	5.0~5.5
≤0.015	4.0~4.5	4.5~5.0	5.0~5.5	5.5~6.0
≤0.010	4.0~5.0	5.0~5.5	5.0~5.5	5.5~6.0

半钢转炉冶炼除活性石灰外，加入的主要造渣材料还有复合造渣剂和轻烧白云石，其中复合造渣剂主要作用是促进化渣和调整碱度，而轻烧白云石的作用主要在于提高渣中 MgO 含量（渣中 MgO 含量在 8%~12%），使其达到溅渣护炉的要求。早期半钢冶炼没有采用复合造渣剂，外加辅助造渣材料使用的是石英砂、锰矿、萤石等。从整个造渣过程来看，氧枪枪位的控制至关重要，通过控制变化氧枪枪位，确保熔池相当高的（ΣFeO）含量，才能保证炉渣的快速形成。某厂转炉造渣过程枪位控制见表 5-21。

表 5-21　转炉造渣过程枪位控制

吹炼期	吹炼前期	吹炼中期	吹炼后期
氧枪枪位/m	开吹枪位 1.5 化渣枪位 2.2	多次变换枪位 1.5~2.0	终点枪位 1.2

针对半钢冶炼的特点，造渣材料的选择应具备以下性质：熔点低，熔化吸热少，对炉衬侵蚀小。CaF_2、$CaCl_2$ 和 K_2O、Na_2O 的物质熔点低，具有降低石灰熔点和助熔的作用，但其高挥发性和对炉衬的侵蚀严重，由于其冷却效应大，使炉内降温多，也应适量使用。某厂半钢炼钢采用过的造渣材料如下：

（1）石灰+火砖块+锰铁矿+萤石造渣。由于加入了火砖块，渣中 SiO_2、Al_2O_3 成分增多，这对加速成渣，改善终渣流动性起了良好的作用，粘枪问题也得到了解块。此外，还可以用石英砂和萤石作为化渣剂加快成渣。石英砂主要成分是 SiO_2，加入后调整炉渣碱度、流动性和渣量，也可防止粘枪。萤石尽量少用。

（2）石灰+锰铁矿石+萤石+安山岩造渣。与火砖块相比安山岩的 SiO_2 含量高，Al_2O_3 含量较低，化渣效果较好。终渣的 C_3S 矿物含量较高，因而终渣的黏度有所增加，可以减轻对炉衬的蚀损，但是安山岩还含有 K_2O 和 Na_2O，对炉衬有侵蚀作用，所以可用玄武石代替安山岩造渣。这样渣中除了有一定的 SiO_2 含量外，还含有 Al_2O_3、MgO 和 TFe，同时 Al_2O_3 含量适中，化渣速度较快，粘枪也较轻。

（3）石灰+高镁石灰+复合造渣剂+白云石。某厂使用典型造渣材料成分见表 5-22~表 5-25。

表 5-22　活性石灰理化指标

项目	w_{CaO}/%	$w_{CaO+MgO}$/%	w_S/%	活性度（4mol/mL，40℃±1℃ 10min）/mL
指标	≥85	≥88	≤0.04	≥330

表 5-23　轻烧白云石理化指标　　　　　　（质量分数/%）

等级	MgO	MgO+CaO	S	P	灼烧减量
I	≥35.0	≥75.0	≤0.09	≤0.06	≤20.0
II	≥32.5				
III	≥30.0				
IV	≥30.0	≥73.0			≤24.0

表 5-24　萤石、锰矿和石英砂的主要成分　　　　（质量分数/%）

名称	TMn	TFe	CaF$_2$	Fe$_2$O$_3$	SiO$_2$	S	P	H$_2$O
萤石			≥80		≤19	≤0.10	≤0.06	
锰矿	≥18	5~25				≤0.20	≤0.20	
石英砂				1.0~2.0	≥90.0	≤0.05	≤0.05	≤3.0

表 5-25　复合造渣剂主要化学成分　　　　（质量分数/%）

成分	SiO$_2$	MnO	TFe	P	S
要求	47.0~55.0	≥4.5	≥12.0	≤0.10	≤0.15

【思考与练习】

5.9-1　判断题

（1）半钢吹炼成钢与常规炼钢工艺制度基本相同，只不过必须考虑吹炼的热源和造渣的问题。　　　　　　　　　　　　　　　　　　　　　　　　　（　　）

（2）半钢冶炼渣中 TFe 与 SiO$_2$、MnO 含量都较高，石灰的渣化容易，成渣速度快。

（　　）

（3）半钢与含钒铁水相比具有碳的质量分数降低，硅已为痕迹量，化学热减少等特点。

（　　）

5.9-2　简述题

（1）半钢有何特点？

（2）半钢冶炼与常规冶炼有何异同点？

教学活动建议

本项目单元是在氧气顶吹转炉常规铁水炼钢工艺制度学习之后进行的，由于半钢吹炼成钢工艺操作制度与常规炼钢基本相似，因此建议运用比较法教学，这样使学生既掌握了常规铁水条件炼钢的共性，又掌握了半钢炼钢的个性，即半钢炼钢与常规铁水条件炼钢的差异。另外，本项目单元也与生产紧密相连，文字表述多，抽象，难于理解，在教学活动之前学生应到企业现场参观实习，具有感性认识；教学活动过程中，利用多媒体教学设施、现场视频及图片，将比较法、讲授法、教学练相结合。

查一查

学生利用课余时间，自主查阅企业转炉半钢炼钢的作业标准，半钢炼钢的文献资料。

项目单元 5.10　不合格钢处理

【学习目标】

知识目标：

（1）熟悉低温钢、高温钢、化学成分不合格及回炉钢的产生原因。

（2）掌握低温钢、高温钢、化学成分不合格及回炉钢的预防、处理操作。

能力目标：

（1）能熟练进行低温钢、高温钢、化学成分不合格及回炉钢的预防、处理操作。

（2）能利用网络、图书馆收集相关资料、自主学习。

【任务描述】

转炉炼钢吹炼过程中，由于工艺操作、设备操作及判断失误等原因，有时会出现冶炼的钢不合格，需进行处理操作。

【相关知识点】

5.10.1　低温钢

氧气转炉炼钢过程依据原材料条件和冶炼钢种终点要求，从热平衡计算可知，一般均有较多的富余热量，但在生产中往往由于操作不合理，判断失误，因而出现低温钢，其主要原因有：

（1）吹炼过程中操作者不注意温度的合理控制，在到达终点时，火焰不清晰，判断不准确或所使用的铁水含磷、硫量高，在吹炼过程中多次进行倒炉倒渣、反复加石灰，致使熔池热量大量损失，钢水温度下降。

（2）新炉阶段炉温低，炉衬吸热多，到达终点时出钢温度虽然可以，但因出钢口小或等待出钢时间过长，钢水温度下降较多造成。老炉阶段由于熔池搅拌不良，使金属液温度、成分出现不均匀现象，而取样及热电偶测量的温度多在熔池上部，往往高于实际温度，其结果不具有代表性，致使判断失误。

（3）出钢时钢水温度合适，由于使用凉包或包内粘有冷钢，钢水温度下降造成或出钢时铁合金加入过早，堆集在包底，使钢水温度降低。或出钢后包内镇静时间过长或由于设备故障不能及时进行浇注所致。

（4）吹炼过程从火焰判断及测量钢水温度来看，似乎温度足够，但实际上熔池内尚有大型废钢未完全熔化，或石灰结坨尚未成渣及至终点时，废钢或渣坨突然熔化，大量吸收熔池热量，致使熔池温度降低。

在生产中要避免产生低温钢，操作人员就要根据具体原因，采取相应处理方法及时处理。

（1）吹炼过程合理控制炉温，避免石灰结坨，石灰结坨时可从炉口火焰或炉膛响声发现，要及时处理，不要等到吹炼终点时再处理。

（2）吹炼过程加入重型废钢，过程温度控制应适当偏高些。吹炼末期特别是老炉阶段，喷枪位置要低些，一方面可以适当降低渣中氧化铁含量，另一方面还可以加强熔池搅拌，均匀熔池温度，绝对避免高枪位吹炼。

（3）出钢口修补时不要口径过小，以免出钢时间长，降低钢水温度。吹炼过程尽量缩短补吹时间，终点判断合格后要及时组织出钢。

（4）吹炼过程若温度过低可采取调温措施。通常的办法是向炉内加硅铁、锰铁，甚至金属铝，并降低枪位，加速反应，提高温度。若出钢后发现温度低，要慎重处理，必要时可组织回炉以减少损失，切不可勉强进行浇注。若钢水碳含量高，可采取适当补吹进行提温。

5.10.2　高温钢

高温钢是由于吹炼过程中过程温度控制过高、冷却剂配比不合适等造成终点温度过高而又未加以合理调整所致。

出钢前发现炉温过高，可适当加入炉料冷却熔池，并采用点吹使熔池温度、成分均匀，测温合格后即可出钢。小型转炉在出钢过程中可向包中加入适量的清洁小废钢或生铁块，若出钢温度高出不多时，亦可适当延长镇静时间降低钢水温度。

吹炼过程中发现温度过高，要及时采取降温措施，可向炉内加入氧化铁皮或铁矿石，应分批加入，注意用量。目前有的厂用追加多批石灰的办法降温。其目的在于既降温又去除硫、磷。用石灰降温虽可提高炉渣碱度，有利于硫、磷的去除，但降温效果不如氧化铁皮，而且碱度过高也无必要。

5.10.3　化学成分不合格

5.10.3.1　碳不合格

目前国内大多数氧气顶吹转炉炼钢厂都是通过经验进行终点碳的判断。由于炉前操作人员经验不足，或操作时精力不集中，或枪位操作不合理，造成误差致使碳不合格。

5.10.3.2　锰不合格

A　产生原因

（1）铁合金计量出现差错；或计算加入量时出现差错；或铁合金混杂堆放，将硅锰合金误认为锰铁使用造成废品。

（2）铁水装入量不准，或波动较大造成出钢量估计不准；或铁水锰含量发生变化，到达终点时对钢水余锰估计不准。或因出钢口过大，出钢时下渣过多，包内钢水大翻，使合金元素吸收率发生变化且估计不足，同时又未及时调整合金加入量；或对钢水温度、氧化性的变化及影响合金元素吸收率情况估计不足。

（3）设备运转失灵，使合金部分或全部加在包外，而又未及时发现及时调整。

B　处理方法

（1）认真计算合金加入量，坚持验秤制度，合金要分类按规定堆放，铁水装入量要准确，准确判断终点碳，注意合金加入顺序及吸收率变化，准确判断余锰量。

（2）采用出钢挡渣技术，严禁出钢下渣。

5.10.3.3　磷不合格

A　产生原因

（1）出钢口过大，出钢过程下渣过多；或出钢时合金加得不当。或终渣碱度低，出钢温度高，出钢后钢水在包内镇静及浇注延续时间比较长；或包内不清洁，粘渣太多；或化验分析误差，造成判断失误；或所取钢样不具有代表性，判断失误所致。

（2）终点控制在第一次拉碳时磷已合格，但由于碳含量高，或其他原因进行补吹，补吹时控制不当，使熔池温度升高，氧化铁还原；或由于碱度低可能造成回磷，同时又误认为磷已合格，未分析终点磷含量，致使磷出格。

B 处理方法

（1）认真修补好出钢口，采用出钢挡渣技术，尽量减少出钢时带渣现象。控制合适炉渣碱度及终点温度；出钢后投加石灰稠化炉渣。

（2）第一次拉碳合格后，若碳高需补吹则要根据温度、碱度等酌情补加石灰、调整好枪位，防止氧化铁还原太多炉渣产生返干。坚持分析终点磷，尽量减少钢水在包中停留时间。

5.10.3.4 硫不合格

A 产生原因

（1）吹炼操作不正常被迫采取后吹，此时钢水中碳含量已很低，其氧含量本来就很高，再经过后吹，使渣中$\Sigma(FeO)$含量提高，从而使渣中硫向钢水中扩散造成回硫；或吹炼后期渣子化得不好，渣子黏稠，炉渣产生返干现象，流动性差，没能起到脱硫作用；或炉衬及包内耐火材料受到炉渣侵蚀，使炉渣碱度降低所致。

（2）合金中硫含量高；或由于终点碳含量低，采用炭粉或生铁块增碳，由于本身硫含量高而造成；或吹炼中所使用的铁水、石灰、铁矿石等原材料硫含量突然增加，炉前操作人员不知道，又未能采取相应措施；或吹炼过程炉渣数量太少，而且炉温较低导致硫高。

B 处理方法

吹炼过程注意化好渣，保证炉渣流动性要好，碱度要高，渣量相应大些，炉温适当高些。同时注意观察了解所用原料硫含量的变化，采用出钢挡渣技术，严禁出钢下渣。

5.10.3.5 氮出格

转炉炼钢具有良好的去氮效果，但是钢水在出钢-精炼-浇注过程中会吸收空气中的氮增加钢中氮含量。在后吹、出钢散流、高温钢、合金氮含量高，以及炉外精炼电弧加热化渣不好，精炼、浇注过程密封，保护浇注措施不到位，都可能造成氮含量超标。

冶炼过程控制好工艺参数，通过真空精炼脱氮，采用全保护浇注，减少氮出格。

5.10.4 回炉钢

5.10.4.1 产生原因

（1）吹炼过程由于操作人员操作不当，使终点钢水温度、成分不均匀而造成回炉。

（2）由于浇注设备出现故障不能及时浇钢使包内钢水温度迅速下降。

5.10.4.2 处理方法

回炉钢处理前必须对钢水回炉的原因、钢种、成分、温度、回炉量、补兑铁水量、铁水成分和温度了解清楚，参考正常吹炼的一些参数，综合分析，确定处理办法。

吹炼回炉钢关键是安全操作，控制好终点温度和成分。注意以下几个方面：

（1）回炉钢必须先倒渣，整炉钢分为两至三炉处理；硅钢、16Mn 等低合金钢种，回炉的数量不能超过装入量的一半，并且要特别注意终点钢水成分。

（2）回炉钢水与废钢冷却效应换算可参考：3t 碳素钢水相当于 1t 冷废钢的冷却效应；5t 低合金钢水相当于 1t 冷废钢的冷却效应。

（3）回炉钢处理只能吹炼普通钢，如热量不足，则配加适量的焦炭或硅铁补充热量。

（4）根据补充兑入铁水后的综合成分配加渣料，终渣碱度控制在 3.0~3.4，渣料可在开吹后一次加入。

（5）开吹枪位可在正常枪位或酌情降低。过程枪位控制要十分小心，既要化好渣，又要防止烧枪和喷溅。

（6）加入合金时应注意元素吸收率变化的影响。合金元素的吸收率比正常吹炼要偏低。

【思考与练习】

5.10　简述题

（1）简述氧气转炉吹炼过程中出现高温钢的原因？

（2）如何防止钢液锰成分出格？

（3）如何防止钢液磷成分出格？

（4）如何防止钢液硫成分出格？

教学活动建议

本项目单元是围绕一炉钢冶炼过程中产生的事故作为案例，教学活动过程中，利用多媒体教学课件，将案例式、讲授法、理论联系实际及课堂互动相结合。

查一查

学生利用课余时间，自主查阅企业转炉炼钢生产出现的案例文献资料。

项目 6 氧气复吹转炉炼钢生产

项目单元 6.1 氧气底吹转炉炼钢综述

【学习目标】

知识目标：

（1）了解氧气底吹转炉炼钢法发展状况、设备组成及结构特点。

（2）了解氧气底吹转炉炼钢法基本熔池反应。

（3）熟悉氧气底吹转炉冶炼一炉钢主要的工艺制度组成。

能力目标：

（1）会陈述氧气底吹转炉冶炼一炉钢的主要环节及工艺制度组成。

（2）能利用网络、图书馆收集相关资料、自主学习。

【任务描述】

（1）转炉炼钢工（班组长或炉长）根据车间生产值班调度下达的生产任务，编制原料配比方案和工艺操作方案。

（2）转炉炼钢工（班组长或炉长）组织本班组员按照操作标准，安全地完成低吹冶炼、取样测温、出钢合金化、炉衬维护、出渣等完整的冶炼操作。

【相关知识点】

6.1.1 氧气底吹转炉炼钢发展状况

1952 年氧气顶吹转炉炼钢出现后，很快发展成为世界上生产规模最大的炼钢方法，为了解决吹炼高磷铁水的问题，世界各国都做了不少努力，如比利时和法国同时发明处理高磷生铁的氧气石灰粉法（LD-AC）法，瑞典发明的卡尔多法，德国发明的旋转式转炉炼钢法等。虽然这些方法的脱磷效果均高于普通氧气顶吹转炉炼钢法，但因生产率低、设备费用高、操作复杂等缺点而未能取得很大进展。

直到 1967 年德国马克希米利安公司与加拿大莱尔奎特公司共同协作试验，成功开发了氧气底吹转炉炼钢法，即从转炉底部的氧气喷嘴把氧气吹入炉内熔池的转炉炼钢工艺，此法命名为 OBM 法（Oxygen Bottom Blowing Method）。采用同心套管结构的喷嘴，其内层钢管通氧气，该钢管与其外层无缝钢管的环缝钢管的环缝中通碳氢化合物，利用包围在氧气外面的碳氢化合物的裂解吸热和形成还原性气幕冷却保护氧气喷嘴。与此同时，比利时、法国都研制成功了与 OBM 法相类似的工艺方法。法国命名为 LWS 法（采用液态的燃料油作为氧气喷嘴的冷却介质）。1971 年美国合众钢铁公司引进了 OBM 法，成功采用喷石灰粉吹炼高磷铁水，命名为 Q-BOP 法（Quiet-BOP），如图 6-1 所示。1978 年，世界各国已投产的氧气底吹转炉年产钢总能力达到 3548 万吨。

氧气底吹转炉炼钢法与氧气顶吹转炉炼钢法相比，在炉底耐火材料寿命、喷嘴的维护以及由于吹入碳氢气体造成钢中氢含量增加等方面存在一定问题，但设备投资低，并适宜于吹炼高磷铁水和利于原有车间改造，所以 20 世纪 70 年代至 80 年代氧气底吹转炉炼钢法在欧洲、美国和日本得到了发展。国外氧气底吹转炉最大容量为 250t（日本川崎钢铁公司千叶厂），供氧强度达 $3.6m^3/(t \cdot min)$。

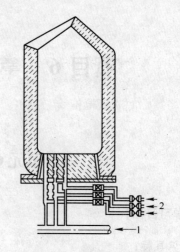

图 6-1　Q-BOP 法转炉结构
1—氧气或氧气和石灰粉；2—冷却介质

6.1.2　氧气底吹转炉设备

氧气底吹转炉的炉体结构与氧气顶吹转炉相似，其差别在于前者装有带喷嘴的活动炉底，由于吹炼平稳，喷溅少，所以炉体的高度与直径之比小于氧气顶吹转炉。另外，耳轴结构比较复杂，是空心的，并有开口，通过此口将输送氧气、保护介质及粉状熔剂的管路引至炉底与分配器相接，如图 6-2 所示。

氧气底吹转炉炉底包括炉底钢板、炉底塞、喷嘴、炉底固定件等，如图 6-3 所示。喷嘴装在炉底塞上。当炉底塞砌砖或打结耐火材料时，在预定位置埋入钢管。开炉前，将套管式喷嘴插入预埋钢管内，用螺纹活接头与炉底钢板连接。氧气底吹转炉炉底喷嘴布置形式有三种：一是喷嘴均匀布置于以炉底中心为圆心的圆周上；二是大致均匀布置于整个炉

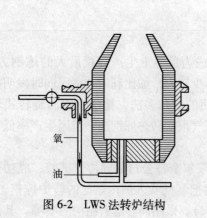

图 6-2　LWS 法转炉结构

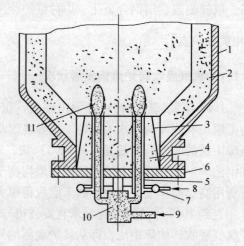

图 6-3　氧气底吹转炉炉底结构示意图
1—炉壳；2—炉衬；3—环缝；4—炉底塞；5—套管式喷嘴；
6—炉底钢板；7—保护介质分配环；8—保护介质；
9—氧和石灰粉；10—氧和石灰粉分配箱；11—舌状气袋

底上；三是布置在半个炉底上。喷嘴数量因吨位不同而不同，一般为 6~22 个，例如 230t 氧气底吹转炉有 18~22 个喷嘴，150t 氧气底吹转炉有 12~18 个喷嘴；但喷嘴数量至少不得少于 4 个；喷嘴的供气截面积以平方厘米表示时其数值应为转炉公称容量的 1~3 倍；喷嘴的直径约为熔池深度的 1/35~1/15。若底吹石灰粉时，应使喷嘴直径稍大一些，以防止堵塞。底吹氧枪枪距应该大于 300mm，氧枪与炉墙的距离不小于 600mm。

高压 $(6~10) \times 10^5 Pa$ 氧气和保护介质喷入熔池后，流股将膨胀成舌状气袋。氧气进入熔池时的速度为声速或接近声速，气袋中心的速度最高，沿四周逐渐降低，至边缘处其速度趋于零。氧气离开舌状气袋时，将以气泡形式扩散到熔池内，并与金属液混合参加反应或为熔池吸收。保护介质喷出后，在靠近炉底处包围着氧气袋，并在高温作用下立即吸热裂解成碳和氢，裂解所生成的碳，一部分沉积于炉底，一部分进入熔池；而另一产物氢，其一部分随 CO 气泡上浮排除，另一部分被金属液所吸收。保护介质对喷嘴和炉底能起保护作用。一方面是因为它的裂解吸热而使喷嘴和炉底受到冷却，另一方面是由于它包围着氧气袋，使喷嘴附近氧与金属液的反应速度减慢所致。在吹炼过程中，喷嘴始终淹没在金属液内，所以喷嘴随炉衬消耗而消耗。

6.1.3 熔池反应的基本特点

6.1.3.1 吹炼过程中钢水成分的变化

吹炼过程中钢水成分的变化如图 6-4 所示。

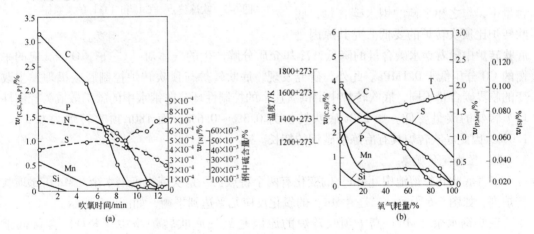

图 6-4 氧气底吹转炉吹炼高磷铁水时的成分变化

(a) 不喷吹石灰；(b) 喷吹石灰

吹炼初期，铁水中 [Si]、[Mn] 优先氧化，但 [Mn] 的氧化只有 30%~40%，这与 LD 转炉吹炼初期有 70% 以上锰氧化不同。

吹炼中期，铁水中大量氧化，氧的脱碳速度利用率几乎是 100%，而且铁矿石、氧化铁皮分解出来的氧，也被脱碳反应消耗掉，这体现了氧气底吹转炉比氧气顶吹转炉具有熔池搅拌良好的特点，搅拌强度比顶吹转炉增大 1~1.5 倍。搅拌强度的增加，使气体-金属的界面积增大，从而使脱碳速度加快，冶炼时间缩短 5~9min。由于良好的熔池搅拌贯穿整个吹炼过程，所以渣中的（FeO）被［C］还原，渣中（FeO）含量低于 LD 转炉，铁合金收得率高。

A　［C］-［O］平衡

氧气底吹转炉同顶吹转炉一样，在铁水碳含量高时，脱碳速度取决于供氧强度；当碳含量低于临界碳含量时，铁水中碳的传质又成为脱碳的限制环节。也只有当铁水中碳含量小于临界碳含量时，熔池中的铁才开始强烈氧化。通常，氧气底吹转炉的供氧强度可达顶吹转炉的两倍，即为 $6\sim8m^3/(t\cdot min)$，因而临界碳含量值为 0.2% 左右。由此可见，在底吹转炉吹炼过程中，当金属液碳含量小于 0.2% 以后，渣中（FeO）才大量生成。

氧气底吹转炉和氧气顶吹转炉吹炼终点钢水碳含量 $w_{[C]}$ 与氧含量 $w_{[O]}$ 的关系如图 6-5 所示。

在钢水中 $w_{[C]}>0.07\%$ 时，氧气底吹转炉和氧气顶吹转炉的［C］-［O］关系都比较接近 p_{CO} 为 0.1MPa、1600℃时的［C］-［O］平衡关系，但当钢水中 $w_{[C]}<0.07\%$ 时，氧气底吹转炉内的［C］-［O］关系低于 p_{CO} 为 0.1MPa 时［C］-［O］平衡关系，这说明氧气底吹转炉和氧气顶吹转炉在相同的钢水氧含量下，与之相平衡的钢水碳含量，底吹转炉比顶吹转炉的要低。究其原因是

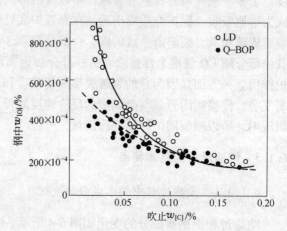

图 6-5　吹炼终点［C］和［O］的关系图

底吹转炉中随着钢水碳含量的降低，冷却介质分解产生的气体对［C］-［O］反应的平衡的 CO 分压低于 0.1MPa。此外，研究发现，底吹转炉与顶吹转炉控制脱碳机理发生改变的临界碳含量不同，底吹转炉中由供氧速率的控制性环节向钢水中的碳扩散成为控制性环节转变的碳量要低。如 230t 底吹转炉为 0.3%～0.6%，而 180t 顶吹转炉为 0.5%～1.0%，因此底吹转炉具有冶炼低碳钢的特长。

B　锰的变化规律

氧气底吹转炉熔池中［Mn］的变化有两个特点：一是吹炼终点钢水余［Mn］比顶吹转炉高，如图 6-6 所示；二是［Mn］的氧化反应几乎达到平衡，如图 6-7 所示。

底吹钢水余［Mn］高于顶吹转炉的原因是氧气底吹转炉渣中（FeO）含量低于顶吹转炉，而且 CO 分压（约 0.04MPa）低于顶吹转炉的 0.1MPa，相当于顶吹转炉中的［O］活度高于底吹转炉的 2.5 倍。此外，底吹转炉喷嘴上部的氧压高，易产生强制氧化，Si 氧化为 SiO_2 并被石灰粉中 CaO 所固定，这样 MnO 的活度增大，钢水余锰增加。

底吹转炉钢水中［Mn］含量取决于炉渣的氧化性，其反应式可写为：

$$（FeO）+［Mn］=（MnO）+［Fe］ \tag{6-1}$$

$$\lg K=\lg\frac{x_{(MnO)}}{w_{[Mn]}\cdot x_{(FeO)}}=\frac{6440}{T}-2.95 \tag{6-2}$$

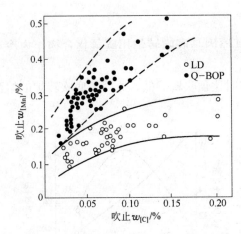

图 6-6　氧气底吹转炉与氧气顶吹转炉吹炼
终点钢水余 [Mn] 与 [C] 的关系

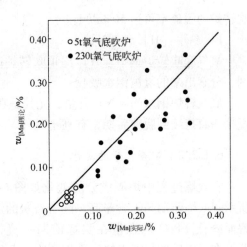

图 6-7　钢水中 $w_{[Mn]}$ 的理论值和
实际值的比较

按照上式计算的钢水中 [Mn] 含量与实际 [Mn] 含量如图 6-7 所示，可以看出两者的变化趋势比较一致。

C　脱磷

由于底吹转炉脱碳的特点，因而使其在吹炼的前期渣中（FeO）低，从而妨碍石灰的熔解，使脱磷任务往后延迟。只有在吹炼后期，当金属液含碳低时，渣中（FeO）增加才能加速石灰熔解，有利于大量脱磷。这种后期脱磷是氧气底吹转炉炼钢的一个特点，极大地阻碍高碳钢种在底吹转炉上的生产。

为了使底吹转炉提前脱磷，采用喷吹石灰粉操作。氧气底吹转炉喷吹石灰粉脱磷的机理是：由炉底随氧气吹入的石灰粉首先在喷吹区生成铁酸钙，铁酸钙熔点低，在熔池中熔化上浮。在铁酸钙熔化后，由于铁酸钙对磷有极高的反应性能，可以很快地进行下列反应：

$$2[P] + 5(FeO \cdot nCaO) = (nCaO \cdot P_2O_5) + 5Fe$$
$$2[P] + 5/3(Fe_2O_3 \cdot nCaO) = (nCaO \cdot P_2O_5) + 10/3Fe$$

喷吹石灰粉对脱磷十分有利，它可以充分利用石灰粉反应表面积大，炉底连续供给新渣以及渣粒在熔池中缓慢上升过程中完成脱磷任务。日本研究者发现，在全部的脱磷任务中，有 50%~70% 的脱磷任务是石灰粉在铁水上浮过程中发生反应而去除的，熔池上部炉渣脱磷仅为 25%~40%。

生产实践表明，底吹转炉在低碳范围内，其脱磷并不逊色于 LD 炉。其原因可归纳为在底吹喷嘴上部气体中氧分压高，产生强制氧化，磷生成 PO（气），并被固体石灰粉迅速化合为 $3CaO \cdot P_2O_5$，从而具有 LD 转炉所没有的比较强的脱磷能力。在转炉火点下生成的 $Fe_2O_3 \cdot P_2O_5$ 则比较稳定，在还原速度缓慢，尤其是在低碳范围时，脱磷明显。

D　脱硫

氧气底吹转炉在吹炼过程中，金属液和炉渣的氧化性比顶吹转炉低，这一特点对脱硫是有利的。另外，底吹的氧气可与硫直接发生反应，增大气化脱硫的比例。因此，氧气底吹转炉的脱硫率可达 50% 以上。

E　钢中 [H] 和 [N]

氧气底吹转炉钢中 [H] 比顶吹转炉高，其原因是底吹转炉用碳氢化合物作为冷却剂，分解出来的氢被钢水吸收。

底吹转炉钢水的 [N] 含量，尤其是在低碳时比顶吹转炉低，原因是底吹转炉的熔池搅拌一直持续到脱碳后期，有利于脱气。

6.1.3.2　炉渣成分的变化

在吹炼过程中炉渣成分的变化如图 6-8 所示。吹炼前期 SiO_2 含量高，随着石灰的熔解而降低。FeO 的含量在吹炼前期一直很低，在吹炼后期提高很快。采用喷吹石灰粉操作，可使吹炼过程中保持较高的 CaO 含量，有利于稳定脱磷。

若不喷吹石灰粉，将使初期渣中 CaO 含量大大降低，而 P_2O_5 的含量也会在后期才稳定。

6.1.4　工艺操作

氧气底吹转炉工艺环节与氧气顶吹转炉基本相似，现介绍如下。

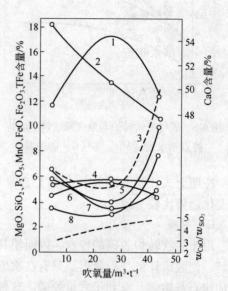

图 6-8　Q-BOP 法吹炼过程中炉渣成分的变化
1—CaO；2—SiO_2；3—TFe；4—P_2O_5；
5—Fe_2O_3；6—MgO；7—MnO；8—FeO

A　装料

氧气底吹转炉的装料制度与顶吹转炉相当，只是炉底有喷嘴，故装料次序一般是先加石灰，然后兑铁水，最后加废钢，以免装料时撞坏喷嘴。为了避免兑铁水时使喷嘴阻塞，一般在兑铁水前先供氧，氧压约为 0.2MPa，铁水兑完后，摇正转炉，提高氧压进行正常吹炼。

氧气底吹转炉装料时炉容比比顶吹转炉小些，通常为 $0.6m^3/t$ 左右。

B　供氧压力与供氧强度

底吹转炉的供氧压力一般为 0.6~1.0MPa，也有高达 1.6MPa。当底部喷吹石灰粉时，喷粉罐充压 1.4MPa，使随氧气喷入炉内的石灰粉为 $1~2kg/m^3$。

底吹转炉的供氧强度视生产实际中炉内反应和搅拌情况而确定，通常控制在 $4~6m^3/(t \cdot min)$。

C　冷却介质压力控制

由于氧气底吹转炉采用不同的冷却介质，故各种冷却介质压力控制不尽相同，其目的都是根据冷却介质的冷却能力有效地保护喷嘴不被损坏。根据各厂矿使用的情况来看，采用燃料油作冷却介质时，油压控制在 0.2~0.6MPa，开吹时控制高些，正常冶炼时控制低些。油量消耗为 3L/t，采用丙烷 C_3H_8 冷却时最大控制压力为 0.8MPa，生产中常用 0.4~0.6MPa，丙烷气体流量为氧气流量的 2.5%~4%；用

CO_2 冷却时压力控制在 $0.85 \sim 1.05MPa$，流量的体积比为 CO_2 为 $40\% \sim 45\%$，氧气为 $55\% \sim 60\%$。

D 氧气消耗

氧气底吹转炉的氧气利用率较高，因而氧气消耗较少。吹炼低磷铁水时，氧耗为 $40 \sim 50m^3/t$；吹炼高磷铁水时氧耗为 $50 \sim 60m^3/t$。对于采用燃料作冷却介质时，由于燃料燃烧耗氧，将使氧耗增加。

E 供氧时间

正常情况下，由于底吹转炉供氧强度大，供氧时间为 $9 \sim 13min$，其供氧时间的控制可以根据全炉钢水吹炼过程耗氧量来确定。

F 造渣

底吹转炉的造渣有加石灰块和喷吹石灰粉两种工艺。

6.1.5 底吹转炉与顶吹转炉的比较

顶吹转炉与底吹转炉的比较综述于表 6-1。

表 6-1 顶吹转炉与底吹转炉的比较

顶 吹 法	底 吹 法
1. 工艺简单	1. 搅拌能力大
2. 生产率高	2. 渣-金属间反应动力学条件改善
3. 废钢熔化率高，适应性强	3. 没有渣的过氧化，铁损失较少
4. 成渣易于控制	4. 合金回收率较高
5. 吹炼操作灵活	5. 氮含量较低
6. 耐火材料寿命长	6. 喷溅少，烟尘生成少
7. 可脱碳加热	7. 较易预热废钢
8. 在高碳含量下可较好脱磷	8. 高重复性
9. 氧流及其搅拌仅作用于局部，而且不到冶炼结束	9. 废钢熔化能力较低（炉子热效率降低）
10. 熔池成分、温度不均匀	10. 炉底材料寿命短
11. 反应未达平衡	11. 吹入气体量大
12. 临界状态下喷溅	12. 喷嘴处保护气体吸热以及吸入氢气
13. 不能达到低于 $0.01\%C$	13. 为前期去磷，只有通过喷入石灰粉，因而工艺复杂
14. 终渣 FeO 高	
15. 炉渣温度高（不适于脱磷）	
16. 由于没有平衡，过程控制困难	

【思考与练习】

6.1-1 判断题

（1）氧气底吹转炉只有在吹炼后期，当金属液含碳低时，渣中（FeO）增加才能加速石灰熔解，有利于大量脱磷。　　　（　　）

（2）氧气底吹转炉工艺环节与氧气顶吹转炉基本相似。　　　（　　）

6.1-2 简述题

氧气底吹转炉炼钢与氧气顶吹转炉炼钢有何特点？

教学活动建议

本项目单元与生产紧密相连，文字表述多，抽象，难于理解，教学活动过程中，利用多媒体教学设施、现场视频及图片，将比较法、讲授法、教学练相结合。

查一查

学生利用课余时间，自主查阅氧气底吹转炉炼钢法的相关文献资料。

项目单元 6.2　氧气顶底复合吹炼技术综述

【学习目标】

知识目标：

（1）了解氧气顶底复吹转炉炼钢法发展状况。

（2）熟悉氧气顶底复吹转炉炼钢法的冶金特点及氧气顶底复吹转炉炼钢法工艺类型种类、特点。

（3）掌握复吹转炉底部供气种类、作用及特点。

能力目标：

（1）会陈述氧气顶底复吹转炉炼钢法的特点及复吹工艺类型。

（2）会陈述复吹转炉底部供气种类及特点。

（3）能利用网络、图书馆收集相关资料、自主学习。

【任务描述】

目前世界上主要炼钢方法为氧气转炉炼钢法（氧气顶吹转炉和顶底复吹转炉炼钢法）。由于氧气顶底复吹转炉具有比顶吹转炉炼钢法好的冶金效果，为了获得优质、高产、低耗、长寿的技术经济指标，必须具有依据已知原材料条件及工艺设备，完成合格钢水冶炼的操作技能，掌握氧气复吹转炉炼钢工艺冶炼一炉质量合格钢涉及的相关主要知识点，为科学炼钢奠定基础。

【相关知识点】

6.2.1　各国顶底复合吹炼技术概况

氧气转炉顶底复合吹炼是 20 世纪 70 年代中后期国外开始研究的炼钢新工艺，它的出现可以说是综合了氧气顶吹转炉与氧气底吹转炉炼钢方法的冶金特点之后所导致的必然结果。所谓顶底复合吹炼炼钢法，就是从转炉熔池的上方供给氧气，即顶吹氧，从转炉底部供给惰性气体或氧气，在顶、底同时进行吹炼的工艺。底部供气增强金属熔池和炉渣的搅拌并控制熔池内气相中 CO 的分压，因而克服了顶吹氧流搅拌能力不足（特别在碳低时）的弱点，使炉内反应接近平衡，铁损失减少，同时又保留了顶吹法容易控制造渣过程的优点，具有比顶吹和底吹更好的技术经济指标（见表 6-2 和表 6-3），成为氧气转炉炼钢的发展方向。

表 6-2　顶吹与顶底复合吹炼低碳钢成本比较

项　目	铁的收得率（除去铁矿石、铁磷中的铁分）/%	吨钢石灰消耗量/kg	吨钢铁矿石消耗量/kg	吨钢铁合金消耗量/kg			吨钢气体消耗量/m³			
				纯 Mn	纯 Si	Al	氧	氩	氮	回收气体
顶吹与顶底复合吹炼之差	0.5~0.8	-1.6	-6.7	-0.6	-0.1	-0.04	-9.0	0.6~0.8	0.3~0.7	+2.0

表 6-3　50t 顶吹与顶底复合吹炼转炉指标比较

项　目	单　位	顶吹（1977 年）	顶底复合吹（LBE 法，2500 炉生产实践）
铁　水	kg/t 钢	786	698
铸　铁	kg/t 钢	59	13
废　钢	kg/t 钢	271	390
铁矿石	kg/t 钢	6	4
铁收得率	%	95.1	95.5
CO 二次燃烧率	%	10	27
透气砖透气量	m³/min		正常 2~4，最高 8
透气砖平均寿命	炉		1000

　　早在 20 世纪 50 年代后半期，欧洲就开始研究从炉底吹入辅助气体以改善氧气顶吹转炉炼钢法的冶金特性。自 1973 年奥地利人伊杜瓦德（Dr. Eduard）等研究试验转炉顶底复合吹氧炼钢后，世界各国普遍开始了对转炉复吹的研究工作，出现了各种类型的复合吹炼法，其中大多数已于 1980 年投入工业性生产。由于复吹法在冶金上、操作上以及经济上具有比顶吹法和底吹法都要好的一系列优点，加之改造现有转炉容易，问世不久就在全世界范围内广泛地普及起来。一些国家如日本已基本淘汰了单纯顶吹法。

6.2.2　我国顶底复合吹炼技术的发展概况

　　我国首钢及鞍钢钢铁研究所，分别于 1980 年和 1981 年开始进行复吹的试验研究，并于 1983 年分别在首钢 30t 转炉和鞍钢 150t 转炉推广使用。到目前为止全国大部分转炉钢厂都不同程度地采用了复合吹炼技术，设备不断完善，工艺不断改进，复合吹炼钢种已有 200 多个，技术经济效果不断提高。表 6-4 是 20 世纪 90 年代初我国已有的复合吹炼工艺及其主要特征。

表 6-4　我国已有的复合吹炼法及其主要特征

厂　家	复吹类型	供气特点				投产年份	公称吨位×座数
		顶吹 O₂		底部供气种类	占总 O₂ 比例/%		
		强度（标态）/m³·(min·t)⁻¹	比例/%				
鞍钢三炼钢厂	AFC	2.0~2.5	>95	CO₂+O₂+N₂+Ar	<5	1986	180×1 150×2

厂 家	复吹类型	供气特点				投产年份	公称吨位 ×座数
		顶吹 O_2		底部供 气种类	占总 O_2 比例/%		
		强度（标态） /$m^3 \cdot (min \cdot t)^{-1}$	比例/%				
宝钢炼钢厂	LD-CB		100	N_2+Ar		1990	300×3
武钢二炼钢厂			100	N_2+Ar		1983	90×3
首钢一炼钢厂			100	N_2			30×3
马钢三炼钢厂	LBE		100	N_2+Ar		1991	50×3
柳州钢铁厂			100	N_2+Ar		1990	15×2
上钢一厂 三转炉车间	LD–CB		100	CO_2，N_2		1990	30×3
上钢五厂	STB			CO_2，N_2， Ar，O_2			15×1
攀钢炼钢厂			100	N_2，Ar			120×2
本钢二炼钢厂	LD–CB		100	N_2，Ar		1993	120×1

（1）底部供气元件。底部供气元件是复合吹炼技术的关键之一。我国最初采用的是管式结构喷嘴，1982 年采用双层套管，1983 年改为环缝，虽然双层套管与环缝相比，除了使用 N_2、CO_2、Ar 外，还可以吹入粉料等，但是从结构上看还是环缝最简单。环缝比套管的流量调节范围大，控制稳定，不会倒灌钢水。套管的材质多为镁白云石砖或镁碳砖。太钢、马钢、上钢一厂、上钢五厂和南京钢厂的转炉等，都采用了这种底部供氧元件。1984 年唐钢转炉开始使用狭缝式透气砖。武钢的 50t 转炉以镁碳砖作为透气砖的基体。鞍钢 150t 转炉开始是用管式喷嘴进行复吹的，于 1984 年开始采用微孔透气砖。目前我国已开发了各种形式的透气砖和喷嘴，为复合吹炼工艺合理有效的发展与进步创造了有利的条件。

（2）底吹气源。复合吹炼是在顶吹氧的同时，通过底部供气元件向熔池吹入适当数量的气体，强化熔池搅拌，促进平衡。底部吹入气体种类很多，我国由单一供氮发展到 N_2、CO_2、Ar、O_2 等多种气源。我国一般采用前期吹 N_2，后期用 Ar 切换或者是用 CO_2 切换工艺。鞍钢、上钢一厂、首钢等厂采用前期吹 N_2 后期切换 CO_2 工艺。马钢等厂采用柴油保护的喷嘴从炉底吹入少量的 CO，无需用 Ar 或 CO_2 切换。[N]、[H] 均能达到钢种要求。武钢全程吹 Ar 和终点停氧吹 Ar 的"后搅拌工艺"均能达到满意的效果。

（3）复吹工艺的完善和提高。我国氧气转炉采用复合吹炼后，复合吹炼技术不断完善和提高。如后搅拌工艺、炉内二次燃烧技术、特种生铁冶炼技术、底吹氧和石灰粉技术及喷吹煤粉技术等正在完善和提高。由于复吹工艺的发展与铁水预处理技术、炉外钢水精炼相结合，在我国一些钢厂已形成了现代化炼钢新工艺流程，从而扩大了钢的品种，提高了转炉钢的质量，一些高纯净度、超低碳钢种得以开发。用 STB 法复吹工艺可以冶炼铬不锈钢和超低碳 Ni-Cr 不锈钢种，转炉产品的结构得到优化，有相当一部分钢种达到国际水平。我国也开发了高压复吹技术，并根据我国转炉特点和资源情况，开展了相关的科研工作，如进一步开发新气源、长寿和大气量可调的供气元件，底部供气元件端部蘑菇头的形成条件和控制技术的研究，转炉复吹工艺热补偿技术，建立和完善复吹工艺检测及计算机系统，铬矿和锰矿的直接还原，高废钢比冶炼，高纯净和超高纯净钢的冶炼等。尽快提高我国转炉复吹比，使我国的复吹工艺技术达到国际水平和国际先进水平。

6.2.3 顶底复合吹炼法的种类及其特征

顶底复合吹炼转炉按照吹炼工艺目的划分，主要分为四大类型：

（1）顶吹氧气、底吹惰性或中性或弱氧化性气体的转炉。此法除底部全程恒流量供气和顶吹枪位适当提高外，冶炼工艺制度基本与顶吹法相同。底部供气强度一般不大于 $0.15m^3/(t \cdot min)$，属于弱搅拌型。吹炼过程中钢、渣成分变化趋势也与顶吹法基本相同。但由于底部供气的作用，强化了熔池搅拌，对冶炼过程和终点都有一定影响。底部多使用集管式、多孔塞砖或多层环缝管式供气元件。其代表工艺有 LBE、LD-KG、LD-OTB、NK-CB、LD-AB 等，我国现有的复吹转炉绝大多数采用该技术。

LBE 法是 1975 年由法国钢铁研究院与卢森堡阿尔贝德公司共同开发的复吹技术，使用缝隙式透气元件，底部供气管路十分复杂繁琐。1984 年日本引进、改造、简化 LBE 法技术，形成 LB-CB 复吹法。NK-CB 法是日本钢管公司开发的，1981 年投入工业生产，使用集管式透气元件，早期曾用 CO_2 为底部气源，后改用氩气，我国台湾基隆钢厂和韩国浦项钢厂都使用了这种技术。LD-KG 法是日本川崎开发的并用于工业生产，其底部供气流量可在较宽的范围内调节，供气压力高达 4.3MPa；1985 年又使用了 CO 作为底吹气体，CO 从转炉煤气中分离出来的，其吹炼效果与吹入氩气基本一样，但成本降低了许多。LD-KG 复吹技术还输出到南非、芬兰、韩国、美国等。日本水岛厂 LD-KG 炉的炉龄达 6000 炉以上。此外，英国钢铁公司的 BAP 法、德国蒂森公司的 TBM 法、神户制钢公司的 OTB 法等都属于弱搅拌型复吹技术，基本上只局限于本公司使用。

（2）顶、底均吹氧的转炉（70%~95%的顶吹氧+5%~30%的底吹氧）。这种类型是以增大供氧强度，强化冶炼为目的。此法的底吹供气强度可达在 $0.2~2.5m^3/(t \cdot min)$ 范围，属于强搅拌类型，底部供气元件多使用套管式喷嘴，中心管供氧，环管供天然气或液化石油气或油作冷却剂，此工艺属于复合吹炼强搅拌。其代表工艺有 BSC-BAP、LD-OB、LD-HC、STB、STB-P 等。日本与欧洲较多采用。

LD-HC 法是比利时冶金研究中心开发应用的；LD-OB 法是新日铁公司开发的；K-BOP 法是日本川崎开发的；K-OBM 法是加拿大多发斯科钢厂 1987 年投产的 300t 转炉采用的。

由于顶、底部同时吹入氧气，因而在炉内形成两个火点区，即下部区和上部区。下部火点区，可使吹入的气体在反应区高温作用下体积剧烈膨胀，并形成过热金属的对流，从而增加熔池搅拌力，促进熔池脱碳。上部火点区，主要是促进炉渣的形成和进行脱碳反应。

另外，由于底部吹入氧气与熔池中金属发生反应，可以生成两倍于吹入氧气体积的 CO 气体（$2[C]+O_2=2CO$），从而增大了吹入气体的搅拌作用。研究表明，当底部吹入氧量为 10%时，基本上能达到纯氧底吹的主要效果；当底部吹氧量为总氧量的 20%~30%时，则几乎能达到纯底吹的全部混合效果。

（3）顶、底吹石灰粉的转炉（70%~80%的顶吹氧+20%~30%的底吹氧+底吹石灰粉）。这种类型是以加速造渣、强化去除磷硫为主要目的。这种类型是在顶底复合吹氧的基础上同时吹入石灰粉，以氧气载石灰粉进入熔池，可以冶炼合金钢和不锈钢，其技术经济指标较好。具有代表性的工艺为 K-BOP 法。

（4）喷吹燃料的转炉（60%～80%的底吹氧+底吹石灰粉+20%～40%的顶吹氧+喷吹（油/天然气）、预热废钢、100%的底吹氧+底吹石灰粉+附加氧+顶部或底部喷吹煤粉）。这种类型是以补充转炉热源，增加转炉废钢加入量为目的。这种工艺是在供氧的同时喷入煤粉、燃油或燃气等燃料，燃料的供给既可以从顶部，也可以从底部喷入，甚至顶、底、侧三个方向同时向炉内供氧和燃料，如 KMS 法，废钢比 40%以上。KS 法废钢比达 100%，即转炉全废钢冶炼。

顶底复合吹炼法根据底吹气体种类、数量以及渣料加入方法等的不同，又可组合成各种不同的复合吹炼法。各复合吹炼方法的主要特征见表 6-5。

表 6-5　各复合吹炼法的主要特征

| 底吹类型 | 复吹方法 | | 底吹气体 | | | 顶吹氧 | | 名称意义 |
	名称	研制者	主气体	冷却剂	供气强度/m³·(min·t)⁻¹	比例	供氧强度/m³·(min·t)⁻¹	
I	LBE	Irsid，Arbed	N₂，Ar		0.07～0.25	100%	4.0～4.5	Lance-Bubbling-Equilibrium A —— Argon，B —— Blow K —— Kawasaki，G —— Gas N —— Nippon，K —— Kokan，CB —— Combined Blow J&L —— Jones & Laughlin
	LD-AB	新日铁	Ar		0.02～0.30	100%	3.5～4.0	
	LD-KG	川崎制铁	N₂，Ar		0.01～0.05	100%	3.0～3.5	
	LD-OTB	神户制钢	N₂，Ar		0.01～0.10	100%	3.3～3.5	
	NK-CB	日本钢管	N₂，CO₂		0.04～0.10	100%	3.0～3.3	
	J&L 型	美 J&L 公司	Ar N₂，CO₂，Ar		0.045～0.112	100%	3.3～3.5	
II	BSC-BAP	英国钢铁公司	空气+N₂，Ar	N₂	0.20～0.65	85%～95% 90%～92%	2.2～3.0	BSC —— British Steel Co，B —— Botlom，A —— Argom，P —— Proccm S —— Sumitomo，T —— Top，B —— Bottom H —— Halnaut，C —— CRM
	STB	住友金属	CO₂+O₂	CO₂，N₂ Ar	0.18～0.32	92%～95%	2.0～2.5	
	LD-HC	比利时 CRM	O₂	CₘHₙ	0.08～0.20	80%～90%	3.1～4.2	
	LD-OB	新日铁	O₂	石油气	0.30～0.80		2.5～3.0	
III	K-BOP	川崎制铁	O₂+石灰粉	丙烷	0.70～1.50	60%～80%	2.0～2.5	K —— Kawasaki
IV	OBM-S	Klöckner 公司	O₂+石灰粉	天然气		20%～40%	在炉帽侧吹氧，用于炉气二次燃烧	S —— Scrap
	KMS KS	Klöckner 公司	O₂+石灰粉+煤粉	天然气	4.0～4.5	20%～40%	在炉帽侧吹氧，用于炉气的二次燃烧	K —— Klockner，M —— Maxhütte，S —— Steelmaking
	ALCI	Arbed	N₂，Ar			100%	三流道氧枪，中心输送煤粉	A —— Arbed，L —— Lance，C —— Coal，I —— Injection

各种类型转炉的吹炼条件见表 6-6。

表 6-6　各种类型转炉的吹炼条件

工艺方法	LD	LBE；LD-KGC	STB；LD-OB	K-BOP	KMS	Q-BOP
类型	顶吹	复吹搅拌	复合吹氧	复吹石灰粉	复吹燃料	底吹
底吹气体	—	N_2；Ar	CO_2，O_2	O_2	O_2	O_2
底吹强度/$m^3 \cdot (t \cdot min)^{-1}$	—	0.01~0.10	0.15~0.25 0.3~0.8	0.8~1.3	4.0~5.0	4.5~6.0

不同复吹方法的底吹供气强度如图 6-9 所示。

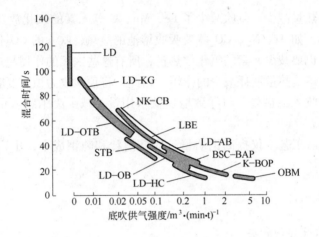

图 6-9　不同复吹法的底吹供气强度

6.2.4　顶底复吹转炉的冶金特点

由于增加底部供气，加强了熔池的搅拌力，使熔池内成分和温度的不均匀性得到改善，改善了渣-金属间的平衡条件，取得了良好的冶金效果：

（1）钢液中的氧和炉渣中的氧化铁浓度显著降低。在复合吹炼中，虽然从底部吹入的气量很小，不到供氧总量的 10%，而钢中与 [C] 相对应的自由氧却远远低于顶吹转炉，与底吹氧气转炉大致相同。

对于复吹转炉，适当控制吹炼枪位和底吹搅拌强度，可实现对终渣 FeO 的控制。底吹搅拌强度对降低终渣 FeO 含量有明显的影响，而底吹气体种类（O_2、N_2 或 Ar）对终渣 FeO 含量的影响不明显，一般随着底吹气体流量的增加，终渣 FeO 含量降低。

（2）钢液中的余锰量明显提高。在复吹转炉中，由于底吹气体的搅拌作用，钢液中 [O] 含量和渣中（FeO）含量减少，因而吹炼终点钢液中锰元素氧化减少，残留于钢液中的锰含量增加，可以减少脱氧和合金化的锰铁用量和提高钢的质量。

（3）提高了脱磷、脱硫效率。复吹转炉脱磷和脱硫反应非常接近平衡，有较高的磷和硫的分配系数。

顺便指出，顶底复吹转炉和底吹转炉中，渣钢之间的温度差比顶吹转炉小，因而炉渣的温度较顶吹转炉低，这对脱磷是有利的。顶底复吹和底吹转炉中，由于炉渣氧化铁含量低对脱硫有利,炉底吹氧比顶吹更有利于气化脱硫。

(4)喷溅小、操作稳定。由于顶底复吹熔池搅拌好,又有顶枪吹氧化渣,因此比顶吹和底吹转炉化渣都快,渣中氧化铁含量低而且波动小,碳的氧化也比较平稳,所有这些都有利于减少喷溅。

由于熔池搅拌好,化渣快,渣钢之间各种反应都很接近平衡,因此,只要入炉原材料的物理性质、化学成分和数量控制得好,金属的成分和温度都比较稳定而易于控制,操作容易,废品减少,有利于工艺操作的计算机自动控制。

(5)更适宜吹炼低碳钢种。终点碳可控制到不大于 0.03% 的水平,适于吹炼低碳钢种。

(6)熔池富余热量减少。复吹减少了 Fe、Mn、C 等元素的氧化放热,许多复合吹炼法吹入的搅拌气体,如 Ar、N_2、CO_2 等要吸收熔池的显热,吹入的 CO_2 代替部分工业氧使熔池中元素氧化,也要减少元素的氧化放热量,所有这些因素的作用超过了因少加熔剂和少蒸发铁元素而使熔池热量消耗减少的作用。因此,将顶吹改为顶底复吹后,如果不采取专门增加熔池热量收入的措施,将导致增加铁水用量,减少废钢装入量或其他冷却剂的用量。

综上所述,复吹工艺不仅提高钢质量,降低消耗和吨钢成本,更适合供给连铸优质钢水。

6.2.5　复吹的底吹气体

6.2.5.1　底吹气体的种类

A　气源选择

转炉顶底复合吹炼工艺底部供气的目的是搅拌熔池,强化冶炼,也可以供给作为热补偿的燃气。所以,在选择气源时应考虑其冶金行为、操作性能、制取的难易、价格是否便宜等因素;同时还要求对钢质量无害、安全、冶金行为良好,并有一定的冷却效应、对炉底的耐火材料无强烈影响等。目前作为底部气源的有 N_2、Ar、O_2、CO_2 和 CO,也有采用空气的。

B　底部可供气源的特点

(1)氮气(N_2)。氮气是惰性气体,是制氧的副产品,也是惰性气体中唯一价格最低廉又最容易制取的气体。氮气作为底部供气气源,无需采用冷却介质对供气元件进行保护,所以,底吹氮气供气元件结构简单,对炉底耐火材料蚀损影响也较小,是目前被广泛采用的气源之一。如果使用不当会使钢中增氮,影响钢的质量。倘若采用全程吹氮,即使供氮强度很小,钢中也会增氮 0.0030%~0.0050%。但是生产实践表明,若在吹炼的前期和中期供给氮气,钢中却极少有增氮的危险;因此只要在吹炼后期适当的时机切换氮气,供给其他气体,这样钢中就不会增氮,钢的质量得到改善。对于冶炼低氮钢,可考虑全程吹氩。

(2)氩气(Ar)。氩气是最为理想的气体,不仅能达到搅拌效果,而且对钢质无害。但氩气来源有限,1000m^3/h(标态)的制氧机仅能产生 25m^3(标态)氩气,同时制取氩气设备费用昂贵,所以氩气的价格较贵,氩气耗量对钢的成本影响很大。面对氩气需用量的日益增加，所以在复合吹炼工艺中，除特殊要求采用全程供给氩气外，一般只用于冶炼后期搅拌熔池。

（3）二氧化碳气体（CO_2）。在室温下二氧化碳是无色无味的气体，在相应条件下，它可呈气、液、固三种状态存在。一般情况下二氧化碳化学性质不活泼，不助燃也不燃烧，但在一定条件及催化剂的作用下，表现出良好的化学活性，能参加很多化学反应。CO_2进入熔池与 [C] 反应即 $\{CO_2\}$ + [C] ＝ 2 $\{CO\}$，可生成体积是二倍于 CO_2 的 CO，有利于熔池搅动；$CO_2 \rightarrow CO$ 为吸热反应，则部分化学热对元件起到有效的冷却作用；这个反应也使碳质供气元件脱碳，使供气元件受到一定的损坏；吹炼后期还会发生 $\{CO_2\}$ + [Fe] ＝ (FeO) + $\{CO\}$ 反应，生成的 (FeO) 对元件也有侵蚀作用，所以不宜全程供二氧化碳气。采用在吹炼前期供给 N_2，后期切换为二氧化碳，或 CO_2+N_2 的混合气体，这种吹炼模式的冶金效果较好，充分发挥 CO_2 对元件的冷却作用，元件寿命得到提高。

日本的鹿岛、堺厂、福山等钢厂最先将二氧化碳气作为复吹工艺的底部气源，并于 20 世纪 80 年代初成功地从转炉炉气中回收二氧化碳气，纯度在 99% 以上。使用二氧化碳气体为底吹气源虽然不会影响钢质量，但是对冶炼低碳和超低碳钢种的冶金效果不如氩气。

（4）一氧化碳（CO）。一氧化碳是无色无味的气体，比空气轻，密度是 1.25g/L。一氧化碳有剧毒，吸入人体可使血液失去供氧能力，尤其是中枢神经严重缺氧，导致人体窒息中毒，甚至死亡。空气中 w_{CO} ＝0.006% 时，就有毒性，当 w_{CO} 在 0.15% 时，就会使人有生命危险。一氧化碳气在空气和纯氧中都能燃烧；当含量在 12%~75% 范围时，还可能发生爆炸。若使用一氧化碳为底吹气源，应有防毒、防爆措施，并应装有一氧化碳检测报警装置，以保安全。

一氧化碳气的物理冷却效应良好，热容、热传导系数均优于氩气，也比二氧化碳气好。使用一氧化碳气的供气元件端部也可形成蘑菇状结瘤。使用一氧化碳气为底部气源，可以顺利地将钢中碳含量降到 0.02%~0.03%，其冶金效果与氩气相当，也可以与二氧化碳气体混合使用，但二氧化碳气体比例在 10% 以下为宜。

（5）氧气（O_2）。氧气作为复吹工艺的底部供气气源，其氧气用量一般不应超过总供氧量的 10%。用氧气为底吹气源需要同时输送天然气、丙烷或油等冷却介质，以对元件遮盖保护。冷却介质分解吸热可对供气元件及其四周的耐火材料进行遮盖保护，其反应如下：

$$C_3H_8 \Longrightarrow 3C+4\{H_2\} \qquad （吸热反应）$$

吹入的氧气也与熔池中碳反应，产生了两倍于氧气体积的一氧化碳气体，对熔池搅拌有利，并强化了冶炼，但随着熔池碳含量的减少，搅拌力也随之减弱。

$$\{O_2\}+2[C] \Longrightarrow 2\{CO\}$$

强搅拌复吹用氧气作为底吹气源，有利于熔池脱氮，钢中氮含量明显降低，一般在 $w_{[N]}$ ＝0.0010% 左右。虽然应用了冷却介质，但供气元件烧损仍较严重。冷却介质分解出的氢气，使钢水增氢多，因此只有 K-BOP 法用氧气作为载流喷吹石灰粉，其用量达到供氧量的 40%。此外一般只通少许氧气用于烧开供气元件端部的沉积物，以保供气元件畅通。

（6）空气。由于空气中含有氧气，所以使用空气作为底部气源时，供气元件也需要惰性气体遮盖保护，同样有使钢水增氮的危险，所以空气只作为吹扫气体，保持供气元件畅通。我国南京钢厂用过此法，效果很好。

此外，还有用二氧化碳加喷石灰石粉作为复吹的底吹粉剂气源。1984 年日本名古屋钢厂首先将此法应用于冶炼氢含量低的钢种。以二氧化碳气体为载流喷入石灰石粉料，石灰石粉遇热分解出二氧化碳气体，通过喷入石灰石粉料的数量来控制二氧化碳的发生量及其冷却效应。由石灰石分解出细微气泡有很强脱氢作用。采用石灰石粉为底吹粉剂气源，终点钢水氢含量达 0.00015%，因此转炉有可能直接冶炼低氢钢种。日本称这种方法为 LD－PB 法。我国钢研总院曾在 0.5t 转炉上，用空气作载流，做喷吹石灰石粉剂的复吹工艺试验，发现喷吹固体的石灰石粉剂有良好降氮作用；气粉比在 6∶2 时，终点钢中氮含量在 0.006% 左右，并对脱 C、脱 P、S 均有很好的促进作用。

6.2.5.2　底吹气体的供气压力

（1）低压复吹。低压复吹底部供气压力为 1.5MPa。供气元件为透气砖，透气元件多，操作也比较麻烦。

（2）中压复吹，中压复吹底部供气压力为 3.0MPa。采用了 MHP 元件（含有许多不锈钢管的耐火砖。不锈钢管直径约为 1~2mm，一块 MHP 元件含有 100 根不锈钢管，钢管之间用电熔镁砂或石墨砂填充。可在很大范围内调整炉底吹入的气体量），吹入气体量大，透气元件数目可以减少，供气系统简化，便于操作和控制。我国和日本大多采用中压复吹技术，底部供气总管压力在 2.5~3.0MPa 范围。

（3）高压复吹。高压复吹底部供气压力为 5.0MPa。熔池搅拌强度增加，为炼低碳钢和超低碳钢创造了有利条件，金属和合金收得率高。但设备费用与运转费用较 LD-CB 法高。

6.2.5.3　底吹气体的流量

底吹惰性气体的供气流量吨钢不大于 0.15m³/min。底吹氧时其流量吨钢为 0.2~2.5m³/min。底吹氧同时吹石灰粉其流量吨钢为 0.7~1.3m³/min。

【思考与练习】

6.2-1　单项选择题

（1）与顶吹相比，复吹转炉钢水中余 [Mn] 显著增加原因是（　　）。

　　A. 复吹成渣速度快

　　B. 复吹使钢、渣在炉内混凝时间短

　　C. 复吹降低钢水 [O] 含量

（2）复吹时，底吹惰性气体供气强度一般为（　　）m³/(t·min)。

　　A. 0.15~0.20　　　　　B. ≤0.15（0.03~0.06）　　　　　C. <0.02

（3）底吹供气强度单位为（　　）。

　　A. m³/(t·min)　　　　B. m³/t　　　　　C. m³/min

（4）（　　）作为复吹工艺的底部气源，可起到很好的搅拌效果和冷却效应。

　　A. CO_2　　　　　　　B. N_2　　　　　　C. CO　　　　　　D. Ar

(5) 在顶底复吹转炉中，底部搅拌型底部气源一般采用（　　　）。

　　A. 全程供 CO_2

　　B. 全程供 N_2

　　C. 吹炼前、中供氮气，后期切换为 Ar

　　D. 全程供 Ar

6.2-2　多项选择题

(1) 关于顶底复吹转炉的冶金效果正确描述的是（　　　）。

　　A. 钢液中的氧和炉渣中的氧化铁浓度显著升高

　　B. 钢液中的余锰量明显提高

　　C. 喷溅小，操作稳定

　　D. 磷和硫的分配系数高

(2) 复合吹炼底吹气源（　　　）是惰性气体。

　　A. CO　　　　　　B. N_2　　　　　　C. Ar　　　　　　D. O_2

(3) 复合吹炼弱搅拌采用（　　　）作为底吹气体。

　　A. O_2　　　　　　B. N_2　　　　　　C. CO_2　　　　　　D. Ar

(4) 复合吹炼强搅拌采用（　　　）作为底吹气体。

　　A. O_2　　　　　　B. N_2　　　　　　C. CO_2　　　　　　D. Ar

6.2-3　简述题

(1) 名词解释：顶底复合吹炼工艺，复合吹炼强搅拌。

(2) 复吹工艺有哪几种类型？

(3) 顶底复吹工艺有哪些特点？

(4) 迄今为止，已用于复吹转炉底吹的气体种类有哪些？

教学活动建议

　　本项目单元理论性较强，文字表述多，抽象，难于理解，教学活动过程中，利用多媒体教学设施、图片，将讲授法、启发式、教学练相结合。

查一查

　　学生利用课余时间，自主查阅国内外复吹转炉的相关文献资料。

项目单元 6.3　氧气顶底复合吹炼转炉冶炼工艺

【学习目标】

知识目标：

(1) 掌握复吹转炉的工艺操作制度研究的内容。

(2) 掌握复吹转炉工艺制度操作参数的调节和控制方法。

(3) 熟悉编制原料配比方案和工艺操作方案的方案。

能力目标：

（1）会正确陈述复吹工艺与顶吹工艺的相同点和区别。

（2）能使用虚拟仿真技术进行复吹转炉冶炼操作。

（3）能利用网络、图书馆收集相关资料、自主学习。

【任务描述】

（1）转炉炼钢工（班组长或炉长）根据车间生产值班调度下达的生产任务，编制原料配比方案和工艺操作方案。

（2）与原料工段协调完成铁水、废钢及其他辅料的供应。

（3）按照操作标准，组织本班组中控工、炉前工、摇炉工安全地完成铁水及废钢的加入、吹氧冶炼、底部供气、取样测温、出钢合金化、溅渣护炉、出渣等一套完整的冶炼操作。

（4）在进行冶炼操作过程中，根据转炉炼钢系统设备结构性能特点，运用计算机操作系统控制转炉的散装料系统设备、供氧系统设备、底部供气设备、除尘系统设备，及时、准确地调整氧枪高度、底部供气强度、炉渣成分、冶炼温度、钢液成分，完成煤气回收任务，按所炼钢种要求进行出钢合金化操作，保证炼出合格的钢水，并填写完整的冶炼记录。

（5）按计划做好炉衬的维护。

【相关知识点】

顶底复吹转炉与顶吹转炉相比，前者炉容比小，顶吹枪位高，低部吹气搅拌，化渣容易，因此冶炼工艺也有所区别。

6.3.1　装入制度

顶底复吹转炉的转入制度与顶吹转炉相同，常用的是分阶段定量装入制度。新炉衬开吹时也要烘炉，开新炉时可用少量底吹气体，以利炉底烧结和不发生喷孔堵塞，新炉衬烧结完成后进行正常复合吹炼。由于复吹转炉炉容比小，其装入量比顶吹转炉大，从原则上来讲，在任何情况下均应先兑铁水，后装废钢（以防重废钢砸伤底吹供气元件）。我国几个复吹转炉的装入制度见表6-7。

表 6-7　复吹转炉分阶段定量转入制度

炉龄 装入量/t	开新炉	约50	约200	>200	>500
鞍钢150t	160	175±5	185±5	195±5	200±5
武钢50t	50	73	75	78	80

6.3.2　供氧制度

顶底复吹转炉的熔池搅拌主要靠底部吹气和 CO 气体产生的搅拌能来实现，因此其顶吹氧枪的供氧压力有所降低，枪位有所提高。就目前国内大多数顶底复吹转炉来说，属于底吹少量气体的搅拌型复吹转炉，仍然采用恒压变枪操作，在一个炉役期内氧压变化不大。国内几个复吹转炉供氧压力情况见表6-8。

表 6-8　复吹转炉供氧压力　　　　　　　（MPa）

炉　龄	开新炉	约50	约500	>500
鞍钢 150t	0.75	0.80	0.90	0.90
武钢 50t	0.80	1.00	1.05	1.05

在吹炼过程中，复吹转炉的氧枪枪位比顶吹转炉提高 100～300mm。如鞍钢 150t 复吹转炉氧枪枪位变化在 1.4～1.8m，武钢 50t 复吹转炉枪位变化在 1.2～1.6m，首钢 30t 复吹转炉枪位变化在 0.8～1.2m，南京钢铁厂 15t 复吹转炉枪位变化在 0.7～1.1m。冶炼过程中复吹转炉氧枪枪位变化实例见图 6-10。

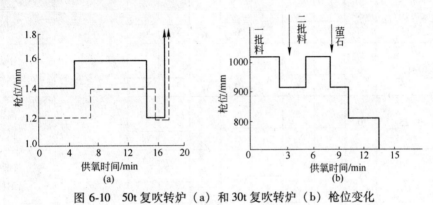

图 6-10　50t 复吹转炉（a）和 30t 复吹转炉（b）枪位变化
——复吹；----顶吹

6.3.3　底吹供气制度

复吹转炉底部供气，首先应保证底部供气元件畅通无阻，因此无论采用哪种供气元件，都必须使底吹供气压力大于炉底喷孔所受到的钢水静压和喷孔阻力损失的最低压力。冶炼中底吹气体管路中的工作压力达 0.5MPa 以上。

底部供气的供气强度视各类复吹工艺、脱碳速度不同而异，搅拌型复吹转炉的底吹供气强度不大于 $0.15m^3/(t \cdot min)$，而吹氧型复吹转炉的底吹供气强度不小于 $0.20m^3/(t \cdot min)$。

6.3.3.1　底部供气的原则

在设备已经确定的基础上，根据原料条件、脱碳量及冶炼钢种的要求，确定合理的供气模式。通常总是以终点渣 TFe 含量的降低水平，作为评价复吹冶金效果的条件之一。如果终点渣中 TFe 含量高，钢中 $w_{[O]}$ 必然也高，铁损大，铁合金消耗也就多，钢质量得不到改善，并会加剧对炉衬的蚀损，炉龄也要降低。所以，底部供气制度关键是控制终点渣中 TFe 含量。

为了控制终点渣中 TFe 的含量，多采用终吹前与终吹后大气量强搅拌工艺。但必须把握好搅拌时机，最好的搅拌时机是在临界 [C] 到来之前，否则既使用高达 $0.20m^3/(t \cdot min)$（标态）的供气强度，TFe 含量降低的效果也甚微。

　　研究显示，必须在临界［C］到来之前，施以中等搅拌强度，且适当拉长搅拌时间，效果最佳，见表 6-9 中模式 B。此外，在强搅拌期，顶吹的供氧量，也要适当地减小。日本的试验还表明，倘若在强搅拌期向熔池每吨金属液内加入焦炭 2.0kg/t，效果就更明显。尤其对小于临界［C］的炉次，更有加入焦炭的必要。只有通过合理的模式和必要措施，可以将终点渣 TFe 含量降低到 10% 以下。

表 6-9　上海宝钢 300t 转炉复吹供气模式

底吹模式	对应钢种		装料	吹炼		测温取样	出钢	排渣	准备	其他	备注
	$w_{[C]}$/%	比例/%			混合						
A	≤0.10	65	N_2	N_2	Ar	Ar	Ar	N_2	N_2		低碳钢种
B	0.10~0.25	20	N_2	N_2	Ar	Ar	Ar	N_2	N_2		中碳钢种
C	≥0.25	10	N_2	N_2	Ar	Ar	Ar	N_2	N_2		高碳钢种
D		5	N_2	N_2	Ar	Ar	Ar	N_2	N_2		极低磷钢种
E~F			N_2	N_2	Ar	Ar	Ar	N_2	N_2		任意设定模式
除渣										N_2	
加氧										N_2+O_2	
烘炉										N_2	

6.3.3.2　底部供气模式

　　在底部供气元件、元件数目及排列等底部供气参数确定之后，就要根据原料条件、冶炼钢种需要而选择合适的底吹工艺模式，以达到最好的冶金效果。

　　目前有顶吹氧同时底吹非氧化性气体的复吹工艺；顶底同时吹氧的复吹工艺；随底吹气体喷入粉剂的复吹工艺以及先顶吹后底吹的复吹工艺等。现举如下几个实例。

　　【实例 1】上海宝钢 300t 转炉复吹供气模式，见表 6-9。

　　【实例 2】鞍钢 180t 转炉复吹供气模式，如图 6-11 所示。

　　【实例 3】武钢 50t 转炉复吹供气模式，如图 6-12 所示。

　　目前复吹转炉的底部供气源一般为两种以上，多的达 4 种以上，所以底部供气控制系统比较复杂。只有在安全、可靠、操作灵便、控制精度高的前提下，才能确保转炉复吹工艺的顺行。当前供气管路多采用分支路控制调节。我国现有几种复吹转炉的底部供气情况列于表 6-10。

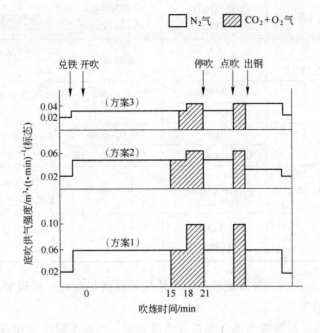

图 6-11　鞍钢 180t 转炉采用多孔式喷嘴的复吹供气模式

方案 1—低碳钢冶炼；方案 2—中碳钢冶炼；方案 3—中、高碳钢冶炼

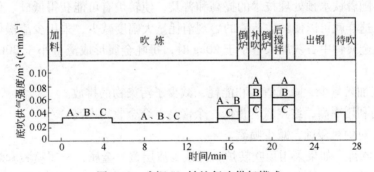

图 6-12　武钢 50t 转炉复吹供气模式

钢种组别	钢种碳含量/%	代表钢种	钢种特点
A	<0.04	无取向硅钢、电工钢等	碳极低、硫极低
B	0.04~0.07	深冲钢、管线钢等	碳低、硫低
C	>0.07	碳素钢、船板钢、耐候钢、气瓶钢、低合金钢等	碳较低、硫低

6.3.4　造渣制度

复吹转炉化渣快，有利磷、硫去除，通常在吹炼中采用单渣法冶炼，终渣碱度控制在 2.5~3.5。

表 6-10　我国一些钢厂复吹底部供气情况

厂　名	底吹气源	供气压力 /MPa	供气强度 /m³·(t·min)⁻¹	供气控制方法	元件熔损检测
宝钢	N₂、Ar	1.0	0.02~0.11	YEWPACK 集散型仪表	埋有 14 对热电偶
	预留 CO₂ 的可能	2.2			
鞍钢	CO₂、N₂、Ar、O₂	0.95	0.03~0.12	计算机控制 CRT 显示	无
		1.2~1.6（气源）			
武钢	N₂、Ar	0.8	0.03~0.06	WAC-Ⅱ工业微机控制，CRT 显示	无
		1.4~1.8（气源）	后搅 0.07~0.10		
南京钢厂	N₂、Ar、空气	<1.6（气源）	0.01~0.1	PLC 自动程序控制系统	无
南京钢厂（高压）	N₂、Ar、空气	5.5~6.0（气源）	0.01~0.2	PLC 自动程序控制系统	无

当铁水 $w_{[Si]+[P]}$ > 1.4%或硫较高，单渣法不能满足脱硫、脱磷要求时，可采用双渣法或双渣留渣法操作。

渣料的加入通常根据铁水条件和石灰质量而定，当铁水温度高和石灰质量好时，渣料可在兑铁水前一次性加入炉内，以早化渣，化好渣。若石灰质量达不到要求时，渣料通常分两批加入，第一批渣料要求在开吹后 3min 内加完，渣料量为总渣量的 2/3~3/4；第一批渣料化好后加入第二批渣料，且分小批量多次加入炉内。

近年来，随着铁水预处理技术的提高和普及，使转炉有可能获得低硅、低磷和低硫铁水进行吹炼，这样就可以使转炉造渣的熔剂消耗量大幅度减少，采用少渣操作。所谓少渣操作是指每吨金属料中石灰加入量小于 20kg 时，每吨金属形成渣量小于 30kg。少渣操作的主要优点如下：

(1) 石灰加入量少，降低渣料和能耗，减少了污染物的排放。

(2) 氧的利用率高，终点氧含量低，余锰高，合金收得率高。

(3) 减少对炉衬侵蚀，减少喷溅。

转炉少渣吹炼，如果采用顶吹转炉，因缺少渣层覆盖金属，金属喷溅和烟尘很大，而且低碳区熔池搅拌弱，低碳区的脱碳困难，因而是不理想的。采用底吹转炉，因预处理铁水含 C 较少而又缺少 Si、P，因而元素发热量显著减少，而且炉膛内又不能有较多的 CO 燃烧成 CO₂，入炉废钢比将成为问题。采用转炉顶底复吹进行少渣冶炼，将使上述两者的缺点大为减轻。

6.3.5　脱氧合金化操作

复吹转炉冶炼中，由于钢水氧含量低，合金收得率有所提高，通常合金的收得率锰为 85%~95%，硅为 75%~85%，视钢水碳含量和合金加入量多少而变化。钢水碳含量高和加入合金数量较多时取上限，钢水碳含量低时取下限。合金加入量的计算和加入方法与顶吹转炉操作相同。

【技能训练】

项目 6.3　利用虚拟仿真实训室或钢铁大学网站进行氧气复吹转炉炼钢的操作技能训练。

已知铁水条件和吹炼钢种要求见表 6-11；主要辅原料的成分见表 6-12；合金成分及收得率见表 6-13。炼钢转炉公称吨位为 120t。

表 6-11　铁水条件和吹炼终点成分表

种类	成分（质量分数）/%					T/℃
	C	Si	Mn	P	S	
铁水	4.55	0.40	0.36	0.12	0.035	1280
废钢	0.12	0.12	0.31	0.04	0.040	25
Q235B	0.16	0.20	0.50	0.025	0.03	1665

表 6-12　主要辅原料成分

成分（质量分数）/%　　种类	CaO	SiO_2	MgO	FeO
石灰	90	1.5	8	
白云石	40		35	
镁球			65	
矿石				65

表 6-13　合金成分及收得率

成分（质量分数）/%　　种类	Mn	Si	C	Al
硅铁		75		
高碳锰铁	95		6.5	
铝				98
炭粉			90	
收得率/%	90~95	80~90	100	

（1）综合考虑转炉所处的炉役期、原材料条件等确定转炉装入量。

（2）根据铁水条件、钢种质量要求、吹炼热平衡条件和成本确定合理的铁水废钢比。

（3）依据炉内平均金属料成分，计算石灰及其他辅原料加入量。

（4）根据钢种终点要求，进行拉碳倒炉出钢。

（5）计算合金加入量，向钢水中加入合金，进行脱氧合金化。

（6）转炉虚拟仿真实训操作：开机→双击转炉炼钢仿真实训系统→点击炼钢项目菜单→依次点击虚拟界面、模型界面和控制界面→进行系统检查→初始化设置→点击转炉装料侧→摇炉→装废钢→摇炉→兑铁水→摇炉→氧枪调节与控制操作→加入第一批造渣料→吹炼操作→依据炉况加入第二批造渣材料、铁矿石→测温取样→拉碳→出钢操作→溅渣护炉

→出渣→摇炉至待料位→炉次结束。

【知识拓展】

项目6.3-1　底部供气元件的防堵和复通

我国多数复吹转炉长期处于小流量且元件半通半不通状态。复吹转炉采用溅渣护炉技术后，普遍出现炉底上涨并堵塞底吹元件的问题，不仅影响了转炉冶金效果，还给品种钢冶炼带来不利影响。武钢二炼钢厂在1998年采用溅渣技术后，为保证转炉复吹效果，成功开发出底吹供气砖防堵及复通技术，解决了转炉采用溅渣技术堵塞底吹元件这一世界性难题。

造成底吹元件堵塞的原因有：

（1）由于炉底上涨严重，造成供气元件细管上部被熔渣堵塞，导致复吹效果下降。

（2）由于供气压力出现脉动，使钢液被吸入细管。

（3）管道内异物或管道内壁锈蚀产生的异物堵塞细管。

针对不同的堵塞原因，应采取不同方式的措施。为了防止因炉底上涨而导致复吹效果下降，应按相应的配套技术控制好炉型，将转炉零位控制在合适范围内。为了防止供气压力出现脉动，要在各供气环节保持供气压力与气量的稳定，气量的调节应遵循供气强度与炉役状况相适应的原则，调节气量时应防止出现瞬时较大的起伏，同时也要保证气量自动调节设备及仪表的精度。为了防止管道内异物或管道内壁锈蚀产生的异物堵塞细管，应在砌筑过程中采取试气、防尘等措施，管道需定时更换，管道间焊接必须保证严密，要求采取特殊的连接件焊接方式。

当底部供气元件出现堵塞迹象时，可以针对不同情况采取如下复通措施：

（1）如炉底炉渣-金属蘑菇头生长高度过高，即其上的覆盖渣层过高，应采用顶吹氧吹洗炉底。有的钢厂采用出钢后留渣的方法进行洗炉底，或在倒完渣后再兑少量铁水洗炉底，有的钢厂采用加硅铁吹氧洗炉底的方法。

（2）适当提高底吹强度。

（3）应吹氧化性气体，如压缩空气、氧气、CO_2等气体。如武钢第二炼钢厂采用底吹压缩空气的方法。当发现某块底部供气元件出现堵塞迹象时，即将此块底部供气元件的供气切换成压缩空气，倒炉过程中注意观察炉底情况，一旦发现底部供气元件附近有亮点即可停止。日本某钢厂采用的方法是底吹O_2，如图6-13所示。

具体操作情况是：检测供给底部供气元件气体的压力，当压力上升到预先设定的压力范围的上限值时，认为底部供气元件出现堵塞现象，此时把供给底部供气元件的气体切换成O_2；当压力下降到预先设定的压力范围的下限值时，认为底部供气元件已疏通，此时再把O_2切换成惰性气体。通过氧化性气体和惰性气体的交替变换，可以控制底部供

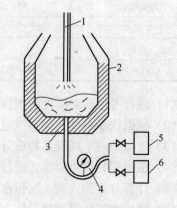

图6-13　日本某钢厂底吹O_2复通示意图

1—氧枪；2—炉体；3—底部供气元件；

4—压力检测装置；5—底吹惰性气体管路；

6—底吹氧气管路

气元件的堵塞和熔损。

项目6.3-2　转炉少渣炼钢技术

转炉少渣炼钢技术是伴随着铁水"三脱"处理技术而发展起来的。通过在铁水预处理脱硫、脱磷和脱硅，使得转炉的主要功能变为升温与脱碳，由于入炉铁水不含硅，且不再承担脱硫、脱磷任务，转炉吹炼过程无需加入大量的渣料造渣，渣量得以大幅减少。渣量的降低减少了过程喷溅和吹损，提高氧气的利用效率，缩短吹炼时间。少渣冶炼还为炉内使用锰矿造渣创造了条件，可降低终点钢水氧含量，提高余锰含量，从而大幅降低转炉冶炼成本。

转炉少渣炼钢主要有转炉双联和双渣两种工艺，其过程情况见图 6-14 和图 6-15。国内首钢京唐炼钢厂采用转炉双联工艺，其脱碳炉采用少渣冶炼技术，供氧强度达到 4.5m³/(t·min) 以上，300t 转炉吹炼时间可控制在 10min 以内，冶炼周期可控制在 25～30min。脱碳炉炉渣除部分满足溅渣护炉要求，剩余部分返回脱磷炉使用，常规冶炼渣量大幅度降低，平均吨钢仅为 24.4kg。

对于转炉产能不足的部分钢厂，实现双联冶炼较为困难，而采用双渣留渣工艺较为合适。首钢迁钢、沙钢等钢厂均开发出其相应的双渣留渣技术，取得较好效果。迁钢采用双渣留渣工艺，转炉活性石灰消耗降低 47.3%，轻烧白云石消耗降低 55.2%；沙钢采用双渣留渣技术，活性石灰消耗从吨钢 26kg 下降至 17kg，吨钢减少总渣量 24kg。

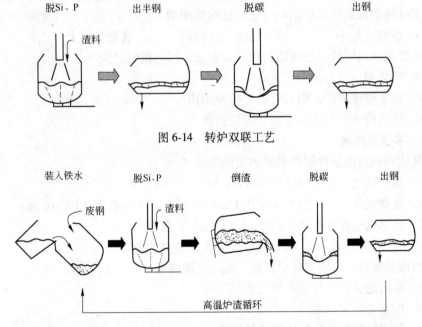

图 6-14　转炉双联工艺

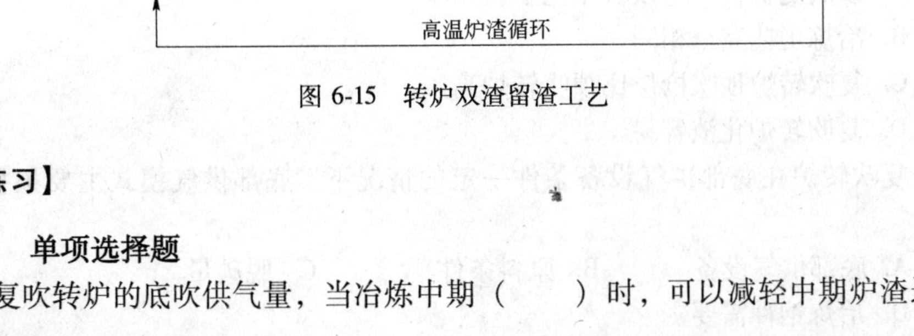

图 6-15　转炉双渣留渣工艺

【思考与练习】

6.3-1　单项选择题

（1）复吹转炉的底吹供气量，当冶炼中期（　　）时，可以减轻中期炉渣返干的现象。（　　　）。

  A. 比前期大　　　　　　B. 比前期小　　　　　C. 与前期相同

（2）在吹炼枪位、终点碳和温度相同的条件下，一般顶吹转炉（　　　）。

  A. 与复吹转炉渣中总的氧化铁 $\sum$（FeO）相当

  B. 比复吹转炉渣中总的氧化铁 $\sum$（FeO）高

  C. 比复吹转炉渣中总的氧化铁 $\sum$（FeO）低

（3）在条件相同情况下复吹转炉的顶吹枪位控制一般（　　　）。

  A. 比顶吹转炉低　　　B. 与顶吹转炉相同　　C. 比顶吹转炉稍高

（4）与顶吹转炉相比，复吹转炉钢水中余锰［Mn］显著增加原因是（　　　）。

  A. 复吹成渣速度快

  B. 复吹使钢、渣在炉内混凝时间短

  C. 复吹降低钢水氧［O］含量

（5）复吹转炉底部透气砖局部渗入钢水时，仪表上显示（　　　）。

  A. 压力不变　　　　　B. 压力升高　　　　　C. 压力降低

（6）其他条件都相同情况下，同样吨位的复吹转炉装入量比顶吹转炉装入量（　　　）。

  A. 多　　　　　　　　B. 相同　　　　　　　C. 少

（7）在转炉顶底复合吹炼过程中，选择底吹供气强度的依据是（　　　）。

  A. 钢种　　　　　　　B. 铁水成分　　　C. 脱碳速度　　　　　D. 冶炼时间

（8）复吹转炉炼钢吹炼后期供气量应比吹炼中期（　　　）。

  A. 底吹气量小　　　　B. 底吹气量相同　　　C. 底吹气量大

（9）转炉底吹供气砖侵蚀速度与供气量有关，因为供气量大（　　　）。

  A. 气体对供气砖冲击严重

  B. 钢水搅拌加快，钢水对供气砖冲刷快

  C. 供气砖本身温度梯度大，砖易剥落

6.3-2　多项选择题

（1）复吹转炉顶底复合搅拌型叙述正确的是（　　　）。

  A. 顶吹氧气、底吹惰性气体 N_2 或 Ar

  B. 底部供气强度一般不大于 $0.15m^3/(t \cdot min)$（一般为 $0.03 \sim 0.06$）

  C. 底部供气强度在 $0.2 \sim 2.5m^3/(t \cdot min)$ 范围

  D. 目的是加强熔池搅拌，改善冶金反应动力学条件

（2）顶底复吹转炉与顶吹转炉相比，叙述正确的是（　　　）。

  A. 顶底复吹转炉与顶吹相比炉容比小

  B. 冶炼工艺完全相同

  C. 复吹转炉顶吹枪位比顶吹转炉高

  D. 复吹转炉化渣容易

（3）复吹转炉在底部供气设备条件一定的情况下，底部供气模式主要根据（　　　）确定。

  A. 底部供气设备　　　B. 原料条件　　　　　C. 脱碳量

  D. 冶炼钢种需要

(4) 关于顶底复吹转炉的冶金效果正确描述的是（ ）。

    A. 钢液中的氧和炉渣中的氧化铁浓度显著升高

    B. 钢液中的余锰量明显提高

    C. 喷溅小，操作稳定

    D. 磷和硫的分配系数高

6.3-3 判断题

(1) 复吹转炉冶炼过程中，选择底吹供气强度的根据是铁水成分。   （ ）

(2) 在顶底复吹转炉冶炼高、中碳钢种时，底吹应采用较大供气强度。   （ ）

(3) 在顶底复吹转炉中，底部气源一般采用氮气进行全程供气搅拌。   （ ）

(4) 复吹转炉后期，底吹气量比吹炼前、中期要小。   （ ）

教学活动建议

    本项目单元是在氧气顶吹和底吹转炉吹炼知识学习后进行的，教学活动之前，应要求学生复习巩固顶吹和底吹相关知识点，教学活动过程中，利用虚拟仿真实训室或钢铁大学网站、多媒体教学设施、现场视频及图片，将比较法、讲授法、教学练相结合，实施"做中教"、"做中学"，以提高教学效果。

查一查

    学生利用课余时间，自主查阅氧气复吹转炉炼钢法的相关文献资料。

项目单元6.4 常见钢种的冶炼

【学习目标】

知识目标：

(1) 熟悉洁净钢的基本概念及夹杂物的评级。

(2) 掌握常见钢种生产的工艺路线。

能力目标：

(1) 会进行常见钢种生产工艺路线制定。

(2) 能利用网络、图书馆收集相关资料、自主学习。

【任务描述】

    自20世纪50年代氧气转炉诞生，就显示了它的优越性，很快得到普及。氧气转炉炼钢法可冶炼从微碳、低碳、中碳到高碳的钢种，还可以冶炼工业纯铁、低合金钢、中合金钢，并可冶炼镍、铬含量高达30%的超低碳不锈钢。目前钢材终端用户对于钢的品种和钢材质量要求提高。经过不断优化和发展，现代的优化体系（铁水预处理-转炉复合吹炼-钢水炉外精炼-连铸）建立起与产品质量密切相关的生产技术系统、信息软件系统和管理运行系统，可以生产普通、中档、高档和尖端的不同品种钢。

【相关知识点】

6.4.1　高质量钢种的生产

6.4.1.1　洁净钢的基本概念

洁净钢就是钢中杂质元素 [S]、[P]、[H]、[N]、[O] 含量低的钢种。洁净钢是在纯净钢基础上要求钢中非金属夹杂物更少，尺寸更小，并根据要求控制其形态。纯净度指严格控制 [C]、[S]、[P]、[H]、[N]、[O] 含量，洁净度指严格控制钢中夹杂物程度。洁净钢或纯净钢是一个相对概念，随工艺技术的发展、钢的品种和用途而异。钢中的有害元素含量和非金属夹杂物对钢质没有构成影响，就可以认为是洁净钢，也就是说洁净钢是指对夹杂物和杂质元素含量的控制要达到能够满足用户在钢材加工过程和使用过程的性能要求。

6.4.1.2　钢中非金属夹杂物的评级

夹杂物的数量和分布是评定钢质量的一个重要指标。

用金相法对夹杂物评级时，夹杂物试样不经腐蚀，一般在明场下放大 100 倍，直径为 80mm 的视场下进行检验。从试样中心到边缘全面观察，选取夹杂物污染最严重的视场，与其钢种的相应标准评级图加以对比评定。评定夹杂物级别时，不考虑其组成、性能以及来源，只注意它们的数量、形状、大小及分布情况。

标准评级图谱分为 JK 标准评级图（评级图 I）和 ASTM 标准评级图（评级图 II）两种。

JK 标准评级图。根据夹杂物的形态及其分布分为四个基本类型。

A 类硫化物类型、B 类氧化铝类型、C 类硅酸盐类型和 D 类球状氧化物类型。每类夹杂物按其厚度或直径的不同，又分为粗系和细系两个系列，每个系列依夹杂物含量递增分为 1~5 级图片。但夹杂物评级时，允许评半级，如 0.5 级，1.5 级等。

ASTM 标准评级图。该图中夹杂物的分类、系列的划分均与 JK 标准评级图相同，但评级图由 0.5 级到 2.5 级五个级别组成。

必须指出，只能根据产品技术条件的规定来选用一种标准评级图，不能在同一检验中同时使用两种。

钢中夹杂物数量、形状、尺寸的要求取决于钢种和产品用途。典型产品对钢洁净度要求见表 6-14。

表 6-14　典型产品对钢洁净度要求

产　品	洁　净　度	备　注
汽车板	$w_{[O]T} < 20 \times 10^{-6},\ D < 50\mu m$	防薄板表面线状缺陷
易拉罐	$w_{[O]T} < 20 \times 10^{-6},\ D < 20\mu m$	防飞边裂纹
荫罩屏	$D < 5\mu m$	防止图像变形
轮胎钢芯线	冷拔 0.15~0.25mm，$D < 10\mu m$	防止冷拔断裂
滚珠钢	$w_{[O]T} < 10 \times 10^{-6},\ D < 15\mu m$	增加疲劳寿命

产　品	洁　净　度	备　注
管线钢	$D < 100\mu m$，氧化物形态控制	耐气腐蚀
钢轨	$w_{[O]T} < 20 \times 10^{-6}$，单个 $D < 13\mu m$，链状 $D < 200\mu m$	防断裂
家电用板	$w_{[O]T} < 30 \times 10^{-6}$，$D < 100\mu m$	银白色线条缺陷

注：1. 钢中总氧量 $w_{[O]T} = w_{[O]溶} + w_{[O]夹}$，即自由氧 a_O 和固定氧（夹杂物氧含量）之和。钢中总氧量 $w_{[O]T}$ 代表钢的洁净度，目前普遍采用中间包钢水和连铸坯的总氧 $w_{[O]T}$ 反映钢的洁净度。

　　2. 用 LECO 仪分析的氧量为 $w_{[O]T}$，$w_{[O]T}$ 越高，说明钢中夹杂物含量越多。若铝镇静钢，酸溶铝 $w_{[Al]S} = 0.02\% \sim 0.05\%$，与铝平衡的氧含量为 $w_{[O]溶} = (3 \sim 7) \times 10^{-6}$。如连铸坯中测定 $w_{[O]T} = 20 \times 10^{-6}$，除去 $w_{[O]溶}$ 外，氧化物夹杂中的氧 $w_{[O]夹} = 20 \times 10^{-6}$，说明钢已经很"干净"了。

　　3. D 指夹杂物直径。

6.4.1.3　洁净钢生产的对策

冶炼洁净钢应根据品种和用途要求，铁水预处理 转炉炼钢-炉外精炼-连铸工艺过程均应处于严格的控制之下，主要控制技术对策如下：

（1）铁水预处理。铁水脱硫或三脱（脱 Si、脱 P、脱 S），入炉铁水硫应小于 0.005% 甚至低于 0.002%。

（2）转炉复合吹炼和炼钢终点控制。提高终点成分和温度一次命中率，降低钢中溶解氧含量和非金属夹杂物含量。

（3）挡造出钢。用挡渣锥或气动挡渣器，控制钢包内渣层厚度在 50mm 以下，出钢严防下渣，避免回磷，提高合金吸收率。

（4）钢包渣改质。出钢过程向钢流加入炉渣改质剂，还原 FeO 并调整钢包渣成分。

（5）炉外精炼。根据钢种质量要求选择一种或几种精炼方式组合完成钢水精炼任务，达到脱氢、极低碳化、极低硫化、脱氮、减少夹杂物含量及夹杂物形态控制等目的。

　　1）LF 炉。严格包盖密封，造还原渣，完成脱氧、脱硫，调整和精确控制钢水成分、温度，排除夹杂物并控制其形态。

　　2）真空处理。冶炼超低碳钢和脱氧、脱氢、脱氮，排除脱氧产物。

（6）保护浇注。浇注过程中为避免钢水二次氧化再污染，应用保护浇注技术对生产洁净钢尤为重要。

　　1）钢包→中间包注流长水口+吹氩保护；钢水吸氮量可小于 1.5×10^{-6}，甚至为零。

　　2）中间包→结晶器用浸入式水口+结晶器保护渣保护浇注，浸入式水与中间包连接处采用氩气密封，钢水吸氮量小于 2.5×10^{-6}。

　　3）浇注小方坯时，中间包→结晶器可用氩气保护浇注，气氛中 $w_{O_2} < 1\%$。

　　4）第一炉开浇前中间包内充满氩气。防止钢水中形成大量的 Al_2O_3 和吸氮，中间包盖与本体应用纤维密封。

（7）中间包冶金。改善钢水的流动路线，延长其停留时间，促进夹杂物上浮。

　　1）用碱性包衬的大容量深熔池中间包。

　　2）中间包内砌筑挡墙十坝、多孔挡墙、过滤器，并吹氩搅拌、加阻流器等。

　　3）中间包加覆盖剂，保温、避免与空气接触，吸附夹杂物。生产洁净钢中间包采用碱性覆盖剂为宜。

4）保证滑动水口自开率大于 98%。开浇、换包、浇完即将结束时防止卷渣。

5）应用中间包热态循环使用技术。此外还可以应用中间包真空浇注技术。

（8）结晶器冶金技术。

1）选择性能合适的保护渣（熔化温度、熔化速度、黏度）及合适的加入量。

2）浸入式水口参数合理，安装要对中，控制钢水流动，拉速稳定。

3）应用结晶器电磁控流技术，可以控制钢水的流动，保持钢水液面稳定，利于气体与夹杂物的上浮排出，从而改善连铸坯的质量。

（9）铸坯内部质量控制措施如下：

1）应用结晶器电磁搅拌，以增加连铸坯等轴晶、减少中心偏折和缩孔，同时可改善表面质量。

2）应用凝固末端电磁搅拌和轻压下技术以减少高碳钢中心偏析、V 形偏析、缩孔。

3）选用直弧形或立弯式连铸机，利于夹杂物上浮。

6.4.2　硅钢的冶炼

6.4.2.1　硅钢分类和硅钢片性能

硅钢主要用于制造软磁材料硅钢片，是发展电力、电信、自动控制和仪表制造等工业的主要金属材料。

根据需要，可以按生产方式、化学成分、结晶织构和用途等对硅钢片进行分类。

按化学成分有低硅（含 Si 1%～1.5%左右）、中硅（含 Si 2%～2.5%左右）和高硅（含 Si 3.0%以上）硅钢片；按轧制工艺分有热轧和冷轧硅钢片；按结晶织构分有热轧的非织构硅钢片，冷轧低织构、高斯织构（单取向织构）和立方织构（双取向织构）硅钢片等。表 6-15 为按化学成分命名的常用硅钢钢号。

表 6-15　按化学成分命名的常用硅钢钢号

	钢　号	化学成分/%					备　注
		C	Si	Mn	P	S	
30t 转炉	D21 D21P	≤0.08 0.08	2.00～2.80 2.00～2.80	0.20～0.40 0.20～0.40	≤0.04 0.06～0.12	≤0.03 0.03	厂控成分 $w_{[P]}$ 可达 0.14%； 厂控成分
50t 转炉	D11、D12 D21 D22、（D23、D24） D24 D31 D41	≤0.10 0.09 0.09 0.08 0.08	1.40～2.00 2.00～2.80 2.10～2.80 3.00～3.90 3.90～4.40	0.30～0.40 0.30～0.40 0.30～0.40 ≤0.24 ≤0.20	≤0.08 0.08 0.08 0.03 0.03	≤0.03 0.03 0.025 0.020 0.020	厂控成分 厂控成分 厂控成分 $w_{[Al]}$ 0.04%～0.12%； 厂控成分 $w_{[Al]}$ 0.04～0.12%； 厂控成分；厚 0.5mm
	D42 D43 D44	≤0.07	4.30～4.70	≤0.14	≤0.024	≤0.014	$w_{[Al]}$ 0.04%～0.12%； 厂控成分；厚 0.034mm

通常，硅钢片厚度为 0.05~1.0mm。为了满足特殊需要，还生产厚度为 3.0~5.0mm 的低硅钢板和 0.02~0.025mm 的高硅极薄钢板。

A　对硅钢片性能的要求

对于电工设备，要求能够长时间连续工作，质量轻，体积小，而且节省电能。因此，硅钢片应该主要在电磁性能，其次在力学性能方面满足下列要求：

（1）磁感强度要大。硅钢片是强烈增强磁场强度的材料，它的磁感强度越大，磁性能就越好，越能满足使用要求。

（2）铁损要低。铁损是指使用过程中消耗在硅钢片上的能量。它包括两部分：磁滞损失（$P_磁$）和涡流损失（$P_涡$）。钢中的 C、S 含量，气体和夹杂含量越多，磁滞损失越大。涡流损失的大小和电流频率、磁感强度、板厚成正比，和电阻率成反比。

为降低铁损，硅钢片杂质含量要少、晶粒度要大。同时，电阻率要大，厚度要薄，并可以采用绝缘涂层，以减少铁损。

（3）要具有一定的塑性和良好的冲剪加工性能，板面平整、厚薄均匀，并保证表面质量。

B　影响硅钢片质量的冶炼因素

硅钢成分和纯净性、轧制方法、织构类型及板厚对硅钢片质量都有重要影响：

（1）化学成分。主要化学成分如下：

1）硅。硅是硅钢中的主要合金元素，它对提高硅钢片磁性具有决定性影响。它能够增大钢的电阻率，使涡流损失下降；能够使铁素体晶粒显著长大，降低矫顽力（去磁力），减少磁滞损失；提高磁导率，减少晶体的各向异性；它还是一种石墨化剂和脱氧剂，能减少碳化物，改善磁性；此外，硅还是缩小 γ 区元素，当其含量较高，而碳含量较低时，容易得到单相组织，消除相变应力对磁畴移动的影响。

硅钢中硅含量不应过高（4.5%），否则会使钢的导热性下降、脆性显著增加，使钢加工性能变坏。

2）碳。碳对硅钢的组织和性能都有重大不良影响。碳含量提高，会使硅钢片矫顽力提高、铁损增加、磁性能下降。碳还是扩大 γ 区元素，易促成相变，使晶粒细化，从而导致磁性能恶化。碳在钢中存在形态不同，对磁性影响也不同。在具有一定硅含量的钢中，它可能以溶解态（间隙固溶体）、游离态和石墨形态存在，其中以石墨状态存在对磁性影响最小。考虑到硅钢片退火处理过程有一定的脱碳能力，一般不把顶吹转炉终点碳控制得过低（不小于 0.03%），以避免钢中氧含量和气体量增高，恶化钢的质量。

3）磷和铝。磷和铝对提高硅钢磁性、降低铁损方面的作用与硅相似，但对硅钢性能也有不良影响的一面。所以，在部分牌号硅钢中利用它们的有益性，部分取代硅，降低硅的用量。在个别钢种中，利用其不利作用，化害为利。

4）硫和锰。硫和锰对硅钢磁性具有不良影响，特别是硫的危害更大，所以应严加控制。电工钢硫含量多控制在 0.015%~0.035%，锰含量多控制在 0.05%~0.45%，仅个别钢种中，硫和锰可以形成硫化物（MnS）有利夹杂，促进二次再结晶长大，有利于改善电磁性能。

（2）钢中气体。钢中的氮、氢、氧（大部分呈夹杂物状态存在）都对硅钢存在特别不利的影响，增加铁损，降低磁性，恶化硅钢质量，应严格控制其含量。仅在个别情况下，氮形成的 AlN 及某些氮化物夹杂起有益作用。

（3）非金属夹杂。非金属夹杂是非铁磁性物质，不具有磁化能力，又增加了硅钢片磁化阻力，是影响硅钢磁化能力的有害组分，仅个别情况下少数夹杂如 MnS、AlN 表现出有益的作用。

此外，与轧制和热处理工艺有关形成的应力、晶粒度和取向也是影响硅钢片性能的重要因素。

6.4.2.2 硅钢冶炼

硅钢冶炼必须注意以下各点：

（1）创造良好的冶炼条件。硅钢应在炉体和炉况正常情况下冶炼，宜选炉役中期进行，新炉初期、老炉末期不适于冶炼硅钢。

严格保证入炉原材料质量，选用优质原材料。对于铁水，冶炼低硅钢时要求硫含量≤0.050%，冶炼高硅钢要求硫含量不大于 0.030%，铁水中 Si、P、S 含量较高者，应采取铁水炉外处理措施，以减轻炉内成分控制负担和提高钢水质量。要保证主要造渣材料石灰的级别和质量。

提高氧气纯度，减少水分含量，以减少带入钢中的氢、氮含量。

（2）根据铁水中 Si、P、S 含量选择好造渣制度。要做到早化渣、化好过程渣、终渣化透做黏。由于硅钢 P、S 含量控制较严，要抓紧前期操作，尽量提高前期去 P、S 率，减轻后期操作负担。避免中期炉渣返干。终渣碱度应适当提高，以提高炉渣脱 P、S 能力和避免回磷。由于终点碳低，炉渣氧化性高，将加剧炉衬侵蚀，还会增加钢中氧和夹杂含量，因此终渣要化透做黏。

（3）控制供氧操作。要用比一般钢种稍高的过程枪位促进化渣并使熔池良好的活跃沸腾，以加强脱气和排除夹杂。

（4）控制吹炼过程温度和终点温度。过程温度不宜过高，终点温度的控制要考虑到加入大量硅铁合金化时放出大量的热量。末期温度过高或过低时都不利于提高钢质量。末期温度过高，增加铁水吸气量，加剧炉衬侵蚀和增加钢中夹杂含量。同时，加大量冷却剂调温也会恶化钢水质量，所以严禁终点向炉内加大量冷却剂强行降温。为了加强钢中气体和夹杂的排除并保证浇注质量，终点钢水温度也不应过低。

（5）控制好终点和出钢操作。终点碳低硫高者，可加少量的碳素锰铁，包内加适量干燥苏打来进一步脱硫；终点钢水过氧化者，可加少量低 S、P 生铁，它起降温和预脱氧作用，并有利于改善钢水流动性和排除气体、夹杂；多次后吹并加大量渣料者应改钢种。出钢前要尽量多倒渣，出钢时要避免大量下渣，以防回磷、回锰使钢水成分出格。

（6）由于要加大量硅铁合金化，脱氧和出钢操作时要注意保证钢水成分和温度的均匀性。所用脱氧剂和铁合金、钢水包都要严格进行烘烤。

6.4.3 不锈钢的冶炼

6.4.3.1 不锈钢的分类和耐蚀性

根据金相组织，不锈钢可以分为以下三类：铁素体不锈钢、奥氏体不锈钢和马氏体不锈钢。此外，在这几类不锈钢的发展过程中，为了满足生产需要，还出现了其他类型的不锈钢，如强化的马氏体不锈钢、时效硬化的不锈钢、σ 相强化的不锈钢等。表 6-16 为常见不锈钢的化学成分。

表 6-16　常见不锈钢的化学成分　　　　　　　　　　（%）

钢　号	C	Si	Mn	Cr	Ni	Ti	S	P
0Cr13	≤0.08	≤0.06	≤0.80	12.0~14.0	≤0.50		≤0.030	≤0.035
1Cr13	0.08~0.15	≤0.60	≤0.80	12.0~14.0	≤0.60		≤0.030	≤0.035
2Cr13	0.16~0.24	≤0.60	≤0.80	12.0~14.0	≤0.60		≤0.030	≤0.035
3Cr13	0.25~0.34	≤0.60	≤0.80	12.0~14.0	≤0.60		≤0.030	≤0.035
4Cr13	0.35~0.45	≤0.60	≤0.80	12.0~14.0	≤0.60		≤0.030	≤0.035
1Cr17	≤0.12	≤0.80	≤0.80	16.0~18.0	≤0.60		≤0.030	≤0.035
9Cr18	0.90~1.00	≤0.80	≤0.80	17.0~19.0	≤0.60		≤0.030	≤0.035
1Cr28	≤0.15	≤1.00	≤0.80	27.0~30.0	≤0.60	≤0.20	≤0.030	≤0.035
1Cr17Ti	≤0.12	≤0.80	≤0.80	16.0~18.0	≤0.60	$5×w_C~0.80$	≤0.030	≤0.035
1Cr17Ni2	0.11~0.17	≤1.80	≤0.80	16.0~18.0	1.5~2.5		≤0.030	≤0.035
0Cr18Ni9	≤0.06	≤1.00	≤2.00	17.0~19.0	8.00~11.0		≤0.030	≤0.035
1Cr18Ni9	≤0.12	≤1.00	≤2.00	17.0~19.0	8.00~11.0		≤0.030	≤0.035
2Cr18Ni9	0.13~0.22	≤1.00	≤2.00	17.0~19.0	8.00~11.0		≤0.030	≤0.035
1Cr18Ni9Ti	≤0.12	≤1.00	≤2.00	17.0~19.0	8.00~11.0	$5×(w_C-0.02)$ $~0.80$	≤0.030	≤0.035

研究表明，金属有化学腐蚀和电化学腐蚀两类。前者是指金属与周围介质直接产生的，没有电流的化学作用，作用的产物沉积在金属的表面上。后者是指金属形成具有阳极和阴极并伴随有电子流动的微电池作用而引起的腐蚀。二者相比，化学腐蚀由于产物沉积在金属表面，因而能够减缓金属腐蚀，而电化学腐蚀产物不能覆盖被蚀区域，常产生在微电池的阳极和阴极之间，因此，具有更大的危害性。

通常，两种不同金属相接触或者金属内组织结构不同，都可以构成微电池的两极，两极中电极电位较低者成为阴极，失去电子被氧化。可见，金属基体的负电位（与规定的标准氢电极电位为零相比）和多相组织是金属腐蚀的基本原因。因此，要提高钢的耐蚀性，应使钢呈单相组织和提高铁的电极电位。

向钢中加入 Cr、Ni、Si 等合金元素可以促进组织均一化、提高铁的电极电位和产生钝化现象，从而可以提高钢的耐蚀性。所谓钝化，是指腐蚀反应被阻止而促使耐蚀性提高的一种现象。其实质是腐蚀和氧化物覆盖在钢的表面上，形成与周围介质相隔离的致密的保护膜（钝化膜），从而阻止或大大减缓腐蚀速度。

决定不锈钢耐蚀性的主要合金元素是铬，钢中铬含量越高，耐蚀性能越好。铬所起的作用是：它能吸附腐蚀介质中的氧并与之形成致密的 Cr_2O_3 保护层，阻止腐蚀继续进行，还能够提高铁的电极电位，使其由负值变为正值。随着钢中铬含量增加，电极电位是呈跃变式提高，其变化遵守实验 n/8 定律，即铬含量按原子比每增加到 1/8、2/8、3/8、…、n/8（依次原子百分数为 12.5%、25%、37.5%、…）时，电极电位跃变式提高，耐腐蚀性显著提高。因此不锈钢中的铬含量应至少为12.5%，原子分数（质量分数）为11.7%。

铬也是缩小（乃至封闭）γ区，扩大α区的元素，促进钢的组织均一化，单纯含合金元素铬的不锈钢可以得到单一的马氏体或铁素体组织。

镍、硅、铝、钛、铌、铜、钼等元素也都具有不同程度改善耐蚀性的作用，因此也是冶炼不锈钢常用的合金元素。

碳在不锈钢中具有双重作用，它可以提高钢的强度、硬度和耐磨性，但同时也降低钢的耐蚀性，所以，不锈钢的碳含量一般都很低。

影响不锈钢耐蚀性的因素很多，除上述化学成分外，热处理、加工及表面处理等都有重要影响。

6.4.3.2　碳、铬的选择性氧化和吹炼时脱碳保铬

利用含铬铁水和废钢或用普通铁水在冶炼过程中加铬铁炼不锈钢时，熔池中都含有相当数量的铬，在吹炼初期较低温度下，铬对氧的亲和力比碳对氧的亲和力大，所以铬在硅、锰氧化后即进行氧化。但随着温度升高，碳对氧的亲和力能够超过铬对氧的亲和力，则碳比铬优先得到氧化。在冶炼不锈钢时，为了保铬，避免铬氧化进入炉渣，希望碳比铬优先氧化。

在 Fe-O-Cr 系中，随体系中铬含量不同，铬的氧化产物也不相同。当金属中铬含量小于3%时，氧化产物为 Cr_2O_3，呈立方晶型的铬尖晶石存在；当铬含量大于9%时，氧化产物为 Cr_3O_4，呈面心四方晶型；当铬含量为3%~9%时，氧化物成分介于 Cr_2O_3 和 Cr_3O_4 之间，晶型呈面心四方体。在不锈钢冶炼中，人们对渣中铬的存在形式有两种意见，一种认为是 Cr_2O_3，另一种认为是 Cr_3O_4。

为了保证碳比铬优先氧化，首先需要确定碳、铬选择氧化的转化温度。假定渣中铬以 Cr_3O_4 形式存在并为 Cr_3O_4 所饱和，$a_{(Cr_3O_4)} = 1$，则转化温度可按下式确定：

$$\frac{3}{2}[Cr] + 2CO \longrightarrow 2[C] + \frac{1}{2}(Cr_2O_3)$$

$$\lg K = \lg \frac{f_{[C]}^2 \cdot w_{[C]}^2}{f_{[Cr]}^{3/2} w_{[Cr]}^{3/2} \times (10^{-5} \times p_{CO})^2} = \frac{24310}{T} - 16.07 \qquad (6\text{-}3)$$

由式（6-3）可以得出：

$$w_{[C]} = \sqrt{K \cdot w_{[Cr]}^{3/2}} \times 10^{-5} p_{CO} \qquad (6\text{-}4)$$

由式（6-3）可见，温度和压力对金属中 C 和 Cr 的平衡浓度都存在影响。欲降低钢中碳含量，可以通过减小 p_{CO} 和提高温度两种途径来实现。图6-16所示为不同温度和 CO 分压下的碳与铬的平衡关系。从式（6-3）、式（6-4）和图6-16可以看出，在不锈钢脱碳过程中，p_{CO} 的影响比温度影响更大。

对铬在钢-渣间分配的研究表明，炉渣碱度和氧化铁含量对铬的分配比有重要影响。铬在钢-渣间的分配比随炉渣碱度和炉渣氧化

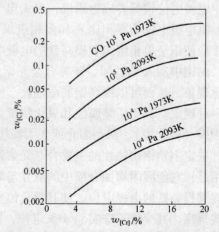

图6-16　不同温度和 p_{CO} 下碳与铬的平衡关系

性下降而下降。

6.4.3.3　冶炼

使用转炉冶炼不锈钢的方法包括以下各类：

（1）单纯用顶吹转炉的方法，包括硅合金氧化供热法，即向炉内加含硅铁合金，依靠其氧化放热来补充合金熔化和钢水提温需要的热量；铝铁氧化供热法；燃料或氧-燃料供热法。

（2）用熔化炉配合转炉的方法，如用化铁炉预熔合金铁水或用电炉预熔铁合金的方法。

（3）用中间包配合的转炉氧化还原法。

（4）顶吹转炉真空脱氧（VODK 法）法。

（5）顶吹转炉-真空处理双联法，例如 LD-VOD 法。

（6）顶吹转炉-双液循环真空吹氧（RHOB）法。

（7）顶吹转炉-电炉双联法。

（8）底吹氧气转炉法。

（9）顶底复合吹炼转炉法等。

目前，包括转炉法在内，冶炼不锈钢的技术和设备已经发展到了成熟的阶段，但是在各类方法中，以能够降低 p_{CO} 的真空、半真空法或其他降低 p_{CO} 的方法，技术经济效果最好，例如氩氧转炉（AOD）法就是被各国广泛采用的冶炼不锈钢的方法。在这类方法中，铬可以一次配足，而且碳含量不受任何限制。单纯用顶吹转炉冶炼不锈钢，冶炼时间长、精炼温度高、钢水降碳困难、铬的收得率低、钢中的气体和夹杂数量多，不是很好的方法。相比之下，利用具有高速降碳机能的转炉，并配合具有升温和真空手段设备的双联操作，可以避免单纯顶吹转炉法的不足。

不锈钢的冶炼具有下述特点：

（1）它是一种低碳高铬钢，在冶炼过程中需要去碳保铬，成分中杂质 P、S 的限制也很严。

（2）它是一种高合金钢，合金元素的含量至少在 5% 以上，需要在冶炼和出钢过程中加入钢水中。

因此，用普通铁水在转炉中冶炼不锈钢时，必须抓好造渣、升温和合金化等几个环节：

吹炼前期要搞好造渣制度，强化脱磷、硫操作，尽快使钢中 P、S 降到规格要求含量以下。在吹炼前期结束后，要除净炉渣，避免后期回磷。

除净前期渣后，要加强供氧操作，可采用提高供氧强度硬吹强制供氧。同时可以向熔池加硅铁、铝铁发热剂，使熔池迅速降碳升温，完成脱碳任务。

此后，则可以用熔池所达到的高温，分批加入铬铁，同时还可以配加硅铁或铝铁。每加入一批合金后都要吹氧助熔。对于不氧化或难氧化的合金元素，可提前在吹炼初期或装料时加入。

当采用含铬铁水或含铬废钢冶炼不锈钢时，则首先需要保证熔池迅速升温，以促进熔池迅速降碳，减少铬的大量烧损。

6.4.4　低合金钢的冶炼

6.4.4.1　分类

低合金钢的特点是在普通碳素钢的基础上加入少量合金元素，使钢的强度提高并改善综合性能或者使钢具有某些特殊性能。目前，国内外对于低合金钢的范畴划分不一，关于合金含量的解说有多种。通常认为合金元素总量小于 3% 者称为低合金钢，也有的把界限划分在 2.5%～5.0% 范围内。若以此为标准，则低合金钢包括强度钢，还包括多种专用钢。

由于低合金钢生产工艺简单、成本低，而且低合金钢具有较高的强度、较好的焊接性能、加工工艺性能以及具有耐磨、耐腐蚀等特殊性能，有广泛的适用性，因此低合金钢在钢种发展中占有重要地位。

从实际情况出发，低合金钢可按以下三种方法分类。

A　按特点和用途分类

按特点和用途大致可分为八种类型：

（1）强度钢（亦称结构钢）。这类钢的特点是强度高、塑性和韧性好、加工和焊接性能优良，并具有一定的耐腐蚀能力。强度大致有 30×10^7、35×10^7、40×10^7、$45 \times 10^7 Pa$ 四个级别（如包括 25×10^7 和 $50 \times 10^7 Pa$ 则为六个级别）。此类钢使用范围极广，常用作金属构件。

（2）专用钢。上述强度钢若按其使用的特点，现已列入专用钢标准的，大致分为锅炉钢、造船钢、桥梁钢、容器钢、多层容器用钢、汽车大梁用钢、矿用钢、化肥用高压无缝钢管钢和钢筋钢等。这些专用钢中强度相同的，其成分也基本相同。前六种钢对 S、P 要求较严。按照专业用途对桥梁、造船、锅炉等钢需作冲击值、断口检验，汽车大梁用钢还要做带状组织检验等。

（3）低温用钢。低温用钢包括空气分离设备、石油尾气分离设备、气体净化新工艺、制冷机械和各种低温容器等需要的低温（77～203K）用钢。它们在低温下具有较高的冲击值。

（4）耐腐蚀钢。耐腐蚀钢包括化工、石油工业的各种耐腐蚀设备用钢和海上设施（如海底电缆、海上采油平台、码头钢板桩、船舶）用钢等，能耐各种弱酸、弱碱、海水、硫化氢、氯离子、有机介质的腐蚀，同时也要求一定的力学性能。

（5）耐磨钢。其耐磨性能良好，可用于矿山机械和农业机械等。

（6）钢轨钢。钢轨钢包括各种轻重轨，要求耐磨、耐压和耐腐蚀。

（7）钢筋。钢筋主要特点是强度高，焊接性好。有 35×10^7、40×10^7、45×10^7、50×10^7、55×10^7、$70 \times 10^7 Pa$ 级的各类钢筋钢。

（8）其他专用钢，如氧气瓶、焊条、地下铁道接触轨、自行车链条用钢等。

B　按合金元素分类

按主体合金元素的不同可分为：锰系、锰-钒系、锰-铌系、锰-钛系、硅-钛系、硅-铌系、硅-钒系、钒系、含铝钢系、含磷钢系、多元钢系等。

C　按金相组织分类

（1）铁素体+珠光体型。目前大多数普通低合金钢都属于这种类型，其中珠光体的含量随钢中碳含量的增加而增多。这类钢的屈服点为 $25 \times 10^7 \sim 60 \times 10^7 Pa$。大多数以热轧状态使用，此类钢包括含 Mn 各系钢种。

（2）贝氏体型。当钢中加入一定含量的 Mo、B 等合金元素时能得到贝氏体组织，如 14MnMoVBRe 等。此类钢塑性、韧性、焊接性能和中温性能均较好，一般需经热处理后使用。

（3）马氏体型。此类钢是属于强度最高的普通低合金钢，通过淬火+回火处理（调质）使钢能获得良好的综合性能，屈服点一般为 $70 \times 10^7 \sim 145 \times 10^7 Pa$。塑性、韧性也较好，是普通低合金钢向高强度发展的一个重要途径。

低合金钢中的合金元素对钢中相变和钢的组织、结构都起重要影响，从而使钢具有各种需要的性能。以铁素体-珠光体型钢的合金化为例，常见元素的作用主要表现在以下方面：

（1）绝大多数合金元素，如 P、Si、Mn、Cr、Cu 和 Ni 等，都可固溶于铁素体中，使其晶格产生歪扭，并改变（多为增加）原子间的结合力。

（2）绝大多数合金元素，如 Mn、Cr、Mo、W、Ni、Cu 和 Si 等，在一般加热条件下比较容易熔于奥氏体，增加其稳定性和过冷能力，从而使珠光体的弥散度增大，使其组织的百分数增加，同时也使铁素体晶粒得到细化。

（3）绝大多数合金元素，使铁碳状态图上共析成分点左移，因而在相同碳含量下增加钢中珠光体组织比例，从而使钢的强度增加。

（4）Ti、V、Mo 及少量 Al 能形成稳定的碳化物和氮化物，减少奥氏体晶粒长大倾向，因而能细化晶粒；Ti、V、Al 等与氮有很大的亲和力；可形成弥散的化合物；产生弥散硬化作用。

可见，合金元素在低合金钢中的作用主要是对钢的组织有影响，既然组织上发生变化则必然反映到性能上。因此，我们可以根据资源情况和合金化元素的特点，生产不同性能的低合金钢。

6.4.4.2　冶炼

低合金钢作为强度级钢，根据冶标 YB 13—69 和 YB 661—69 规定只保证抗拉强度、屈服点、伸长率和冷弯性能四项。低合金钢作为专用钢，应该满足专用钢标准要求，例如桥梁、造船、锅炉、容器、汽车大梁等，按专用钢标准除上述四项要求外，还应保证室温、低温和时效冲击值，桥梁、锅炉和造船钢等还要保证断口要求，汽车大梁还要保证带状组织合格等要求。这些性能的获得主要依靠合适的成分控制、良好的冶炼和浇注操作来保证。

A　化学成分控制

化学成分是影响钢的性能的主要因素，为了保证低合金钢性能，在标准规定的基础上，必须对成分进行严格控制和适宜调整。

化学成分与钢的性能不适应问题，有时在纳入标准的钢种中也有体现，例如我国早期投产的低合金高强度钢筋 25MnSi，按 YB 13—59 标准中成分下限控制时，有强度达不到 $(40 \sim 60) \times 10^7 Pa$ 级要求的现象，因此在 1979 年修订"热轧钢筋"标准（GB 1499—79）时，已正式把强度级别降为 $(38 \sim 58) \times 10^7 Pa$ 级。又如在 16Mn 钢生产时，各厂常由于钢的成分 C、Mn 按下限控制而强度出现不合格现象，当 C、Mn 按上限控制时，特别是 w_{Mn} >1.55%时，又容易出现冷弯和伸长率不合格现象。可以看出，化学成分变化对钢的性能特别敏感。

为了保证钢的性能，通常采用缩小成分控制范围，适当控制化学成分的作法。例如，在生产 16MnL 时，某厂成分按 $w_C + \frac{1}{4} w_{Mn}$ 为 0.48% ~ 0.53%控制，把碳控制在 0.14% ~ 0.18%、Mn 控制在 1.35% ~ 1.45%范围内，以保证 16MnL 性能。又如，某厂在生产 20MnSi、20MnVK、48SiMnV 时，其标准如表 6-17 所示。

表 6-17　某厂部分钢号化学成分情况

钢号	成分/%	C	Si	Mn	P	S	V
20MnSi	标准	0.17~0.25	0.40~0.80	1.20~1.60	≤0.050	≤0.050	
	厂控	0.18~0.25	0.40~0.70	1.25~1.55	≤0.045	≤0.045	
20MnVK	标准	0.17~0.24	0.17~0.37	1.20~1.60	≤0.040	≤0.040	0.10~0.20
	厂控	0.19~0.24	0.17~0.37	1.25~1.55	≤0.025	≤0.025	0.10~0.15
45SiMnV	标准	0.40~0.52	1.10~1.40	1.00~1.40	≤0.045	≤0.045	0.05~0.12
	厂控	0.40~0.48	1.10~1.40	1.00~1.30	≤0.045	≤0.045	0.05~0.10

严格控制化学成分的结果，既促进了操作水平提高，合金收得率波动范围缩小，炼钢成本下降，也使钢材性能相对稳定。此外，该厂还在标准允许情况下，对 45SiMnV 的成分进行了调整，把 Mn 和 V 的上限往下调整 0.10%和 0.02%，经试验，钢筋的屈服强度峰值由 $105.7 \times 10^7 Pa$ 降低到 $67.3 \times 10^7 Pa$，抗拉强度峰值由 1206MPa 降低到 $102.7 \times 10^7 Pa$，而伸长率的平均值由 12.88%提高到 14.85%，使性能稳定在 $(56.8 ~ 67.3) \times 10^7 Pa$，$R_m$ $(88.2 ~ 102.7) \times 10^7 Pa$，同时节约了 FeMnSi、FeV 合金。又如某厂矿石中含 Cu、As，因此生产 25MnSi 螺纹钢筋时不存在强度偏低问题，为了避免屈服点不明显和脆性，Mn、Si 含量控制在规程规定的中、下限，取得了较好的效果。

B　冶炼工艺控制

低合金钢冶炼工艺和普碳钢冶炼工艺基本相同，但最好提供比生产普碳钢好的原材料和设备条件，同时要严格进行工艺操作，其工艺要点是：

(1) 创造良好的炉体条件，尽量不在新炉前 10 炉和补炉后第一炉冶炼。

(2) 低合金钢质量要求比较严格，因此，冶炼过程中应尽量去除钢中有害气体和夹杂，除含磷钢外，尽量降低有害成分 P 和 S 含量。要强化供氧和造渣操作，以保证熔池良好沸腾和提高前期脱磷率，搞好吹炼全程脱磷、脱硫，力求实现深度脱磷、脱硫。

(3) 采用拉碳法控制终点，避免后吹，以降低钢中氧含量，提高合金和金属收得率，这样有利于提高钢的质量和减少钢的时效倾向，控制好出钢温度，避免出高温钢。

(4) 加强脱氧操作，以生产 16Mn 钢为例，终脱氧后应保证钢中有适宜的残铝量，当脱氧用铝量过多时，容易出现钢包水口套眼现象；而减少吨钢用铝量（0.1 ~ 0.5kg，不加硅钙）时，由于钢中余铝量不足会导致钢的冲击值不稳定以及直径不小于 18mm 钢筋的反弯脆断。表 6-18 为 16Mn 钢残铝量与晶粒度和金相组织情况。

表 6-18 16Mn 钢残铝量与晶粒度和金相组织情况

厂 别	残铝量/%	奥氏体晶粒度	金 相 组 织
鞍钢平炉	0.017~0.036	7~8 级	等轴细晶（脆断例外）
上海转炉	0.004~0.010	4~5 级	晶粒粗大夹有针状铁素体，有过热倾向
唐钢转炉	0.005~0.012	4~5 级	晶粒粗大夹有针状铁素体，有过热倾向

平炉钢残铝量高，奥氏体晶粒度级别高，金相组织良好，故平炉生产的 16Mn 钢筋反弯脆断率低。为了减少转炉 16Mn 钢筋反弯脆断，脱氧后应保证钢中残铝量为 0.02%~0.05%，以细化钢的晶粒。脱氧时，吨钢可加硅钙 1~2kg，以减少铝的用量并改善钢水流动性。为保证钢中残铝量，可向钢包中吨钢加铝 0.4~0.6kg，出钢后再向钢包中吨钢插铝 0.4~0.6kg。16Mn 钢中残铝量还对抑制钢的时效、减轻钢的缺口敏感性有好处。脱氧对在时效、冲击性能方面有要求的桥梁、锅炉、造船等重要用途钢种也很关键。由于对不同用途专用钢的性能要求不一，脱氧制度应有针对性，以保证钢的质量和适应性能良好。

（5）维护好出钢口，加强出钢操作，出钢时尽量少下渣并防止渣钢混出，必须防止回磷，出钢后应向钢包中加石灰稠化炉渣。

近年来，随着各种新技术的出现，传统的低合金钢生产方式正在发生变化。其主要表现是：对铁水进行预处理，提高入炉铁水质量；采用顶底复合吹炼，提高转炉冶炼低合金钢的机能和适应性；采用钢水炉外处理措施，如真空处理、吹气搅拌等，降低钢中气体和夹杂含量，提高钢水纯洁性。

【知识拓展】

项目 6.4-1 重轨钢冶炼

A 用途及性能要求

公称质量不小于 38kg/m 的钢轨是重轨，用于铺设铁路。目前，我国已建立了 38、43、50、60、75kg/m 级的系列生产线。我国重轨钢共有 6 个牌号，其中 2 个为碳素重轨钢，4 个是低合金重轨钢。其化学成分和力学性能见表 6-19。

表 6-19 重轨钢的化学成分和力学性能（GB 2563—1981）

种类	化学成分(质量分数)/%					其他	力学性能（不小于）	
	C	Si	Mn	P	S		抗拉强度/MPa	伸长率/%
				不大于				
U71	0.64~0.77	0.13~0.28	0.60~0.90		0.050		785	10
U74	0.67~0.80	0.13~0.28	0.70~1.00		0.050		785	9
U71Cu	0.65~0.77	0.15~0.30	0.70~1.00	0.040		$w_{[Cu]}$ = 0.10 ~ 0.40	785	9
U71Mn	0.65~0.77	0.15~0.35	1.10~1.50				883	8
U71SiMn	0.65~0.77	0.85~1.10	0.85~1.15		0.040		883	8
U71MnCu	0.65~0.77	0.70~1.10	0.85~1.20				883	8

钢轨要承受机车、车辆运行时压力、冲击力、摩擦力等载荷的作用；车轮刹车的热负

荷作用；承受自然环境的风吹、日晒、雨淋和高寒的作用，所以重轨钢要具有高强韧性、耐磨性、抗压溃性、抗脆断性、抗大气腐蚀性和耐高寒的能力，以适应铁路重载、高速的需要。除了钢轨重型化之外，还要提高重轨钢的综合性能。重轨钢是高碳优质钢。

B　合金元素的作用

合金元素具有以下作用：

（1）碳含量 $w_{[C]}$ 在 0.8% 左右，利于提高硬度和耐磨性，为保证良好的焊接性能，C_{eq} 或 P_{cm} 数值要低。

（2）硫含量在 0.004% 以下，且 $w_{[C]}/w_{[S]}$ 比达到一定范围。

（3）钢中的氢含量小于 1.5×10^{-6}，以免产生白点。

（4）钢中氧化物夹杂是重轨钢产生裂纹的根源之一，危害钢的各种性能。重轨钢的化学成分和力学性能见表 6-19。

C　工艺路线

生产工艺路线：

铁水预脱硫→转炉复合吹炼→LF 炉→RH（或 VD）真空处理→大方坯连铸

$\searrow$

工字钢近终形连铸机

D　生产工艺要点

生产工艺要点如下：

（1）根据具体情况确定铁水是否需要进行预处理。

（2）冶炼全程化好渣，终点碳可采取高拉补吹，也可以采用增碳法。

（3）合适的出钢温度，不要过高。

（4）挡渣出钢，以 Ti-Mg-Si 合金代替铝终脱氧。

（5）钢水真空精炼处理，脱除钢中气体，消除钢轨的氢脆敏感性，降低钢中夹杂。

（6）充分发挥中间包冶金、结晶器冶金的作用，全程保护浇注。

（7）低过热度浇注，过热度在 15℃ 为宜。选用带轻压下、电磁搅拌装置的连铸机，以改善铸坯质量。

国内生产高质量高速铁路钢轨已达到 $w_{[S]} \leqslant 30 \times 10^{-6}$，$w_{[P]} \leqslant 100 \times 10^{-6}$，$w_{T[O]} \leqslant 15 \times 10^{-6}$，$w_{[N]} \leqslant 40 \times 10^{-6}$，$w_{[H]} \leqslant 1.5 \times 10^{-6}$ 的水平。

项目 6.4-2　IF 钢冶炼

A　用途及性能要求

IF 钢是深冲冷轧薄板钢，主要用于制作汽车面板、食品包装、搪瓷制品等，要求钢具有足够的强度、良好的深冲性能和表面质量以及抗时效性等。

IF 钢也称无间隙原子钢，是深冲钢种。在 $w_{[C]} = 0.001\% \sim 0.005\%$ 的钢中加入适量的钛（Ti）、铌（Nb）等微量强化元素，与钢中残存的间隙原子碳和氮结合形成微量碳氮化合物，钢的基体中就没有间隙原子碳和氮了。因此，IF 钢的特点是：

（1）深冲性能极好，可以代铝镇静钢；取消了中间退火工序，缩短了工艺流程，节约能源。

（2）可以冲制极薄的制品和零件，用于汽车面板。

（3）无失效性，消除了屈服点延伸现象，钢板表面光洁，质量好。

（4）降低冲压废品率，例如汽车生产厂家使用铝镇静钢钢板时，冲压废品率有时达40%～50%；而使用 IF 钢钢板基本消除了冲压废品。

B　合金元素的作用

IF 钢的化学成分要求：

（1）极低的碳含量（$w_{[C]} \leqslant 50 \times 10^{-6}$）。

（2）非常低的氮含量（$w_{[C]} \leqslant 30 \times 10^{-6}$）。

（3）一定含量的钛或铌。

（4）铝脱氧钢 $w_{[Al]_s} = 0.03\% \sim 0.07\%$。

IF 钢的典型成分见表 6-20。

表 6-20　IF 钢的典型成分

化学成分（质量分数）/%							
C	Si	Mn	P	S	Al	Ti	N
<0.003	<0.02	0.10~0.15	<0.015	<0.010	0.020~0.040	0.060~0.080	<0.003

C　工艺路线

生产工艺路线：

铁水预脱硫→转炉复合吹炼→RH 真空处理→板坯连铸

D　生产工艺要点

生产工艺要点如下：

（1）铁水脱硫后，硫含量为 0.002%，入炉前尽可能扒净铁水渣。

（2）高铁水装入比，顶底复合吹炼，充分脱磷，后期加铁矿石、氧化铁皮使炉渣发泡，防止钢液吸氮，出钢 $w_{[N]} < 20 \times 10^{-6}$，按 RH 精炼要求严格控制终点碳。

（3）出钢不脱氧，不加铝，防止增氮。

（4）RH 真空碳脱氧，然后加铝和钛。

（5）严格保护浇注，防止二次氧化、增氮。钢包-中间包吸氮量应小于 1.5×10^{-6}，中间包-结晶器吸氮量应小于 1.0×10^{-6}。

（6）钢包和中间包内衬采用碱性耐火材料和极低碳碱性覆盖剂，控制增碳。

国内生产高质量 IF 钢已达到 $w_{[C]} \leqslant 20 \times 10^{-6}$，$w_{[S]} \leqslant 30 \times 10^{-6}$，$w_{[P]} \leqslant 100 \times 10^{-6}$，$T_{[O]} \leqslant 20 \times 10^{-6}$，$w_{[N]} \leqslant 20 \times 10^{-6}$，$w_{[H]} \leqslant 2 \times 10^{-6}$ 的水平。

【思考与练习】

6.4-1　选择题

（1）冶炼低硅钢时要求铁水的硫含量（　　）。

　　A. ≤0.050%　　　B. 0.050%~0.080%　　　C. >0.080%

（2）对硅钢磁性具有不良影响，危害最大的是：（　　）

　　A. 锰　　　　　　B. 硫　　　　　　　　C. 磷

（3）硅钢 P、S 含量控制较严，最佳的脱 P、S 时期是（　　）。

　　A. 前期　　　　　B. 中期　　　　　　　C. 后期

（4）中碳钢碳含量一般是（　　）。

　　A．<0.25%　　　　B．0.25%~0.60%　　　C．>0.60%

（5）以下哪种元素是冶炼不锈钢常用的合金元素。（　　　）

　　A．钒　　　　　　B．铜　　　　　　　　C．铬

（6）冶炼低合金结构钢 16Mn 时通常是（　　　）

　　A．脱氧合金化同时进行　　　　　　　　B．先脱氧后合金化

　　C．先合金化再脱氧

6.4-2　判断题

（1）根据金相组织，不锈钢可以分为铁素体、奥氏体和马氏体不锈钢。　　（　　　）

（2）硅钢的冶炼要求枪位比一般钢的冶炼要低 。　　　　　　　　　　　（　　　）

（3）硅钢按化学成分可分为低碳、中碳、高碳。　　　　　　　　　　　（　　　）

（4）碳在不锈钢中可以提高钢的强度、硬度和耐磨性，但同时也降低钢的耐蚀性，所以，不锈钢的碳含量一般都很低。　　　　　　　　　　　　　　　　　　　（　　　）

（5）在冶炼不锈钢时，为了保铬，避免铬氧化进入炉渣，希望铬比碳优先氧化。

　　　　　　　　　　　　　　　　　　　　　　　　　　　　　　　　　（　　　）

（6）炉渣碱度和氧化铁含量对铬的分配比有重要影响。铬在钢-渣间的分配比随炉渣碱度和炉渣氧化性下降而升高。　　　　　　　　　　　　　　　　　　　（　　　）

6.4-3　简述题

（1）冶炼低合金钢应注意哪些要点？

（2）对硅钢性能有哪些要求，冶炼要点有哪些？

（3）IF 钢有什么特点，冶炼工艺上如何进行质量控制？

（4）重轨钢有何特点，冶炼要点有哪些？

教学活动建议

　　本项目单元与前面所学习的知识、技能紧密相连，教学活动之前，应要求学生复习巩固相关知识点，教师收集相关典型案例，教学活动过程中，利用多媒体教学设施、图片，将理论联系实际、启发式、教学练相结合。

查一查

　　学生利用课余时间，自主查阅、分析氧气转炉炼钢相关案例。

项目单元 6.5　开　新　炉

【学习目标】

知识目标：

（1）熟悉转炉炼钢开新炉操作要点。

（2）了解开新炉前的准备工作要点。

能力目标：

（1）能陈述转炉炼钢开新炉的操作要点。

（2）能利用网络、图书馆收集相关资料、自主学习。

【任务描述】

转炉炉衬砌筑完毕以后，在投入使用之前或因故停炉时间超过允许规定时间，均必须进行一系列的生产准备工作，如对转炉系统设备的检修、设备的试车、炉衬的烘烤以及生产工具材料等的准备。在一切工作准备就绪达到炼钢要求后，方可开始炼钢生产。

【相关知识点】

6.5.1 开新炉前的准备工作

开新炉前，应有专人负责组织对转炉设备系统，水、气系统等做全面的检查与试车。所有设备和操作系统经检查试车确认正常合格之后，才能使之处于备用和运转状态。

（1）认真检查炉衬的修砌质量。下修转炉，尤其要检查炉底与炉身接缝是否严密牢固，以防开炉后发生漏钢事故。复吹的底部供气设备安全可靠。

（2）检查炉子的倾动系统及其润滑系统正常。

（3）氧枪升降、制动装置，棒图显示，极限，各控制点正常；氧枪的枪位设定高度与实际高度校对准确，误差达到要求范围。更换机构的横移对位准确。事故氮气马达处于正常状态。

（4）副枪的运行机构、测试程序、夹持器等处于正常状态。

（5）辅原料与合金料的供料、给料设备及活动溜槽，炉下钢包车及渣罐车，炉前、炉后的挡火板等设备运行正常，称量设备称量准确。

（6）烟气净化回收系统的风机、汽化冷却系统设备、净化系统设备以及煤气安全检测装置、氧分析仪等必须运转正常，检测数据准确。

（7）氧枪、副枪等冷却用水，烟气净化系统冷却用水的水质、水压和流量应符合要求，所有管路应畅通。

（8）氧枪孔、副枪孔密封阀及氮封、加料溜槽氮封等运行正常。

（9）氧气调节阀、切断阀、高压水切断阀、氧气阀动作气源正常无漏气。氧气压力、流量；高压水压力、流量；氮气压力、流量；氩气压力、流量等应达到工作要求。

（10）主控室内设备应运转正常无误。所有测量仪表的读数显示应准确可靠。

（11）氧枪-转炉、副枪-转炉、氧枪-高压水进出口温度差、氧枪-高压水压力、氧枪-氧气开关、氧枪-副枪、转炉-罩裙等连锁装置必须灵敏安全可靠。

（12）炉前所用工具材料要齐备。

检查与试车工作一定要认真、仔细，决不能马虎从事。除设备安全正常外，还要特别注意人员的人身安全，以防发生事故。

6.5.2 炉衬的烘烤

转炉炉衬工作层全部是镁碳砖。烘炉的目的就是将砌筑完毕处于待用、常温状态的炉衬砖加热烘烤，使其表面具有一定厚度的高温层，以达到炼钢要求。目前，均采用焦炭烘炉法。

炉衬烘烤的要点如下：

（1）根据转炉吨位的不同，首先加入一定数量的焦炭称为底焦、木柴，点火后立即吹氧，使其燃烧。

（2）烘炉过程中要定时、分批补充焦炭，适时调整氧枪位置和氧气流量，与焦炭燃烧所需氧气相适应，焦炭得以完全燃烧达到高温。

（3）烘炉过程中炉衬的升温速度要符合炉衬砖的烘炉曲线，并保证足够的烘炉时间，使炉衬具有一定厚度的高温层。

（4）烘炉结束，倒炉观察炉衬烘烤状况并测温。烘炉前可解除氧枪工作氧压连锁报警，烘炉结束立即恢复。

（5）复吹转炉在烘炉过程中，底部一直供气，只不过比正常吹炼的供气量要少些。

图 6-17 所示为某厂 210t 转炉的烘炉实例。

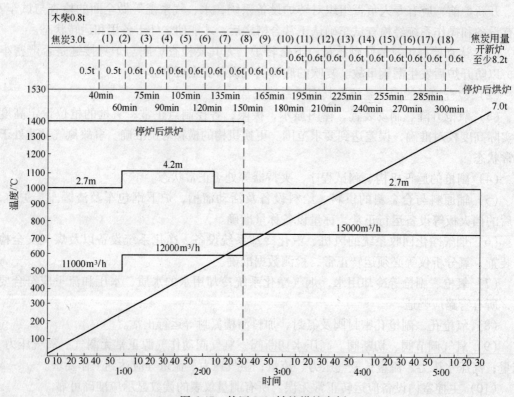

图 6-17　某厂 210t 转炉烘炉实例

其操作要点如下：

（1）首先加入焦炭 3000 kg，再加入木柴 800 kg。

（2）用油棉丝火把点火，一经引火，立即吹氧，不能断氧，开氧 5min 后，将罩裙降至距炉口 400mm。

（3）在前 1h 以内，氧气流量控制在 11000m³/h（标态），氧枪高度距炉底为 2.7~4.2m。

（4）吹氧 60min 后，开始分批补充加入焦炭，每隔 15min 加入焦炭 500kg。

（5）1h 以后，氧气流量调整到 12000~15000m³/h（标态），氧枪距炉底高度在 3.2m；每隔 15 min 补加焦炭 600 kg；焦炭加入后，氧枪在 2.7~4.2m 范围内，调节枪位 2~3 次。

（6）炉衬烘烤总时间不得少于 3.5h。对新投产转炉烘炉时间为 5h 30min。

（7）烘炉结束停氧，关上炉前挡火门，摇炉观察炉衬及出钢口等部位烘烤质量及残焦情况，并进行测温，若符合技术要求即可不倒余焦装铁炼钢。

（8）因故停炉时间超过 2 天，或炉龄小于 10 炉停炉时间 1 天，均需按开新炉方式用焦炭烘炉，烘炉时间为 2.5h，不准冷炉炼钢。溅渣护炉封炉后炼钢再烘炉时间为 40min。

6.5.3 开新炉操作

第 1 炉钢的吹炼也称开新炉操作。炉衬虽然经过了几个小时的烘烤，只是炉衬表面有了一些热量，炉衬整体的温度仍然很低。因此：

（1）第 1 炉不加废钢，全部装入铁水。

（2）根据铁水成分、铁水温度、配加的材料通过热平衡计算来确定是否需要配加 Fe-Si 或焦炭，以补充热量。

（3）根据铁水成分配加造渣材料。

（4）开新炉第 1 炉不回收煤气，但按正常冶炼进行降罩操作。

（5）由于炉衬温度较低，出钢口又小，出钢时间长，所以出钢温度比正常吹炼要高 20℃左右。

（6）开新炉 6 炉之内，要连续炼钢，100 炉以内不要计划停炉。

【知识拓展】

项目 6.5 120t 转炉烘炉方案

A 烘炉前准备事项

（1）备用焦炭 10t，烘炉时分批加入炉内。

（2）备用 300kg 木柴，适量燃油，供烘炉焦炭引火。

（3）氧枪喷头与炉底相对位置做好定位测量，设置标尺，供调整枪位使用。

（4）完成烘炉前各部位试车，达到烘炉条件。

B 烘炉条件

（1）氧枪升降无故障，各项连锁无故障。

确认开氧点、关氧点、等待点、下极限、上极限、小车横移连锁、与各水流量连锁、与 LT 连锁无故障。

（2）氧气流量调节阀、氧气切断阀、高压水切断阀正常。氧气试气正常，切断阀、流量调节灵敏稳定。

确认设定不同流量时（依次从小流量试到大流量，设定范围 3000~22000m³/h（标态））的流量、压力稳定，每个流量试 30~40s，检验氧气流量调节阀是否灵敏、可靠。压力、流量是否匹配（参考设计流量、压力对照表）。试氧时必须有人监护，并让周围无关人员离开。

（3）氧枪报警提枪调试正常。

（4）氧枪事故提升的电葫芦调试正常。

（5）氧枪电气上下极限、机械上下极限正常。

（6）氧枪（工作枪、备用枪）控制准确，换枪机构正常。

（7）各路循环水流量、压力正常。确认流量、压力、通水部位。

（8）罩裙水封通水溢流。确认满水溢流。

（9）转炉倾动无故障，零位稳定；制动正常，不溜车。确认垂直"0"位、及氧枪连锁。

（10）转炉测试正常。

（11）散料加料溜槽氮封、氧枪孔氮封压力正常稳定。确认通气部位压力。

（12）罩裙升降无故障。确认升降灵活到位。

（13）炉下渣罐车、钢水车行走无故障，道沿干净；备好渣罐、钢包，钢包进行烘烤。确认不溜车、走停车控制稳定。

（14）炉后合金加料系统无故障。确认仓门开关到位、操作灵活。

（15）炉前炉后挡火门开关无故障。确认行走到位、开闭灵活。

（16）散状料加料无故障，称量准确。

确认振料量稳定、准确，向炉内放料不卡料。

（17）合金称量系统正常，炉后加料装置控制无故障。

（18）转炉除尘阀开关正常到位。确认开关状态显示正确。

（19）一次风机及二次风机运转正常。

（20）除尘系统封闭无泄漏。

（21）烟道、烟罩不得漏水。

（22）确认炉下无积水。

（23）确认各种原材料齐备。

（24）确认各种操作工具齐备。

（25）开炉试水需防止炉内进水。

1）所有的卸水工作要在砌炉前完成。

2）砌炉过程只能试一、二文水。

3）动炉后，炉口错开罩裙位置试水（炉子处于摇平位置）。

C　烘炉

（1）烘炉禁止事项

1）烘炉两小时内不许动炉。

2）摇炉角度不大于90°。

（2）烘炉操作

废钢斗加5t焦炭，加木柴300kg，用燃油点燃，用吹氧管吹氧助燃。待焦炭表面基本全红后用废钢斗加入转炉内，降枪开始烘炉，点火枪位可稍低。

1）氧气流量。开始烘炉用5000m³/h（标态），根据炉温、氧枪回水温度调整氧气流量，调整范围3000~8000m³/h（标态）。

2）烘炉枪位。喷头距炉底3m。

3）烘炉总计3~4h，过程根据火焰状况分批补加焦炭，每次2000kg，1~1.5h加第一批。

4）烘炉过程观察氧枪水温变化，温度过高适量减氧气流量。

5）烘3h提枪观察炉膛状况，达到烘炉温度后，停止烘炉（摇炉90°检查）。观察是否达到炉衬通红，烧结良好，无大面积发黑区域，无掉砖（泥），出钢口良好，如未烘好继续烘。烘好后迅速装铁炼钢。

【思考与练习】

6.5-1 判断题

（1）在开新炉时，一般采用的是焦炭烘炉法。 （ ）

（2）开新炉第一炉冶炼时应不加废钢，全部装入铁水。 （ ）

（3）开新炉，炉温低，应适当降低枪位。 （ ）

（4）开新炉即应开始溅渣护炉。 （ ）

（5）开新炉第 1 炉不回收煤气，不降烟罩。 （ ）

6.5-2 简述题

（1）转炉炉衬砖烘烤的目的是什么，烘炉的要点有哪些？

（2）转炉开新炉的操作要点有哪些？

教学活动建议

本项目单元教学活动前，教师要准备实际炼钢生产开新炉操作的案例，活动过程中，理论联系实际，将讲授法、启发式、教学练相结合。

查一查

学生利用课余时间，自主查阅实际炼钢生产开新炉方案、开新炉作业标准。

项目7 炉衬维护操作

项目单元7.1 转炉用耐火材料

【学习目标】

知识目标：

（1）了解转炉炉衬所用耐火材料的种类、理化性能指标的含义。

（2）掌握转炉炉衬结构及炉衬工作条件。

能力目标：

（1）能根据转炉炉衬工作条件及耐火材料性能特点选用耐火材料。

（2）能陈述氧气转炉炉衬各部位的工作条件。

（3）能利用网络、图书馆收集相关资料、自主学习。

【任务描述】

转炉提钒、转炉炼钢生产炉衬由于机械撞击、高温、化学侵蚀和温度剧变综合作用，炉衬遭到损毁，其损毁的程度受耐火材料质量、砌筑质量、操作工艺等因素影响。为了获得高产、优质、低耗及长寿技术经济指标，实际生产中，根据炉衬侵蚀情况需使用耐火材料对炉体进行维护，必须了解炉衬工作条件、耐火材料的类型及性能特点。

【相关知识点】

7.1.1 耐火材料分类

凡是具有抵抗高温及在高温下能够抵抗所产生的物理化学作用的材料统称为耐火材料。它们一般是无机非金属材料和制品，也包括天然矿石（岩石）及按照一定的目的要求经过一定的工艺制成的各种产品，是各种高温设备必需的材料。生产中，通常把在高温条件下能承受高温作用、能抵抗铁液、炉渣、炉气侵蚀和机械冲刷作用，但仍能保持原有形状、尺寸和强度的耐火材料作为砌炉材料。

多孔的，温度在 $50 \sim 100℃$ 时导热系数小于 $1.0455 kJ/(m \cdot h \cdot ℃)$ 的能起绝热保温作用的砌炉材料，称为保温（绝热）材料。保温材料承受高温作用的性能介于耐火和非耐火材料之间。

耐火材料可以根据其化学性质、不同的耐火度、制造工艺、化学矿物组成进行不同的分类。

7.1.1.1 按化学性质分

耐火材料按其化学性质可分为酸性耐火材料（主要成分为 SiO_2）、碱性耐火材料（以 MgO 或 MgO 和 CaO 为主要成分）和中性耐火材料。

7.1.1.2 按耐火度分

耐火度在 1580~1770℃ 范围内称普通耐火材料；

耐火度在 1770~2000℃ 范围内称高级耐火材料；

耐火度在 2000~3000℃ 范围内称特级耐火材料；

耐火度高于 3000℃ 称为超级耐火材料。

7.1.1.3 按形状、尺寸分

按形状、尺寸分为标准型、普通型、异型、特殊和超特型等几种耐火制品。

7.1.1.4 按耐火制品制作工艺分

按耐火制品制作工艺分为天然岩石切锯，泥浆浇注，可塑成型+半压成型，干压成型，振动，捣打，熔铸成型等制品。

7.1.1.5 按烧制方法分

按烧制方法分为烧成制品，不烧制品，熔铸制品等。

7.1.1.6 按基质的化学-矿物组成分

（1）硅质制品，如硅砖（含二氧化硅93%以上），熔融石英制品。主要特点是抗酸性炉渣侵蚀能力强、荷重软化温度高、重复煅烧后体积不收缩甚至略有膨胀，单易受碱性渣的侵蚀，抗热振性差。

（2）硅铝质制品，如黏土砖、半硅砖、高铝砖等。以氧化铝和二氧化硅为基本化学组成的耐火材料中，通常可根据制品中氧化铝和二氧化硅含量多少分为：硅质制品（氧化硅大于93%）、半硅质制品（氧化铝15%~30%）、黏土质制品（氧化铝30%~48%）、高铝质制品（氧化铝大于48%~90%）、刚玉质制品（氧化铝大于90%）。

（3）镁质制品，如镁砖，镁铝砖，镁铬砖，镁橄榄石砖，烧结镁砂，电熔镁砂以及以 MgO 为主要组成的其他品种。一般含 MgO 80%~85% 以上，使用过程中的主要性能特点是：耐火度高，对碱性渣有极好的抵抗能力；但是导热系数和高温下的导电系数较大，而且荷重软化温度较低，抗热震性较差。此外，在高温下受水或蒸气作用时发生粉化。

（4）白云石制品，如稳定性白云石砖，焦油白云石砖。

（5）碳质制品，如炭砖，石墨砖，石墨制品，碳化硅制品等。以碳或碳化物为基本组成物所组成的中性耐火材料，包括炭砖和碳化硅制品。其优点是：耐火度高，只要不氧化很难熔损；抗热震性好；抗压强度高，耐磨性好；热膨胀系数小，导电、导热系数大；抗渣性特别好。缺点是：高温下与空气等氧化性气体或水汽等接触时，极易氧化，500℃ 开始氧化，温度升高氧化极快；炭衬炉体的绝缘性相对较差。

（6）锆质制品，如半锆质制品，锆英石制品，锆氧制品。

（7）特殊性质耐火制品，如高纯氧化物制品，难熔化合物制品，高温复合材料，氮化物，硅化物，碳化物，金属陶瓷复合材料等。

在以上几种分类方法中，以按基质的化学-矿物组成为基础的分类方法最重要，因为这种分类方法直接反映了各种耐火材料的本质和特性。随着耐火材料生产学技术的不断发展以及耐火制品新品种的不断出现，耐火材料的分类将会得到进一步的补充和完善。

7.1.2　耐火材料性能指标

耐火材料的性能指标主要有耐火度、荷重软化温度、抗热震性、高温体积稳定性和抗渣性五项指标。

耐火度就是耐火材料在使用过程中抵抗高温作用而不熔化的性质。

荷重软化温度也称荷重软化点，是指耐火材料承受 0.2MPa 压力时，在一定的加热速度下，材料开始软化变形（从最高点下降 0.3mm，变形量为 0.6%）达到一定变形量（压缩 2mm 变形量 4% 和材料破坏（压缩 20mm 变形量 40%））时的温度。

抗热震性就是耐火材料的热稳定性。它是耐火材料抵抗温度急剧变化而不开裂和不破裂的能力。

高温体积稳定性就是耐火材料在高温条件下保持原有尺寸和形状的能力。

抗渣性是指在高温条件下抵抗熔融金属、熔渣和炉气侵蚀作用的能力，广义地称为抗渣性。

这些指标也是评定耐火材料使用质量的主要标准。但是耐火材料在实际使用中，它不一定会同时承受上述各种指标性能作用，我们必须根据实际的工作条件，正确选择耐火材料，既能保证炉衬的使用寿命，又能降低生产维修成本。

对砌筑耐火材料的要求：

（1）应具有高的耐火度，高温时形状、体积不应有较大变化。

（2）具有一定的强度（特别是高温强度），耐火砖外形符合标准要求。

（3）具有很高的抗热震性，温度急变时不致损坏。

（4）抗渣性好，高温下化学稳定性好，有较好的高温抗氧化性。

（5）体积膨胀系数小。

（6）各种耐火材料应保持清洁，不得有灰尘、泥土等。

7.1.3　提钒转炉用耐火材料

转炉从开新炉到停炉的整个炉役期间提钒的总炉数称为炉衬寿命，简称炉龄。在转炉提钒生产过程中，炉龄的高低对提高生产率、降低消耗、均衡生产等方面都起着非常重要的作用。炉龄，特别是平均炉龄在很大程度上反映出炼钢车间的管理水平和技术水平，是提钒生产中的一项重要的综合性技术经济指标。炉龄延长可以增加产量和降低耐火材料消耗，并有利于提高质量，但会增加炉体维修成本，存在着一个技术经济效果最好的最佳炉龄。所谓最佳炉龄，也称经济炉龄，即在一个炉役期内生产率最高、质量最好、维修成本最低时提钒的炉数。其计算公式见下式：

$$经济炉龄(炉) = \frac{新炉成本}{护炉成本} \times 炉龄$$

$$(7-1)$$

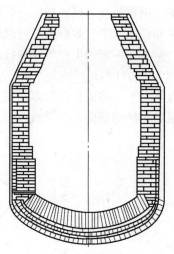

转炉炉体外面是炉壳，用钢板焊接而成，里面是用耐火材料（耐火砖）砌筑的炉衬，如图 7-1 所示。转炉提钒用耐火材料的主要成分为 MgO 和 $C_固$，因此目前转炉炉衬普遍采用的是镁碳砖，其理化性能指标见表 7-1。炉衬由里向外依次为工作层、填充层和永久层，永久层和炉壳之间填充隔热材料，以防炉壳变形。经过几年实践，根据炉衬在提钒过程的毁损情况，在强化耐火材料本身质量的同时，不断完善整体炉型，其变化情况大致如表 7-2 所示。

图 7-1　转炉结构图

表 7-1　提钒转炉用镁碳砖的理化性能指标

项目	耐压强度 /MPa	显气孔率 /%	体积密度 /g·cm^{-3}	高温抗折强度 /MPa	MgO 含量 /%	C 含量 /%
理化指标	37.6	2.2	2.94	12.8	11.6	16.6

表 7-2　提钒转炉的主要炉型及炉龄

炉型	炉 底/mm	炉 身/mm	炉 帽/mm	平均炉龄/炉
A	230+115+560	230+440	560	1550 1384~1686
B	230+115+560	下段：230+440 与 320 交错 上段：440 与 320 交错	440 与 320 交错	2341 1888~2764
C	230+115+700	下段：230+750 中段：230+700 上段：230+560	560	2564 1929~3069
D	230+115+700	中下段：230+750 上段：230+560	560	2078 1689~2970
E	230+115+700	中下段：230+750 上段：700	560	2147 2036~2258
F	230+115+700	中下段：230+750 上段：750	700	4607 4344~5103
G	115+115+700	中下段：150+850 上段：850	700	5572 5011~6300

注：随着转炉用镁碳砖质量不断提高，以及炉衬维护的加强，提钒炉龄大大提高，1995~2003 年提钒转炉最高炉龄达到 10541 炉（2002 年）。

7.1.4　炼钢转炉用耐火材料

转炉从开新炉到停炉，整个炉役期间炼钢的总炉数称为炉衬寿命，简称炉龄。它是炼钢生产的一项重要技术经济指标。炉龄，特别是平均炉龄在很大程度上反映出炼钢车间的管理水平和技术水平。炉龄延长可以增加钢的产量和降低耐火材料消耗，并有利于提高钢的质量。但对于一定的生产条件和技术水平的车间，存在着一个技术经济效果最好的最佳炉龄，图 7-2 为日本某厂的生产率、成本与炉龄的关系图。因此，应该努力改善生产条件和提高技术水平，将最佳炉龄不断提高到新的水平，同时应该反对不顾技术经济效果而盲目追求最高炉龄的倾向。

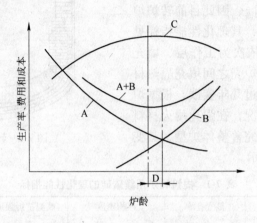

图 7-2　生产率、成本与炉龄的关系

A—炉衬费用；B—喷补费用；A+B—综合成本；C—炉子生产率；D—最佳炉龄

7.1.4.1　转炉用耐火材料

A　转炉用耐火材料的演变

自氧气转炉问世以来，其炉衬的工作层都是用碱性耐火材料砌筑。曾经用过白云石质耐火材料，制成焦油结合砖，在高温条件下砖内的焦油受热分解，残留在砖体内的碳石墨化，形成炭素骨架。它可以支撑和固定白云石材料的颗粒，增强砖体的强度，同时还能填充耐火材料颗粒间的空隙，提高了砖体的抗渣性能。为了进一步提高炉衬砖的耐化学侵蚀性和高温强度，也曾使用过高镁白云石砖和轻烧油浸砖，炉衬寿命均有提高，炉龄一般在几百炉。直到 20 世纪 70 年代兴起了以死烧或电熔镁砂和炭素材料为原料，用各种碳质结合剂，制成镁碳砖。镁碳砖兼备了镁质和碳质耐火材料的优点，克服了传统碱性耐火材料的缺点，其优点如图 7-3 所示。镁碳砖的抗渣性强，导热性能好，避免了镁砂颗粒产生热裂；同时由于有结合剂固化后形成的碳网络，将氧化镁颗粒紧密牢固地连接在一起。用镁碳砖砌筑转炉内衬，大幅度提高了炉衬使用寿命，再配合适

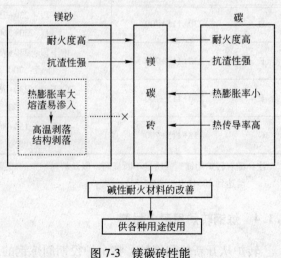

图 7-3　镁碳砖性能

当维护方式，炉衬寿命可达到万炉以上。

  B 转炉内衬用砖

  转炉的内衬是由绝热层、永久层和工作层组成，转炉各部位炉衬厚度可参考表7-3的数值。有些转炉则在永久层和炉壳钢板之间夹有一层石棉板绝热层。绝热层一般用石棉板或耐火纤维砌筑；永久层是用焦油白云石砖或者低档镁碳砖砌筑；工作层都是用镁碳砖砌筑。转炉的工作层与高温钢水和熔渣直接接触，受高温熔渣的化学侵蚀，受钢水、熔渣和炉气的冲刷，还受到加废钢时的机械冲撞等，工作环境十分恶劣。在冶炼过程中由于各个部位工作条件不同，因而工作层各部位的蚀损情况也不一样，针对这一情况，视其损坏程度砌筑不同的耐火砖，容易损坏的部位砌筑高档镁碳砖，损坏较轻的部位可以砌筑中档或低档镁碳砖，这样整个炉衬的蚀损情况较为均匀，这就是所谓的综合砌炉，即在吹炼过程中，由于各部位的工作条件不同，内衬的蚀损状况和蚀损量也不一样，针对这一状况，视衬砖的损坏程度的差异，砌筑不同材质或同一材质不同级别的耐火砖。镁碳砖性能与使用部位如表7-4所示。

表7-3 转炉炉衬厚度参考值

炉衬各部分名称		转炉容量		
		<100t	100~200t	>200t
炉帽	永久层厚度/mm	50~115	115~150	115~150
	工作层厚度/mm	300~600	500~600	550~700
炉身（加料侧）	永久层厚度/mm	115~150	115~200	115~200
	工作层厚度/mm	500~700	700~800	750~9850
炉身（出钢侧）	永久层厚度/mm	115~150	115~200	115~200
	工作层厚度/mm	500~650	600~700	650~850
炉底	永久层厚度/mm	300~450	350~450	350~450
	工作层厚度/mm	550~600	600~650	600~750

表7-4 炉衬材质性能及使用部位

项 目	气孔率/%	体积密度 /g·cm^{-3}	常温耐压强度 /MPa	高温抗折强度 /MPa	使 用 部 位
优质镁碳砖	2	2.82	38	10.5	耳轴、渣线
普通镁碳砖	4	2.76	23	5.6	耳轴部位、炉帽液面以上
复吹供气砖	2	2.85	46	14	复吹供气砖及保护砖
高强度镁碳砖	10~15	2.85~3.0	>40		炉底及钢液面以下
合成高钙镁砖	10~15	2.85~3.1	>50		装料侧
高纯镁砖	10~15	2.95	>60		装料侧
镁质白云石烧成砖	2.8	2.8	38.4		装料侧

  转炉内衬砌砖情况如下：

  （1）炉口部位。这个部位温度变化剧烈，熔渣和高温废气的冲刷比较厉害，在加料和清理残钢、残渣时，炉口受到撞击，因此用于炉口的耐火砖必须是具有较高的抗热震性和抗渣性，耐熔渣和高温废气的冲刷，且不易粘钢，即便粘钢也易于清理的镁碳砖。

（2）炉帽部位。这个部位是受熔渣侵蚀最严重的部位，同时还受温度急变的影响和含尘废气的冲刷，故使用抗渣性强和抗热震性好的镁碳砖。此外，若炉帽部位不便砌筑绝热层时，可在永久层与炉壳钢板之间填筑镁砂树脂打结层。

（3）炉衬的装料侧。这个部位除受吹炼过程熔渣和钢水喷溅的冲刷、化学侵蚀外，还要受到装入废钢和兑入铁水时的直接撞击与冲蚀，给炉衬带来严重的机械性损伤，因此应砌筑具有高抗渣性、高强度、高抗热震性的镁碳砖。

（4）炉衬出钢侧。此部位基本上不受装料时的机械冲撞损伤，热震影响也小，主要是受出钢时钢水的热冲击和冲刷作用，损坏速度低于装料侧。若与装料侧砌筑同样材质的镁碳砖时，其砌筑厚度可稍薄些。

（5）渣线部位。这个部位是在吹炼过程中，炉衬与熔渣长期接触受到严重侵蚀而形成的。在出钢侧，渣线的位置随出钢时间的长短而变化，大多情况下并不明显，但在排渣侧就不同了，受到熔渣的强烈侵蚀，再加上吹炼过程其他作用的共同影响，衬砖损毁较为严重，需要砌筑抗渣性能良好的镁碳砖。

（6）两侧耳轴部位。这部位炉衬除受吹炼过程的蚀损外，其表面又无保护渣层覆盖，砖体中的炭素极易被氧化，并难于修补，因而损坏严重。所以，此部位应砌筑抗渣性能良好、抗氧化性能强的高级镁碳砖。

（7）熔池和炉底部位。这部位炉衬在吹炼过程中受钢水强烈的冲蚀，但与其他部位相比损坏较轻，可以砌筑碳含量较低的镁碳砖，或者砌筑焦油白云石砖。若是采用顶底复合吹炼工艺，炉底中心部位容易损毁，可以与装料侧砌筑相同材质的镁碳砖。

综合砌炉可以达到炉衬蚀损均衡，提高转炉内衬整体的使用寿命，有利于改善转炉的技术经济指标。图 7-4 和图 7-5 所示为日本两个厂家转炉综合砌筑炉衬的实例。其中图 7-4 是 185t 复吹转炉的综合砌炉图。

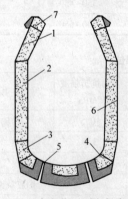

图 7-4　日本大分厂顶底复合吹炼
转炉综合砌炉图

1—不烧镁碳砖（$w_C = 20\%$，高纯度石墨，烧结镁砂）；

2—不烧镁碳砖（$w_C = 18\%$，高纯石墨，烧结镁砂）；

3，4—不烧镁碳砖（$w_C = 15\%$，普通石墨，烧结镁砂）；

5—烧成镁碳砖（$w_C = 20\%$，高纯石墨，电熔镁砂）；

6—永久层为烧成镁砖；7—烧成 Al_2O_3-SiC-C 砖

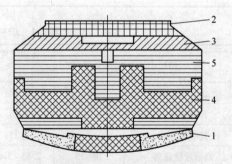

图 7-5　日新钢铁公司氧气转炉砌炉图
（图中的 1，2，3，4，5 分别与
表 7-5 的材质编号相对应）

图 7-5 所示转炉的操作温度在 1650~1710℃，除了冶炼普通钢外，还冶炼低碳钢和一些特殊钢，每日出钢 35~45 炉次，装入 95% 的铁水，钢水全部连铸，炉龄为 5113 炉次/炉役。表 7-5 是与图 7-5 中的 1，2，3，4，5 材质编号相对应的材质性能表。

表 7-5　各种材质的性能

成分及性能	材质编号	1	2	3	4[①]	5	供气砖[①]
化学成分/%	MgO	65.8	70.8	75.5	72.5	74.5	
	CaO	13.3	0.9	1.0	0.2	1.5	
	固定碳	19.2	14.2	20.2	20.2	20.5	25
	主要添加物			金属粉	金属粉	金属粉	金属粉 BN
体积密度/g·cm⁻³		2.82	2.86	2.84	2.87	2.85	2.88
显气孔率/%		4.7	3.7	3.7	3.0	3.0	1.0
高温抗折强度（1400℃）/MPa		4.8	4.4	12.9	15.2	14.6	17.7
回转抗渣试验蚀损指数（1700℃）		100	117	98	59	79	81

①使用了部分电熔镁砂为原料。

7.1.4.2　转炉出钢口用砖

转炉的出钢口除了受高温钢水的冲刷外，还受温度急变的影响，蚀损严重，其使用寿命与炉衬砖不能同步，经常需要热修理或更换，影响冶炼时间。改用等静压成型的整体镁碳砖出钢口，由于是整体结构，更换方便多了，材质改用镁碳砖，寿命得到大幅度提高，但仍不能与炉衬寿命同步，只是更换次数少了而已。表 7-6 是出钢口用镁碳砖性能。

表 7-6　出钢口用镁碳砖性能

项目	化学成分/%		显气孔率/%	体积密度/g·cm⁻³	常温耐压强度/MPa	常温抗折强度/MPa	高温抗折强度（1400℃）/MPa	加热 1000℃后		加热 1500℃后	
	MgO	固定碳						显气孔率/%	体积密度/g·cm⁻³	显气孔率/%	体积密度/g·cm⁻³
日本品川公司改进的镁碳砖	73.20	19.2	3.20	2.92	39.2	17.7	21.6	7.9	2.89	9.9	2.80
中国武汉钢铁学院整体出钢口砖	76.83	12.9	5.03	2.93							

【思考与练习】

7.1-1　填空题

（1）为了达到炉衬的均衡侵蚀和延长炉龄的目的，砌炉时采用（　　）。

（2）转炉炉衬由里及表一般由（　　）、永久层、绝热层组成。

（3）碱性耐火材料的主要成分是（　　　）或（　　　）和（　　　）。

（4）炉衬是转炉提钒的基础，由里向外依次为（　　　）、填充层和永久层。

（5）攀钢提钒转炉的炉衬砖工作层一直采用的是（　　　）。

7.1-2　单项选择题

（1）转炉炉衬最先受侵蚀的是（　　　）。

　　A. 永久层　　B. 填充层　　C. 加厚层　　D. 工作层

（2）经济炉役是指（　　　）的生产炉役。

　　A. 高质量、耐火材料消耗高

　　B. 高炉龄、高产量、炉役时间长

　　C. 炉子生产率高、综合成本低

（3）均衡炉衬是指：根据转炉炉衬各部位的蚀损机理及侵蚀情况，（　　　）。

　　A. 在不同部位采用不同厚度和相同材质的炉衬

　　B. 在不同部位采用相同厚度和不同材质的炉衬

　　C. 在不同部位采用不同材质和不同厚度的炉衬

（4）以 CaO、MgO 为主要成分的耐火材料为（　　　）耐火材料。

　　A. 碱性　　　　B. 酸性　　　　C. 中性

7.1-3　多项选择题

（1）氧气转炉炼钢经济炉龄的含义包括（　　　）。

　　A. 综合成本低　　　B. 炉龄最高　　　C. 保证质量　　　D. 消耗最低

（2）转炉炉衬的组成包括（　　　）。

　　A. 钢板　　　　　B. 绝热层　　　　C. 永久层　　　　D. 工作层

（3）耐火材料主要有哪些工作性能（　　　）。

　　A. 耐火度　　　　B. 软化点　　　　C. 热稳定性　　　　D. 抗渣性

　　E. 高温体积稳定性

（4）提钒转炉炉体前大面蚀损较快，主要受到（　　　）冲击。

　　A. 氧气　　　　　B. 铁水　　　　　C. 生铁块　　　　D. 半钢

　　E. 钒渣

（5）炼钢转炉炉体前大面蚀损较快，主要受到（　　　）冲击。

　　A. 氧气　　　　　B. 铁水　　　　　C. 生铁块　　　　D. 废钢

　　E. 炉渣

7.1-4　简述题

（1）名词解释：经济炉龄，炼钢转炉炉龄，提钒转炉炉龄，耐火材料，耐火度，抗渣性，综合砌炉。

（2）耐火材料根据材质如何分类？

（3）转炉炉衬各部位用砖有何特点？

7.1-5　计算题

新修 1 座转炉，衬砖及材料总成本需要 230 万元，人工费 5.2 万元。某炉役炉龄 7800 炉，使用喷补料 450t，透气砖修补料 50t，扣补料 180t。喷补料单价 2900 元，透气砖修补料单价 3900 元，扣补料单价 5100 元。试从护炉成本分析该炉役炉龄是否经济，本炉役的

经济炉龄是多少？（不考虑其他因素）怎么达到经济炉龄？（保留两位小数）

教学活动建议

本项目单元理论性较强，文字表述多，抽象，难于理解，教学过程中，应将提钒转炉炉衬与炼钢转炉炉衬工作条件、炉衬结构等比较，利用多媒体教学设施、仿真软件，将比较法、讲授法、教学练相结合，以提高教学效果。

查一查

学生利用课余时间，自主查阅提钒转炉炉衬维护作业标准及相关文献资料。

项目单元 7.2　炉衬寿命影响因素

【学习目标】

知识目标：
    （1）熟悉炉衬侵蚀机理。
    （2）掌握炉衬损坏原因及转炉炉衬寿命影响因素。

能力目标：
    （1）能陈述炉衬损坏原因及机理。
    （2）能利用网络、图书馆收集相关资料、自主学习。

【任务描述】

转炉提钒、转炉炼钢生产过程中，炉衬由于受机械撞击、高温、化学侵蚀和温度剧变综合作用遭到损毁，其损毁的程度受耐火材料质量、砌筑质量、操作工艺等因素影响，为了获得高产、优质、低耗及长寿技术经济指标，实际生产中，根据炉衬侵蚀情况需使用耐火材料对炉体进行维护。必须了解炉衬损坏原因、机理及寿命影响因素，从而为实际生产中分析提高炉龄途径提供理论基础。

【相关知识点】

7.2.1　炉衬的损坏

7.2.1.1　炉衬损毁规律

氧气转炉在使用过程中，炉衬的损坏部位依次排列为耳轴区、渣线、两个装料面、炉帽部位、熔池及炉底部位，在采用单一材质的合成高钙镁砖砌筑时，是以耳轴、渣线部位最先损坏而造成停炉，其次是装料侧。在采用镁碳砖砌筑时，炉役前期是以装料侧损毁最快，炉役后期则耳轴区和渣线部位损毁快。在炉底上涨严重时，耳轴侧炉帽部位也极易损坏，往往造成停炉。在耳轴出现的"V"形蚀损，装料侧出现的"O"形侵蚀都是停炉的原因。

7.2.1.2　炉衬损毁特点

（1）观察镁碳砖与烧成砖在开新炉后的状态，其工作面的状态是不一样的。开新炉后镁碳砖的工作面有一层约 10~20mm 的"脱皮"蚀损，随着吹炼炉数的增加，炉衬表面逐渐光滑平整，砖缝密合严紧。烧成砖则棱角清晰，砖缝明显，在开炉温度高时（>1700℃），则有大面积剥落、断裂损坏。采用铁水–焦炭烘炉法开新炉时，镁碳砖炉衬未出现过塌炉及大面积剥落和断裂现象，开炉是安全可靠的。

（2）随着吹炼炉数的增加，镁碳砖经高温炭化作用形成炭素骨架后，其强度大大提高，抗侵蚀能力越来越强，因此在装料侧应采用镁碳砖砌筑，有利装料侧炉衬寿命的提高。

（3）由于镁碳砖炉衬表面光滑，炉渣对其涂层作用及补炉料的粘合作用欠佳。

（4）镁碳砖有气化失重现象，炉役末期，倾倒面（炉帽）易"抽签"，造成塌落穿钢，必须认真观察维护。

（5）由于镁碳砖表面光滑，砌完砖后频繁摇炉，倾倒面下沉，与炉壳间有 30~100mm 的间隙，容易发生熔化和粉化，出钢口不好，容易漏钢，炉壳粘钢严重，拆炉困难。

（6）镁碳砖不易水化，采用水泡炉衬拆炉时，倾倒面砌易水化砖，可不必用拆炉机。

7.2.1.3　炉衬损毁的原因

在高温恶劣条件下工作的炉衬，损坏的原因是多方面的，主要原因有以下几个方面：

（1）高温热流。在转炉提钒、转炉炼钢过程中，由于高速氧气射流的冲击和熔池内的 C-O 激烈反应，炉衬受到高温气流和液体的不断冲刷，使其表面不断软化和熔融，最终被蚀损进入炉渣。

（2）激冷激热的作用。在吹炼时，炉衬表面温度不断升高，最高时达 1500℃ 以上，出完钢后，由于空气对流的作用，使炉衬表面温度迅速降低，间隙时间越长其温降就越大，当再次兑铁吹炼时，炉内温度又急剧上升，如此不断反复循环的激冷激热就会使炉衬表面产生剥落，从而造成炉衬蚀损。

（3）机械破损。兑铁时铁水对转炉炉衬前大面的冲击、加生铁块（废钢）时的撞击、出钢时钢水对出钢口的冲刷以及吹炼时炉内固、液体反复循环的高速运动对炉衬的混合冲击等都必然要造成炉衬的蚀损。

（4）化学侵蚀。渣中的酸性氧化物及（FeO）对炉衬的化学侵蚀作用，炉衬氧化脱碳，结合剂消失，炉渣侵入砖中。

在吹炼过程中，炉衬的损坏是由上述各种原因综合作用引起的，各种作用相互联系，机械冲刷把炉衬表面上的低熔点化合物冲刷掉，因而加速了炉渣对炉衬的化学侵蚀，而低熔点化合物的生成又为机械冲刷提供了易冲刷掉的低熔点化合物；又如高温作用，既加速了化学侵蚀，又降低了炉衬在高温作用下承受外力作用的能力，而炉内温度的急剧变化所造成的热应力又容易使炉衬产生裂纹，从而加速了炉衬的熔损与剥落。

7.2.1.4　镁碳砖炉衬的损坏机理

A　损毁特点

镁碳砖的损坏首先是工作炉衬的热面中碳的氧化，并形成一层很薄的脱碳层。碳的氧化消失是由于不断地被渣中铁的氧化物和空气中氧气氧化所造成的，以及碳熔解于钢液中或砖中的 MgO 对碳的气化作用。另外，在高温状态下炉渣侵入脱碳层的气孔及低熔点化合物被熔化后形成的孔洞中和由于热应力的变化而产生的裂纹之中。侵入的炉渣与 MgO 反应，生成低熔点化合物，致使表面层发生质变并造成强度下降，在强大的钢液、炉渣搅拌冲击力的作用下逐渐脱落，从而造成了镁碳砖的损坏。

根据对使用后残砖的结构分析认为：镁碳砖存在着明显的三层结构。工作表面有 1~3mm 很薄的熔渣渗透层，也称反应层；脱碳层厚度为 0.2~2mm，也称变质层，与其相邻的是原质层，如图 7-6 所示。

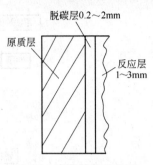

图 7-6 残砖结构示意图

从操作实践中观察到，凡是高温过氧化炉次（温度>1700℃，$w_{FeO}>30\%$），不仅炉衬表面上挂的渣全部被冲刷掉，而且侵蚀到炉衬的变质层上，炉衬就像脱掉一层皮一样，这充分说明高温熔损，渣中（FeO）的侵蚀是镁碳砖损坏的重要原因。

B 镁碳砖的蚀损机理

(1) 砖中碳的氧化，形成脱碳层。镁碳砖工作层表面的碳首先受到氧化性熔渣 TFe 等氧化物、供入的氧气、炉气中 CO_2 等氧化性气氛的氧化作用。

砖中碳受到炉气中氧的作用：

$$\frac{1}{2}\{O_2\} + C === CO$$

砖中碳还受到渣中铁氧化物的氧化作用：

$$(FeO) + C === [Fe] + \{CO\}$$
$$\{CO_2\} + C === 2\{CO\}$$
$$MgO + C === \{Mg\} + \{CO\}$$

当炉衬表面被脱碳气化后，衬砖中的碳元素骨架便被破坏，造成砖体组织结构松动脆化、形成孔隙。

(2) 熔渣对镁砂的侵蚀，形成熔渣层。镁碳砖脱碳后，使炉渣能够润湿炉衬，渣中 Fe_2O_3 和 SiO_2 沿着孔隙侵入砖内，与砖内的 MgO 发生缓慢反应（以氧化镁-氧化铁系反应为主，CaO 参与反应较少）生成低熔点 CMS（1390℃）、C_3MS_2（1550℃），$CaO \cdot Fe_2O_3$（1230℃）、FeO 及 $MgO \cdot Fe_2O_3$（1350℃）固溶体等矿物。它们都属于炼钢温度下的低熔点物质，从而使镁砂不断熔损到炉渣中去。当熔渣层被冲刷掉后，脱碳层将变为新的熔渣层。炉衬的侵蚀过程大致是按照"氧化脱碳-侵蚀-冲刷"的途径循环往复地进行的。

图 7-7 是镁碳砖蚀损示意图。提高镁碳砖的使用寿命，关键是提高砖制品的抗氧化性能。

研究认为，镁碳砖出钢口是由于气相氧化-组织结构恶化-磨损侵蚀被蚀损的。

7.2.2 影响炉衬寿命的因素

7.2.2.1 炉衬砖的材质

A 镁砂

镁碳砖质量的好坏直接关系着炉衬使用寿命，而原材料的纯度是砖质量的基础。镁砂

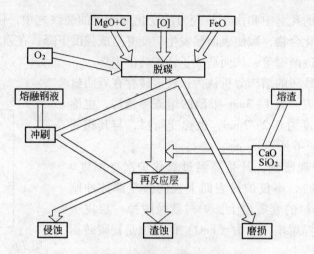

图 7-7　镁碳砖蚀损示意图

中 MgO 含量越高, 杂质越少, 可以降低方镁石晶体被杂质分割的程度, 能够阻止熔渣对镁砂的渗透熔损。如果镁砂中杂质含量多, 尤其是 B_2O_3, 会形成 $2MgO \cdot B_2O_3$ 等化合物, 其熔点很低, 只有 1350℃。由于低熔点相存在于方镁石晶粒中, 会将方镁石分割成单个小晶体, 从而促使方镁石向熔渣中流失, 这样就大幅度地降低镁砂颗粒的耐火度和高温性能。为此, 用于制作镁碳砖的镁砂, 一定要严格控制 $w_{B_2O_3}$ 在 0.7% 以下。我国的天然镁砂基本上不含 B_2O_3, 因此在制作镁碳砖方面具有先天的优越性。

　　此外, 从图 7-8 可以看出, 随镁砂中 $w_{SiO_2 + Fe_2O_3}$ 的增加, 镁碳砖的失重率也增大。研究认为, 在 1500~1800℃ 温度下, 镁砂中 SiO_2 先于 MgO 与 C 发生反应, 留下的孔隙使镁碳砖的抗渣性变差。试验指出, 在 1500℃ 以下, 镁砂与石墨中的杂质向 MgO 和 C 发生界面聚集, 随温度的升高所生成的低熔点矿物层增厚; 在 1600℃ 以上时, 聚集于界面的杂质开始挥发, 使砖体的组织结构松动恶化, 从而降低砖的使用寿命。

　　如镁砂中 $w_{(CaO)}/w_{(SiO_2)}$ 过低, 就会出现低熔点的含镁硅酸盐 CMS、C_3MS_2 等, 并进入液相, 从而增加了液相量, 影响镁碳砖使用寿命, 所以保持 $w_{(CaO)}/w_{(SiO_2)} > 2$ 是非常必要的。

　　镁砂的体积密度和方镁石晶粒的大小, 对镁碳砖的耐侵蚀性也有着十分重要的影响。将方镁石晶粒大小不同的镁砂制成镁碳砖, 置于高温还原气氛中测定砖体的失重情况, 试验表明方镁石的晶粒直径越大, 砖体的失重率越小, 在冶金炉内的熔损速度也缓慢, 如图 7-9 所示。

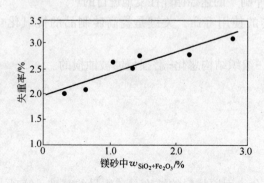

图 7-8　镁碳砖失重率与镁砂杂质含量的关系

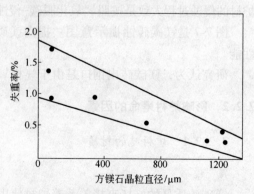

图 7-9　方镁石晶粒大小与砖体失重率的关系

实践表明，砖体性能与镁砂有直接的关系。只有使用体积密度高、气孔率低、方镁石晶粒大、晶粒发育良好、高纯度的优质电熔镁砂，才能生产出高质量的镁碳砖。

B 石墨

在制砖的原料中已经介绍过，石墨中杂质含量同样关系着镁碳砖的性能。研究表明，当石墨中 $w_{SiO_2}>3\%$ 时，砖体的蚀损指数急剧增长。图7-10所示为石墨的 w_{SiO_2} 含量与镁碳砖蚀损指数的关系。

C 其他材料

树脂及其加入量对镁碳砖也有影响。学者们用80%烧结镁砂和20%的鳞片石墨为原料，以树脂C为结合剂制成了试样进行实验。结果表明，随树脂加入量的增加，砖体的显气孔率降低；当树脂加入量为5%~6%时，显气孔率急剧降低；而体积密度则随树脂量的增加而逐渐降低。其规律如图7-11所示。

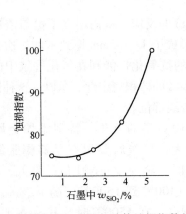

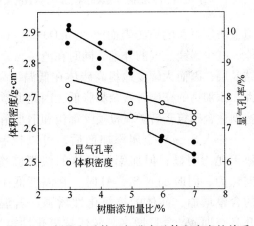

图7-10 石墨中 SiO_2 含量与砖体蚀损指数的关系　图7-11 树脂与砖体显气孔率及体积密度的关系

加入金属添加剂是抑制镁碳砖氧化的手段。添加物种类及加入量对镁碳砖的影响也不相同。可以根据镁碳砖砌筑部位的需要，加入不同金属添加剂。图7-12所示为添加金属元素Ca对砖体性能的影响；图7-13所示为加入Al、Si对镁碳砖氧化指数的影响。

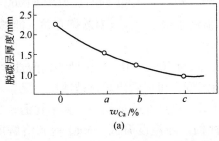

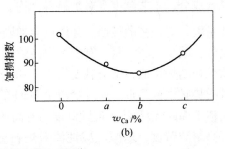

(a)　　　　　　　　　　(b)

图7-12 钙含量对镁碳砖性能的影响

(a) 脱碳层厚度与Ca含量的关系（1400℃×3h）；(b) 蚀损指数与Ca含量关系

从图7-12可以看出，随钙含量的增加，砖体的抗氧化性、耐侵蚀性等都有提高；当钙含量超过一定范围时，耐蚀性有所下降。

抗渣实验表明，加钙的镁碳砖工作表面黏附着一层薄而均匀致密的覆盖渣层。在这个

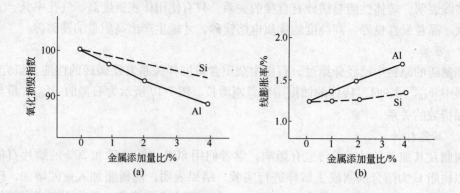

图 7-13 加入金属添加剂 Si、Al 与镁碳砖氧化指数的关系

（a）Si 与 Al 添加剂与镁碳砖氧化损毁指数的关系；（b）Si 与 Al 添加剂与镁碳砖线膨胀系数的关系

覆盖渣层下面的原砖表面产生 $MgO+Ca \rightarrow CaO+Mg(g)$ 的反应，从而增强了覆盖渣层的性能，减少了镁蒸气的外逸，同时在渣层与原砖之间形成了 $1 \sim 1.5mm$ 厚致密的二次方镁石结晶层，因而大幅度地提高砖体在低温、高温区域的抗氧化性能和在氧化气氛中的耐蚀性。添加钙的镁碳砖残余膨胀低，因此也增强了镁碳砖的体积稳定性。所以，这种镁碳砖特别适合砌筑于转炉氧枪喷嘴部位和钢水精炼钢包渣线部位。

加入 Si、Al 金属添加剂后，可以控制镁碳砖中石墨的氧化，特别添加金属铝的效果尤为明显；但加铝后砖体的线膨胀率变化较大，砌筑时要留有足够膨胀缝。研究认为，同时加入 Si、Al 时，在温度低于 1300℃ 时，随 w_{Si}/w_{Al} 比值的降低，即 w_{Al} 的含量增加，砖体的抗氧化性增强；若温度高于 1300℃ 到 1500℃，随 w_{Si}/w_{Al} 比值升高，即 w_{Si} 含量增多，砖体抗氧化性也增强。所以，在 1500℃ 时，其 $w_{Si}/w_{Al}=1$，添加效果最佳。添加金属镁有利于形成二次方镁石结晶的致密层，同样有利于提高镁碳砖的耐蚀性能。

7.2.2.2 吹炼操作

铁水成分、工艺制度等对炉衬寿命均有影响。如铁水 $w_{[Si]}$ 高时，渣中 $w_{(SiO_2)}$ 相应也高，渣量大，对炉衬的侵蚀、冲刷也会加剧。但铁水中 $w_{[Mn]}$ 高对吹炼有益，能够改善炉渣流动性，减少萤石用量，有利于提高炉衬寿命。

吹炼初期炉温低，熔渣碱度值为 $1 \sim 2$，$w_{(FeO)}$ 为 10%～40%，这种初期酸性氧化渣对炉衬蚀损势必十分严重。通过熔渣中 MgO 的溶解度，可以看出炉衬被蚀损情况。

熔渣中 MgO 饱和溶解度随碱度的升高而降低，因此在吹炼初期，要早化渣，化好渣，尽快提高熔渣碱度，以减轻酸性渣对炉衬的蚀损。随温度升高，MgO 饱和溶解度增加，温度每升高约 50℃，MgO 的饱和溶解度就增加 1.0%～1.3%。当碱度值为 3 左右，温度由 1600℃ 升高到 1700℃ 时，MgO 的饱和溶解度由 6.0% 约增加到 8.5%。所以要控制出钢温度不宜过高，否则也会加剧炉衬的损坏。图 7-14 所示为熔渣碱度和 FeO 含量与 MgO 饱和溶解度的关系。在高碱度炉渣中 FeO 对 MgO 的饱和溶解度影响不明显。现将吹炼工艺因素对炉衬寿命的影响列于表 7-7 中。

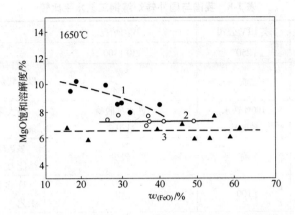

图 7-14　熔渣碱度和 FeO 含量与 MgO 饱和溶解度的关系

1—碱度值为 1.2~1.5，$w_{(MnO)}$ = 22%~29%；2—碱度值为 2.5~3.0，$w_{(MnO)}$ = 20%~26%；

3—碱度值为 2.5~3.4，$w_{(MnO)}$ = 3%~7%

表 7-7　工艺因素对炉龄的影响及提高炉龄的措施

项目	对炉龄的影响	目　标	工 艺 措 施
铁水条件	铁水 Si 含量高，渣量大，初期渣对炉衬侵蚀；S 含量高，P 含量高造成多次倒炉后吹，易使熔渣氧化性强，终点温度高，终渣对炉衬侵蚀加剧	稳定吹炼操作，提高终点命中率	铁水 100% 采用预处理工艺，铁水 $w_{[S]}$ ≤ 0.04%，$w_{[Si]}$ ≤ 0.04%
冶炼操作	前期化渣不良，炉渣碱度偏低，中期返干喷溅严重；后期氧化性强，炉衬受到强烈，冲刷与化学侵蚀，炉衬蚀损严重	避免中期返干，控制终渣TFe 含量不要过高	采用计算机静态控制，标准化吹炼，提高铁水装入温度，使用活性石灰，前期快速成渣；采用复吹工艺控制喷溅和终渣TFe 含量
终点控制	高温出钢，当出钢温度≥1620℃后，每提高 10℃，基础炉龄降低约 15 炉；渣中 w_{TFe} 每提高 5%，炉衬侵蚀速度增加 0.2~0.3mm/炉，每增加一次倒炉平均降低炉龄 30%；平均每增加一次后吹，炉衬侵蚀速度提高 0.8 倍	尽量减少倒炉次数，控制终点温度波动小于±10℃，降低出钢温度	采用计算机动态控制技术，避免多次倒炉或采用不倒炉直接出钢技术、炉外精炼、加强钢包的周转和烘烤，降低出钢温度
护炉工艺	采用各种护炉工艺可提高炉龄 3 倍以上；监测掌握炉衬侵蚀情况	进一步提高炉龄	采用激光监测炉衬蚀损情况，可综合砌筑炉衬，配合溅渣护炉技术和喷补技术
其他	减少停炉次数和时间，避免炉衬激冷，防止炉衬局部严重损坏，维护合理的炉型	提高转炉生产作业率	加强炼钢—精炼—连铸三位一体生产调度与管理

我国与国外相比，炼钢工艺水平有一定差距，列表 7-8 对比。

表 7-8　我国与国外转炉炼钢工艺水平比较

项　目		美 LTV 公司	我国情况	我国的主要差距
工艺及装备水平	转炉吨位/t	250	30~300	吨位小，多数公称吨位为 30t 以下转炉生产负荷过大
	吹炼制度	二吹一	三吹二（或三吹三）	
	铁水处理能力	100%铁水预脱硫	铁水预脱硫量很少	绝大多数转炉不具备铁水脱硫条件
	钢水升温和精炼能力	有	较少	多数转炉车间不具备升温和精炼能力
	连铸比/%	100	80	许多转炉厂采用 100% 连铸工艺
	直接出钢能力	100%采用副枪动态控制	少数采用	绝大多数转炉需 2~3 次倒炉才能出钢
铁水条件	铁水成分/%			Si 含量较高，转炉渣量一般超过 100kg/t
	Si	0.4	0.4~1.2	
	S	<0.015	0.04~0.08	S 含量较高且波动较大
	P	普通铁水 ≤0.12	中磷铁水 0.18~0.40	对中磷铁水，P 含量波动在 0.20%~0.45%
	提 V 半钢	无	有	提 V 后 $w_{[Si]}$ 含量为痕迹，$w_{[C]}$ 约为 3.50%
冶炼控制	炉渣碱度	3.5	3.5~4.0	
	渣量/kg·t^{-1}	60~80	80~150	
	渣中 $w_{(TFe)}$/%	18~30	10~25	
	渣中 $w_{(MgO)}$/%	11~12	4~8	
终点控制	终点温度/℃	1620~1660	1640~1740	配小方坯出钢温度在 1710~1740℃，配板坯 1650~1680℃，配模铸 1640~1680℃
	倒炉次数/次		2~3	
	后吹次数/次		1~2	
	终点 $w_{[C]}$ ≤0.05%	占 70%以上	占 70%以上	

【思考与练习】

7.2-1　单项选择题

（1）转炉炉衬的侵蚀过程大致是按照（　　）的机理循环往复地进行的。

　　　A. 侵蚀-氧化脱碳-冲刷　　　B. 氧化脱碳-侵蚀-冲刷　　　C. 冲刷-氧化脱碳-侵蚀

（2）氧气转炉炼钢渣中的（　　）使炉衬脱碳后，破坏了衬砖的炭素骨架，熔渣会浸透衬砖随之发生破损。

　　　A.（CaO）　　　　　　　　B.（SiO_2）　　　　　　　　C.（FeO）

（3）在一炉钢的吹炼过程中，炉衬被侵蚀速度变化为（　　　）。

A. 快—慢—快　　　B. 慢—快　　　C. 慢—快—慢　　　D. 快—慢

（4）经过对使用后的残砖取样观察，发现残砖断面可以依次分为（　　　）三个层带。

A. 脱碳层->原质层->熔渣层

B. 原质层->熔渣层->脱碳层

C. 熔渣层->脱碳层->原质层

7.2-2　判断题

（1）炉衬的侵蚀过程是按照"侵蚀-脱碳-冲刷"循环往复地进行的。　　　　（　　）

（2）氧气转炉 MgO-C 砖中 C 的主要作用是在高温作用下，在砖内形成炭素骨架，有利于提高高温强度。　　　　　　　　　　　　　　　　　　　　　　　　　　（　　）

7.2-3　简述题

（1）转炉炉衬的破损机理是怎样的？

（2）炉衬损坏原因有哪些？

教学活动建议

本项目单元理论性较强，文字表述多，抽象，难于理解，教学过程中，应将提钒转炉炉衬与炼钢转炉炉衬工作条件、炉衬结构等比较，利用多媒体教学设施，将比较法、讲授法、教学练相结合，以提高教学效果。

项目单元 7.3　　提高炉衬寿命的措施

【学习目标】

知识目标：

（1）掌握提高炉衬寿命的措施。

（2）掌握炉衬维护的方法。

能力目标：

（1）能陈述提高炉衬寿命的措施。

（2）能根据炉衬侵蚀情况进行补炉操作。

（3）能利用网络、图书馆收集相关资料、自主学习。

【任务描述】

（1）转炉每炼完一炉钢，炼钢工都要检查炉衬侵蚀情况，决定是否需要进行补炉操作。

（2）转炉提取钒渣后，提钒工要检查炉衬侵蚀情况，决定是否需要进行补炉操作。

（3）转炉炼钢进入炉役中期，要隔一炉进行一次溅渣护炉操作；进入炉役后期，每炉都要进行溅渣护炉操作。

（4）对侵蚀严重而又难补的耳轴部位，视侵蚀程度还可进行喷补和人工贴补。

（5）对侵蚀严重的出钢口部位、装料侧部位，可进行人工投补。

（6）对侵蚀严重的出钢口，要整体更换。

【相关知识点】

通过对炉衬寿命影响因素的分析来看，提高炉龄应从改进炉衬材质，优化炼钢工艺，加强对炉衬的维护等方面着手。

7.3.1　改进耐火材料材质，提高耐火材料质量

氧气转炉炉衬从砌筑焦油白云石砖到高镁白云石砖、轻烧油浸砖发展到今天，已经普遍地使用镁碳砖。镁碳砖具有耐火度高，抗渣性强，导热性好等优点，所以，炉衬寿命得到大幅度的提高。

7.3.2　综合砌炉

采用均衡炉衬，综合砌炉，重点部位用高质量砖，炉龄也有一定的提高。

7.3.3　改进冶炼工艺操作，尽可能减少人为损坏

提高炉衬使用寿命，除了改进炉衬材质外，在工艺操作上也采取了相应的措施。从根本上讲，应该系统优化炼钢工艺。采用铁水预处理→转炉冶炼→炉外精炼→连续铸钢的现代化炼钢模式生产钢坯，如控制入炉铁水的硅、磷、硫含量不宜太高，控制入炉废钢的块度和单重；转炉吹炼采用计算机动态控制，即最佳冶炼控制，提高终点命中率，即缩短冶炼周期；减少补吹次数和倒炉次数，尽可能避免后吹；炉渣配适量的氧化镁（MgO），少用或不用萤石造渣，前期应适当提高炉渣的氧化性，加快石灰的熔化以快速形成一定碱度的炉渣，减轻 SiO_2 对炉衬的侵蚀；后期应降低炉渣的氧化性以减轻氧化铁对炉衬的侵蚀；尽可能降低出钢温度；加强生产组织，减少辅助时间和缩短上下炉间隔时间；炉外钢水精炼又可以承担传统转炉炼钢的部分任务；实现少渣操作工艺后，转炉只是进行脱碳升温，不仅缩短了冶炼周期，更重要的是减轻了酸性高氧化性炉渣对炉衬的侵蚀。例如日本的五大钢铁公司于 1991 年铁水预处理比达 85%～90%，到 1996 年转炉已经有 90% 钢水进行炉外精炼，所以，日本的转炉炉龄在世界范围内提高幅度较大。转炉实现过程自动控制，提高终点控制命中率的精度，也可以减轻对炉衬的蚀损。转炉应用复吹技术和活性石灰，不仅加快成渣速度，缩短冶炼时间，还降低渣中 TFe 含量，从而也减轻对炉衬的蚀损量。

7.3.4　加强炉衬的维护和修补

7.3.4.1　黏渣补炉工艺

氧气转炉在吹炼过程中，两个大面和耳轴部位损坏十分严重，堆补两个大面补炉料消耗非常大，耳轴部位难于修补。黏渣补炉工艺即提高了炉衬寿命又降低了耐火材料消耗。

A　黏渣补炉工艺操作

（1）终点渣的控制。造好黏终渣的关键是吹炼后期的操作，要掌握好如下的要点：

1）终点温度控制在中、上限，而出钢的温度则由加入石灰石或石灰调在下限。终点碳按上限控制，并避免后吹。

2）降低枪位使之距液面 850mm 左右，延长降枪时间（≥2min）使渣中（FeO）含量控制在 10%~12%。

3）增加渣中（MgO）含量，提高终渣熔点，出完钢后，根据炉渣情况加入适量菱镁石，把终渣（MgO）含量控制在 12%~14%。炉渣黏度随炉渣碱度的升高而增加，炉渣碱度一般控制在 3.4~3.5。

4）铁水中锰含量大于 0.5%，对造黏终渣有利，出钢时随温度的下降，炉渣迅速变黏。萤石加入量每吨钢不大于 5kg，并在停吹前 4min 加完。

按上述要求造出的黏终渣，典型的化学成分为：$w_{\Sigma(FeO)} = 10\%$，$w_{(MgO)} = 13\%$，$R = 3.6$。

（2）补炉工艺　黏渣补炉工艺如下：

1）补大面。黏渣补炉的前一炉冶炼按着黏终渣要点进行，在倒炉取样时倒出上层稀泡沫渣。出钢后先堵出钢口，使黏终渣留在大面上，其厚度不超过 150mm，同时要避免渣子集中在炉底或出钢口附近，以防下炉出钢时钢液出不尽。冷却时间应大于 2h 才能兑铁水继续吹炼下一炉钢。吹炼后期用黏渣补炉时，要用补炉后的第一炉来造黏终渣。此渣中（MgO）的含量较高，熔点也较高，留渣厚度可达 200mm，冷却时间需大于 2h。

2）补后接缝。一般在补炉后的第一炉造黏终渣，并根据补炉位置向后摇炉，将黏终渣留在需要补的接缝部位，冷却时间要大于 2.5h。在出钢后往炉内入一定数量的菱镁石，向后摇炉将后接缝用黏终渣补上。

（3）注意问题。黏渣补炉工艺需注意的问题如下：

1）需要补炉的炉次应按其要点造好黏终渣，严禁用低碳钢种的终渣补炉。

2）留渣厚度要适宜并铺严，加入菱镁石的块度应小于 30mm 并且不能过多，以免渣化不透造成炉底堆积。冷却时间应在 2~2.5h。

3）留渣补炉多次，大面有凹处时，应用少量补炉料填平。大面过厚或出钢口周围上涨，应向炉后倒渣并出尽钢水。留渣补炉后第一炉应加入轻型废钢。

B　末期加白云石的黏渣补炉操作

大量的生产实践表明，开吹时一次加白云石工艺，过程渣中（MgO）过饱和，渣中有未熔石灰块。终渣作不黏，不易挂炉，后期加白云石取得了较好的效果。

a　白云石的加入及效果

（1）根据铁水硅含量和装入量，按炉渣碱度 $R = 3.0$ 计算石灰加入量 $W_{石灰(总)}$，取白云石总加入量 $Q_{白云石(总)} = 1/3\ W_{石灰(总)}$。将 $5/6\,Q_{白云石(总)}$ 在开吹时与头批渣料一起加入，余下的 $1/6\,Q_{白云石(总)}$ 在终点前 4~5min 加入炉内。

（2）末期加入部分白云石，过程渣碱度提高得快，终渣碱度也高。吹炼过程具有较高的石灰熔化率。对过程渣实测结果表明，末期加部分白云石比开吹时一次加入白云石的炉渣黏度低 0.65Pa·s，过程渣流动性良好，终渣具有较高的黏度。碱度高及（MgO）基本饱和的末期渣中，通过补加少量白云石可迅速形成（MgO）过饱和黏渣，在氧气流股的冲击下喷溅起来的黏稠渣滴均匀地铺满整个炉身，并在倒炉时黏附于前后两个大面，形成有效的涂渣层。其厚度除炉帽两侧两个 U 形带外，均已达到 100~250mm。萤石单耗比开吹时一次加入的白云石降低 50%。

b　白云石的加入方式

吹炼末期补加白云石是要保证吹炼前期和中期渣中（MgO）基本饱和又不过饱和，仅在吹炼末期通过补加适量的白云石造成终渣（MgO）过饱和，欲使炉衬侵蚀量最小，白云石总加入量应稍多于 $2.82w_{[Si]}W$，其中的 W 为铁水量。这么多的白云石如果在吹炼前期一次加入，势必造成初期渣和中期渣中（MgO）过饱和，炉渣的流动性差，氧化性低，妨碍石灰熔化，中期渣返干。反之，减少白云石总加入量（$<2.82w_{[Si]}W$），又会出现炉渣对炉衬的侵蚀，这就是一次加入白云石造渣的弊病。白云石的合理加入方式是开吹时随头批渣料一次加入白云石 $2.5w_{[Si]}W$，使初期和中期渣中（MgO）基本饱和又不过饱和，化透过程渣。终点前 $4\sim5min$ 补加白云石 $0.5w_{[Si]}W$，迅速形成（MgO）过饱和的黏渣，以利于炉渣挂衬。

终渣有极易作黏和可以作黏的良好条件。极易作黏是由于终渣碱度高，渣中（MgO）早已基本饱和，此时补加少量白云石可使炉渣作黏。其可以作黏是由于终渣处于高温度高碱度阶段，炉渣已经化透，脱硫能力强，作黏后不会影响脱硫效果，末期补加白云石对炉内形成渣涂层具有明显效果。末期加入的白云石中的一部分在渣中直接转变为絮状方镁石，形成局部的高黏性，利于炉内渣涂层的形成。该渣涂层即是下炉冶炼过程中的炉衬保护层，又利于留渣法促进冶炼中的快速成渣，减少萤石消耗量。

C　黏渣补炉机理

炉渣熔损炉衬，但同时又起到耐火材料作用——补炉。采用黏渣补炉，提高了渣中高熔点矿物含量，通过摇炉使黏渣挂在衬砖表面上。黏渣与炉衬的黏结，主要是由于黏渣与炉衬界面存在温度差，通过保温相互扩散，同类矿物重结晶，如 $2CaO \cdot SiO_2$，MgO，$3CaO \cdot SiO_2$ 等，使黏渣与炉衬成为一个整体。黏渣补炉的炉温不能低于 $850℃$，否则由于 $2CaO \cdot SiO_2$ 晶型转变，黏渣剥落，起不到补炉作用。在钢质量允许的条件下尽量造黏渣补炉，使废渣在炉内得到充分利用，节省了人力物力，经济效果也明显。靠近炉衬表面黏渣的熔点高，相当于耐火材料，抵抗了炉渣的侵蚀，保护了炉衬。

7.3.4.2　炉衬的喷补

黏渣补炉技术不可能在炉衬表面所有部位都均匀地涂挂一层熔渣，尤其炉体两侧耳轴部位无法挂渣，从而影响炉衬整体使用寿命。所以，在黏渣护炉的同时还需配合炉衬喷补。

炉衬喷补是通过专门设备将散状耐火材料喷射到红热炉衬表面，进而烧结成一体，使损坏严重的部位形成新的烧结层，炉衬得到部分修复，可以延长使用寿命。根据补炉料含水与否，水含量的多少，喷补方法分为湿法、干法、半干法及火法等。

喷补料是由耐火材料、化学结合剂、增塑剂等组成。对喷补料的要求如下：

（1）有足够的耐火度，能够承受炉内高温的作用。

（2）喷补时喷补料能附着于待喷补的炉衬上，材料的流落损失要少。

（3）喷补料附着层能与待喷补的红热炉衬表面很好地烧结、熔融在一起，并具有较高的机械强度。

（4）喷补料附着层应能够承受高温熔渣、钢水、炉气及金属氧化物蒸气的侵蚀。

（5）喷补料的线膨胀率或线收缩率要小，最好接近于零，否则因膨胀或收缩产生应力致使喷补层剥落。

（6）喷补料在喷射管内流动通畅。

各国使用的喷补料不完全相同。我国是使用冶金镁砂，常用的结合剂有固体水玻璃，即硅酸钠（$Na_2O \cdot nSiO_2$）、铬酸盐、磷酸盐（三聚磷酸钠）等。湿法和半干法喷补料成分如表 7-9 所示。

表 7-9　补炉料成分

喷补方法	喷补料成分（质量分数）/%			各种粒度所占比例（质量分数）/%		水分（质量分数）/%
	MgO	CaO	SiO_2	>1.0mm	<1.0mm	
湿　法	91	1	3	10	90	15~17
半干法	90	5	2.5	25	75	10~17

下面分别介绍各种喷补料的特点：

（1）湿法喷补料。湿法喷补料的耐火材料为镁砂，结合剂三聚磷酸钠为 5%，其他添加剂膨润土为 5%，萤石粉为 1%，羧甲基纤维素为 0.3%，沥青粉为 0.2%，水分为 20%~30%。湿法喷补的附着率可达 90%，喷补位置随意，操作简便，但是喷补层较薄，每次只有 20~30mm。粒度构成较细，水分较多，耐用性差，准备泥浆工作也较复杂。

（2）干法喷补料。干法喷补料的耐火料中镁砂粉占 70%，镁砂占 30%，结合剂三聚磷酸钠为 5%~7%，其他添加剂膨润土为 1%~3%，消石灰为 5%~10%，铬矿粉为 5%。干法喷补料的耐用性好，粒度较大，喷补层较致密，准备工作简单，但附着率低，喷补技术也难掌握。随着结合剂的改进，多聚磷酸钠的采用，特别是速硬剂消石灰的应用，使附着率明显改善，这种速硬的喷补料几乎不需烧结时间，补炉之后即可装料。

（3）半干法喷补料。半干法喷补料中粒度小于 4mm 的镁砂占 30%，小于 0.1mm 的镁砂粉占 70%，结合剂三聚磷酸钠为 5%，速硬剂消石灰为 5%，其中水分为 18%~20%，炉衬温度为 900~1200℃时进行喷补。转炉炉衬，半干法喷补是既简单又方便的方法。但是它有致命的弱点，即在喷补过程中加入水分，这些水分在接触到修补工作面时，由于残余热量的作用，会产生大量蒸汽，并会蓄积一定的蒸汽压，给喷补料和工作面的黏结以及喷补料的使用留下隐患。

（4）火法喷补材料。采用煤气-氧气喷枪，以镁砂粉和烧结白云石粉为基础原料，外加助熔剂三聚磷酸钠、氧化铁皮粉（粒度小于 0.147mm（100 目）），转炉渣料（粒度小于 0.08mm），石英粉（粒度小于 0.8mm）。将喷补料送入喷枪的火焰中，喷补料部分或大部分熔化，处于热塑状态或熔化状态喷补料，喷补到炉衬表面上很易与炉衬烧结在一起。火焰喷补不添加水分。火焰喷补多在转炉出钢后的作业间隙中进行，喷补时间很短，炉衬残余温度比较高，黏附效果好，因此使用寿命比较长，一般为 10~20 次。由于火焰喷补技术比较复杂，目前国内外转炉厂采用的较少。

炉龄是转炉炼钢一项综合性技术经济指标。提高炉龄不仅可以降低耐火材料消耗，提高作业率、降低生产成本，而且有利于均衡组织生产，促进生产的良性循环。所以，大幅度提高转炉炉龄是炼钢工作者多年追求的目标。

转炉炉衬工作在高温、高氧化性条件下，通常以 0.2~0.8mm/炉的速度被侵蚀。在 20 世纪 70 年代初，曾采用了白云石、或高氧化镁石灰、或菱镁矿造渣，使熔渣中 MgO 含量达到过饱和，并遵循"初期渣早化，过程渣化透，终点渣做黏，出钢挂上"的造渣原则。

因为熔渣中有一定的 MgO 含量，可以减轻初期渣对炉衬侵蚀；出钢过程由于温度降低，方镁石晶体析出，终渣变稠，出钢后通过摇炉，使黏稠熔渣能够附挂在炉衬表面，形成熔渣保护层，从而延长炉衬使用寿命，炉龄有所提高。例如 1978 年日本君津钢厂转炉炉龄曾突破 1 万炉次，创造当时世界最高纪录。

7.3.4.3　溅渣护炉技术

溅渣护炉的基本原理是，利用 MgO 含量达到饱和或过饱和的炼钢终点渣，通过高压氮气的吹溅，使其在炉衬表面形成一层高熔点的熔渣层，并与炉衬很好地黏结附着，称为溅渣护炉技术。这个溅渣层耐蚀性较好，从而保护了炉衬砖，减缓其损坏程度，炉衬寿命得到提高。进入 20 世纪 90 年代继白云石造渣之后，美国开发了溅渣护炉技术。其工艺过程主要是在吹炼终点钢水出净后，留部分 MgO 含量达到饱和或过饱和的终点熔渣，通过喷枪在熔池理论液面以上约 0.8 ~ 2.0m 处，吹入高压氮气，熔渣飞溅粘贴在炉衬表面，同样形成熔渣保护层。通过喷枪上下移动，可以调整溅渣的部位，溅渣时间一般在 3 ~ 4min。图 7-15 为转炉溅渣示意图。有的厂家溅渣过程已实现计算机自动控制。这种溅渣护炉配以喷补技术，炉龄得到极大的提高。例如，美国 LTV 钢公司印第安纳港厂两座 252t 顶底复合吹炼转炉，自 1991 年采用了溅渣护炉技术及相关辅助设施维护炉衬，提高了转炉炉龄和利用系数，并降低了钢的成本，效果十分明显。1994 年 9 月该厂 232t 顶吹转炉的炉衬寿命达到 15658 炉，吨钢喷补料消耗降到 0.38kg，喷补料成本节省66%，转炉作业率由 1984 年的 78% 提高到 1994 年的 97%。到 1996 年炉龄达到 19126 炉次/炉役。之后，美国有 15 家以

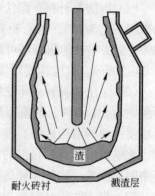

图 7-15　转炉溅渣示意图

上钢厂采用该技术，美国内陆钢公司炉龄已超过 20000 炉次。加拿大、英国、日本等也已相继投入试验和应用。

我国从 1994 年开始转炉溅渣护炉试验，并于 1996 年 11 月确定为国家重点科技开发项目。溅渣护炉技术采用和发展的速度很快。鞍钢、首钢、宝钢、武钢、太钢等一些转炉厂采用溅渣护炉技术，炉龄大幅度提高，取得了明显效果。其中，宝钢、武钢、首钢炉龄已逾万炉次。2003 年武钢二炼钢创造了 30368 炉次的转炉炉龄记录。

溅渣护炉用终点熔渣成分、留渣量、溅渣层与炉衬砖烧结、溅渣层的蚀损以及氮气压力与供氮强度等，都是溅渣护炉技术的重要内容。

A　熔渣的性质

a　合适的熔渣成分

溅渣用熔渣的成分关键是碱度、TFe 和 MgO 含量，终点渣碱度一般在 3 以上。

TFe 含量的多少决定了渣中低熔点相的数量，对熔渣的熔化温度有明显的影响。当渣中低熔点相数量达 30% 时，熔渣的黏度急剧下降；随温度的升高，低熔点相数量也会增加，只是熔渣黏度变化较为缓慢而已。倘若熔渣 TFe 含量较低，低熔点相数量少，高熔点的固相数量多，熔渣黏度随温度变化十分缓慢。这种熔渣溅到炉衬表面上，可以提高溅渣层的耐高温性能，对保护炉衬有利。

终点渣 TFe 含量高低取决于终点碳含量及是否后吹。若终点碳含量低，渣中 TFe 含量相应就高，尤其是出钢温度高于 1700℃ 时，影响溅渣效果。

熔渣成分不同，MgO 的饱和溶解度也不一样。可以通过有关相图查出其溶解度的大小，也可以通过计算得出。实验研究表明，随着熔渣碱度的提高，MgO 的饱和溶解度有所降低。碱度 $R \leqslant 1.5$ 时，MgO 的饱和溶解度高达 40%；随渣中 TFe 含量增加，MgO 饱和溶解度也有所变化。

通过首钢三炼钢厂 80t 转炉的实践研究认为，终点温度为 1700℃ 时，炉渣 MgO 的饱和溶解度在 8% 左右，随碱度的升高，MgO 饱和溶解度有所下降；但在高碱度下渣中 TFe 含量对 MgO 饱和溶解度影响不明显。

b　炉渣的黏度

炉渣的黏度是炉渣重要性质之一。黏度是熔渣内部各运动层间产生内摩擦力的体现，摩擦力大，熔渣的黏度就大。溅渣护炉对终点熔渣黏度有特殊的要求，要达到"溅得起，粘得住，耐侵蚀"。因此黏度不能过高，以利于熔渣在高压氮气的冲击下，渣滴能够飞溅起来并黏附到炉衬表面；黏度也不能过低，否则溅射到炉衬表面的熔渣容易滴淌，不能很好地与炉衬黏附形成溅渣层。正常冶炼的熔渣黏度值最好在 0.02~0.1Pa·s，相当轻机油的流动性，比熔池金属的黏度高 10 倍左右。溅渣护炉用终点渣黏度要高于正常冶炼的黏度，并希望随温度变化其黏度的变化更敏感些，以使溅射到炉衬表面的熔渣，能够随温度降低而迅速变黏，溅渣层可牢固地附着在炉衬表面上。

熔渣的黏度与矿物组成和温度有关。熔渣组成一定时，提高过热度，可使黏度降低。一般而言，在同一温度下，熔化温度低的熔渣黏度也低；熔渣中固体悬浮颗粒的尺寸和数量是影响熔渣黏度的重要因素。CaO 和 MgO 具有较高的熔点，当其含量达到过饱和时，会以固体微粒的形态析出，使熔渣内摩擦力增大，导致熔渣变黏。其黏稠的程度视微粒的数量而定。

在 TFe 不同的熔渣中，MgO 含量对溅渣层熔渣初始流动温度的影响如图 7-16 所示。

当 $w_{(MgO)}$ 在 4%~12% 范围内变动时，随着 MgO 含量增加，初始流动温度下降；MgO 含量继续升高并大于 12% 以后，随 MgO 含量的提高，初始流动温度又开始上升。TFe 含量越低，MgO 的影响越大。

实践表明，对不同熔渣，TFe 含量都存在一个熔渣流动性剧烈变化区，在这个区域内，MgO 含量的微小变化，都会引起熔渣初始流动温度发生很大的变化。

熔渣碱度值在 2.0~5.0 范围时，MgO 含量对熔渣流动性影响不大。

渣中 $w_{(TFe)}$ 从 9% 提高到 30% 时，熔渣的初始流动温度从 1642℃ 降低到 1350℃，变化幅度很大；$w_{(TFe)}$ 在 14%~15% 时，是初始流动温度变化的转折点；当渣中 $w_{(TFe)} < 15\%$ 时，随 TFe 含量的降低，熔渣的初始流动温度明显提高；当渣中 $w_{(TFe)} > 20\%$ 时，随 TFe 含量的降低，初始流动温度变化并不明显，如图 7-17 所示。

B　溅渣护炉工艺

a　熔渣成分的调整

转炉采用溅渣护炉技术后，吹炼过程更要注意调整熔渣成分，要做到"初期渣早化，过程渣化透，终点渣做黏"；出钢后熔渣能"溅得起，粘得住，耐侵蚀"。为此应控制合理的 MgO 含量，使终点渣适合于溅渣护炉的要求。

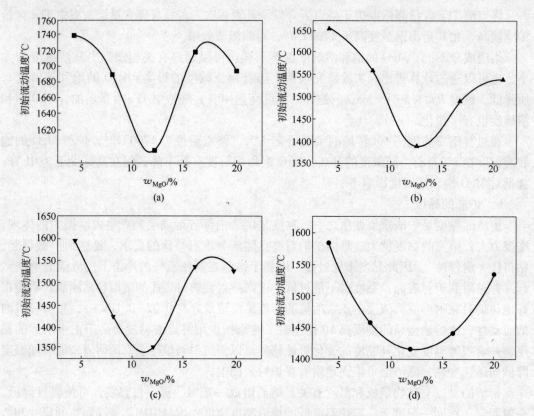

图 7-16　MgO 含量对熔渣初始流动温度的影响

（a）$w_{(TFe)} = 9\%$；（b）$w_{(TFe)} = 15\%$；（c）$w_{(TFe)} = 18\%$；（d）$w_{(TFe)} = 22\%$

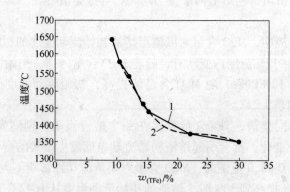

图 7-17　$w_{(TFe)}$ 与熔渣初始流动温度的关系

1—实测值；2—回归值

　　终点渣的成分决定了熔渣的耐火度和黏度。影响终点渣耐火度的主要因素是 MgO 含量、TFe 含量和碱度 $w_{(CaO)}/w_{(SiO_2)}$，其中 TFe 含量波动较大，一般在 10% ~ 30% 范围内。为了溅渣层有足够的耐火度，主要应调整熔渣的 MgO 含量。

　　炉渣的岩相研究表明，转炉终点渣组成为高熔点矿物 C_3S 和 C_2S，两者数量之和可达 70% ~ 75%；C_2S 熔化温度在 2130℃，而 C_3S 在 2070℃。低熔点矿物 CF（$CaO \cdot Fe_2O_3$）熔化温度在 1216℃，C_2F（$2CaO \cdot Fe_2O_3$）熔化温度稍高些，在 1440℃，RO 相熔化温度也较

低。当低熔点相数量达 40% 时，炉渣开始流动。为了提高溅渣层耐火度必须调整炉渣成分，提高 MgO 含量，降低低熔点相数量。表 7-10 为终点渣 MgO 含量推荐值。

表 7-10 终点渣 MgO 含量推荐值

终渣 $w_{(TFe)}$/%	8~11	15~22	23~30
终渣 $w_{(MgO)}$/%	7~8	9~10	11~13

MgO-FeO 固溶体熔化温度可以达到 1800℃；同时 MgO 与 Fe_2O_3 形成的化合物又能与 MgO 形成固溶体，其固溶体在 Fe_2O_3 中含量达 70% 时，熔点仍在 1800℃ 以上，两者均为高熔点耐火材料。倘若提高渣中 MgO 含量，就会形成连续的固溶体，从 MgO-FeO 二元相图可知，当 $w_{(FeO)}$ 含量达 50% 时，其熔点仍然很高。根据理论分析与国外溅渣护炉实践来看，在正常情况下，转炉终点 MgO 含量应控制在表 7-10 所示的范围内，以使溅渣层有足够的耐火度。

溅渣护炉对终点渣 TFe 含量并无特殊要求，只要把溅渣前熔渣中 MgO 含量调整到合适的范围，TFe 含量的高低都可以取得溅渣护炉的效果。例如，美国 LTV 公司、内陆钢公司以及我国的宝钢公司等，转炉炼钢的终点渣 $w_{(TFe)}$ 含量均在 18%~27% 的范围内，溅渣护炉的效果都不错。如果终点渣 TFe 含量较低，渣中 C_2F 量少，RO 相的熔化温度就高。在保证足够的耐火度情况下，渣中 MgO 含量可以降低些。终点渣 TFe 含量低的转炉溅渣护炉的成本低，也容易获得高炉龄。

调整熔渣成分有两种方式：一种是转炉开吹时将调渣剂随同造渣材料一起加入炉内，控制终点渣成分，尤其是 MgO 含量达到目标要求，出钢后不必再加调渣剂；倘若终点熔渣成分达不到溅渣护炉要求，则采用另一种方式，即出钢后加入调渣剂，调整 MgO 含量达到溅渣护炉要求的范围。

调渣剂是指 MgO 质材料。常用的材料有轻烧白云石、生白云石、轻烧菱镁球、冶金镁砂、菱镁矿渣和高氧化镁石灰等。选择调渣剂时，首先考虑 MgO 的含量多少，用 MgO 的质量分数（%）来衡量。

$$MgO 的质量分数 = w_{MgO}/(1-w_{CaO}+R×w_{SiO_2}) \tag{7-2}$$

式中 w_{MgO}，w_{CaO}，w_{SiO_2}——分别为调渣剂的 MgO，CaO，SiO_2 实际成分，%；

R——炉渣碱度。

不同的调渣剂，MgO 含量也不一样。常用调渣剂的成分如表 7-11 所示。根据 MgO 含量从高到低次序是冶金镁砂、轻烧菱镁球、轻烧白云石等。如果从成本考虑时，调渣剂应选择价格便宜的。从以上这些材料对比来看，生白云石成本最低；轻烧白云石和菱镁矿渣粒价格比较适中；高氧化镁石灰、冶金镁砂、轻烧菱镁球的价格偏高。

此外，还应充分注意到加入调渣剂后对吹炼过程热平衡的影响。表 7-12 列出了各种调渣剂的焓及其对炼钢热平衡的影响。

调渣剂与废钢的热当量置换比为：

$$[\Delta H_i/(w_{MgO_i} × \Delta H_s)] × 100\% \tag{7-3}$$

式中 ΔH_i——i 种调渣剂的焓，MJ/kg；

ΔH_s——废钢的焓，MJ/kg；

w_{MgO_i}——i 种调渣剂 MgO 的含量，%。

表 7-11　常用调渣剂成分

种 类	成分（质量分数）/%				
	CaO	SiO$_2$	MgO	灼减	MgO
生白云石	30.3	1.95	21.7	44.48	28.4
轻烧白云石	51.0	5.5	37.9	5.6	55.5
菱镁矿渣粒	0.8	1.2	45.9	50.7	44.4
轻烧菱镁球	1.5	5.8	67.4	22.5	56.7
冶金镁砂	8	5	83	0.8	75.8
含 MgO 石灰	8.1	3.2	15	0.8	49.7

表 7-12　不同调渣剂的焓及对炼钢热平衡的影响

项 目　　调渣剂种类	生白云石	轻烧白云石	菱镁矿	菱镁球	镁砂	氮气	废钢
焓/MJ·kg^{-1}	3.407	1.762	3.026	2.06	1.91	2.236	1.38
与废钢的热当量置换比	2.47	1.28	2.19	1.49	1.38	1.62	1.0
与废钢的热当量置换比	11.38	3.36	4.77	2.21	1.66		

各钢厂可根据自己的情况，选择一种调渣剂，也可以多种调渣剂配合使用。

b　合适的留渣量

合适的留渣数量就是指在确保炉衬内表面形成足够厚度溅渣层，还能在溅渣后对装料侧和出钢侧进行摇炉挂渣的渣量。形成溅渣层的渣量可根据炉衬内表面积，溅渣层厚度和炉渣密度计算得出。溅渣护炉所需实际渣量可按溅渣理论渣量的 1.1~1.3 倍进行估算。炉渣密度可取 3.5t/m^3，公称吨位在 200t 以上的大型转炉，溅渣层厚度可取 25~30mm；公称吨位在 100t 以下的小型转炉，溅渣层的厚度可取 15~20mm。留渣量计算公式如下：

$$W = KABC \qquad\qquad (7-4)$$

式中　W——留渣量，t；

　　　K——渣层厚度，m；

　　　A——炉衬的内表面积，m^2；

　　　B——炉渣密度，t / m^3；

　　　C——系数，一般取 1.1~1.3。

不同公称吨位转炉的溅渣层质量如表 7-13 所示。

表 7-13　不同吨位转炉溅渣层质量

转炉吨位/t　　溅渣层质量/t	溅渣层厚度/mm				
	10	15	20	25	30
40	1.8	2.7	3.6		
80		4.41	5.98		
140		8.08	10.78	13.48	
250			13.11	16.39	19.7
300			17.12	21.4	25.7

c　溅渣工艺

溅渣工艺有直接溅渣工艺和出钢后调渣工艺两种。

直接溅渣工艺是以在炼钢过程中调整炉渣为主，出钢后基本不再调整炉渣，而直接进行溅渣的操作，适用大型转炉。要求铁水等原材料条件比较稳定，吹炼平稳，终点控制准确，出钢温度较低。其操作程序是：

（1）吹炼开始在加入第一批造渣材料的同时，加入大部分所需的调渣剂；控制初期渣 $w_{(MgO)}$ 在 8% 左右，可以降低炉渣熔点，并促进初期渣早化。

（2）在炉渣"返干期"之后，根据化渣情况，再分批加入剩余的调渣剂，以确保终点渣 MgO 含量达到目标值。

（3）出钢时，通过炉口观察炉内熔渣情况，确定是否需要补加少量的调渣剂；在终点碳、温度控制准确的情况下，一般不需再补加调渣剂。

（4）根据炉衬实际蚀损情况进行溅渣操作。如美国 LTV 钢公司和内陆钢公司主要生产低碳钢，渣中 $w_{(TFe)}$ 波动在 18%~30% 的范围，终点渣中 MgO 含量在 12%~15%，出钢温度较低，为 1620~1640℃，出钢后熔渣较黏，可以直接吹氮溅渣。

我国宝钢公司的生产条件和冶炼钢种与 LTV 钢公司相近，由于采用了复合吹炼工艺和大流量供氧技术，熔池搅拌强烈，终点渣 TFe 含量在 18% 左右，为适应溅渣需要，MgO 含量由 6.8% 提高到 10.3%，出钢温度在 1640~1650℃，终点一般不需调渣直接溅渣。

太钢二炼钢厂生产中、低碳钢，采用模铸或连铸工艺，出钢温度较低，模铸终点温度控制在 1640~1680℃，连铸钢为 1660~1700℃；采用高拉碳法操作，所以终点渣 $w_{(TFe)}$ 波动在 10%~20% 范围内；MgO 含量控制在 8% 左右，出钢后也是直接溅渣。

出钢后调渣工艺是指在炼钢结束后，终渣不符合溅渣的要求，加入调渣剂，调整后再溅渣的工艺，这种类型适用于中、小型转炉。由于中、小型转炉的出钢温度偏高，因此熔渣的过热度也高。再加上原材料条件不够稳定，往往终点后吹，多次倒炉，致使终点渣 TFe 含量较高，熔渣较稀；MgO 含量也达不到溅渣的要求，不适于直接溅渣。只得在出钢后加入调渣剂，改善熔渣的性态，以达到溅渣的要求。用于出钢后的调渣剂，应具有良好的熔化性和高温反应活性，较高的 MgO 含量，以及较大的热焓，熔化后能明显、迅速地提高渣中 MgO 含量和降低熔渣温度。其吹炼过程与直接溅渣操作工艺相同。出钢后的调渣操作程序如下：

（1）终点渣 $w_{(MgO)}$ 控制在 8%~12%。

（2）出钢时，根据出钢温度和观察的炉渣状况决定调渣剂加入的数量，并进行出钢后的调渣操作。

（3）调渣后进行溅渣操作。出钢后调渣的目的是使熔渣 MgO 含量达到饱和值，提高其熔化温度，同时由于加入调渣冷料吸热，从而降低了熔渣的过热度，提高了黏度，以达到溅渣的要求。

若单纯调整终点渣 MgO 含量，加调渣剂只调整 MgO 含量达到过饱和值，同时吸热降温稠化熔渣，以达到溅渣要求。如果同时调整终点渣 MgO 和 TFe 含量，除了加入适量的含氧化镁调渣剂外，还要加一定数量的含碳材料，以降低渣中 TFe 含量，也利于 MgO 含量达到饱和。例如，首钢三炼钢厂就曾进行过加煤粉降低渣中 TFe 含量的试验。

d　溅渣工艺参数

溅渣工艺要求在较短的时间内，将熔渣能均匀地溅射涂敷在整个炉衬表面，并在易于蚀损而又不易修补的耳轴、渣线等部位，形成厚而致密溅渣层，使其得以修补，因此必须确定合理的溅渣工艺参数。主要包括有：合理地确定喷吹氮气的工作压力与流量；确定最佳喷吹枪位；设计溅渣喷枪结构与尺寸参数。

炉内溅渣效果的好坏，可从通过溅渣在炉衬表面的总渣量和在炉内不同高度上溅渣量是否均匀来衡量。水力学模型试验与生产实践都表明，溅渣喷吹的枪位对溅渣总量有明显的影响。对于同一氮压条件下，有一个最佳喷吹枪位。当实际喷吹枪位高于或低于最佳枪位时，溅渣总量都会降低；熔渣黏度对溅渣总量也有影响，随熔渣黏度的增加，溅渣量明显减少。研究与实践还表明，在炉内不同高度上溅渣量的分布是很不均匀的，转炉耳轴以下部位的溅渣量较多，而耳轴以上部位随高度的增加溅渣量明显减少。

溅渣的时间要求 3min 左右，要在炉衬的各部位形成一定厚度的溅渣层，最好采用溅渣专用喷枪。溅渣专用喷枪的出口马赫数应稍高一些，这样可以提高氮射流的出口速度，使其具有更高的能量，在氮气低消耗情况下达到溅渣要求。不同马赫数时氮气出口速度与动量列于表 7-14。我国多数炼钢厂溅渣与吹炼使用同一支喷枪操作。

表 7-14　不同马赫数氮气出口速度与动量

马赫数 Ma	滞止压力/MPa	氮气出口速度 /$m \cdot s^{-1}$	氮气出口动量 /$(kg \cdot m) \cdot m^{-1}$
1.8	0.583	485.6	606.4
2.0	0.793	515.7	644.7
2.2	1.084	542.5	678.1
2.4	1.488	564.3	705.4

通常，在确定溅渣工艺参数时，往往先根据实际转炉炉型参数及其水力学模型试验的结果，初步确定溅渣工艺参数；再通过溅渣过程中炉内的实际情况，不断地总结、比较、修正后，确定溅渣的最佳枪位、氮压与氮气流量。针对溅渣中出现的问题，修改溅渣的参数，逐步达到溅渣的最佳结果。

C　溅渣护炉带来的问题

（1）炉底上涨。炉渣在炉底停留的时间越长，黏结在炉底的炉渣就越多，导致炉底上涨。炉底上涨将影响正常操作，堵塞底气喷孔。因此，要控制好溅渣时间、渣量、氮气压力和流量，尽量减少炉底上涨。在停吹后要尽快将渣出尽。在复吹转炉上，要尽量控制好底气压力和流量，减少炉底炉渣的停留和黏结量。在炉底上涨太多时，可向炉底吹氧，将上涨部分侵蚀掉。

应用溅渣护炉技术之后，炉底上涨的主要原因是高熔点晶相 C_2S、C_3S、MgO 粘在炉底上。为了避免溅渣护炉造成炉底上涨，应采用防止渣过黏、减少留渣量、降低溅渣枪位等措施。

（2）喷枪黏结。溅渣时喷枪头部有时黏结有炉渣，需要及时清理。当冷却水量足够，冷却强度大时，喷枪不易结渣，即使有粘渣，移出喷枪喷水冷却，粘渣就会掉落。由于喷枪水冷却强度不够，或炉温过高有热枪的情况则应更换喷枪，用预备的冷枪进行溅渣操作，冷枪上黏结的炉渣并不牢固，冷却后易脱落。如果炉内有残留钢液，则会使喷枪表面粘钢，这时，黏结的炉渣在冷却后不易脱落，故炉内要尽量不留钢液，这样对提高钢水收得率也有利。

【技能训练】

项目 7.3-1　炉衬侵蚀情况的判断

冶炼操作过程中要随时观察和检查炉壳外表面情况，注意炉壳有否发红、发白，有否冒火花甚至漏渣、钢，这些都是炉衬已损坏、要漏钢的先兆。所以，出钢后应认真检查炉膛，内容包括：

（1）检查炉衬表面是否有颜色较深甚至发黑的部位。

（2）检查炉衬是否有凹坑和硬洞以及该部位的损坏程度。

（3）检查炉衬有哪些部位已经见到保护砖。

（4）检查熔池前后肚皮部位炉衬的凹陷深度。

（5）检查炉身和炉底接缝处是否发黑和凹陷。

（6）检查炉口水箱内侧的炉衬砖是否已损坏。

（7）检查左右耳轴处炉衬损坏的情况。

（8）检查出钢口内外侧是否圆整。

（9）检查出钢口长度是否符合规格要求。

（10）除了检查以上容易损坏的主要部位外，还要检查全部炉衬内表面，以防遗漏。

项目 7.3-2　溅渣护炉及出渣操作

A　溅渣护炉操作

（1）转炉出钢完毕后迅速将转炉摇至"0"位，视渣况决定是否加入改质剂或轻烧白云石（共计不大于 500kg）进行调渣。如果时间允许，转炉出钢温度高于 1680℃，应适当前后摇动转炉进行降温后再溅渣。

（2）如果出钢后进行调渣，必须前后摇动转炉各一次，角度不小于 45°。

（3）由操枪工检查并确认各项要求符合溅渣条件后，可以下枪进行吹氮操作。

（4）氮气流量为 14000~15500m³/h（参考工作压力为 0.85~0.9MPa）。

（5）吹氮枪位为 0~2.0m。若计划溅渣在耳轴以上部位，枪位在 0.8~2.0m 之间；若计划溅渣在耳轴以下部位，枪位在 0~1.2m 之间。

B　出渣操作

吹炼结束后提枪，使炉子处于垂直位置，摇炉手柄处于"0"位。

（1）开始倒渣。

1）将摇炉手柄缓慢拉至"0~+90°"之间的小挡位置，使转炉慢速向前倾动。

2）当炉口出烟罩后，拉动手柄至"+90°"位，使转炉快速前倾。

3）当转炉倾动至"+60°"位时，将手柄拉至"0"位，使转炉停顿一下。

4）将摇炉手柄拉至"0~+90°"之间的小挡位置，逐步慢速将转炉摇平（直至炉渣少量流出为止），然后立即将手柄放回"0"位。

5）此时看清炉长指挥手势，或指挥炉口要高一点（即前倾已过位），或指挥炉口要低一点（即前倾不足）。操作时按要求的倾动方向点动（即快速拉小挡和"0"位）到位。应注意，转炉倾动到位后立即将摇炉手柄放回"0"位。这时转炉保持在流渣的角度上，保持缓慢的正常流渣状态。流渣过程中还需根据炉长手势向下点动一两次转炉。

（2）倒渣结束。

1）将摇护手柄由"0"位拉至"-90°"，使炉口向上回正。

2）当炉子回到"+45°"时，摇炉手柄拉向"0"位，使炉子停顿一下，再将手柄拉向"0～-90°"之间的小挡位置，使转炉慢速进烟罩。

3）当转炉转到垂直位置时（即转炉零位），将手柄拉至"0"位。在转炉"0"位处倾动机构设有限位装置，以帮助达到正确的"0"位。至此，摇炉倒渣操作结束。

【思考与练习】

7.3-1　填空题

（1）理论上，100t以下的中、小转炉溅渣层厚度达到（　　），溅渣护炉效果最佳。

（2）溅渣频率可以概括为前期不溅，中期两炉一溅、中后期（　　）。

（3）溅渣护炉是在出钢完毕后通过氧枪向炉内供（　　），使炉渣飞溅到炉衬上来保护炉衬。

（4）在溅渣护炉工艺中，为使溅渣层有足够的耐火度，主要措施是调整渣中的（　　）含量。

（5）利用MgO含量达到饱和或过饱和的炼钢终点渣，通过（　　）的吹溅，使其在炉衬表面形成一层高熔点的熔渣层，并与炉衬很好地黏结附着，称为溅渣护炉。

（6）在溅渣护炉工艺中，为使溅渣层有足够的耐火度，主要措施是调整炉渣的（　　）和（　　）。

7.3-2　单项选择题

（1）为了提高转炉的炉龄，一般需要进行溅渣护炉，一般认为该种转炉渣中的MgO含量合理范围应控制在（　　）。

　　A. 4%～6%　　　　　B. 6%～8%　　　　　C. 8%～12%

（2）炉龄（炉）=出钢炉数/更换炉衬次数。其中出钢炉数是指（　　）。

　　A. 出钢总炉数，包括全炉回炉和事故回炉

　　B. 出钢总炉数，包括全炉废品，事故回炉

　　C. 出钢总炉数，包括全炉废品，各种回炉

（3）在溅渣护炉操作中，通过氧枪喷吹的是（　　）。

　　A. 高压氧气　　　　　B. 高压氮气　　　　　C. 高压氩气

（4）如发现终渣氧化性强、渣过稀，稠渣剂应该在（　　）。

　　A. 溅渣前加入　　　　B. 溅渣过程中加入　　　C. 溅渣后加入

（5）为了保证溅渣层有足够的耐火度，最主要的措施就是调整渣中（　　）含量。

　　A. FeO　　　　　B. CaO　　　　　C. SiO_2　　　　　D. MgO

（6）氧气转炉炼钢应用溅渣护炉技术之后，炉底上涨的主要原因是（　　）。

　　A. 重金属渗入炉底砖缝中，使炉底砖上浮

　　B. 未熔化的石灰和轻烧集中留在炉底上

　　C. 高熔点晶相 C_2S、C_3S、MgO 粘在炉底上

(7) 目前溅渣时间一般为（ ）分钟。

    A. <2   B. 2~4   C. 5~7

(8) 氧气转炉炼钢溅渣时向炉内吹氮，（ ）导致钢中增 ［N］。

    A. 会   B. 不会   C. 可能会有

(9) MT14A 中的 M 代表镁碳砖中（ ）含量。

    A. 镁   B. 氧化镁   C. 碳

    D. 不代表成分

7.3-3 多项选择题

(1) 为提高溅渣操作效率，有利于溅渣操作的因素有（ ）。

    A. 合适的留渣量   B. 较高的 N_2 压力   C. 一定的溅渣时间

    D. 合适的（MgO）、（TFe）

(2) 氧气转炉炼钢溅渣护炉对炉渣的要求是（ ）。

    A. 溅得起   B. 易流动   C. 粘得住   D. 耐侵蚀

7.3-4 判断题

(1) 转炉溅渣护炉用的调渣剂有：生白云石，菱镁矿，镁球等。   （   ）

(2) 氧气转炉炼钢采用溅渣护炉技术后，会对环境带来一定危害。   （   ）

(3) 氧气转炉炼钢在炉衬砌筑时，要求平、紧、实，砌缝必须错开。   （   ）

7.3-5 简述题

(1) 溅渣护炉工艺操作要点是什么？

(2) 分析转炉炉衬损坏原因及如何提高转炉炉龄？

教学活动建议

    本项目单元与实际生产紧密相连，文字表述多，抽象，难于理解，教学过程中，应利用现场视频及图片、虚拟仿真实训室或钢铁大学网站，进行转炉溅渣护炉操作训练，将讲授法、演示法、教学练相结合，实施"做中教"、"做中学"，以提高教学效果。

查一查

    学生利用课余时间，自主查阅转炉提钒、转炉炼钢炉衬维护作业标准及相关文献资料。

参 考 文 献

[1] 张岩，张红文，等．氧气转炉炼钢工艺与设备［M］．北京：冶金工业出版社，2010.

[2] 李荣，史学红．转炉炼钢操作与控制［M］．北京：冶金工业出版社，2012.

[3] 王雅贞，张岩，张红文，等．氧气顶吹转炉炼钢工艺与设备［M］．2 版．北京：冶金工业出版社，2004.

[4] 黄道鑫．提钒炼钢［M］．北京：冶金工业出版社，2000.

[5] 冯捷，张红文．转炉炼钢生产［M］．北京：冶金工业出版社，2006.

[6] 朱苗勇．现代冶金工艺学［M］．北京：冶金工业出版社，2013.

[7] 张海臣，冯捷，等．转炉炼钢实训［M］．2 版．北京：冶金工业出版社，2012.

冶金工业出版社部分图书推荐

书　名	作　者	定价(元)
冶炼基础知识（高职高专教材）	王火清	40.00
连铸生产操作与控制（高职高专教材）	于万松	42.00
小棒材连轧生产实训（高职高专实验实训教材）	陈　涛	38.00
型钢轧制（高职高专教材）	陈　涛	25.00
高速线材生产实训（高职高专实验实训教材）	杨晓彩	33.00
炼钢生产操作与控制（高职高专教材）	李秀娟	30.00
地下采矿设计项目化教程（高职高专教材）	陈国山	45.00
矿山地质（第2版）（高职高专教材）	包丽娜	39.00
矿井通风与防尘（第2版）（高职高专教材）	陈国山	36.00
采矿学（高职高专教材）	陈国山	48.00
轧钢机械设备维护（高职高专教材）	袁建路	45.00
起重运输设备选用与维护（高职高专教材）	张树海	38.00
轧钢原料加热（高职高专教材）	戚翠芬	37.00
炼铁设备维护（高职高专教材）	时彦林	30.00
炼钢设备维护（高职高专教材）	时彦林	35.00
冶金技术认识实习指导（高职高专实验实训教材）	刘艳霞	25.00
中厚板生产实训（高职高专实验实训教材）	张景进	22.00
炉外精炼技术（高职高专教材）	张士宪	36.00
电弧炉炼钢生产（高职高专教材）	董中奇	40.00
金属材料及热处理（高职高专教材）	于　晗	33.00
有色金属塑性加工（高职高专教材）	白星良	46.00
炼铁原理与工艺（第2版）（高职高专教材）	王明海	49.00
塑性变形与轧制原理（高职高专教材）	袁志学	27.00
热连轧带钢生产实训（高职高专教材）	张景进	26.00
连铸工培训教程（培训教材）	时彦林	30.00
连铸工试题集（培训教材）	时彦林	22.00
转炉炼钢工培训教程（培训教材）	时彦林	30.00
转炉炼钢工试题集（培训教材）	时彦林	25.00
高炉炼铁工培训教程（培训教材）	时彦林	46.00
高炉炼铁工试题集（培训教材）	时彦林	28.00
锌的湿法冶金（高职高专教材）	胡小龙	24.00
现代转炉炼钢设备（高职高专教材）	季德静	39.00
工程材料及热处理（高职高专教材）	孙　刚	29.00